FIT FÜRS abi

MATHEMATIK WISSEN

Schroedel

Fit fürs Abi – Mathematik ▶ Wissen

für Schülerinnen und Schüler zur Vorbereitung auf das Abitur

Hartmut Seeger

ISBN 978-3-507-23021-7

Druck [2] / Jahr 2008

Umschlaggestaltung: Janssen Kahlert Design & Kommunikation, Hannover
Gesamtherstellung: imprint, Zusmarshausen
Druck und Bindung: westermann druck GmbH, Braunschweig

Inhalt

1_VORWORT 5

1.1 Diese Seite müssen Sie lesen! 5
1.2 Wichtige Tipps 6
1.3 Die Leitideen 7
1.4 Einen etwas anderen Weg 8
1.5 Selbsteinschätzung 9
1.6 Die Gebrauchsanweisung 11

2_BEZEICHNUNGEN UND GRUNDVORAUSSETZUNGEN 12

2.1 Rechenfertigkeiten Analysis 12
2.2 Rechenfertigkeiten Geometrie 13
2.3 Rechenfertigkeiten Stochastik 15
2.4 Lösen von Aufgaben 16

3_HILFEN 19

3.1 Ein kleiner Test 20
3.2 Die Formelsammlung (im Folgenden kurz FS) 21
3.3 Der Taschenrechner (kurz TR) 22
3.4 Der grafikfähige Taschenrechner (kurz GTR) 23
3.5 Skizzen 27
3.6 Nothilfen 28
3.7 Ein weiterer Test 29

4_LEITIDEE FUNKTIONALER ZUSAMMENHANG 30

4.1 Funktionsbegriff 30
4.2 Differenzierbarkeit 35
4.3 Untersuchung von Funktionen 39
4.4 Wichtiges zu den Funktionen 52
4.5 Stammfunktionen 57
4.6 Integrale 59
4.7 Zusammenhang der Schaubilder 62
4.8 Kurvenscharen, Funktionenscharen 63
4.9 Bestimmung von Funktionsgleichungen 64
4.10 Beispiele zu den Funktionen 68

5_LEITIDEE GRENZPROZESSE UND APPROXIMATIONEN 69

5.1 Der Grenzwertbegriff 69
5.2 Approximationen 73

6_RÄUMLICHES STRUKTURIEREN/KOORDINATISIEREN 76

6.1 Lineare Gleichungssysteme (LGS) 77
6.2 Koordinatensystem 83
6.3 Vektorrechnung 88

7_LEITIDEE ALGORITHMUS 93

7.1 Iteration 94
7.2 Rekursion 95
7.3 Matrizen 96
7.4 Abbildungen 100
7.5 Vollständige Induktion 104

8_LEITIDEE MESSEN 105

8.1 Steigung, Winkel, Orthogonalität 105
8.2 Flächenberechnung 106
8.3 Volumenberechnung 108
8.4 Skalarprodukt 110
8.5 Ebenen 113
8.6 Grundfragen der Geometrie 117

9_LEITIDEE ZUFALL, DIE STOCHASTIK 125

9.1 Die beschreibende Statistik 126
9.2 Grafische Darstellungen 127
9.3 Definition Wahrscheinlichkeit 128
9.4 Berechnung der Wahrscheinlichkeiten 129
9.5 Wahrscheinlichkeitsverteilung 138
9.6 Beurteilende Statistik 144

10_LEITIDEE MODELLIEREN 151

10.1 Richtlinien 151
10.2 Wachstumsprozesse 156
10.3 Modellieren 162

11_ZUSÄTZE 168

11.1 Arkusfunktionen 168
11.2 Basis und Basiswechsel 169
11.3 Definitionslücken 170
11.4 Gebietseinteilung 171
11.5 Integrationsmethoden 172
11.6 Kegelschnitte 175
11.7 Kreis und Kugel 176
11.8 Polynomdivision 177
11.9 Sätze der Analysis 178
11.10 Vektorraum 180

12_DIE MÜNDLICHE PRÜFUNG 182

GLOSSAR 186

STICHWORTVERZEICHNIS 190

1_Vorwort

1.1 Diese Seite müssen Sie lesen!

Vorsicht, Sie haben kein Lehrbuch vor sich, sondern eine Hilfe mit drei Schwerpunkten, aus denen leider auch einige Schwächen entstehen:

- **Der 1.Schwerpunkt ist die übersichtliche Darstellung des Abiturstoffes.**
  Ich nehme bewusst Ungenauigkeiten in Kauf, sofern dies zum Überblick und zum Verständnis des Mathematikstoffes beiträgt.
- **Der 2. Schwerpunkt ist die Minimierung Ihres Zeitaufwandes bei der Prüfungsvorbereitung zur schriftlichen Abiturprüfung.**
  Manche Bereiche werden deshalb eher oberflächlich behandelt. Wenn Sie noch genügend Zeit zur Vorbereitung haben, dann „spielen" Sie mit dem Taschenrechner, blättern die Formelsammlung durch und lösen Aufgaben. Da der Umfang dieses Bandes beschränkt ist, müssen Sie zur Vertiefung und für die praktischen Übungen zu anderen Büchern greifen. Mit **Fit fürs Abi – Mathematik ⦿ Training** bietet der Schroedel-Verlag eine Aufgabensammlung an, die als Ergänzung zu diesem Band hervorragend geeignet ist.
- **Der 3. Schwerpunkt sind die Hilfen und die Nothilfen.**
  Ich beschränke mich dabei nur auf die erlaubten Hilfsmittel, die Ihnen auf jeden Fall genügen müssen. Dieser Teil scheint mir mit Abstand der Wichtigste zu sein.

Haben Sie einfach Vertrauen zur Konzeption dieses Bandes, richtig angewandt hilft er Ihnen auf jeden Fall schnell und sicher.

Der Inhalt des Mathematikunterrichts hat sich nämlich verändert und damit auch die Prüfungsaufgaben und daraus als Folge die Vorbereitung auf die Prüfung. Viele Tipps von alten Hasen gelten heute nicht mehr, Sie sollten alte Prüfungsvorbereitungsbände nicht mehr ungeprüft verwenden.

Wie steht es doch so schön in der Fachpräambel der Vereinbarung zur Gestaltung der gymnasialen Oberstufe der Kultusministerkonferenz:

„Im mathematisch-naturwissenschftlich-technischen Aufgabenfeld sollen Verständnis für den Vorgang der Abstraktion, die Fähigkeit zu logischem Schließen, Sicherheit in einfachen Kalkülen, Einsicht in die Mathematisierung von Sachverhalten, in die Besonderheiten naturwissenschaftlicher Methoden, in die Entwicklung von Modellvorstellungen und deren Anwendung auf die belebte und unbelebte Natur und in die Funktion naturwissenschaftlicher Theorien vermittelt werden."

Ein wahrhaft schwieriger Satz (übrigens der schwerste Satz dieses Bandes).

Aber keine Angst, dieser Band wird Ihnen helfen, sich trotz der Neuerungen gezielt vorzubereiten.

Im Band selbst finden Sie insbesondere die verbindlichen Inhalte der einheitlichen Prüfungsanforderungen, aber natürlich nicht alle möglichen zusätzlichen Themenbereiche wie beispielsweise:

- einfache Differenzialgleichungen im Zusammenhang mit Anwendungen
- numerische Näherungsmethoden
- Kurven und gekrümmte Flächen im Raum

Ich habe bewusst auf „Randbereiche" verzichtet, da der Zeitaufwand, sie zu erlernen, in keinem Verhältnis steht zu der Wahrscheinlichkeit, dass Sie diese Themen auch konkret bei der Prüfung benötigen. Zur Vertiefung gibt es genügend Literatur, Ihr Fachlehrer kann Sie dabei beraten.

Ihr Fachlehrer ist auch der Einzige, der Ihnen definitiv sagen kann, was Sie von diesem Band weglassen dürfen und was Sie dringend durcharbeiten sollten. Gehen Sie doch mit dem Inhaltsverzeichnis des Bandes zu ihm. Mit diesem Schritt können Sie eine Menge Zeit sparen.

So verbindlich die „Einheitlichen Prüfungsanforderungen in der Abiturprüfung" auch immer sind, jedes Land, ja jede Schule, ja sogar jede Lehrkraft wird eigene Schwerpunkte setzen.

Da auch bei zentral gestellten Aufgaben der Fachlehrer teilweise eine Auswahlmöglichkeit hat – und sinnvollerweise das wählen wird, was er am ausführlichsten behandelte, ist eine Absprache zwischen Schüler und Lehrer enorm wichtig. Sie haben keine Zeit zu verschenken heißt, dass Sie, wenn Sie lernen, nicht nur richtig, sondern auch das Richtige lernen müssen. Lassen Sie sich dabei helfen und beraten: von Ihrem Fachlehrer und durch dieses Buch.

1.2 Wichtige Tipps

Kurz vor einer Prüfung erhält man von allen möglichen Seiten hilfreiche, gut gemeinte, wichtige, helfende, notwendige, herzensgute und sorgende Tipps.

Weshalb nicht auch von mir? Befolgen Sie nicht alle Tipps, die Sie erhalten, aber wenigstens meine!

- Wenn Sie einen Taschenrechner bei der Prüfung verwenden dürfen, wissen dies natürlich die Aufgabensteller auch. Sie gehen bei der Aufgabenstellung davon aus, dass Sie den Rechner einsetzen - das heißt aber, dass Sie ihn beherrschen müssen. Der Rechner ist praktisch „überlebensnotwendig" geworden.
  Arbeiten Sie mit dem Rechner, gewöhnen Sie sich an ihn, üben Sie mit ihm.
  Verwenden Sie ihn bei allen Aufgaben dieses Bandes!
- **Ohne Übung haben Sie mit der Formelsammlung Probleme. Also üben Sie den schnellen und sicheren Umgang mit der Formelsammlung!**
  Ein kleines Beispiel: Wird ein Graph um eine der beiden Achsen gedreht, entsteht ein Drehkörper, dessen Volumen berechnet werden kann. In einigen Formelsammlungen findet man die Formel unter „Drehkörper", in einigen unter „Volumen", in anderen unter „Rotationskörper", in wenigen unter „Bestimmung von Volumen". Glauben Sie im Ernst, dass Ihnen im Prüfungsstress einfällt, unter welchen Stichpunkten man nachschlagen kann? Sie müssen vorher wissen, unter welchem Stichwort was zu finden ist. Kein Problem für alle, die permanent mit der Formelsammlung arbeiten und damit auch üben!
- Im Sachgebiet der Geometrie benötigen Sie wesentlich weniger Vorkenntnisse aus den Vorjahren als in der Analysis. Zudem können Sie ohne grundlegende Einarbeitung in den GTR die allermeisten Probleme lösen.
  Sofern Sie aus Zeitgründen nicht alles wiederholen können, lassen Sie besser die Analysis weg und stärken Ihre Kenntnisse in der Geometrie.
- Die „Mathematik" des Sachgebiets Stochastik ist absolut problemlos. Die Schwierigkeit dieser Aufgaben besteht in der Umsetzung des sprachlich gestellten Problems. Sie müssen – sofern Stochastik bei Ihnen geprüft wird (in Baden-Württemberg können Sie beispielsweise dieses Stoffgebiet ganz vernachlässigen) Aufgaben lösen, Aufgaben lösen, nichts als Aufgaben lösen. Sofern Sie die Aufgaben verstehen (also die Umsetzung in die wenigen Sätze und Gleichungen der Stochastik schaffen), ist dieses Sachgebiet das einfachste überhaupt. Lösen Sie möglichst viele Aufgaben der Stochastik.
- **Trainieren Sie für das Abitur mit allen erlaubten Hilfsmitteln** wie im „Ernstfall". Aufgaben sind im Handel erhältlich (→ **Mathematik ⊙ Training**).
- **Schauen Sie, dass die Rahmenbedingungen bei der Prüfung stimmen:**
  - Bleistift, Füller und Geodreieck haben Sie in doppelter Ausführung dabei
  - der Rechner hat natürlich neue Batterien
  - Sie gehen ausgeschlafen in die Prüfung
  - Sie sind mindestens eine halbe Stunde vor Prüfungsbeginn am Prüfungsort
  - Sie lassen sich auf keinen Fall verunsichern, wenn einer Ihrer Mitschüler mit seinem Wissen prahlt oder von Ihnen etwas wissen will, was Sie noch nie gehört haben
  - Nehmen Sie Getränke und Verpflegung mit. Zunächst, um sich körperlich fit zu halten, aber auch, um diese als Hilfen zur Veranschaulichung von geometrischen Problemen zu verwenden.
  - Versuchen Sie nicht zu betrügen. Es lohnt sich so gut wie nie. Mit der Formelsammlung haben Sie einen perfekten „Spickzettel" und mit dem Taschenrechner eine ideale Hilfe. Es liegt ganz alleine an Ihnen, beides optimal und effektiv einzusetzen.

1.3 Die Leitideen

Noch immer ist in der Bundesrepublik die Bildungspolitik Sache der Länder. Aber ohne verbindliche Absprachen läuft selbst im Bildungssektor nichts. Die Kultusministerkonferenz hat eine Vereinbarung zur Gestaltung der gymnasialen Oberstufe erlassen, die die grundlegenden Anforderungen an den Unterricht beschreibt. Zudem wurden die fachlichen Inhalte und Kompetenzen bei der Abiturprüfung festgelegt.
Dieser Band hält sich an die einheitlichen Prüfungsanforderungen in der Abiturprüfung (Beschluss der Kultusministerkonferenz i.d.F. vom 24.05.2002).
Die Prüfungsanforderungen haben sich gewaltig verändert, durch stures Auswendiglernen und das Erlernen von „Kochrezepten" sind nicht mehr genügend Punkte zu holen. Sie müssen mehr oder weniger die Inhalte verstehen, einsehen, begreifen, beschreiben können, Zusammenhänge sehen, Schlüsse ziehen, Modelle aufstellen und zeigen, dass Sie dem Stoff gewachsen sind und nicht der Stoff Sie beherrscht. Sie können froh sein, diesen Band erworben zu haben, denn genau das, was Sie benötigen, wird Ihnen darin vermittelt. Sie müssen ihn nur richtig benutzen.

Das geforderte Wissen kann wie bisher in die drei „alten" Sachgebiete aufgeteilt werden:

1. die Analysis zur Beschreibung von Abhängigkeiten und Veränderungsprozessen
2. die Lineare Algebra/Analytische Geometrie zur analytischen Beschreibung des Raumes und zur Algebraisierung der geometrischen Figuren
3. die Stochastik zur Beschreibung von zufallsbedingten Größen und zu deren Beurteilung

Die einheitlichen Prüfungsanforderungen sind allerdings nicht in diese klassischen Teile aufgeteilt, sondern in sogenannte Leitideen. Im Prinzip sind die Leitideen mathematische Ideen oder Modelle, die eigentlich die Denkrichtungen anzeigen. Sie sind den Fachgebieten übergeordnet. Der Vorteil in diesem Band, den Leitideen zu folgen, scheint mir größer zu sein, als der Nachteil, dass die Sachgebiete nicht mehr ganz zusammenhängend zu finden sind. Sie müssen innerhalb dieses Bandes sowieso springen und können nicht Seite um Seite bearbeiten, also können wir auch die Einteilung der Kultusminister übernehmen, oder?

Leitidee „Funktionaler Zusammenhang" (Kapitel 4)

- Verknüpfungen und Verkettungen von Funktionen; Ableiten, Untersuchungen von Kurvenscharen; Integrationen, Flächeninhalte, Grundkompetenzen der Exponential- und der trigonometrischen Funktionen
- Zufallsgrößen

Leitidee „Grenzprozesse/ Approximation" (Kapitel 5)

- Grenzwerte, Asymptoten, Näherungsrechnungen bei Nullstellen und Integralen

Leitidee „Modellieren" (Kapitel 10)

- Extremalprobleme, Wachstumsprozesse, Anpassen von Funktionen an vorgegebene Bedingungen
- Anwendung von Matrizen (mehrstufige Prozesse)
- Beurteilende Statistik, Simulation von Zufallsexperimenten

Leitidee Messen (Kapitel 8)

- Flächeninhalte
- Winkel und Abstände mithilfe des Skalarproduktes
- Zufallsgrößen, Kenngrößen, Binomialverteilung

Leitidee Algorithmus (Kapitel 7)

- Rekursion, Iteration
- Lösen linearer Gleichungssysteme, Rechnen mit Matrizen

Leitidee räumliches Strukturieren/Koordinatisieren (Kapitel 6)

- Koordinatensystem, Vektoren, Linearkombinationen, Beschreibung geometrischer Objekte mit Vektoren, Matrizen bei Abbildungen

Leitidee Zufall (Kapitel 9)

- Wahrscheinlichkeit, Wahrscheinlichkeitsverteilungen, Rechnen mit Wahrscheinlichkeiten, Binomialverteilung

1.4 Einen etwas anderen Weg ...

... als üblich soll Ihnen dieser Band erschließen. Genießen Sie dies – und profitieren Sie davon. Klar, dass man Ihnen die Arbeit nicht abnehmen kann. Aber man kann den Zeitaufwand minimieren und man kann die Effektivität optimieren. Wir versuchen beides gemeinsam!
Vorsicht: die Einheitlichen Prüfungsanforderungen gelten natürlich für alle Länder und für alle Abiturprüfungen. Aber sie werden ganz verschieden ausgelegt.
So gibt es zum Beispiel in Baden-Württemberg einen Pflichtteil, der ohne Hilfsmittel bearbeitet werden muss, und einen Wahlteil, bei dem die Hilfsmittel (FS und GTR) zugelassen sind. Bei beiden Teilen wird das Gebiet der Stochastik nicht abgefragt. Alle Schüler erhalten dieselben zentral gestellten Aufgaben.
In anderen Ländern wird nur ein „normaler", kein grafikfähiger Taschenrechner erlaubt und zwischen Grund- und Leistungskursaufgaben unterschieden.

Kurzum, je nach Land, ja ganz fein differenziert sogar je nach Schule (denn meist hat der Fachlehrer noch eine Auswahlmöglichkeit) ist das Stoffgebiet unterschiedlich. Sie müssen mit Ihrem Fachlehrer reden, der schon im eigenen Interesse froh sein wird, wenn Sie sich außerhalb seiner Stunden mit dem mathematischen Abiturstoff beschäftigen.

Für alle gilt als Minimalprogramm:

- **Sie müssen sich einen Überblick verschaffen.**
  Dazu gehen Sie bei jedem Kapitel das Inhaltsverzeichnis durch, kreuzen an, was Sie an Stoff benötigen und lesen die entsprechenden Seiten in Ruhe durch. Sehen Sie sich insbesondere sorgfältigst die entsprechenden Beispiele an.
- **Sie müssen das Arbeiten mit den Hilfsmitteln trainieren.**
  Schade, dass dies der Band nicht leisten kann. Aber mit der Formelsammlung haben Sie einen Spickzettel, den Sie in dieser Ausführlichkeit niemals selbst herstellen könnten. Und der Taschenrechner ist unschlagbar als Helfer. Trainieren Sie immer mit denselben Hilfsmitteln, wie sie in der Prüfung verwendet werden dürfen. Bitte keine Heftaufschriebe und keine Lehrbücher als Hilfen bei den Aufgaben verwenden. Nur TR und FS!
- **Sie sollten ein gewisses Basiswissen auswendig lernen.**
- **Sie müssen Aufgaben lösen lernen.**
  - Testen Sie Ihr Wissen mit den Aufgaben auf den folgenden Seiten und jeweils mit dem eingebauten Beispiel.
  - Lösen Sie alte Abituraufgaben (aber möglichst aus den letzen Jahren, die ganz alten Abituraufgaben haben andere Schwerpunkte als heute) und Aufgaben aus den neuen Lehrbüchern.

Dieser Band bietet Ihnen:

- eine Menge Übersichten, die oftmals mehr helfen als viele Erklärungen
- leider wenige und nur ganz kurze Beispiele, die Sie aber auf jeden Fall bearbeiten müssen
- Erklärungen, die nicht immer mathematisch korrekt, dafür aber verständlich sind
- Begriffserklärungen und Definitionen, bei denen teilweise ebenfalls die mathematische Schärfe der allgemeinen Verständlichkeit geopfert wurde

Von diesem Band können alle profitieren:

- Hektiker, die schnell einen Überblick benötigen
- „Antiprüfungstypen", denen im Ernstfall nichts mehr einfällt
- Durchschnittsschüler, die sich mit minimalem Zeitaufwand einen Überblick verschaffen wollen
- und alle Abiturienten, die Ihre Note verbessern wollen

Übrigens: Die Worte „Schüler, Fachlehrer, Klassenlehrer, Prüfer" werden aus Gründen der Vereinfachung ohne geschlechtliche Wertung verwendet. Damit sollen alle weiblichen und männlichen Personen angesprochen werden.

1.5 Selbsteinschätzung

Sich selbst einzuschätzen ist sehr schwer. Testen Sie auf den beiden Seiten Ihr Wissen. Bei der Auswertung erfahren Sie dann, welcher Weg durch den Band für Sie sinnvoll ist.
Auf dieser Seite wird das elementare Grundwissen getestet. Sie sollten dabei fast ohne Hilfsmittel auskommen, dürfen aber alles, was die Prüfung zulässt, benutzen.

Bitte die wahren Aussagen mit w, die falschen Aussagen mit f kennzeichen. Dabei kann sowohl keine vorgegebene Antwort oder eine oder mehrere Antworten richtig sein.

1. 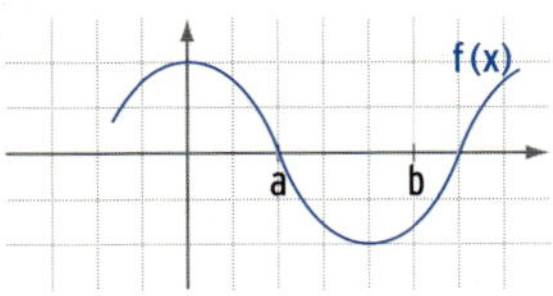

Links sehen Sie das Schaubild der Funktion $y = f(x)$

- ☐ Die erste Ableitung hat mindestens zwei Nullstellen.
- ☐ $f''(b) > 0$
- ☐ $f'(b) > 0$
- ☐ Die Stammfunktion $F(x)$ von $f(x)$ hat bei a einen Hochpunkt.
- ☐ Im Intervall $[a; b]$ ist $f(x)$ monoton.
- ☐ Im Intervall $[a; b]$ ist $f'(x)$ monoton.

2. Die Vektoren $a = \begin{pmatrix} -1 \\ 2 \\ 1 \end{pmatrix}$ und $b = \begin{pmatrix} 1 \\ -1 \\ 2 \end{pmatrix}$

- ☐ sind parallel
- ☐ sind linear abhängig
- ☐ sind orthogonal
- ☐ sind gleich lang
- ☐ liegen in einer Ebene

3. $f_t(x) = \sqrt{t\,x} - \frac{t}{x}$

- ☐ $f'(x) = \frac{t}{2\sqrt{x}} + \frac{t}{x^2}$
- ☐ $f'(x) = \sqrt{\frac{t}{4x}} + \frac{t}{x^2}$
- ☐ $f'(x) = \frac{\sqrt{t}}{2} \cdot x^{-\frac{1}{2}} + \frac{t}{x^2}$
- ☐ $f'(x) = \sqrt{t} - t$
- ☐ $f'(x) = \frac{1}{2}\sqrt{t} \cdot x^{-\frac{1}{2}} + t \cdot x^{-2}$
- ☐ $f'(x) = \frac{1}{2}\sqrt{t} \cdot x^{-\frac{1}{2}} - t \cdot x^{-2}$

4. Die Zahlenfolge mit $a_n = \frac{n-2}{2n^2+1}$ ist

- ☐ monoton
- ☐ alternierend
- ☐ hat eine obere Schranke
- ☐ konvergent
- ☐ divergent
- ☐ ist eine Nullfolge

5. Welche der folgenden Gleichungen beschreiben eine Ebene, die parallel zur x_1-x_2-Ebene ist?

- ☐ $x_1 - x_2 = 0$
- ☐ $x_3 = -7$
- ☐ $\vec{x} = \begin{pmatrix} 1 \\ 2 \\ 3 \end{pmatrix} + t\begin{pmatrix} 0 \\ 1 \\ 0 \end{pmatrix} + s\begin{pmatrix} 1 \\ 1 \\ 0 \end{pmatrix}$
- ☐ $\vec{x} = \begin{pmatrix} 1 \\ 1 \\ 0 \end{pmatrix} + t\begin{pmatrix} 0 \\ 0 \\ 2 \end{pmatrix} + s\begin{pmatrix} 0 \\ 0 \\ 3 \end{pmatrix}$
- ☐ $x_1 = x_2$
- ☐ $x_3 + 2 = 0$

6. Gegeben ist die Gerade h: $\vec{x} = \begin{pmatrix} 1 \\ -1 \\ 1 \end{pmatrix} + t\begin{pmatrix} -1 \\ 1 \\ 0 \end{pmatrix}$

- ☐ liegt in der x_1-x_2-Ebene
- ☐ schneidet die x_3-Achse
- ☐ schneidet die x_2-x_3-Ebene in $S(0\,|\,0\,|\,1)$
- ☐ geht durch $P(-2\,|\,2\,|\,1)$
- ☐ ist senkrecht zur x_3-Achse
- ☐ ist senkrecht zur x_1-x_2-Ebene

7. Anna will einen Schal stricken. Im Korb hat sie 3 gelbe, 3 blaue und 4 rote Wollknäuel. Sie wählt zufällig einen Knäuel aus dem Korb. Nach jeweils 12 Reihen gibt sie den Knäuel wieder in den Korb und wählt wieder zufällig einen Knäuel.

- ☐ Die Wahrscheinlichkeit, dass sie mit Rot beginnt, ist ein Drittel.
- ☐ Die Wahrscheinlichkeit, dass nach der Farbe Rot die Farbe wechselt, ist größer als 0,5.
- ☐ Wenn Anna mit Rot beginnt ist die Wahrscheinlichkeit, dass der Schal nach 36 Reihen noch zweifarbig ist, größer als 0,8.
- ☐ Die Wahrscheinlichkeit, dass alle drei Farben in den ersten 36 Reihen vorkommen, ist kleiner als 0,3.
- ☐ Die Wahrscheinlichkeit, dass nach 36 Reihen der Schal einfarbig ist, ist kleiner als 0,2.
- ☐ Die Wahrscheinlichkeit, dass nach Gelb wieder Gelb kommt, ist kleiner als 0,1.

Ergebnisse:

1	2		3		4		5		6	7
w	f	w	f	w	f	w	f	f	f	f
w	f	w	w	f	f	f	w	w	w	w
w	f		w		w	w	w		w	w
w			f				f		w	w
f									w	w
w									f	f

Bitte die wahren Aussagen mit w, die falschen Aussagen mit f kennzeichnen.

1. ☐ Ein Vektor ist durch zwei Angaben (Länge und Richtung) eindeutig bestimmt.

2. ☐ Ist $P(x_p \mid y_p)$ ein Tiefpunkt des Graphen der Funktion $y = f(x)$, so gilt immer $f'(x_p) = 0$ und $f''_0(x) < 0$.

3. ☐ Man kann bei einem Kfz die vier Reifen auf 16 verschiedene Arten auf die vier Felgen montieren.

4. ☐ Der Graph einer ganzrationalen Funktion n-ten Grades hat höchstens n Nullstellen, höchstens $n - 1$ Extrempunkte und höchstens $n - 2$ Wendepunkte.

5. ☐ Zur Berechnung von Winkelweiten ($\neq 0°$ und $\neq 90°$) zwischen zwei Vektoren wird immer das Skalarprodukt und die Länge der Vektoren benötigt.

6. ☐ Der Grenzwert einer Summe ist gleich der Summe der Grenzwerte (sofern die einzelnen Grenzwerte existieren).

7. ☐ Drei paarweise nicht parallele Ebenen haben genau einen gemeinsamen Punkt.

8. ☐ Bei einer binomialverteilten Zufallsgröße ist der Erwartungswert von der Zahl der Durchführungen unabhängig.

9. ☐ Durch die Angabe des Mittelpunktes und des Radius ist jeder Kreis im Raum eindeutig bestimmt.

10. ☐ Sind A und B zwei Ereignisse eines Zufallsexperiments, dann gilt immer $P(A \cap B) = P(A) \cdot P(B)$.

11. ☐ Sind G und F jeweils Stammfunktionen von $y = f(x)$, dann gilt $(G - F)' = 0$.

12. ☐ Die Gleichung $3x_1^2 - 3x_1 + 3x_2^2 + 5x_2 + 3x_3^2 - 3 = 0$ beschreibt eine Kugel.

13. ☐ Die Stammfunktion der Funktion $f(x) = x e^{2x+2}$ ist $F(x) = \frac{1}{2}x^2 \cdot \frac{1}{2}e^{2x+2}$.

14. ☐ Das Schaubild der Funktion $y = f(x)$ ist zum Punkt $P(u \mid v)$ symmetrisch, wenn $f(x - u) = f(x + u)$ gilt für alle x.

15. ☐ Die Ableitungsfunktion von $f(x) = (3x^3 - 4)^5$ ist $f'(x) = 45x^2(3x^3 - 4)^4$.

16. ☐ Die Vektoren $\begin{pmatrix} 1 \\ -2 \\ 3 \end{pmatrix}$ und $\begin{pmatrix} -13 \\ -2 \\ 3 \end{pmatrix}$ sind orthogonal.

17. ☐ Wenn ein Fahrzeugtyp in vier verschiedenen Farben, mit drei verschiedenen Motoren und mit fünf verschiedenen Ausstattungen angeboten wird, so gibt es über 50 verschiedenartige Fahrzeuge des Typs.

18. ☐ Die Ableitung der Funktion $f(x) = \frac{3x^3 - \sqrt{3x}}{x}$ ist $f'(x) = 6x + \frac{\sqrt{0{,}75}}{\sqrt{x^3}}$

19. ☐ Die Gerade g: $x = \begin{pmatrix} 1 \\ 2 \\ 3 \end{pmatrix} + t\begin{pmatrix} 1 \\ 2 \\ 3 \end{pmatrix}$ ist parallel zur Ebene E: $x = \begin{pmatrix} 4 \\ 5 \\ 6 \end{pmatrix} + t\begin{pmatrix} 4 \\ 5 \\ 6 \end{pmatrix} + s\begin{pmatrix} 0 \\ 0 \\ 2 \end{pmatrix}$.

20. ☐ Der Punkt $P(1 \mid 2 \mid 3)$ liegt innerhalb der Kugel K mit Mittelpunkt $M(-1 \mid 0 \mid 1)$ und Radius $r = 3$.

21. ☐ Die Wahrscheinlichkeit, mit zwei Würfeln die gleiche Augenzahl zu erhalten, ist mindestens doppelt so groß, wie die Wahrscheinlichkeit, mit drei Würfeln drei gleiche Augenzahlen zu erhalten.

22. ☐ $F(x) = -12e^{-\frac{1}{6}x^2} + e^2$ ist eine Stammfunktion von $f(x) = 4x e^{-\frac{1}{6}x^2}$.

23. ☐ $\begin{pmatrix} 0 \\ -1 \\ 0 \end{pmatrix}$ ist ein Normalenvektor der x_1-x_3-Ebene.

24. ☐ Zwei verschiedene Parabeln zweiten Grades haben höchstens zwei gemeinsame Punkte.

Ergebnis: 1. w, 2. f, 3. f, 4. w, 5. w, 6. w, 7. f, 8. f, 9. f, 10. f, 11. w, 12. w, 13. f, 14. f, 15. w, 16. w, 17. w, 18. w, 19. f, 20. f, 21. w, 22. w, 23. w, 24. w

1.6 Die Gebrauchsanweisung

In diesem Band sollen Sie nicht Seite um Seite bearbeiten, Sie würden dazu viel zu viel Zeit benötigen und sich viel Unnötiges aneignen.

Kurzum, in diesem Buch dürfen Sie nicht nur, nein Sie müssen ab dieser Seite springen. Doch die richtigen Sprünge sind gar nicht so einfach. Aber Sie haben zwei Kriterien, nach denen Sie die Sprünge richten können:

- ihre eigene subjektive Einschätzung (objektiviert durch die Klassenarbeitsleistungen und das Beherrschen der schulischen Übungs- und Hausaufgaben)
- die Ergebnisse der 32 Aufgaben der „Selbsteinschätzung"

Sofern Sie das Gefühl haben, den Stoff einigermaßen zu beherrschen, lösen Sie einfach Aufgaben (zum Beispiel alte Abiaufgaben, Aufgaben aus dem Lehrbuch und natürlich die Aufgaben dieses Bandes, die Sie jeweils am Ende der Kapitel finden). Und immer wenn eine Schwierigkeit auftaucht, schlagen Sie in diesem Band nach.

Wenn Sie überhaupt keine Ahnung vom Abiturstoff haben und Ihnen zunehmend die Zeit fehlt, nehmen Sie sich drei Tage Zeit:

- 1. Tag: durchblättern der Formelsammlung (damit Sie die Hilfen auch finden) und Berechnungen mit dem Taschenrechner mittels der Gebrauchsanleitung
- 2. Tag: nur Geometrie
- 3. Tag: Stochastik und Analysis

Und lassen Sie sich nicht verunsichern. Lernen Sie besser weniges richtig, als vieles nur oberflächlich.

Für die erste Aufgabenseite erhalten Sie für jede vollständig richtig gelöste Aufgabe zwei Punkte, auf der zweiten Seite für jede richtig gelöste Aufgabe einen Punkt.

Gebiet	Punkte Analysis	Punkte Geometrie	Punkte Stochastik
maximale Punktezahl	16	15	7
sehr gut, keine Bearbeitungen der Kapitel notwendig	ab 14	ab 13	6 und 7
Eine gute Leistung. Bitte punktuell die Lücken schließen. Schauen Sie sich an, wo Ihre Schwächen liegen, und lesen Sie die entsprechenden Seiten durch.	12 bis 14	11 und 12	5
Eine befriedigende Leistung. Sie sollten am besten das ganze Gebiet durcharbeiten. Bei Zeitmangel konzentrieren Sie sich auf die nebenstehenden Kapitel	9 bis 11	8 bis 10	3 und 4
Sie haben Schwierigkeiten und müssen dringend etwas tun. Aber keine Angst, für Sie ist ja dieses Buch geschrieben. Bearbeiten Sie die Kapitel in der angegebenen Reihenfolge. Sofern Sie in mehreren Gebieten Probleme haben, beginnen Sie mit der Geometrie, danach (sofern verlangt) Stochastik und als letztes Analysis.	unter 9	unter 8	unter 3

2__Bezeichnungen und Grundvoraussetzungen

2.1 Rechenfertigkeiten Analysis

Rechenfertigkeit	Lösungsmöglichkeit	Tipps und Hilfen	Beispiele	Lösungsmöglichkeiten
Einsetzen ist das Ersetzen (Austauschen) einer Variablen durch eine Zahl oder einen mathematischen Term. Das Einsetzen ist mit keiner Denkarbeit verbunden.	Der 1. Schritt ist immer nur das Ersetzen. Anstelle der Variablen wird ganz stur eine Zahl oder ein Term gesetzt. Erst beim 2. Schritt wird vereinfacht, zusammengefasst und berechnet.	Je sturer Sie vorgehen, desto weniger Fehler werden Sie machen. Wenn Sie Zahlen einsetzen müssen, nehmen Sie die Zahl sofort in den Speicher des Rechners.	Gegeben sei die Funktionsgleichung $f_t(x) = t\,x\,e^{2t-3x}$ Berechnen Sie: $f_2(-3)$ $f_{2-s}(s+1)$ $f'_{-1}(2)$ $f_t(-x)$	e: [1] [INV] [ln] TR $f'_t(x) = e^{2t-3x} \cdot (t - 3tx)$ $f_2(-3) = -6e^{4+9} \approx 2{,}6 \cdot 10^6$ $f_{2-s}(s+1)$ $= (2-s)(s+1) \cdot e^{(4-2s)-(3s+3)}$ $f'_{-1}(2) = e^{-8} \cdot 5 \approx 0{,}0017$ $f_t(-x) = t(-x) \cdot e^{2t+3x}$
Lösen von Gleichungen oder Bestimmen der Lösungsmenge ist ein Problem der Mittelstufenmathematik. Bei Schwierigkeiten müssen Sie unbedingt sofort alle Lücken schließen!	Die notwendigen Methoden zur Lösung stehen komplett in Ihrer FS. Entscheidend ist, wo die zu berechnende Variable „steht" (z. B. im Exponent, im Argument einer trigonometrischen Funktion, in der Basis, ...).	Bei Problemen bringen Sie alle Summanden auf eine Seite. Versuchen Sie dann, gemeinsame Faktoren auszuklammern, und setzen Sie die einzelnen Faktoren gleich null. Die Lösungen dieser Teilgleichungen sind die Lösungen der Gleichung.	$\frac{1}{8}x^4 - \frac{3}{2}tx^2 + \frac{5}{2}t^2 = 0$ $3e^{2x-t} = 4$ $\sin(3tx - 5) = \frac{\pi}{3}$ Es gibt infolge der Perioden ∞-viele Lösungen!	Substitution $u = x^2$ $\Rightarrow$ quadratische Gleichung mit Formel $\Rightarrow \begin{cases} u_1 = 10t \Rightarrow x_{1,2} = \pm\sqrt{10t} \\ u_2 = 2t \Rightarrow x_{3,4} = \pm\sqrt{2t} \end{cases}$ Logarithmus (als Umkehrrechenart von e^x einsetzen) $x = \frac{1}{2}\left(\ln\frac{3}{4} + t\right)$ Argument muss $\frac{1}{2}\sqrt{3}$ sein, also $x = \frac{1}{3t}\left(\frac{1}{2}\sqrt{3} + 5\right) = \frac{1{,}96}{t}$.
Ableiten müssen Sie bei jeder Aufgabe. Es lohnt sich, hier zu trainieren, aber Ableiten ist leicht: Ca. 10 Regeln (alle in der FS) reichen voll aus.	Schauen Sie sich zunächst an, um was für eine Verknüpfung (+, −, ·, :) es sich handelt und ob eine Verkettung vorliegt. Dann mit den zugehörigen Regeln arbeiten (wie immer: FS).	Quotientenregel immer anwenden, niemals auf Produktregel ausweichen. Nicht $f(x) \cdot \left(g(x)^{-1}\right)$ anstatt $\frac{f(x)}{g(x)}$! Term erst vereinfachen. Dann nur ableiten, nicht gleich zusammenfassen!	Eine Aufgabe mit Quotienten-, Produkt- und Kettenregel: $f_t(x) = \frac{\sin(\pi x) \cdot \sqrt{x^3}}{tx - 1}$ Bitte Regeln in der FS nachschlagen!	Achtung: Zähler geht über zwei Zeilen! $\frac{\cos(\pi x) \cdot \pi \cdot x^{1,5} + \sin(\pi x) \cdot 1{,}5\,x^{0,5}(tx-1) - \sin(\pi x) \cdot \sqrt{x^3} \cdot t}{(tx-1)^2}$
Stammfunktionen sind Funktionen, deren Ableitungsfunktion die gegebene Funktion ergibt.	Entscheidend ist die Art der Funktion. Als Hilfsmittel haben Sie das algebraische Umstellen, die Substitution und die Produktintegration.	Die Vorbereitung ist mit Abstand das Wichtigste! Schreiben Sie bei Summanden x mit gebrochenrationalem Vorzeichen. $\sqrt{3x} = \sqrt{3}\,x^{0,5}$; $\frac{2}{x} = 2x^{-1}$	$f_t(x) = \frac{x^2 - t}{3x^3}$ $f(x) = \frac{4x^2 + 2x + 1}{2x - 1}$ (Polynomdivision.)	Über $f_t(x) = \frac{1}{3}x^{-1} - \frac{t}{3}x^{-3}$ $\Rightarrow F_t(x) = \frac{1}{3}\ln\|x\| + \frac{t}{6}x^{-2}$ $f(x) = 2x^2 + 2 + 3(2x-1)^{-1}$ $F(x) = \frac{2}{3}x^3 + 2x + 3\ln\|2x-1\| \cdot \frac{1}{2}$
Grenzwertbildung ist eigentlich das zentrale Problem der Oberstufenmathematik. Behalten Sie den Überblick, notfalls berechnen Sie einfach einige Werte mit dem Rechner.	Am besten lernen Sie einige wenige Grenzwerte auswendig; zusammen mit dem unmathematischen Satz: „x im Exponent läuft schneller als jede Potenz von x und der ln läuft langsamer als jede Potenz" klappt es.	Bei der Grenzwertbildung nicht zu tief einsteigen! Der Taschenrechner, „unmathematische" Sätze und natürlich der Satz von L'Hospital und die FS reichen Ihnen.	$\lim\limits_{x \to \infty} = \frac{2x^3 - 5x}{x^4 - 2x}$ Berechnen Sie den Inhalt der Fläche zwischen der x-Achse, der Geraden x = 1 und dem Graphen der Funktion $f(x) = \frac{1}{3x^3}$	$\frac{\frac{2x^3}{x^4} - 5\frac{x}{x^4}}{\frac{x^4}{x^4} - \frac{2^x}{x^4}} \Rightarrow \lim\limits_{x \to \infty} = 0$ Ansatz: $A(z) = \int_1^z \frac{1}{3}x^{-3}\,dx$ $A(z) = \left[-\frac{1}{6}x^{-2}\right]_1^z = -\frac{1}{6z^2} + \frac{1}{6}$ $\lim\limits_{z \to \infty} A(z) = \frac{1}{6}$

2.2 Rechenfertigkeiten Geometrie

Bezeichnung	Beschreibung	Beispiel
Anwendung des Satzes von Pythagoras	Der Satz des Pythagoras dient zur Abstandsbestimmung zweier Punkte und damit auch zur Längenbestimmung einer Strecke. Insbesondere natürlich auch bei Höhen (und Seitenhöhen) von Körpern.	$d(A, B) = d(B, A) = \sqrt{(a_1 - b_1)^2 + (a_2 - b_2)^2 + (a_3 - b_3)^2}$ mit $A(3 \mid -2 \mid 1)$ und $B(2 \mid 5 \mid -3)$ $\Rightarrow d(A, B) = \sqrt{1^2 + (-7)^2 + 4^2} = \sqrt{66}$
	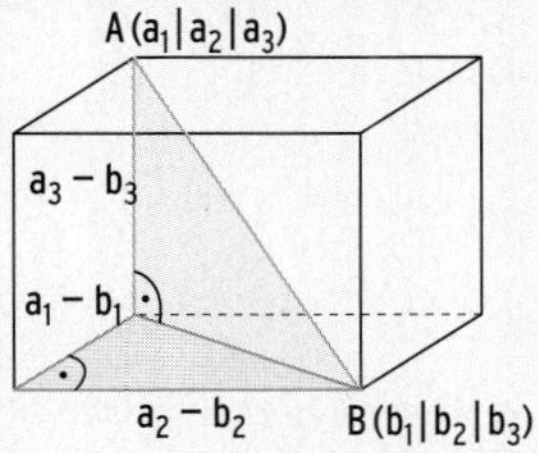	
Koordinaten aus einer Vektorgleichung	Jede Vektorgleichung des Raumes ($\mathbb{R}^3$) kann als Gleichungssystem dreier linearer Koordinatengleichungen geschrieben werden. Diese bestehen aus reellen Zahlen und deren Platzhaltern und können algebraisch „bearbeitet" werden.	$3\vec{a} = \begin{pmatrix} -4 \\ 5 \\ 6 \end{pmatrix} \Rightarrow \begin{cases} 3a_1 = -4 \\ 3a_2 = 5 \\ 3a_3 = 6 \end{cases}$
Lineare Abhängigkeit	Der Vektor $\vec{a}$ heißt von den Vektoren $\vec{b_1}; \vec{b_2}; \dots \vec{b_n}$ linear abhängig, wenn er als Linearkombination von $\vec{b_1}; \dots \vec{b_n}$ beschrieben werden kann. Das heißt: Ist $\vec{a} = r_1\vec{b_1} + \dots + r_n\vec{b_n}$ mit $r_i \in \mathbb{R}$ lösbar $\Rightarrow$ $\vec{a}$ ist linear abhängig; nicht lösbar $\Rightarrow$ $\vec{a}$ ist linear unabhängig. Wichtig: Im $\mathbb{R}^2$ gibt es höchstens zwei, im $\mathbb{R}^3$ höchstens 3, im $\mathbb{R}^n$ höchstens n linear unabhängige Vektoren.	Ist $\begin{pmatrix} 3 \\ -2 \\ 1 \end{pmatrix} = r_1\begin{pmatrix} 1 \\ 1 \\ -4 \end{pmatrix} + r_2\begin{pmatrix} -1 \\ 1 \\ 2 \end{pmatrix}$ lösbar? $\left.\begin{matrix} 3 = r_1 - r_2 \\ -2 = r_1 + r_2 \end{matrix}\right\} \Rightarrow r_1 = \frac{1}{2},\ r_2 = -\frac{5}{2}$ $1 = -4r_1 + 2r_2$ $\Rightarrow -4 \cdot \frac{1}{2} + 2 \cdot \left(-\frac{5}{2}\right) \neq 1$ $\Rightarrow$ keine Lösung $\Rightarrow$ der linke Vektor ist linear unabhängig bezüglich der rechten Seite
Linearkombinationen	Eine Summe von mit reellen Zahlen multiplizierten Vektoren heißt Linearkombination dieser Vektoren. $r_1\vec{a_1} + r_2\vec{a_2} + r_3\vec{a_3} + \dots + r_n\vec{a_n}$ mit $r_i \in \mathbb{R}$ ist eine Linearkombination der Vektoren $\vec{a_1}, \vec{a_2}, \vec{a_3}, \dots, \vec{a_n}$. Jeder Vektor ist darstellbar als Linearkombination jeder Basis des Vektorraums.	$\left.\begin{matrix} 3\vec{a} + 2\vec{b} - 5\vec{c} \\ -\vec{b} - \vec{c} \\ \frac{1}{2}\vec{a} + \sqrt{5}\,\vec{b} - t\,\vec{c} \end{matrix}\right\}$ Linearkombinationen der Vektoren $\vec{a}, \vec{b}, \vec{c}$
Lösen Linearer Gleichungssysteme	Man eliminiert über ein geeignetes Verfahren (Einsetzungsverfahren, Gleichsetzungsverfahren, Additionsverfahren) so viele Variablen wie möglich. „Rückwärts" werden die eliminierten Variablen dann berechnet. Lösung auch über GTR möglich	$2x_1 + 3x_2 - x_3 = -7$ (G1) $3x_1 - 2x_2 + x_3 = 10$ (G2) $-x_1 + x_2 - 2x_3 = -9$ (G3) G4 = G1 + G2: $5x_1 + x_2 = 3$ G5 = 2 G1 − G3: $5x_1 + 5x_2 = -5$ Und G4 − G5 $\Rightarrow x_2 = -2$ $\Rightarrow x_1 = 1$ und $x_3 = 3$

Bezeichnung	Beschreibung	Beispiel
Normieren	Die Richtung des Vektors belassen und die Länge auf eins „bringen", indem man ihn durch seine Länge teilt. Länge $\vec{a} = \sqrt{a_1^2 + a_2^2 + a_3^2}$ $\Rightarrow \quad \vec{a_0} = \frac{\vec{a}}{\sqrt{a_1^2 + a_2^2 + a_3^2}}$.	$\vec{a} = \begin{pmatrix} 3 \\ 1 \\ 5 \end{pmatrix}$ $\Rightarrow \quad \vec{a_0} = \frac{1}{\sqrt{35}} \begin{pmatrix} 3 \\ 1 \\ 5 \end{pmatrix}$
Orthogonalität (senkrecht)	Zwei Vektoren stehen senkrecht zueinander (sind orthogonal), wenn ihr Skalarprodukt null ist. $a \perp b \iff \begin{pmatrix} a_1 \\ a_2 \\ a_3 \end{pmatrix} + \begin{pmatrix} b_1 \\ b_2 \\ b_3 \end{pmatrix} = a_1 b_1 + a_2 b_2 + a_3 b_3 = 0$ Zwei Geraden stehen senkrecht aufeinander, wenn das Skalarprodukt ihrer Richtungsvektoren null ist. Die senkrecht stehenden Geraden müssen sich nicht schneiden. Zwei Ebenen stehen senkrecht aufeinander, wenn das Skalarprodukt ihrer Normalenvektoren null ist. Eine Gerade steht senkrecht auf einer Ebene, wenn der Richtungsvektor der Geraden senkrecht auf jedem Richtungsvektor der Ebene steht oder eine Gerade parallel zum Normalenvektor der Ebene ist.	g: $\vec{x} = \begin{pmatrix} 3 \\ 4 \\ 5 \end{pmatrix} + t \begin{pmatrix} -1 \\ 2 \\ 1 \end{pmatrix}$; h: $\vec{x} = \begin{pmatrix} 1 \\ -2 \\ 3 \end{pmatrix} + s \begin{pmatrix} -1 \\ -1 \\ 1 \end{pmatrix}$ sind $\perp$, weil $\begin{pmatrix} -1 \\ 2 \\ 1 \end{pmatrix} \begin{pmatrix} -1 \\ -1 \\ 1 \end{pmatrix} = 1 - 2 + 1 = 0$ gilt. E: $-x_1 + 2x_2 + x_3 - 2 = 0$ ist $\perp$ g, da $\vec{n} = \begin{pmatrix} -1 \\ 2 \\ 1 \end{pmatrix}$ || Richtungsvektor der Geraden g 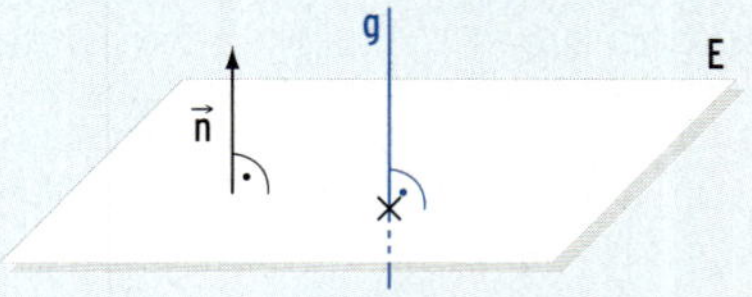
Skalarprodukt	Das Skalarprodukt ist die einzige Verknüpfung, die zwei Vektoren eine reelle Zahl zuordnet. Es gibt (für jeden Vektorraum) unendlich viele definierbare Skalarprodukte, von denen für uns allerdings nur eines sehr wichtig ist.	Im rechtwinkligen Koordinatensystem gilt: $\begin{pmatrix} a_1 \\ a_2 \\ a_3 \end{pmatrix} \cdot \begin{pmatrix} b_1 \\ b_2 \\ b_3 \end{pmatrix} = a_1 \cdot b_1 + a_2 \cdot b_2 + a_3 \cdot b_3$ Zahlenbeispiel: $\begin{pmatrix} 1 \\ 0 \\ 0 \end{pmatrix} \cdot \begin{pmatrix} 0 \\ 1 \\ 0 \end{pmatrix} = 0 + 0 + 0 \Rightarrow \begin{pmatrix} 1 \\ 0 \\ 0 \end{pmatrix} \perp \begin{pmatrix} 0 \\ 1 \\ 0 \end{pmatrix}$
Winkelweiten	Über die Winkelfunktion cos und das zuvor beschriebene Skalarprodukt wird die Winkelweite zwischen zwei Vektoren bestimmt. $\cos\alpha = \frac{\lvert\vec{x} \cdot \vec{y}\rvert}{\lvert\vec{x}\rvert \cdot \lvert\vec{y}\rvert}$ $= \frac{\left\lvert \begin{pmatrix} x_1 \\ x_2 \\ x_3 \end{pmatrix} \cdot \begin{pmatrix} y_1 \\ y_2 \\ y_3 \end{pmatrix} \right\rvert}{\sqrt{x_1^2 + x_2^2 + x_3^2} \cdot \sqrt{y_1^2 + y_2^2 + y_3^2}}$ $= \frac{\lvert x_1 y_1 + x_2 y_2 + x_3 y_3 \rvert}{\sqrt{x_1^2 + x_2^2 + x_3^2} \cdot \sqrt{y_1^2 + y_2^2 + y_3^2}}$ Man berechnet mit diesem Ansatz immer den kleineren der beiden Winkel zwischen zwei Vektoren.	Winkel zwischen $\vec{x} = \begin{pmatrix} 1 \\ -3 \\ 1 \end{pmatrix}$ und $\vec{y} = \begin{pmatrix} 2 \\ -1 \\ 3 \end{pmatrix}$ $\cos\alpha = \frac{\lvert 2 + 3 + 3 \rvert}{\sqrt{11} \cdot \sqrt{14}} = \frac{8}{\sqrt{154}}$ über TR [INV] [COS] $\Rightarrow \quad \alpha \approx 49{,}86°$ Wichtiger Spezialfall: $\cos\alpha = 0 \iff \alpha = 90°$ also wenn $\begin{pmatrix} a_1 \\ a_2 \\ a_3 \end{pmatrix} \cdot \begin{pmatrix} b_1 \\ b_2 \\ b_3 \end{pmatrix} = a_1 \cdot b_1 + a_2 \cdot b_2 + a_3 \cdot b_3 = 0$ $\iff \quad \vec{a} \perp \vec{b}$ (Winkel zwischen Geraden, Ebenen, ...)

2.3 Rechenfertigkeiten Stochastik

Im Grunde bewegen wir uns hier ausschließlich innerhalb der vier Grundrechenarten. Mathematisch gesehen ist das eigentlich Stoff der Grundschule.
Die Probleme in diesem Fachgebiet liegen bei der Umsetzung der sprachlich gestellten Aufgaben in die mathematische „Fachsprache", am Verstehen der Aufgaben und an der Fähigkeit, eine Aufgabe dem richtigen Modell zuzuordnen.
Das Training im Fach Stochastik unterscheidet sich deshalb grundlegend von dem der Analysis. Wir üben ausschließlich das Aufgabenlösen und gehen davon aus, dass Sie die Rechenfertigkeiten beherrschen.

Da gewisse Rechenschritte immer wieder vorkommen, hat man dafür Symbole eingeführt. Die Symbole der Kombinatorik und deren Bedeutung und Berechnung (ganz gleich ob mit einem Tabellenbuch, mit dem Taschenrechner oder „zu Fuß") zu kennen, ist Grundvoraussetzung zur Lösung vieler Aufgaben.

- **n!** $= 1 \cdot 2 \cdot 3 \cdot \ldots \cdot (n-1) \cdot n$
  Multiplikation aller natürlichen Zahlen von 1 bis n.
  Sonderfall $0! = 1$
- $\binom{n}{k}$ sprich: „n über k" $= \frac{n!}{k!\,(n-k)!}$
- **n-tupel:** $(k_1 | k_2 | \ldots | k_n)$ ist eine geordnete Liste aus n Elementen. So bestehen zum Beispiel die Koordinaten eines Punktes in der Ebene aus einem 2-tupel $(x_1 | x_2)$, die Punkte im Raum aus 3-tupeln $(x_1 | x_2 | x_3)$.
- **Permutationen:** Anordnungsmöglichkeiten von n Elementen.
- **Kombinationen:** Zusammenstellung von k Elementen aus einer Menge von n Elementen $(n \geq k)$.
  Ohne Wiederholung: k verschiedene Elemente werden ausgewählt.
  Mit Wiederholung: Bei den k ausgewählten Elementen können Wiederholungen (gleiche Elemente) vorkommen ($k > n$ möglich).
- **Variationen:** Kombinationen unter Berücksichtigung der Anordnung („Reihenfolge ist wichtig").

Notwendige Regeln zur Kombinatorik

1. Permutationen:
   n verschiedene Elemente: n!
   m Gruppen mit $p_1, p_2, \ldots, p_m$ Elementen $(p_1 + p_2 + \ldots + p_m = n)$:
   $\frac{n!}{p_1! \cdot p_2! \cdot \ldots \cdot p_n!}$
2. Kombinationen und Variationen:
   Jeweils k Elemente aus einer Menge von n Elementen.

	ohne Wiederholungen	mit Wiederholungen
Variationen (mit Anordnung)	$\frac{n!}{(n-k)!}$	n^k
Kombinationen (ohne Anordnung)	$\binom{n}{k}$	$\binom{n+k-1}{k}$

3. Regeln für $\binom{n}{k}$ $(n, k \in \mathbb{N};\ n \geq k \geq 0)$:
   $\binom{n}{0} = 1;\ \binom{n}{n} = 1;\ \binom{n}{1} = n;\ \binom{n}{k} = \frac{n!}{k!\,(n-k)!} = \binom{n}{n-k}$
   Sie müssen die Berechnungen für n! und $\binom{n}{k}$ schnell und sicher über den TR (oder eine zugelassene Tabelle) ausführen können.

Deshalb einige Beispiele:

Beispiele	
6!	720
9!	362 880
1!	1
$\binom{10}{3}$	120
$\binom{20}{7}$	77 520
$3! \cdot \binom{9}{7}$	216
$\binom{10}{2} \cdot 0{,}3^2$	4,05
12! – 11!	439 084 800
$\frac{2! + 3! + 4!}{5!}$	$\frac{32}{120}$
0!	1 (Spezialfall)

2.4 Lösen von Aufgaben

Natürlich erhalten Sie (wie Ihre Väter, Großväter, Urgroßväter, ...) bei der Abiturprüfung Aufgaben zur Bearbeitung und zum Lösen. Aber (ich vereinfache gerade gewaltig) die früher übliche Art der eindeutigen Aufgabenstellung (Weg war „vorgegeben", jede Angabe musste verwendet werden, keine Überbestimmung, Aufgabe war mit den trainierten Methoden lösbar, Lösungsweg war eindeutig, ...) wurde aufgeweicht. Sie müssen sich mit komplexeren Sachverhalten und offeneren Fragestellungen auseinandersetzen. Schlecht für Sie, denn das Spektrum – und damit auch Ihr Zeitaufwand – ist größer geworden, aber mit der richtigen Vorbereitung noch machbar. Gehen wir gemeinsam die „neuen" Probleme an.

Lesen Sie ja nicht in den Einheitlichen Prüfungsanforderungen durch, was von Ihnen verlangt wird, Sie werden dadurch nur nervös und unsicher. Einige wenige Teilsätze zitiere ich dennoch aus der Festlegung für die Gestaltung der Abiturprüfung:

Die „Modellierung zur Lösung realitätsnaher Probleme" und das „Beherrschen grundlegender Vorgehensweisen zur Gewinnung, Darstellung und Sicherung mathematischer Erkenntnisse" geht gut, auch noch das „Verfügen über eine sichere Raumanschauung" und das „angemessene Verwenden mathematischer Fachsprache" akzeptieren wir gerne, aber das „Nutzen heuristischer Strategien und Verfahren", das „selbständige Auswählen, Nutzen und Bewerten von Informationen" und das „Erläutern von Regeln und Verfahren" machen schon etwas bange.

Die folgende Tabelle soll Ihnen als Richtlinie zur Lösung dienen:

Mögliche Schritte zur Aufgabenlösung	
Überblick Ganz wichtig!	Sie müssen wissen, was die Aufgabe beinhaltet, um die Zeit vernünftig einzuteilen. Es ist nicht mehr so, dass die einfacheren Fragen am Anfang und die schwierigeren am Schluss platziert sind.
Erfassen der Aufgabe	Vorsicht, es werden oftmals ganz andere Qualifikationen abgefragt als das bisher im Vordergrund stehende Lösen innermathematischer Probleme. Das sture „Rechnen" ist dem Verständnis der Materie gewichen. Denken Sie auch an die Hilfsmittel FS, TR, GTR.
Zerlegung	Klar, dass Sie versuchen, ein anstehendes mathematisches Problem zu zerlegen. Gehen Sie von der Fragestellung aus: ▪ Was muss ich zeigen, erklären oder berechnen? ▪ Was für Wege sind überhaupt möglich? ▪ Was für Hilfen sind denkbar? ▪ Muss ich Zwischenschritte einfügen (z. B. ist eine Hilfsebene notwendig)? ▪ Welche Größen, die ich nicht kenne, muss ich bezeichnen (mit x, y, t, ...)?
Umsetzung	Sofern Sie die Aufgabe erfassen und zerlegen konnten, ist dieser Schritt eine reine Zuordnung eines sprachlichen Textes zu einer mathematischen Form. Bei Problemen erstellen Sie eine Skizze und tragen noch nicht verwendete Angaben der Aufgaben ein.
Ansatz	Ist das Aufstellen eines problemgeeigneten mathematischen Terms. Sie müssen damit rechnen, dass Sie selbst herausfinden müssen, welcher Term geeignet ist.
Berechnung	Erst jetzt kommen die geübten Rechenfertigkeiten ins Spiel. Sie sehen, was davor schon an Arbeit geleistet werden muss. Ab diesem Punkt dürfen Sie keinen Fehler mehr machen, denn der Einsatz der Rechenfertigkeiten ist trainierbar.
Begründung	Begründungen, Beschreibungen, Erläuterungen, Erklärungen, Bewertungen, Verallgemeinerungen, Verzahnungen mit anderen Gebieten und Aufzeigen von Zusammenhängen gehören heute zu den Lösungsanforderungen. Lesen Sie die einzelnen Seiten dieses Bandes so durch, dass Sie jeweils am Schluss der Seite erklären können, was auf der Seite stand.
Lösung	Vergessen Sie nie, die gestellte Frage zu beantworten. Eine sauber geschriebene Lösung gehört zur Bearbeitung dazu. Erklären Sie auch, welche Hilfsmittel Sie zur Lösung des Problems verwendet haben.

2.4.1 Probleme und Anwendungen

Auf den ersten Blick scheint jede bei einer Prüfung vorgelegte Aufgabe sich von allen durchgerechneten Übungsaufgaben stark zu unterscheiden.
In der Regel ist der Prüfling absolut überzeugt, das nun angesprochene Problem und die im Text beschriebene Fragestellung seien für ihn völlig neu, ungewohnt und deshalb schwer oder kaum zu bewältigen.
Doch dies stimmt nicht. Es gibt nur überschaubar viele Probleme, die als Aufgabe gestellt werden können.

Es gibt nur sehr wenige (je nach grober oder feiner Differenzierung etwa zwischen 15 und 30) im Grundsatz verschiedene Anwendungen der Rechenfertigkeiten.

Die Mathematik ist so herrlich frei von Ausnahmen und so stur, dass man bei den „Grundproblemen" einiges (wenn nicht sogar alles) trainieren kann.
Unter den „Grundproblemen" verstehe ich die üblichen Fragen, die meiner Schätzung nach im Schnitt ca. 75 % einer „normalen" Aufgabe ausmachen.

Die „Verpackung" (und damit meine ich die verbale Fragestellung) wird sich von Fall zu Fall (teilweise sogar stark) unterscheiden, aber der Lösungsweg ist so gut wie immer gleich.
Wichtig ist eigentlich nur, dass Sie den sinnvollen Einsatz der richtigen Rechenfertigkeiten erlernen. Eigentlich müsste bereits ein Wort genügen, um Sie bei den meisten Problemen auf die richtige Spur zu bringen.

Was ich meine, wird sicherlich an einem einfachen Beispiel deutlicher. Lesen Sie bitte die folgenden Aufgaben in aller Ruhe aufmerksam durch.

- Bestimmen Sie die Extrempunkte der gegebenen Funktion.
- Welche Bedingung muss t erfüllen, damit die gegebene Funktion zwei Extrempunkte hat?
- Welche Beziehung muss zwischen t_1 und t_2 gelten, damit die Extrempunkte der gegebenen Funktion zusammenfallen?
- Zeigen Sie, dass die gegebene Funktion keine Extrempunkte hat.
- Für welche t ist die Abszisse des Hochpunktes größer als die Abszisse des Tiefpunktes bei der gegebenen Funktionenschar?
- Zeigen Sie: Die gegebene Funktion hat nur dann 2 Nullstellen, wenn sie keinen Extrempunkt hat.
- Begründen Sie, dass für $t = 0$ die Funktion keinen Extrempunkt hat.
- Weisen Sie nach, dass die Ordinate des Tiefpunktes der gegebenen Funktion kleiner als 4 ist.
- Beweisen Sie: Der Hochpunkt jeder Funktion der Schar liegt im ersten Quadranten.

Lauter verschiedene Aufgaben. Oder etwa nicht?
Nein, das mathematische Problem aller dieser Fragen ist der Extrempunkt. Alle Lösungen führen über denselben Rechengang, denselben Lösungsweg. Schon das Wort „Extrempunkt" oder „Hoch- bzw. Tiefpunkt" muss Ihnen zum Ansatz der Rechnung reichen:
Sofort 1. Ableitung, Nullsetzen, 2. Ableitung, ...

Sie müssen auf jeden Fall so beginnen, ganz gleich ob Sie die gestellte Frage verstehen oder nicht. Und erst nachdem Sie die Extrempunkte berechnet haben, versuchen Sie (notfalls mit einer Fallunterscheidung) die gestellte Frage zu beantworten.

Tipp

Ein Wort muss Sie sofort auf den richtigen Weg lenken und starten lassen. Erst nach der Berechnung kümmern Sie sich um die gestellte Frage.

2.4.2 Textaufgaben

Die offenere Aufgabenstellung vertreibt die früher üblichen Aufgaben, die ganz grob gesprochen in etwa so aussahen:

- Gegeben ist die Funktion f(x) = ... Ihr Graph sei K. Bestimmen Sie ...
- Gegeben ist die Ebene E, der Punkt A und die Gerade g. Unter welchem Winkel schneidet g die Ebene E, ...

Eigentlich schade, denn bei diesen Aufgaben war man sofort bei und in der Mathematik. Und mit den Hilfen TR und FS konnte jeder – aber auch wirklich jeder Schüler – sofort und gut punkten.

Heute haben Sie es in der Regel mit Textaufgaben zu tun. Das Problem wird beschrieben und Sie müssen den Text in die mathematischen Formen umsetzen. Ein Schritt, den Sie unbedingt schaffen müssen, sonst können Sie nicht mit der „Berechnung" beginnen und die Punkte sind weg.

Beherzigen Sie die Tipps, die ich Ihnen jetzt zu den Textaufgaben gebe, denken Sie darüber nach und prägen Sie sie sich ein:

- **Sie befinden sich in der Mathematik, also „mathematisieren" Sie die Objekte.**
  (Ein gespannter Draht, ein Sonnenstrahl, eine Stange, ... ist eben bei uns nichts als eine Gerade; das Kirchdach, das Walmdachhaus, der Abwasserkanal, ... sind eben Körper – und zwar bekannte Körper, die Sie alle in der FS finden.)
- **Lassen Sie sich nicht durch Worte wie „begründen Sie", „zeigen Sie", „schätzen Sie", von der Mathematik und der bisherigen Lösungsweise abbringen.**
  Alle diese Worte führen doch zum gleichen Ansatz und zur gleichen Berechnung.
- **Denken Sie stets positiv. Alles was gefragt wird, haben Sie schon behandelt.**
  Manchmal sehen Sie nicht sofort, welchem mathematischen Sachgebiet die Aufgabe zuzuordnen ist. Vielleicht ist der Lösungsgedanke, der Lösungsweg schwer zu erkennen. Aber Sie wissen, was der Aufgabensteller will und dass es mit Ihrem Wissen geht!
- **Lassen Sie sich von der Art der Fragestellung nicht verunsichern.**
  Suchen Sie das eigentliche mathematische Problem der Aufgabe und konzentrieren Sie sich auf Angaben, die zu Zahlen, Termen, Gleichungen führen. Trennen Sie sich vom Begleittext.
- **Suchen Sie nach Worten, die auf ein mathematisches Teilproblem hinweisen.**
  Beispielsweise Ortskurve, Ebene, Flächeninhalt, Nullstelle, ...

Noch ein paar Beispiele zum besseren Verständnis:

Eine Population von Insekten besteht aus $4{,}5 \cdot 10^6$ Individuen. Vor 2 Jahren waren es noch $7{,}5 \cdot 10^6$ Individuen. Wann ist diese Population verschwunden, wenn man eine gleichmäßige (lineare) Abnahme voraussetzt?

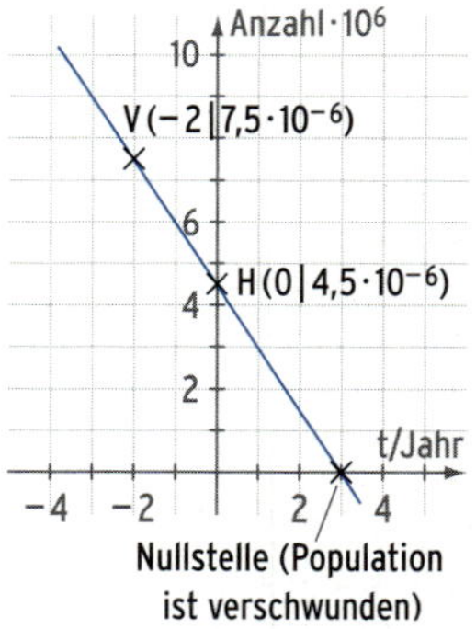

Die Zuordnung „heute ⇔ $4{,}5 \cdot 10^6$" und „vor 2 Jahren ⇔ $7{,}5 \cdot 10^6$" sind mathematisch gesehen zwei Punkte $H(0\,|\,4{,}5 \cdot 10^6)$ und $V(-2\,|\,7{,}5 \cdot 10^6)$. Gleichmäßige (lineare) Abnahme heißt: lineare Funktion, also Gerade.

Wann die Population verschwunden ist, ist eine Frage nach der Nullstelle. Die Skizze zum Problem zeigt dies deutlich.

Wo trifft der Schatten der Baumspitze auf die Hauswand?

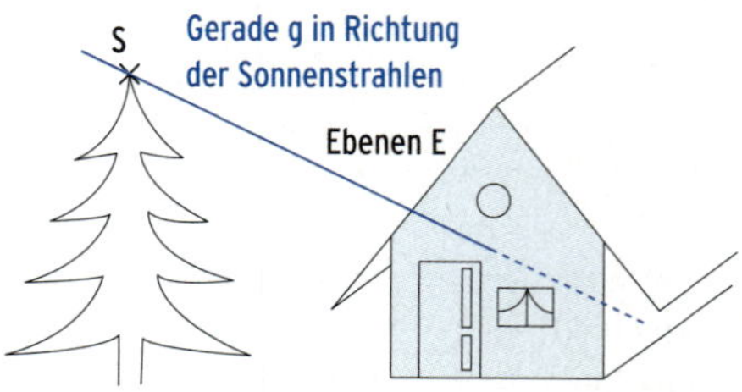

Lösungsweg: Schnitt einer Ebene (= Hauswand) mit einer Geraden g durch den Punkt S in Richtung der Sonnenstrahlen.

3__Hilfen

Ohne Hilfen sind Sie in weiten Teilen der Mathematik absolut chancenlos. Sie müssen die erlaubten Hilfsmittel in Ihrem eigenen Interesse voll und gezielt ausnutzen. Ohne Training ist dies meines Erachtens schlicht nicht möglich. Genau an dieser Stelle lohnt sich der Übungsaufwand am allermeisten.
Nur wer etwas zu verschenken hat, lässt die Hilfsmittel außer Acht. Klar, dass Sie zuallererst das Autofahren erlernen müssen, bevor Sie fahren können. Aber danach erreichen Sie mit dem Auto eben Ziele, die Sie nicht zu Fuß erreichen würden. Und genauso sieht es mit den Hilfen aus. Untrainiert können Sie diese – auch wenn Sie dies glauben – einfach nicht vernünftig, nicht optimal und schon gar nicht unter Stress in der Prüfungsphase einsetzen.

Kurzum, Kapitel 3 ist mit Abstand das wichtigste Kapitel. Hier wird mit wenig Zeit sehr viel erreicht.

Damit Sie nicht fälschlicherweise glauben, dass Sie die Hilfsmittel beherrschen, beginnen wir dieses Kapitel mit einem Test. Wenn Sie problemlos die Aufgaben lösen können, können Sie dieses Kapitel überschlagen. (Ich würde es dennoch nicht tun, der Zeitaufwand ist gering und lohnt sich immer; zudem ist der Stoff nicht schwer.)
Gehen Sie mit Freude und nicht halbherzig an dieses Kapitel. (Verraten Sie es niemanden, wenn es sogar Spaß macht).
Vor dem Test eine Auflistung der möglichen Hilfsmittel:

Art	Beschreibung	Einsatzmöglichkeit
Aufgabensammlung	Alte Abiaufgaben mit Lösungen bieten viele Verlage an. Dank der EPA profitieren Sie auch von Aufgaben aus anderen Bundesländern.	In der Vorbereitungsphase (die nicht früh genug beginnen kann) immer. Wenn möglich bitte eine Aufgabe immer ganz lösen (nicht nur z. B. den a)-Teil), Sie erhalten dadurch ein Zeitgefühl. Möglichst neuere Aufgaben verwenden!
Fachlehrer	Die wichtigste Hilfe überhaupt. Nur er kennt die Schwerpunkte, die zu setzen sind, und die Lücken, die Sie sich erlauben können.	Auf jeden Fall vor der Bearbeitung eines Kapitels. Jede Information spart Ihnen Zeit!
Formelsammlung	Ein herrlicher Spickzettel, der immer hilft. Allerdings müssen Sie auch mit ihm arbeiten.	Bei jeder Hausaufgabe die FS als Hilfe benützen. Auch im Unterricht sofort schauen, wo die Hilfe zu finden ist.
GTR	Der grafische Taschenrechner beherrscht eigentlich die ganze Schulmathematik.	Immer, immer, immer. Nehmen Sie nie mehr einen anderen Rechner zur Hand.
Modelle	Sie werden staunen wie viele Modelle erlaubt sind. Nutzen Sie die Modelle aus.	Bei der Vorbereitung, bei den Hausaufgaben, im Unterricht.
Skizzen	Verschiedene Arten möglich; wichtig ist die Klarheit und Übersichtlichkeit.	Universal bei fast jedem mathematischen Problem einsetzbar.
Taschenrechner	Der „normale" Schultaschenrechner ist oftmals unentbehrlich.	Bei allen Berechnungen, insbesondere natürlich bei Exponential- und trigonometrischen Funktionen.
Fachbücher	Außer dem eingeführten Lehrbuch gibt es noch eine Vielzahl Lehrbücher anderer Verlage.	Lesen Sie auch mal ein anderes Lehrbuch. Wenn mit anderen Worten, anderen Beispielen, anderen Argumenten erklärt wird, erweitert sich auf jeden Fall das Verständnis.

3.1 Ein kleiner Test

Haben Sie Bleistift und Papier parat? Ein klein wenig Mathematik wird Ihre Laune verbessern und Ihnen Spaß machen. Beantworten Sie einfach die 10 gestellten Fragen, die Antworten finden Sie am unteren Ende der Seite.

1. Wie berechnet man den Flächeninhalt eines Drachens?
2. Geben Sie die Werte cos 20° (Gradmaß) und cos 3,001 (Bogenmaß) an.
3. Berechnen Sie auf 8 Dezimalen genau den Term $2{,}735 \cdot e \cdot \pi \cdot \sqrt{3}$.
4. Bilden Sie aus der Differenz $a^n - b^n$ ein Produkt.
5. Geben Sie die Koordinatengleichung eines Kreises in der x_1-x_2-Ebene an.
6. Berechnen Sie den Flächeninhalt der Fläche zwischen den Geraden $x = 2;\ y = 0;\ x = 5$ und dem Graphen der Funktion $f(x) = \frac{2e^{1+x}}{x^3 - 2x}$
7. Wie oft schneiden sich die Graphen der Funktionen $f(x) = 4\sin(x-3)$ und $g(x) = x^3 - e^x$? Geben Sie den Schnittpunkt S mit der größten Abszisse auf zwei Dezimalen genau an.
8. Was versteht man unter dem empirischen Gesetz der großen Zahlen?
9. Geben Sie die Formel von Bayes an.
10. Geben Sie eine Stammfunktion der Funktion $f(x) = \frac{1}{\cos x}$ an.

Zu den Aufgaben:
Nicht eine einzige der Aufgaben war schwer. Die Antworten waren zum großen Teil problemlos der Formelsammlung zu entnehmen (schauen Sie sich einmal in Ruhe an, unter welchen Stichworten Sie die verschiedenen Probleme finden), der andere Teil konnte mit Hilfe des Taschenrechners beantwortet werden, die Aufgaben 6 und 7 allerdings nur mittels des grafischen Taschenrechners.

Bei allen Fragen war kein mathematisches Verständnis erforderlich, mittels den erlaubten Hilfsmitteln waren die Fragen also jederzeit beantwortbar. Aber ohne Formelsammlung und Taschenrechner wären nur wenige Aufgaben für einen „normalen" Schüler lösbar. Ich wollte Ihnen mit diesen Aufgaben nur zeigen, wie wichtig die Hilfsmittel sind und dass Sie die folgenden Seiten ja nicht überspringen sollten.

Nur zur Klarstellung:
Sie lassen kein Auto an ohne Anlasser, Sie öffnen keine Weinflasche ohne Korkenzieher, Sie essen kein Steak ohne Messer und Gabel und Sie benutzen ein Fahrrad um schneller ans Ziel zu kommen als zu Fuß. Mit anderen Worten: Sie benutzen tagtäglich Hilfsmittel, die erlaubt sind. Weshalb also nicht in der Mathematik?

Lösungen:

1. $A = 0{,}5 \cdot e \cdot f$ mit den Diagonalen e und f
2. $\cos 20° = 0{,}9396926208$ und $\cos 3{,}001 = -0{,}9901331216$
3. 40,45407848
4. In einigen FS unter „Termumformungen", in anderen unter
$$a^n - b^n = (a-b) \cdot (a^{n-1} \cdot b^0 + a^{n-2} \cdot b + a^{n-3} \cdot b^2 + \ldots + a \cdot b^{n-2} + a^0 b^{n-1})$$
5. $(x_1 - m_1)^2 + (x_2 - m_2)^2 = r^2$
6. $\int_2^5 f(x)\,dx = 17{,}7724539$ (über GTR)
7. Die Graphen schneiden sich zweimal. Gesuchter Schnittpunkt: S(4,39 | 3,94)
8. Wird ein Zufallsexperiment sehr häufig durchgeführt, so nähern sich die realtiven Häufigkeiten der Ereignisse E in der Nähe einer festen Zahl z(E).
9. $P(B/A) = \frac{P(B)}{P(B) \cdot P(A/B) + P(\overline{B}) \cdot P(A/\overline{B})} \cdot P(A/B)$
10. $\ln\left|\tan\left(\frac{x}{2} + \frac{\pi}{4}\right)\right|$

3.2 Die Formelsammlung (im folgenden kurz FS)

Mit der FS ist ganz offiziell ein „Spickzettel" bei der Prüfung erlaubt, den Sie in dieser Vollkommenheit und Ausführlichkeit niemals selbst herstellen könnten.
Er stellt ein ungeheuer stabiles Netz dar, das Sie immer wieder auffängt, und setzt man diese Hilfe gezielt ein, kommt man niemals unter 5 Punkte oder unter die Note 4.

Sie sollten beispielsweise den Graphen einer Funktion um die x-Achse drehen. Wo suchen Sie in der FS?
Können Sie sich vorstellen, dass gerade in stressigen Prüfungssituationen das sonst vorhandene Grundwissen einfach „weg" ist, dass Sie Dinge suchen müssen? Gerade dann ist es gut, wenn Sie schon öfters in der FS nachgeschlagen haben, wenn Sie wissen, unter welchem Begriff das Problem versteckt ist.
Kurzum: Trainieren Sie den Umgang mit der FS!

Einige wenige Seiten scheinen mir besonders wichtig zu sein. Diese Seiten müssen Sie auf alle Fälle durcharbeiten (denn in der FS sind nicht immer dieselben Buchstaben und dieselben Darstellungen wie im Unterricht) und im Notfall blind finden.
Die folgende Tabelle listet die wichtigsten Seiten auf:
1. Spalte: Hier finden Sie die Übersicht, was die Seite beinhaltet.
2. Spalte: leer; Sie sollten die Seiten Ihrer FS hier eintragen (mit dem großen Vorteil, dass Sie dann auch alles gesucht haben).
3. Spalte: Seitenzahl in der Formelsammlung von Schroedel (Formelsammlung für Gymnasien ISBN 978-3-507-73018-2)
4. Spalte: Seitenzahl der Formelsammlung vom Klett-Verlag (Mathematische Formelsammlung für Gymnasien ISBN 978-3-12-71801 0-7)
5. Spalte: Seitenzahl der Formelsammlung aus dem Wittwer-Verlag (Formelsammlung Mathematik ISBN 978-3-87919-372-1)

Klar, dass es noch weitere geeignete Formelsammlungen gibt, aber ich denke, dass als Beispiel diese drei FS genügen. Und Ihnen ist hoffentlich auch klar, dass nicht nur die in der Tabelle aufgelisteten Probleme anstehen und bei vielen, vielen weiteren Problemen die FS hilft.

Ableitungen, Stammfunktionen, Integral		37, 39, 45	33, 35 ff.	22, 25, 31
ebene Figuren (Dreiecke, spezielle Vierecke)		8 ff., 12 ff.	11 ff.	41, 50 ff.
Ebenen		51 ff.	21 ff.	66 ff.
Flächenberechnung		45	36	32
Flächensätze (Pythagoras, Höhen-Kathetensatz)		11	11	44 ff.
Folgen, Reihen		34 ff.	6	16
Funktionen		17 ff.	3, 10, 32	19 ff.
Geraden, Steigung		16 ff.	19	39, 66, 73
Grenzwerte		35 ff.	31 ff.	17, 21, 23
Kegelschnitte		54 ff.	22	–
Körper (Quader, Kegel, Prisma, Pyramide, Kugel)		14 ff.	13	55 ff.
Kreise, Kreisausschnitt, Kreisabschnitt		13 ff.	14, 20 ff.	53 ff.
Kurvendiskussion		40 ff.	34	25 ff.
Matrizen		56	25 ff.	75 ff.
physikalische Größen und Formeln		61 ff.	–	88 ff.
Potenzen, Wurzeln, Logarithmen		5	4	6, 7
Prozent-, Zinsrechnung, Rentenformeln		6	6	8
Rotationskörper		47	36	33
Sätze zur Integration, numerische Integration		46 ff.	37	34
Statistik		23, 30	3, 39, 44	86
Strahlensätze		20	12	49
Termumformungen, Binomische Formeln, quadratische Gleichungen		4	2, 3	5, 15
Trigonometrie, Winkel, Winkelfunktionen		7, 21 ff.	10, 14 ff.	38 ff, 55 ff.
Vektoren		48 ff.	17	61 ff.
Wachstumsfunktionen		19	37	35 ff.
Wahrscheinlichkeit, Kombinatorik		24 ff.	39 ff.	78 ff.

3.3 Der Taschenrechner (kurz TR)

... kann wesentlich mehr als man von ihm erwartet. Freunden Sie sich mit Ihrem TR an, die fehlende Fertigkeit am Rechner kann und darf kein Hindernis für eine akzeptable Note sein. Akzeptieren Sie aber auch, dass Sie nicht alles beherrschen werden, was in der Anleitung steht!
Selbst wenn Ihnen ein grafikfähiger Taschenrechner (GTR) zur Verfügung steht, müssen Sie diese Seite nicht notwendigerweise überspringen. Die Übungsaufgaben dieser Seite sind natürlich auch „GTR-geeignet".
Ob TR oder gar GTR, setzen Sie ja diese erlaubten Hilfen ein! Verwenden Sie den TR zur Berechnung, zur Probe, um Vermutungen zu beweisen oder zu widerlegen, um notfalls Grenzwerte zu erkunden, Pole oder Nullstellen zu finden, ...
Üben Sie mit **Ihrem TR** – auch (oder gerade) die trivialen, sturen Berechnungen.

Denken Sie daran:

- Man kann (und muss!) ihn umstellen (Bogenmaß – Gradmaß).
- Man kann mit ihm Zwischenergebnisse speichern (bei langen Ausdrücken ausnutzen).
- Er hat sehr viele Klammerebenen (nicht mit Klammern sparen).
- Er „beherrscht" die trigonometrischen Ausdrücke, die Zahlen e und π, die Ausdrücke der Kombinatorik wie $n!$, $\frac{n!}{(n-k)!}$, $\binom{n}{k}$, den ln und die Potenzen (auch negative und gebrochene Potenzen wie z. B. $2^{-\frac{3}{5}}$; $\sqrt[3]{7^{-6}}$; $\sqrt[-3]{11}$).

Machen Sie doch einfach ein paar Übungsaufgaben mit dem Rechner, Sie sollten schon lange mal wieder ein wenig üben. Also Handy aus, Weizenbier vom Tisch, Radio und Fernsehgerät aus, TR an und los geht es. Sie sind zwar gut 20 Minuten unterwegs, aber es lohnt sich allemal! Vergleichen Sie Ihre Lösungen mit den angegebenen Lösungen und rechnen Sie alles nach, was nicht übereinstimmt.

1. Füllen Sie die Tabelle aus (runden Sie auf zwei Dezimalen).

sin x	Winkel im Bogenmaß	Winkel im Gradmaß	cos x	tan x
0,5				
	$\pi:4$			
		60°		
			0,9	
				10

2. Geben Sie den Funktionswert der Funktion $f(x) = \frac{2-3x}{x^2+1}$ an den Stellen $x_1 = -3$; $x_2 = 0$; $x_3 = 2e$; $x_4 = \ln 5$; $x_5 = 3{,}25 \cdot 10^3$; $x_6 = 2\sqrt{3}$ an.

3. Geben Sie den Funktionswert der Funktion $f(x) = \ln(3x+5)$ an den Stellen $x_1 = -3$; $x_2 = 0$; $x_3 = 2e$; $x_4 = \ln 5$; $x_5 = 3{,}25 \cdot 10^3$; $x_6 = 2\sqrt{3}$ an.

4. Berechnen Sie: $8!$; $0!$; $7! - 5!$; $\binom{4}{2}$; $\binom{10}{3}$; $\binom{10}{7}$; $\binom{7}{10}$; $\binom{123}{120}$; $\frac{\binom{5}{4} \cdot 3! - 2!}{4! - 2}$; $\frac{\binom{6}{3} + 4\binom{5}{2}}{\binom{11}{5}}$

Lösungen:

1.

sin x	Winkel im Bogenmaß	Winkel im Gradmaß	cos x	tan x
0,5	0,52	30°	0,87	0,58
0,71	$\pi:4$	45°	0,71	1
0,87	1,05	60°	0,5	1,73
0,44	0,45	25,84°	0,9	0,48
0,995	1,47	84,29°	0,10	10

2. $f(x_1) = 1{,}1$; $f(x_2) = 2$; $f(x_3) = -0{,}47$; $f(x_4) = -0{,}79$; $f(x_5) = -9 \cdot 10^{-4}$; $f(x_6) = -0{,}65$

3. $f(x_1) =$ nicht def; $f(x_2) = 1{,}61$; $f(x_3) = 3{,}06$; $f(x_4) = 2{,}28$; $f(x_5) = 9{,}18$; $f(x_6) = 2{,}73$

4. 40 320; 1; 4920; 6; 120; 120; nicht def.; 302 621; 1,27; 0,13

3.4 Der grafikfähige Taschenrechner (kurz GTR)

Vorsicht:
Sofern bei Ihrer Abiturprüfung der GTR zugelassen ist, sind Sie ohne den Einsatz dieses Hilfsmittels in vielen Bereichen der Prüfung absolut chancenlos. Dies muss nicht sein: Benutzen Sie ab sofort **nur noch den GTR**, auch wenn Sie nur zwei Zahlen addieren wollen und ein einfacherer Rechner bequemer wäre. Sie dürfen in der Prüfung nur den GTR benutzen, ein zusätzlicher Rechner ist nicht erlaubt, also üben Sie ausschließlich mit dem GTR.

Denken Sie daran, dass derjenige, der die Aufgabe stellt, weiß, dass Sie den GTR benutzen dürfen und natürlich davon ausgeht, dass Sie den Umgang mit ihm beherrschen. Die heutigen Aufgaben erhalten dadurch eine ganz andere Qualität als bisher!

Positiv ist, dass Sie das Handbuch des Rechners ebenfalls benutzen dürfen. Tun Sie dies bitte. Sie dürfen in diesem Handbuch sogar unterstreichen und markieren oder bei bestimmten Seiten zum schnelleren Auffinden Markierungen anbringen. (Aber fragen Sie auf jeden Fall Ihren Fachlehrer, ob es auch in Ihrer Schule erlaubt ist, nicht dass Sie wegen unerlaubter Hilfsmittel von der Prüfung ausgeschlossen werden).

Der Einsatz des GTR hat die Art der Aufgabenstellung im Fach Mathematik gewaltig verändert. Schade, dass im Rahmen dieses Bandes der GTR nicht hinreichend genug vorgestellt werden kann. Dies hat zwei Gründe.

- Erstens sind viele verschiedene Rechner im Gebrauch, sodass keine allgemeinen Abfolgen beschrieben werden können.
- Und zweitens sind die Rechner dermaßen vielseitig, ein Handbuch hat in der Regel einen größeren Umfang als dieser Band.

Natürlich müssen Sie mit Ihrem GTR die „üblichen" Berechnungen beherrschen.

Aber dies genügt nicht! Auf den folgenden Seiten liste ich Ihnen alphabetisch auf, was Sie meiner Ansicht nach zusätzlich beherrschen müssen. Natürlich deckt diese Auflistung bei weitem nicht ab, was der GTR alles zu leisten imstande ist. Es handelt sich auch hier um ein Minimalprogramm, das allerdings den größten Teil der gestellten Aufgaben abdeckt.

Sollten Sie mit dem GTR Probleme bekommen, müssen Sie unbedingt eine Sonderschicht mit dem GTR einlegen, da es eine Menge Aufgaben gibt, die ohne Hilfe des GTR schlicht nicht lösbar sind. Legen Sie diesen Band kurzzeitig weg, die Arbeit mit dem GTR ist wesentlich wichtiger!

Die erste Tabelle zeigt Ihnen die Tasten, die mehrere für Sie wichtige Rechenmöglichkeiten verbergen. Schauen Sie sich die Menüs und die Optionen dazu gut an, prüfen Sie, ob Sie mit dieser unvollständigen Aufstellung zurechtkommen, und vervollständigen (oder kürzen) Sie diese.

In der zweiten Tabelle habe ich einige wichtige Probleme, die mit dem GTR lösbar sind, aufgelistet. Auch (oder gerade) hier lohnt sich eine sorgfältige Bearbeitung!
Die Angaben entsprechen dem GTR TI-83 Plus der Firma Texas Instruments, der auf die deutsche Sprache eingestellt ist. Aber jeder andere grafikfähige Taschenrechner ist ebenfalls geeignet. Verwenden Sie bei der Vorbereitung genau den Rechner, den Sie auch bei der Prüfung zur Verfügung haben. Sowohl die Tasten als auch die Probleme sind alphabetisch geordnet. Es wurden wirklich nur die allerwichtigsten Punkte erfasst, leben Sie mit den entstandenen Lücken.

Wenn Ihr Fachlehrer den GTR noch anderweitig einsetzt, müssen Sie unbedingt die folgenden Tabellen ergänzen. (Aber bitte nur das wirklich Notwendige).

Erstellen Sie sich für Ihren Rechner eine entsprechende Tabelle, es lohnt sich allemal!

3

TASTE Menü	Bearbeitungsmöglichkeiten (Die Menüoptionen sind durchnummeriert. Man kann sie mit dem Cursor oder durch das Eintippen der Zahl aktivieren)
CALC	1: Funktionswerte 2: Nullstellen 3: Minimum 4: Maximum 5: Schnittpunkte 6: Steigung 7: unbestimmtes Integral
DRAW	1: löscht Bilder auf Display 2: zeichnet Gerade zwischen zwei Punkten 3: zeichnet Parallele zur x-Achse 4: zeichnet Parallele zur y-Achse 5: zeichnet Tangente auf Kurvenpunkt mit Cursor 6: zeichnet Funktion 7: schattiert den Bereich zwischen 2 Funktionen 8: zeichnet Umkehrfunktion 9: zeichnet Kreis
MATH Math	1: Bruchzahl 2: Dezimalzahl 3: hoch 3 4: 3. Wurzel 5: x-te Wurzel 6: Minimum (f (x), x, a, b) 7: Maximum (f (x), x, a, b) 8: Ableitung (f (x), x, Wert) 9: Integral (f (x), x, a, b) 0: Gleichungslöser
MODE	Umstellungen: 1: Zahlenanzeige 2: Kommastellen 3: Winkelmaß 4: Funktionen, Folgen, ...
MATH Num	1: Betrag 2: Runden 5: größte ganze Zahl 6: Minimum 7: Maximum 8: kgV 9: ggT
MAT Wsk	1: Zufallszahl $0 \leq z \leq 1$ 2: Anzahl Permutationen 3: Anzahl Kombinationen 4: Fakultät 5: Zufall ganze Zahlen
MATRIX Math	1: Determinante 5: Einheitsmatrix 7: verkettet zwei Matrizen 8: speichert eine Matrix in einer Liste A: Dreiecksform B: Diagonalform
MEM	4: alle Listen löschen

TASTE Menü	Bearbeitungsmöglichkeiten (Die Menüoptionen sind durchnummeriert. Man kann sie mit dem Cursor oder durch das Eintippen der Zahl aktivieren)
TEST	alle Vergleichsoperatoren, gibt 1 bei wahr, 0 bei falsch wird kaum gebraucht
LIST Math	1: gibt kleinstes Element der Liste an 2: größtes Element 3: Mittelwert 5: Summe aller Elemente 6: Produkt aller Elemente 7: Standartabweichung der Liste 8: Varianz der Liste
STAT Edit	1: Eingabe von Listen 2: sortiert Liste aufsteigend 3: sortiert Liste absteigend 4: löscht Liste 5: speichert Liste
STAT Rech	zur Modellberechnung von Listen und für statistische Berechnungen
STAT Tests	für verschiedene statistische Tests, mit und ohne μ und σ

Mit DISTR kommen Sie an die Verteilerfunktionen. Der GTR bietet in diesem Programm

- Wahrscheinlichkeitsdichte
- Normalverteilung
- inverse Summennormalverteilung
- Binomialverteilung
- Summendichte binomial
- Poissonverteilung
- Summendichte Poisson
- Geometrische Wahrscheinlichkeitsverteilung

Über STAT und TEST kommen Sie zum Testmenue, das Ihnen eine unglaubliche Vielfalt bietet. Für bekannte und unbekannte Erwartungswerte und Standardabweichungen können Sie hier Hypothesentests berechnen. Die einseitigen und zweiseitigen Tests werden gegen andere Alternativen geprüft und man kann die Verteilungen auf dem Display anschauen.

Mit einiger Übung können Sie damit herrlich und schnell arbeiten, in kurzer Zeit mehrere verschiedene Verteilungen betrachten und die entsprechenden Tests beurteilen. Leider kann innerhalb dieses Bandes nicht mehr auf diese Möglichkeiten eingegangen werden. Aber wenn Sie Stochastik mit dem GTR betreiben dürfen, ist er (sofern Sie etwas Zeit für ihn aufwenden) ein fast vollkommener, sehr schneller und sicherer Helfer.

Problem	Eingabe [...] am TI-83 Plus	Erklärung
Ableitungsfunktion grafisch darstellen	[y] ; [Y_2] [MATH]; [nAbl] ; [ENTER] ; [VARS] ; [Y-Vars] ; [y_1] ; [,] [X,T,⊖,n] ; [,] ;[X,T,⊖,n] ; ; [)] [ENTER] Vor der grafischen Bestimmung muss die Randfunktion in y1 eingegeben sein.	Speichert die Ableitungsfunktion f'(x) der in y_1 gespeicherten Funktion f (x) und kann über [Graph] im Display angesehen und über [Trace] bestimmt werden und über [Table] als Tabelle eingesehen werden.
Anzeigefenster ändern	über [WINDOW] oder [ZOOM]	Mit WINDOW ist die Übersicht besser und man kann gezielter vorgehen.
Approximieren	x- und y- Werte über Liste L_1, L_2 eingeben. [STAT] RECH dann Art der Funktion [ENTER] L_1, L_2,, Y_1 [Y =] [ENTER] [VARS] 5 [▷] [▷] 7	Nähert an die Punkte der Listen eine Funktion an, gibt Koeffizienten an und speichert Funktion in Y_1.
Betrag	[MATH] ; auf NUM ; [BETRAG]	
Cursor auf dem Graphen bewegen	[TRACE] Befehl, wenn das Display das Schaubild anzeigt.	Die Koordinaten des Punktes auf dem der Cursor steht, können abgelesen werden; Wechsel zu anderem Graph mit den Pfeiltasten ↑ und ↓
Extremstellen und Extremwerte bestimmen	[CALC] ; [MIN] oder [MAX] Schaubild anschauen, da ein Suchintervall angegeben werden muss. Tipp angeben nicht vergessen!	Vorsicht, im Suchintervall des GTR darf keine Def-Lücke liegen!
Flächeninhalte	[CALC] ; [∫ f (x) dx] ; dann die Grenzen angeben. Vorsicht, Flächenteile unter der x-Achse sind negativ.	über die Betragsfunktion (auch zwischen zwei Graphen) [MATH] ; [BETRAG]
Folgen (Tabellen und Schaubilder)	[MODE] 4. Zeile auf [Folg] ; [ENTER]. Eingabe über [Y=]	n über [X,T,⊖,n], u über [2nd] [7] Schrittweite über [TBLSET] Folgen können rekursiv und explizit eingegeben werden
Funktionenscharen über Liste	Parameterwerte in Liste L_i eingeben. Funktionsterm in [Y=] eingeben, anstatt Parameter L_i schreiben	sicherer und mit weniger Aufwand → Kurvenscharen
Funktionsgleichung in Menü	Die Funktionsgleichung y_1 geben Sie über [VARS] dann Y-Vars, 1: Funktion [Enter] und dann die entsprechende Funktion ein	
Geraden	[DRAW]; [HORIZONTAL] zeichnet auf dem Display Parallele zur x-Achse [DRAW]; [VERTIKAL] zeichnet auf dem Display Parallele zur x-Achse beide sind mit der Pfeiltaste verschiebbar	
Gleichungen lösen	[MATH] ; [LÖSER ...] [ENTER] dann Gleichung eingeben [ENTER], Startwert eingeben	Gibt nur eine Lösung an. Weitere Lösungen durch Startwertänderungen. Übersichtlicher: als Funktion eingeben und Nullstellen suchen
Graphikstil	[Y=], dann Cursor links von y_i und mit [ENTER] gewünschte Graphik einstellen	
Integrale berechnen	[CALC] ; [∫ f (x) dx] gibt den Wert Integrals an.	Fläche wird schraffiert; schraffiert Fläche, aber berechnet keinen Wert bei einem Pol im Intervall

Problem	Eingabe [...] am TI-83 Plus	Erklärung
Integralfunktion grafisch darstellen	[Y] ; [Y2] [MATH]; [FktInt] ; [ENTER] ; [VARS] ; [Y-Vars] ; [y_1] ; [,] [X,T,⊖,n] ; [,] ;[z] ; [X,T,⊖,n] ; ; [)] [ENTER] mit z als untere Grenze Vor der grafischen Bestimmung muss die Randfunktion in y1 eingegeben sein.	Speichert die Integralfunktion der in y_1 gespeicherten Funktion f (x) und kann über [Graph] im Display angesehen, über [TRACE] bestimmt und über [TABLE] als Tabelle eingesehen werden.
Kurvenschar zeichnen	Anstelle des Parameters eine Liste in geschweiften Klammern eingeben; z. B.: [Y=] [X,T,⊖,n] [∧] [{] [−2, 2, 5] [}] zeichnet $y = x^{-2}$; $y= x^2$ und $y = x^5$.	
Kurvenuntersuchung	[CALC] , dann die gewünschte Betrachtung eingeben	Funktionswerte, Nullstelle; Minimum; Maximum;
Lineares Gleichungssystem lösen	[MATRIX] ; auf EDIT, Name aussuchen [ENTER], Anzahl Zeilen [ENTER] Anzahl Spalten [ENTER] Eingabe der Elemente. Rechte Spalte sind Zahlen rechts vom Gleichheitszeichen [MATRIX] auf MATH, dann Name [ENTER] [>] [ENTER]	
Listen erstellen	[STAT] ; in EDIT [ENTER] ; dann Zahlen eingeben	auch innerhalb geschweifter Klammern möglich, Listenglieder durch Komma trennen
Löschen	[CLEAR] löscht Display [MEM] dann 4 löscht alle Listen	[MEM] dann 7, dann 1, dann 2 löscht den RAM-Speicher
Nullstellen ermitteln	[CALC] ; [Nullstelle] Grenzen und Tipp angeben	Bei jeder eingegebenen Funktion möglich, auch $\int$ f (x) und f′(x)
Schaubild von f(x)	[Y=] ; dann bei Y_i Funktionsgleichung eingeben. Variable x über [X,T,⊖,n]	Sie können mehrere und verschiedenste Funktionen eingeben.
Schnittpunkte	[CALC]; [Schnittstelle mit Pfeiltaste Funktionen auswählen]	Tipp nicht vergessen. Anzahl der Schnittstellen nur aus Graph ersichtlich.
Speichern	[STO] ; [ALPHA] ; [A] speichert den aktuellen Wert in den Speicher A	[RCL] ; [ALPHA] ; [A] holt den in A gespeicherten Wert
Steigung an einem Punkt	[CALC] ; [dy/dx] ; [ENTER] mit Cursor auf Punkt des Graphen, Steigung wird angegeben	Alternativ über [MATH]
Tabellen eingeben	Über Listen: [STAT] ; [EDIT]; [ENTER], x-Werte in L_1; y-Werte in L_2	Zeichnen über [STATPLOT] Approximieren: [STAT]; [RECH]
Tangenten bestimmen	[TRACE] und Cursor auf den Berührpunkt, [DRAW] [Tangente]; zweimal [ENTER]	Graph auf Display
Umstellen Bogenmaß – Gradmaß	[MODE] dann mit Cursor auf Bogenmaß oder Grad, dann [ENTER]	Umrechnung über $\frac{360°}{2\pi} = \frac{\text{Grad}}{\text{Bogen}}$
Variablen eingeben	Mit [X,T,⊖,n] wird x im Funktionsmodus und n im Folgenmodus (MODE), (4) eingegeben	
Wertetabellen	Eingabe der Funktionsgleichung über [Y=], dann [Table]	

3.5 Skizzen

Sofern es Ihnen nicht sofort gelingt, die sprachlich gestellten Aufgaben in die notwendige mathematische Form zu bringen, oder wenn Sie die Aufgabe nicht sofort überblicken, dann hilft eigentlich nur eine Skizze.
Unter einer Skizze verstehe ich keine zeichnerische Darstellung eines Körpers oder Objekts, sondern eine Darstellungshilfe. Versuchen Sie einfach, das Problem einmal zeichnerisch darzustellen. Sie sehen schon nach wenigen Aufgaben, dass es gut geht, und dass diese Skizzen wertvoll sind.

Tipp

- **Markieren Sie beim Durchlesen einer Aufgabe das Problem mit dem Bleistift.**
- **Führen Sie die Skizze nicht vollständig aus. Sobald Ihnen das Problem klar ist, stellen Sie das Skizzieren ein.**
- **Wählen Sie eine geeignete Darstellung (Grundriss, Aufriss, Schrägbild, Schnitt, ...) aus. Dies kann man trainieren. Schauen Sie sich bei den Lösungen von Aufgaben die Darstellungshilfen an und überlegen Sie sich, wie man dies skizzieren könnte.**

Aufgabe	Gedanken zur Skizze	Skizze zum besseren Verständnis
Bei drei Würfelkanten, die einen gemeinsamen Eckpunkt haben, werden die Mitten markiert. Die Ebene durch diese drei Punkte teilt den Würfel in zwei Teile. Wie verhalten sich die Volumen dieser Teilkörper?	Wenn Sie sich dieses Problem ohne Skizze vorstellen können, haben Sie ein herrliches räumliches Sehvermögen. Ansonsten hilft ein Schrägbild als Skizze.	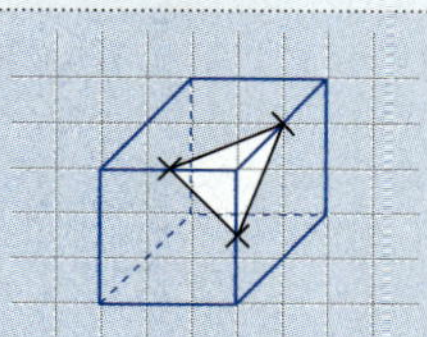
Man sieht vom Schulhof aus die Sonne unter einem Winkel von 70°. Fällt der Schatten eines vom Schulgebäude 10 Meter entfernten Fahnenmasten der Höhe 12 Meter auf das Gebäude?	Ebenes Problem. Kann als Aufriss dargestellt werden. Aufgabe wäre auch zeichnerisch lösbar.	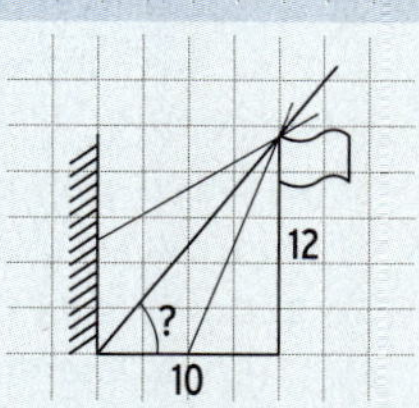
Die Hälfte der Gäste wählt im Lokal A zum Schnitzel Pommes, jeder Dritte der Gäste trinkt ein Bier und nur jeder Zehnte bestellt einen Nachtisch. Wie groß ist die Wahrscheinlichkeit, dass Otto ein Bier zum Schnitzel mit Pommes trinkt, ohne einen Nachtisch zu bestellen?	Skizzieren Sie zu allen mehrstufigen Wahrscheinlichkeits-Aufgaben sofort ein Baumdiagramm. Schon ein Teil genügt, um das Problem zu erfassen und zu lösen. Beschriften Sie die Äste mit den Wahrscheinlichkeits-Verteilungen.	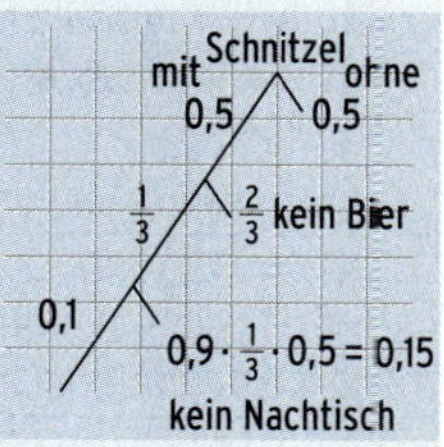
Spiegeln Sie das Dreieck A(1|2|1); B(2|−2|3); C(−1|2|−3) an der Geraden $g{:}\ \vec{x} = \begin{pmatrix} 1 \\ -1 \\ 2 \end{pmatrix} + t \begin{pmatrix} 2 \\ 1 \\ 1 \end{pmatrix}$.	Eine Skizze ohne Koordinatensystem und Maßeinheiten reicht lange aus. Vektoren einzeichnen! Die Skizze zeigt den Sonderfall, dass g das Dreieck schneidet.	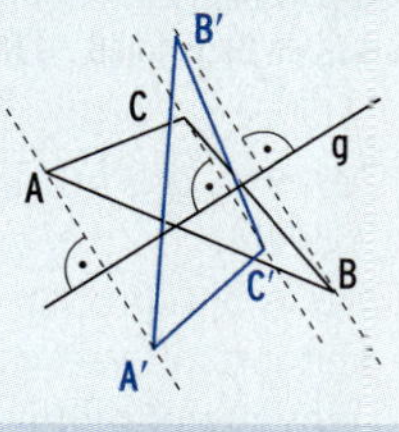
Im Punkt P(u|f(u)) der Normalparabel $y = x^2$ werden die Tangente und die Normale angelegt. Die Tangente schneidet die x-Achse in T, die Normale die y-Achse in N. Wie groß ist der Flächeninhalt des Dreiecks OTN?	Ich denke, dass man bei dieser Aufgabe ohne Skizze chancenlos ist, dabei ist die Zeichnung problemlos und in 10 sec erledigt.	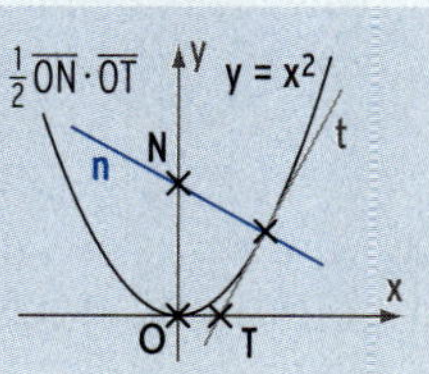

3.6 Nothilfen

Sie werden beim Aufgabenlösen immer wieder auf Situationen stoßen, in denen Sie einfach nicht vernünftig weiterkommen. Dann – und nur dann – benötigt man die Hilfen. Klar, dass Sie zunächst die Formelsammlung zur Hand nehmen, mit dem Taschenrechner einmal ein Zahlenbeispiel durchrechnen und (hoffentlich!) eine Skizze anlegen.
Aber wenn Sie sich das Ganze gar nicht vorstellen können, nützen diese Hilfen wenig. Zu den Geometrieaufgaben und wenigstens teilweise zu den Analysis- und Wahrscheinlichkeitsaufgaben kann ich Ihnen eine weitere Hilfe empfehlen:

Bei Prüfungen ist es erlaubt, sich mit Nahrungsmitteln und Getränken einzudecken. Auch Sie werden etwas Ess- und Trinkbares mitnehmen. Nehmen Sie „sinnvolle“ Verpflegung mit:

- Ein Apfel ist eine Kugel, die mit einem Messer geschnitten werden kann. Notfalls können Sie aus einem Apfel jeden Körper ausschneiden.
- Süßigkeiten gibt es in nahezu allen Körperformen, die Sie in den Aufgaben finden.
- Verpacken Sie Ihr Brot in Alufolie. Diese lässt sich hervorragend formen, Sie können sich Modelle herstellen und haben keine Probleme mehr mit dem „räumlichen Sehen“.
- Ein Tetrapack mit Apfelsaft ist ein guter Quader, eine Büchse mit Mineralwasser ein herrlicher Zylinder.
- Salzstengel eignen sich wunderbar als Geraden, die windschief, parallel oder sich schneidend dargestellt werden können.
- Eine Tafel Schokolade ist eine gute Ebene und einen großen Radiergummi kann man herrlich zuschneiden oder als Standfuß benutzen
- Wenn Sie Ihr Brot in der Alufolie mit Haushaltgummis verschnüren, haben Sie Material genug um Graphen nachzubilden (ein Stückchen Wolle oder eine Schnur erfüllt denselben Zweck)

Kurzum, der Raum verliert sofort seinen Schrecken, alles wird anschaulich und man kann die „Figuren“ drehen und verändern. Ist doch toll, oder?
Ihrer Fantasie sind kaum Grenzen gesetzt. Ich finde, dass Sie folgende Nahrungsmittel auf jeden Fall einpacken sollllten:
Drei Äpfel und eine Orange, zwei Bananen (leicht zu schneiden) und eine Packung Salzstängel, ein Tetrapack und eine Büchse mit Getränk und zwei große Radiergummis, ein Taschenmesser (ja nicht vergessen!) und einige Haushaltgummis und davon vieles in Alufolie verpackt.
Vergessen Sie Ihre normalen Arbeitshilfen nicht: mehrere gespitzte Bleistifte, Farbstifte, mindestens zwei Geodreiecke und möglichst Ersatzbatterien für den Rechner. Aber fragen Sie auf jeden Fall Ihre Fachkraft was von den Hilfen legal und was als unerlaubtes Hilfsmittel gilt. Richten Sie sich nach Ihrem Urteil!

Schauen Sie sich die Bilder Ihrer „Notverpflegung“ an, als Stärkung und als Nothilfen:
Sie erkennen hoffentlich Kugel, Zylinder, Geraden, Ebenen, Prisma, Quader, Pyramidenstumpf (Glas hinten links), halber Zylinder und das Taschenmesser, um notfalls etwas zurechtzuschneiden.
Was auf dem Bild fehlt, ist eine Rolle Tesa, die unbedingt mitgenommen werden muss!

Hier nur ein kleines Beispiel: zwei windschiefe Geraden und ein Haus mit Satteldach. Beide „Körper“ können Sie drehen und wenden und räumlich einer gestellten Textaufgabe anpassen.

3.7 Ein weiterer Test

Nach unserem gemeinsamen Ausflug zu den erlaubten Hilfsmitteln testen wir, ob dieser Ausflug die Zeit wert war. Haben Sie Bleistift und Papier parat? Und natürlich alle erlaubten Hilfen (dafür kommt alles andere vom Tisch). Die Lösungen finden Sie direkt hinter den Aufgaben. Sie beziehen sich auf die FS von Schroedel (ISBN 987-3-507-73018-2) und auf den GTR TI-83 Plus. Sofern die Berechnungen nur mit einem grafikfähigem Taschenrechner möglich sind, ist ein Hinweis angegeben.

Was versteht man unter einem Kreisabschnitt und wie wird er berechnet?	FS Seite 13: 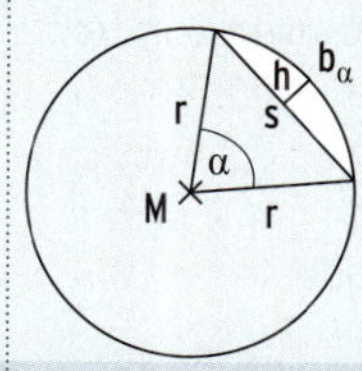 $A = \frac{b_\alpha \cdot r - s(r-h)}{2}$
Bestimmen Sie auf zwei Dezimalen den Wert der Funktion $f(x) = \frac{3\ln(x)}{x-3}$ an den Stellen $x_1 = 0$; $x_2 = 1$; $x_3 = 41$	$f(x_1)$: nicht definiert (Rechnung bringt Fehlermeldung) $f(x_2) = 0$ $f(x_3) = 0{,}29$
Wie groß ist die Seitenlänge bei einem regelmäßigen Fünfeck?	FS Seite 13: $S = \frac{r}{2}\sqrt{10 - 2\sqrt{5}}$
Unter welchem Winkel schneiden sich die Ebenen H: $2x_1 + x_2 - 3x_3 = 4$ und E: $-2x_1 - 2x_2 + 5x_3 = 7$?	$\cos\alpha = \frac{\lvert -21 \rvert}{\sqrt{14}\cdot\sqrt{33}} \approx 0{,}977$ $\Rightarrow \alpha = 12{,}31°$
Wie groß ist die Standardabweichung bei einem binomialverteilten Zufallsexperiment?	FS Seite 27: $\sigma = \sqrt{n \cdot p \cdot q}$ bei $p(n; k) = \binom{n}{k} \cdot p^k \cdot q^{n-k}$
Bestimmen Sie mit dem GTR die Nullstellen der Funktion: $f(x) = 5x^3 - 10x + 3$	$x_1 = -1{,}545$ $x_2 = 0{,}316$ $x_3 = 1{,}230$
Wann hat eine unendliche geometrische Reihe einen Grenzwert und wie wird er berechnet?	FS Seite 34: $\lim_{n\to\infty} s_n = \frac{q_1}{1-q}$ mit $\lvert q \rvert < 1$
Rechnen Sie die Winkel 15°; 25°; 111°; 200° und 400° ins Bogenmaß um.	0,2618; 0,4363; 1,937; 3,491; $6{,}981 = 2\pi + 0{,}698$
Ein streng monotones Teilstück des Graphen der Funktion y = f (x) wird um die y-Achse gedreht. Wie wird das Volumen des Rotationskörpers berechnet?	FS Seite 47 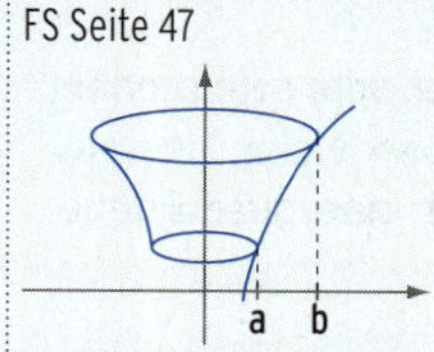 $V = \pi \cdot \int_{f(a)}^{f(b)} [f^{-1}(x)]^2\,dx = \pi \cdot \int_{f(a)}^{f(b)} y^2\,dy$

Füllen Sie die Wertetabelle aus

x	0	1	4	5	10
$f(x) = 2\sin(3x)$					
$g(x) = x^{-4} \cdot e^{-x}$					

Lösung:

x	0	1	4	5	10
$f(x) = 2\sin(3x)$	0	0,28	−1,07	1,30	−1,98
$g(x) = x^{-4} \cdot e^{-x}$	0	0,37	4,69	4,21	0,45

Geben Sie eine Stammfunktion der Funktion $f(x) = \frac{1}{x^2 - a^2}$ an.	FS Seite 39: $F(x) = \frac{1}{2a}\ln\left\lvert\frac{x-a}{x+a}\right\rvert$

4_Leitidee Funktionaler Zusammenhang

4.1 Funktionsbegriff

Wird jeder Zahl x einer Teilmenge D der reellen Zahlen eindeutig eine reelle Zahl y durch eine gegebene Vorschrift zugeordnet, so nennen wir diese Zuordnung Funktion.
D heißt Definitionsmenge der Funktion. Die Menge der y-Werte heißt Wertemenge W.
Die Vorschriften werden üblicherweise durch eine Gleichung vorgegeben.

Schreibweisen:
$y = f(x)$ $(y = -3x^2 + 0{,}5x - 17)$ oder
$f\colon x \to f(x)$ $(f\colon x \to -3x^2 + 0{,}5x - 17)$

Die Schaubilder (Graphen) der Funktion haben häufig andere Namen als die Funktionen selber. So kann beispielsweise das Schaubild der Funktion $y = f(x)$ K heißen.

Enthält die Funktionsgleichung einen Parameter (z.B. t), so beschreibt die Gleichung für jeden zugelassenen Wert des Parameters genau eine Funktion.
Mit $f_t(x)$ werden dann unendlich viele Funktionen beschrieben, und man nennt ihre Gesamtheit **Funktionenschar**.

Die für t zugelassenen Werte sind in der Regel reelle Zahlenintervalle. $f_t(x) = t - e^{tx}$ $(t \in \mathbb{R}^+)$ ist eine Funktionenschar, deren Schaubilder C_t heißen sollen.

Die einzelnen Funktionen der Schar (und damit auch ihre Schaubilder) haben vieles gemeinsam, sind aber untereinander verschieden.

Für $t = 1$ gilt:
$f_1(x) = 1 - e^x$ mit dem Schaubild C_1.
Für $t = 501$ gilt:
$f_{501}(x) = 501 - e^{501x}$ mit dem Schaubild C_{501}.
Für $t = \sqrt{7}$ gilt:
$f_{\sqrt{7}}(x) = -\sqrt{7} - e^{\sqrt{7}\cdot x}$ mit dem Schaubild $C_{\sqrt{7}}$.

Funktionen können verknüpft, zuammengesetzt oder verkettet sein.

Verknüpfte Funktionen sind durch die üblichen Verknüpfungen (+, −, ·, :) aus Grundfunktionen gebildete Funktionen.
$f_t(x) = tx^5 - 2x\ln x$

$f(x) = \frac{3x^7 - 4x^3}{\sin x - e^x}$

$f_t(x) = tx^4 - (3 - t)x^3 + 2x$

Zusammengesetzte Funktionen sind abschnittsweise definierte Funktionen. Das heißt, dass verschiedene Vorschriften für verschiedene Teile des Definitionsbereichs gelten. Hinter der entsprechenden Vorschrift steht jeweils der Bereich, in dem diese Vorschrift gilt. Üblicherweise verwendet man zur Beschreibung eine geschweifte Klammer.

$$f(x) = \begin{cases} -3x^2 - 4x + 1 & \text{für } x \le -2 \\ \sin x + \pi x & \text{für } -2 < x < 7 \\ e^{2x-5} & \text{für } x \ge 7 \end{cases}$$

$$f_t(x) = \begin{cases} 3x^2 - 27 & \text{für } x \neq \pm 3 \\ 17t & \text{für } x = \pm 3 \end{cases}$$

Verkettete Funktionen liegen vor, wenn bei einer Funktion f anstelle der Variablen x eine Funktion g der Variablen x steht. f heißt dann äußere, g innere Funktion.

äußere Funktion f (x)	innere Funktion g (x)	verkettete Funktion h (x) = f (g (x))
$f(x) = x^3$	$g(x) = 5x^2 - 6$	$h(x) = (5x^2 - 6)^3$
$f(x) = e^x$	$g(x) = -31x$	$h(x) = e^{-31x}$
$f(x) = x + e^x$	$g(x) = 5x + 3$	$h(x) = 5x + 3 + e^{5x+3}$

äußere Funktion $f_t(x)$	innere Funktion $g_t(x)$	verkettete Funktion $h_t(x) = f(g(x))$
$f_t(x) = tx^3$	$g_t(x) = 5x^2$	$h_t(x) = t(5x^2)^3$
$f_t(x) = te^x$	$g_t(x) = -3tx$	$h_t(x) = te^{-3tx}$
$f_t(x) = t + e^x$	$g_t(x) = tx^3$	$h_t(x) = t + e^{tx^3}$

4.1.1 Verschieben und Strecken

Betrachten Sie folgende Tabellen:

x	−2	−1	0	1	2	3	4	Erklärung
$f(x) = x^3$	−8	−1	0	1	8	27	64	$y = x^3$ sei die Grundfunktion
$g(x) = (x-1)^3$	−27	−8	−1	0	1	8	27	−1 schiebt alle Werte und damit auch den Graphen um 1 nach rechts
$h(x) = x^3 + 2$	−6	1	2	3	10	29	66	+2 schiebt alle Werte und damit auch den Graphen um 2 nach oben
$k(x) = 2x^3$	−16	−2	0	2	16	54	128	alle Werte mal 2 (Graph wird in y-Richtung gestreckt)
$l(x) = -0{,}5x^3$	4	0,5	0	−0,5	−4	−13,5	−32	Werte werden halbiert und wegen „−“ an der x-Achse links gespiegelt
$m(x) = 2(x+1)^3 - 2$	−4	−2	0	14	52	126	248	gestreckt um Faktor 2; um 1 nach rechts, um 2 nach unten verschoben

x	0	$\frac{\pi}{4}$	$\frac{\pi}{2}$	π	$1{,}5\pi$	2π	3π	Erklärung
$y = \sin x$	0	$\frac{\sqrt{2}}{2}$	1	0	−1	0	0	$y = \sin x$ ist die Grundfunktion
$y = 3\sin x$	0	$\frac{3\sqrt{2}}{2}$	3	0	−3	0	0	Amplitude dreifach (gestreckt in y-Richtung)
$y = \sin(2x)$	0	1	0	0	0	0	0	neue Periode ist π (die alte Perioden 2π geteilt durch 2)
$y = \sin\left(x - \frac{\pi}{4}\right)$	$-\frac{\sqrt{2}}{2}$	0	$\frac{\sqrt{2}}{2}$	$\frac{\sqrt{2}}{2}$	$-\frac{\sqrt{2}}{2}$	$\frac{\sqrt{2}}{2}$	$\frac{\sqrt{2}}{2}$	um $\frac{\pi}{4}$ nach rechts verschoben
$y = 4\sin\left(2\left(x - \frac{\pi}{2}\right)\right)$	0	−4	0	0	0	0	0	Amplitude 4, um $\frac{\pi}{2}$ nach rechts verschoben, Periode ist π

Das Schaubild der Funktion $y = a \cdot f(x - b) + d$ ist gegenüber dem Schaubild von $y = f(x)$

- für $b > 0$ um b nach rechts verschoben
- für $b < 0$ um b nach links verschoben
- für $d > 0$ um d in y-Richtung nach oben verschoben
- für $d < 0$ um $|d|$ in y-Richtung nach unten verschoben
- für $a > 0$ haben die y-Werte a-fache Größe
- für $a < 0$ haben die y-Werte $|a|$-fache Größe und sind an der x-Achse gespiegelt

Mit einem grafikfähigen Taschenrechner haben Sie natürlich keine Probleme, Sie geben einfach alle Funktionsgleichungen ein und sehen die Verschiebungen im Display.

Unten finden Sie noch einige Beispiele, die Sie als Aufgaben nutzen sollten (bitte rechte Spalte zudecken und mit Ihrer Lösung vergleichen).

Funktion	Grundfunktion	Änderung
$f(x) = a \cdot \cos(bx)$	$f(x) = \cos x$	a-fache Amplitude, neue Periode $\frac{2\pi}{b}$ (alte Periode : Koeffizient)
$f(x) = -2(x+3)^2$	$f(x) = x^2$ (Normalparabel)	jeder Wert an der x-Achse gespiegelt (wegen −) und doppelt so groß; um 3 nach links verschoben
$f(x) = \frac{1}{2-x}$	$f(x) = \frac{1}{x}$ (Hyperbel)	wegen $\frac{1}{2-x} = \frac{-1}{x-2}$ an x-Achse gespiegelt und um 2 nach rechts verschoben

4.1.2 Übersicht über die Funktionsarten

Funktion	Allgemeine Form der Funktion	Bemerkungen und Besonderheiten
ganzrationale Funktion $f(x) = 3x^3 - 2x^2 - 1$ $f(x) = (2 - 3x)^2$ $f_t(x) = -t x^4 + (t - 1)x$ $f_t(x) = -\frac{4}{9}t^2 x^3 - \frac{\sqrt{3}}{t^2}x$	$f(x) = a_n x^n + a_{n-1}x^{n-1} + \ldots + a_1 x^1 + a_0 x^0$ mit $x^1 = x$; $x^0 = 1$ $\rightarrow$ $f(x) = a_n x^n + \ldots + a_2 x^2 + a_1 x + a_0$ $a_n x^n + \ldots + a_0$ heißt Polynom vom Grad n.	Die reellen Zahlen a_i vor den Variablen heißen Koeffizienten. Die Hochzahlen der Variablen x sind natürliche Zahlen. Die größte Hochzahl n heißt Grad der ganzrationalen Funktion. Eine ganzrationale Funktion vom Grad n hat höchstens: n Nullstellen n − 1 Extremwerte, n − 2 Wendestellen.
gebrochenrationale Funktion $f(x) = \frac{3x^2 - 2x}{x + 5}$ $f_t(x) = \frac{2x}{x^2 + t} + \frac{3t}{2x}$	$f(x) = \frac{g(x)}{h(x)}$ Mit den ganzrationalen Funktionen g (x) und h (x) (Grad h (x) $\geq$ 1).	Eine gebrochenrationale Funktion ist ein Bruch zweier ganzrationaler Funktionen g (x) und h (x). Dabei heißt g (x) Zählerfunktion mit dem Zählergrad ZG. h (x) heißt Nennerfunktion mit dem Nennergrad NG.
natürliche Exponential-Funktion (Exponentialfunktion zur Basis e) $f(x) = 3x \cdot e^{0{,}5x^2}$ $f_t(x) = (x^2 - t^2)\,e^{-x^2}$ $f_t(x) = \frac{1 - 2e^x}{e^x + t}$	$f(x) = u(x) \cdot e^{v(x)}$ u (x) und v (x) sind (in der Regel) ganzrationale Funktionen. e ist die Euler'sche Zahl (e $\approx$ 2,718 281 827 9...) Im TR über [1] [INV] [ln].	Die Variable kommt auch (oder nur) im Exponenten der Basis $e = \lim\limits_{n \to \infty}\left(1 + \frac{1}{n}\right)^n$ vor. Ganz wichtig ist folgende Definition (FS): $y = e^x \Leftrightarrow x = \ln y$ (mit $\ln = \log_e$) Bei Grenzwertbetrachtungen immer getrennt $\rightarrow +\infty$ und $-\infty$, („e^x läuft für $x \rightarrow +\infty$ am schnellsten $\rightarrow \infty$“).
natürliche Logarithmus-Funktion (Basis ist e) $f(x) = x \cdot \ln\frac{x^2}{3}$ $f(x) = 2x - 2\ln x + 2$ $f_t(x) = \ln\left(t \cdot \frac{1 + x}{1 - x}\right)$	$f(x) = u(x) \cdot \ln(v(x))$ u (x) und v (x) sind (in der Regel) ganzrationale Funktionen. ln-Funktion ist Umkehrfunktion der e-Funktion.	Die Variable kommt auch (oder nur) im Argument des natürlichen Logarithmus vor. Vorsicht bei der Anwendung der Logarithmengesetze! Immer die FS mit den Gesetzen aufschlagen.
trigonometrische Funktionen Sinus $f(x) = x \cdot \sin x$ Cosinus $f(x) = x^2 \cdot \cos x$ Tangens $f(x) = \frac{1}{x} \cdot \tan x$ Cotangens $f(x) = \sqrt{x} \cdot \cot x$	$f(x) = u(x) \cdot \sin(v(x))$ $[f(x) = 2x^2 \cdot \sin(x - 5)]$ $f(x) = u(x) \cdot \cos(v(x))$ $[f_t(x) = tx \cdot \cos(2\pi t x)]$ $f(x) = u(x) \cdot \tan(v(x))$ $[f(x) = \frac{4}{\pi}x \cdot \tan(v(x))]$ $f(x) = u(x) \cdot \cot(v(x))$ $[f_t(x) = \cot((t - x)^2)]$	Die Variable kommt auch (oder nur) im Argument einer der vier aus der Mittelstufe bekannten Kreisfunktionen vor. Zu beachten sind die periodischen Wiederholungen, insbesondere weil der TR nur die Werte zwischen $-\frac{\pi}{2}$ und $\frac{\pi}{2}$ angibt. Bitte immer im Bogenmaß rechnen! Dazu muss der Rechner umgestellt werden („DRG-Taste“; „RAD“ einstellen). Bitte bei jedem „ON“ überprüfen.
Potenzfunktion (Exponenten sind rationale Zahlen) $f_t(x) = 3x^{\frac{2}{3}} - \frac{2}{x^3}$ $f_t(x) = \frac{1}{\sqrt{x}\,(1 - x)}$	$f(x) = a_0 + a_1 x^{r_1} + \ldots + a_n x^{r_n}$ $f(x) = (u(x))^r$ Wie ganzrationale Funktionen, nur sind bei Potenzfunktionen als Hochzahlen alle rationale Zahlen zugelassen.	Als Hochzahlen kommen nicht nur ganze, sondern alle rationalen Zahlen infrage. Wichtig: Hochzahl $\frac{1}{2}$ führt zu den Wurzel-Funktionen. Vorsicht bei der Bestimmung des Definitions-Bereichs. Potenzgesetze beachten (FS)!
Betragsfunktion $f_t(x) = \frac{tx(2x + t)}{(x - \lvert x \rvert + t)^2}$ wird sofort zu $f_t(x) = \begin{cases} \frac{2}{t}x^2 + x & \text{für } x \geq 0 \\ \frac{tx}{2x + t} & \text{für } x < 0 \end{cases}$	$f_t(x) = \lvert u(x) \rvert = \begin{cases} u(x) & \text{für } u(x) \geq 0 \\ -u(x) & \text{für } u(x) < 0 \end{cases}$ Natürlich muss nicht der gesamte Funktionsterm innerhalb des Betragszeichens stehen!	Ein Teil der (oder die ganze) Funktionsvorschrift steht zwischen den Betragsstrichen. Eine Betragsfunktion wird zu zwei verschiedenen Abschnittsfunktionen mittels der geschweiften Klammer. (Term T innerhalb der Betragsstriche wird einmal positiv (T $\geq$ 0) und einmal negativ (T $<$ 0).

4.1.3 Folgen und Reihen

Definition:
Eine Folge ist eine Funktion von $\mathbb{N} \rightarrow \mathbb{R}$, eine Abbildung, die jeder natürlichen Zahl genau eine reelle Zahl zuordnet. Die Funktionswerte heißen Glieder der Folge.
Zur Unterscheidung zu ihren Gliedern a_n (das n-te Folgenglied) schreibt man für die Folge (a_n).

Spezielle Folgen und Eigenschaften von Folgen

Definition:
Eine Reihe (s_n) ist eine Folge der Teilsummen der zugehörenden Folge a_n.
Das bedeutet: $s_1 = a_1$; $s_2 = a_1 + a_2$; $s_3 = a_1 + a_2 + a_3$; ...; $s_n = a_1 + a_2 + ... + a_n$
Da Reihen Folgen sind, können sie alle nachfolgend angegebenen Folgeneigenschaften haben.

Einige spezielle Folgen und Reihen, sowie die Formeln, mit deren Hilfe die Glieder und die Grenzwerte berechnet werden können, finden Sie in der FS.

Überblick:

- Folgen sind Funktionen, die aus einzelnen „Punkten" bestehen; sie sind zum Beispiel zum Anordnen geeignet.
- Die Glieder der Reihen sind Summen aus Folgengliedern, das n-te Glied der Reihe ist die Summe der ersten n Glieder der dazugehörenden Folge.
- Es gibt Folgen und Reihen mit ganz bestimmten Eigenschaften (→ Tabelle).
- Wichtig: Ist g der Grenzwert der Folge (a_n), so ist die Folge $(a_n - g)$ eine Nullfolge (eine Folge mit Grenzwert 0).

4

Darstellungsmöglichkeiten

Beschreibung	Aufzählung oder Beschreibung	explizite Gleichung (die Glieder werden durch eine Gleichung beschrieben)	rekursive Gleichung (ein Folgeglied wird durch ein anderes – meist das vorausgehende – Folgenglied bestimmt)
Beispiel	1; 4; 9; 16; 25; ... Folge der Quadratzahlen	$a_n = 3n^2 - (2\pi + n)$	$a_{n+1} = (3a_n - 5)^2$

Wichtige Eigenschaften von Folgen

Bezeichnung	Beschreibung	Explizit	Rekursiv	Beispiel
arithmetisch	Die Differenz zweier aufeinanderfolgender Glieder ist konstant.	$a_n = a_1 + (n-1)d$	$a_{n+1} = a_n + d$	4; 7; 10; 13; 16; ...
geometrisch	Der Quotient zweier aufeinanderfolgender Glieder ist konstant.	$a_n = a_1 \cdot q^{n-1}$	$a_{n+1} = q \cdot a_n$	2; 4; 8; 16; 32; ...
alternierend	wenn von Glied zu Glied das Vorzeichen wechselt	$a_n = (-1)^n \cdot \|...\|$	$a_{n+1} \cdot a_n < 0$	–3; 9; –27; 81; ...
monoton steigend	wenn das Folgeglied stets größer wird oder gleich bleibt	–	$a_{n+1} \geq a_n$	5; 10; 15; 20; ...
monoton fallend	wenn das Folgeglied stets kleiner wird oder gleich bleibt	–	$a_{n+1} \leq a_n$	–5; –10; –15; ...
nach oben beschränkt	wenn es eine reelle Zahl gibt, die größer als alle Folgenglieder oder gleich ist	$a_n \leq s$ für alle n $s \in \mathbb{R}$	–	2,9; 2,99; 2,999; ...
nach unten beschränkt	wenn es eine reelle Zahl gibt, die kleiner oder gleich als alle Folgenglieder ist	$a_n \geq s$ für alle n $s \in \mathbb{R}$	–	$\frac{1}{5}; \frac{1}{6}; \frac{1}{7}; \frac{1}{8}; ...$
konvergent	wenn die Folge einen Grenzwert g hat	$\lim\limits_{n\to\infty} a_n = g$	–	$0{,}9; 0{,}9^2; 0{,}9^3; ... \to 0$
divergent	wenn die Folge keinen Grenzwert hat	$\lim\limits_{n\to\infty} a_n$ ex. nicht	–	1; –2; 3; –4; ...
Nullfolge	wenn die Folge den Grenzwert 0 hat	$\lim\limits_{n\to\infty} a_n = 0$	–	$\frac{1}{2}; \frac{1}{4}; \frac{1}{8}; \frac{1}{16}; ...$
konstant	wenn alle Glieder gleich sind	$a_n = c$ $c \in \mathbb{R}$	$a_{n+1} = a_n$	4; 4; 4; ...

4.1.4 Monotonie

Für die Analysis ist die strenge Monotonie weit wichtiger als die Monotonie. Das Wort „streng" entfällt, wenn beim Vergleich der Funktionswerte bzw. der ersten Ableitungen die Relationszeichen $<$ und $>$ durch $\leq$ bzw. $\geq$ ersetzt werden.

Eine Funktion ist im Intervall $I = [a; b]$ streng monoton

$$\begin{Bmatrix} \text{steigend} \\ \text{fallend} \end{Bmatrix} \text{ wenn mit } \begin{matrix} \\ x_1 < x_2 \Rightarrow \end{matrix} \begin{Bmatrix} f(x_1) < f(x_2) \\ f(x_1) > f(x_2) \end{Bmatrix}$$

für alle x_1, x_2 aus dem Intervall I.

Eine Funktion ist streng monoton steigend (fallend), wenn für größer werdende x-Werte die Funktionswerte echt größer (echt kleiner) werden. Das heißt, dass bei der streng monoton steigenden (fallenden) Funktion die Steigung immer größer null (kleiner null) sein muss. Damit haben wir ein Kriterium, um bei differenzierbaren Funktionen sehr einfach und sehr schnell die Monotonie festzustellen:
Gilt für alle $x \in I$:

$$f'(x) \begin{Bmatrix} > 0 \\ < 0 \end{Bmatrix} \Rightarrow f(x) \text{ streng monoton} \begin{Bmatrix} \text{steigend} \\ \text{fallend} \end{Bmatrix}$$

Eine streng monotone Funktion hat eine Umkehrfunktion.

Die Funktion $f(x) = x^2$ ist im Intervall

- $[0; \infty[$ streng monoton steigend
  $f'(x) = 2x > 0$ für $x > 0$.
- $]-\infty; 0]$ streng monoton fallend
  $f'(x) = 2x < 0$ für $x < 0$.

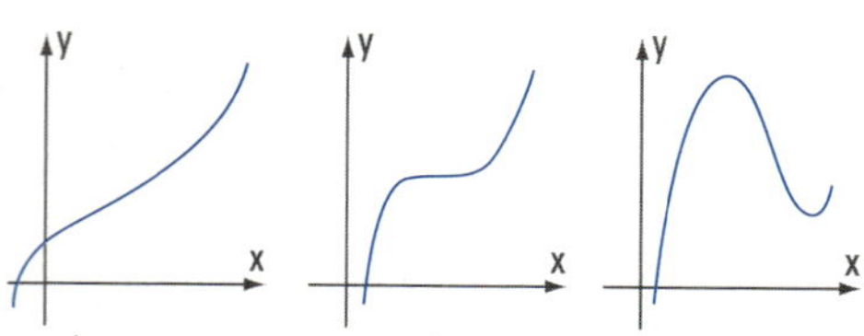

streng monoton steigend — monoton steigend — nicht monoton

Ist im betrachteten Intervall $f'(x) > 0$, so nehmen die Funktionswerte immer zu, f ist streng monoton steigend.
Umgekehrt: Ist f streng monoton $\Rightarrow f'(x) > 0$.
(gilt entsprechend für $f'(x) < 0$ und fallend).

4.1.5 Stetigkeit

Eine Funktion $f(x)$ ist an der Stelle $x = x_i$ stetig, wenn gilt:

- $f(x_i)$ existiert.
- $\lim\limits_{x \to x_i} f(x)$ existiert.
- $\lim\limits_{x \to x_i} f(x) = f(x_i)$.

„Wenn sie beim Zeichnen des Schaubildes bei x_i den Bleistift nicht absetzen müssen, ist $f(x)$ an der Stelle x_i stetig."

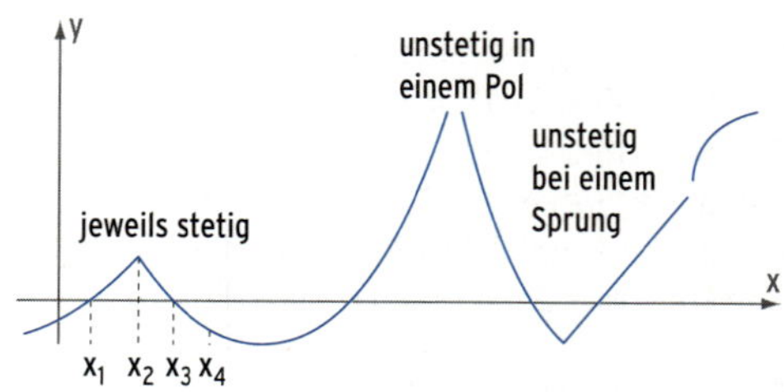

An den nicht definierten Stellen (Nullstellen des Nennerpolynoms) sind die gebrochenrationalen Funktionen unstetig (nicht stetig). Eine Funktion, die Sie diskutieren müssen, ist an allen definierten Stellen auch stetig.
Nur zusammengesetzte Funktionen können an den „Nahtstellen" unstetig sein.

$$f(x) = \begin{cases} 2x + b & \text{für } x \geq 2 \ (= g(x)) \\ x^2 + 1 & \text{für } x < 2 \ (= h(x)) \end{cases}$$

Für welches b ist $f(x)$ stetig?
Ist $g(2) = h(2) \Rightarrow f(x)$ ist in $x = 2$ stetig.
Ist $g(2) \neq h(2) \Rightarrow f(x)$ ist in $x = 2$ unstetig.
$f(x)$ ist nur für $b = 1$ auf ganz $\mathbb{R}$ stetig, an allen anderen Stellen (sie sind ja definiert), ist $f(x)$ ohnehin stetig.

Lassen Sie sich nicht dadurch verwirren, dass nur eine der Teilfunktionen an der Stelle $x_0 = 2$ definiert ist (im Beispiel $g(x)$). Einfach ganz stur den Wert der anderen Gleichung (im Beispiel $h(x)$) bei x_0 berechnen.

Tipp

Stetig heißt, die Funktion macht keine Sprünge und hat keine Definitionslücken.

4.2 Differenzierbarkeit

DEFINITION

Ist eine Funktion f in einem Intervall um x_0 definiert, so heißt f (x) an der Stelle x_0 differenzierbar, wenn der $\lim\limits_{x \to x_0} \frac{f(x) - f(x_0)}{x - x_0}$ existiert.
Dieser Grenzwert heißt 1. Ableitung der Funktion an der Stelle x_0. Schreibweise $f'(x_0)$.

Sowohl die Stetigkeit als auch die Differenzierbarkeit sind lokale Eigenschaften.
Man kann nur überprüfen, ob eine Funktion an einer ganz bestimmten Stelle stetig oder differenzierbar ist. Ist die Funktion in einem Intervall an jeder Stelle stetig oder differenzierbar, sagt man, die Funktion ist (im Intervall) stetig oder differenzierbar.

- Ganz salopp ausgedrückt ist die Differenzierbarkeit die Stetigkeit der 1. Ableitung.
- Die Funktion darf nicht plötzlich die Richtung ändern (die „Steigung" des Graphen kann nicht plötzlich einen Sprung machen).

Wichtig:
Eine in x_0 differenzierbare Funktion ist in x_0 auch stetig. Die Umkehrung des Satzes gi t nicht!
Aber die Verneinung gilt: Ist f (x) in x_0 nicht stetig, so ist f (x) an der Stelle x_0 auch nicht differenzierbar.

Die Funktion $f(x) = \begin{cases} g(x) & \text{für } x \geq x_0 \\ h(x) & \text{für } x < x_0 \end{cases}$

ist stetig, wenn $g(x_0) = h(x_0)$ gilt, und differenzierbar, wenn zusätzlich $g'(x_0) = h'(x_0)$ gilt.

>> BEISPIEL

$$f(x) = \begin{cases} 2x^2 - x & \text{für } x \geq -1 \\ ax + b & \text{für } x < -1 \end{cases}$$

- ist für $a = -5$ und $b = -2$ an allen Stellen stetig und differenzierbar (auch an der Stelle $x = -1$).
- ist für $a = -4$ und $b = -1$ stetig, aber nicht differenzierbar an der Stelle $x = -1$, an allen anderen Stellen ist f (x) stetig und differenzierbar.
- ist für $a = -3$ und $b = -3$ weder stetig noch differenzierbar an der Stelle $x = -1$, an allen anderen Stellen ist f (x) stetig und differenzierbar.

stetig und differenzierbar auf ganz ℝ

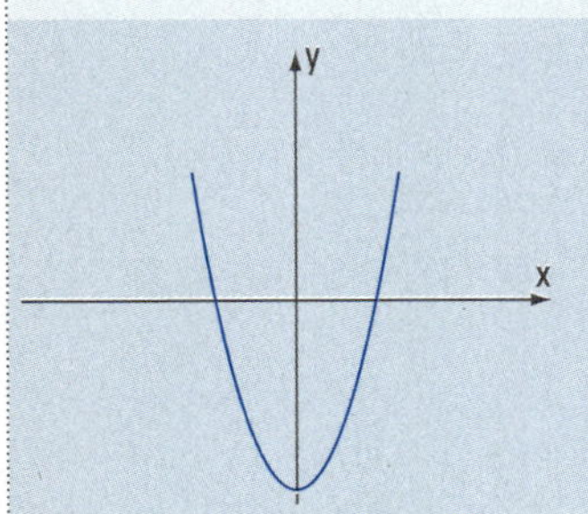

$f(x) = 3x^2 - 5$

stetig und differenzierbar auf ganz ℝ

stetig, aber nicht differenzierbar an der Stelle x = 0

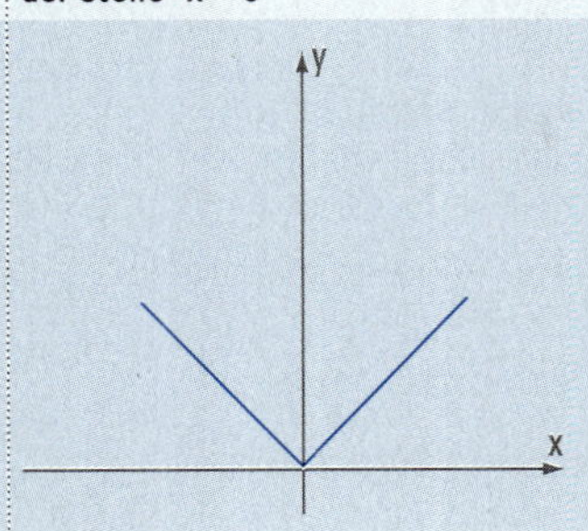

$f(x) = |x|$

bei $x = 0$ stetig, aber nicht differenzierbar

weder stetig noch differenzierbar ar der Stelle x = 1

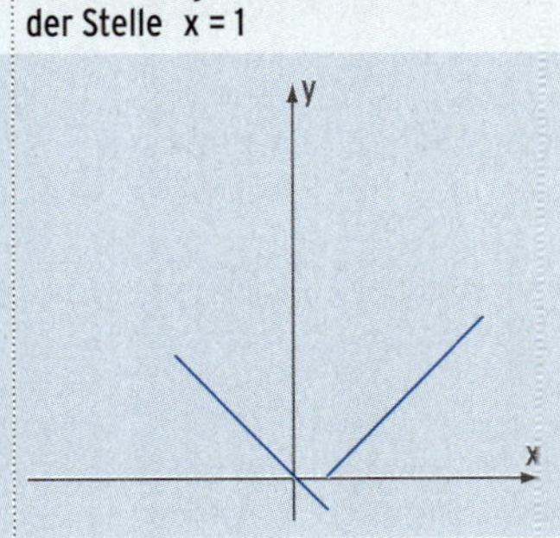

$f(x) = \begin{cases} -x & \text{für } x \leq 1 \\ x - 1 & \text{für } x > 1 \end{cases}$

an der Stelle $x = 1$ nicht stetig und nicht differenzierbar

4.2.1 Die Änderungsrate

Zieht man durch zwei Punkte A(a|f(a)) und B(b|f(b)) eines Graphen eine Gerade g, so ist die Steigung dieser Geraden die mittlere Steigung der Kurve im Intervall [a; b].
In der Skizze unten ist die Steigung der Kurve in A größer, in B kleiner als die Steigung der Geraden durch A und B. Aber mindestens einmal im Intervall [a; b] hat die Kurve die Steigung der Geraden.

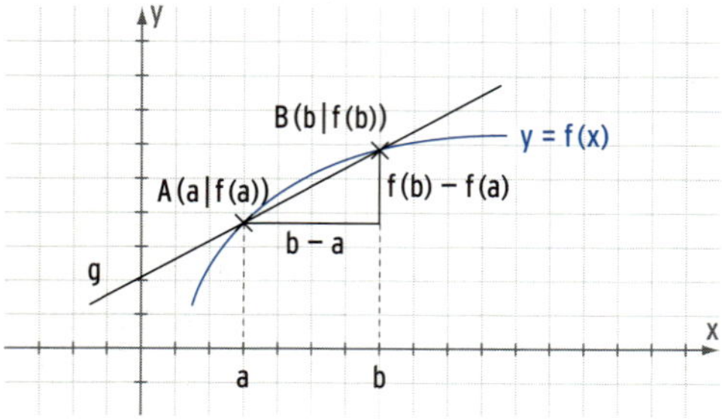

Die Steigung der Geraden heißt **Änderungsrate** (oft auch mittlere Änderungsrate) der Funktion f im Intervall [a; b].

Berechnet wird die Steigung mithilfe des Tangens.
Man dividiert den Unterschied (die Differenz) der Funktionswerte (Gegenkathete) durch den Unterschied (Differenz) der x-Werte (Ankathete) und erhält damit einen Quotienten von zwei Differenzen.
Deshalb heißt die Änderungsrate auch **Differenzenquotient.**
Also $\frac{f(b) - f(a)}{b - a}$ ist die Änderungsrate oder der Differenzenquotient von f über [a; b].

Die mittlere Änderungsrate ist natürlich in der Regel nicht die momentane Änderungsrate (die Änderung in einem genau festgelegten Punkt). Nur im Grenzwert sind sie gleich:
$\lim\limits_{b \to a} \frac{f(b) - f(a)}{b - a} = f'(a)$ (siehe Skizze)

Die Ableitung der Funktion an der Stelle a ist die momentane Änderungsrate in a und der Grenzwert des Differenzenquotienten im Intervall [a, b] für $b \to a$.

Die wichtigen Zusammenhänge, damit Sie einen groben Überblick erhalten

Größe	Momentane Änderungsrate	Änderungsrate im Intervall $[t_1; t_2]$	Bemerkung
Arbeit $W = \int_{s_1}^{s_2} F(s)\,ds$	Leistung ist Arbeit pro Zeiteinheit $P = \lim\limits_{\Delta t \to 0} \frac{\Delta W}{\Delta t} = F \cdot v$	durchschnittliche Leistung im Zeitintervall $[t_1; t_2]$: $\frac{W(t_2) - W(t_1)}{t_2 - t_1}$	Δ (Delta) gibt die Differenz zweier Werte an.
Bestand B(t)	Wachstumsgeschwindigkeit B′(t)	lineares Wachstum: $B'(t) = k$ exponentielles Wachstum: $B'(t) = k \cdot B(t)$ und damit $B(t) = B(0) \cdot e^{kt}$ beschränktes Wachstum: $B'(t) = k(S - B(t))$ und damit $B(t) = S - (S - B(0)) \cdot e^{-kt}$	
Drehwinkel φ einer Kreisbewegung	Winkelgeschwindigkeit $\dot{\varphi} = \lim\limits_{\Delta t \to 0} \frac{\Delta\varphi}{\Delta t}$	mittlere Winkelgeschwindigkeit: $\frac{\varphi(t_2) - \varphi(t_1)}{t_2 - t_1}$	Ableitung der Winkeländerung nach der Zeit
Durchflussmenge eines Stoffes	momentane Durchflussänderung	entsprechend dem Wachstum	
Geschwindigkeit $v = b \cdot t$	Beschleunigung b	$\frac{v(t_2) - v(t_1)}{t_2 - t_1}$	Die Ableitung der Geschwindigkeit nach der Zeit heißt Beschleunigung.
Impuls $P = m \cdot v$ (Masse · Geschwindigkeit)	Kraft $F = \lim\limits_{\Delta t \to 0} \frac{m\,\Delta v}{\Delta t}$	$\frac{\text{Impulsänderung}}{\text{Zeitänderung}}$	Kraft ist die Ableitung des Impulses nach der Zeit.
Weg beim freien Fall $s = \frac{1}{2} g \cdot t^2$	Geschwindigkeit $v = g \cdot t$	$\frac{s(t_2) - s(t_1)}{t_2 - t_1}$	g ist die Erdbeschleunigung.
Weg $s = \frac{1}{2} b \cdot t^2$	Geschwindigkeit $v = b \cdot t$	$\frac{s(t_2) - s(t_1)}{t_2 - t_1}$	Leitet man den Weg nach der Zeit ab, erhält man die Geschwindigkeit.

4.2.2 Ableitungen

Die Ableitungsfunktion $f'(x)$ gibt zu jeder Stelle x die Steigung der Tangente im Punkt $P(x \mid f(x))$ an den Graphen der Funktion $f(x)$ an.
Oder: $f'(x_0)$ ist die Steigung des Graphen in $P(x_0 \mid f(x_0))$.
Die zu diskutierenden Funktionen sind üblicherweise mehrfach ableitbar!
Sie müssen nur einige einfache Ableitungsfunktionen und vier Regeln beherrschen.

Meist benötigen Sie mehrere Regeln bei einer Ableitung. Deswegen sollten Sie die Ableitungen üben.

Ableitung von Grundfunktionen

f(x)	f′(x)
c	0
x^r (mit $r \in \mathbb{R}$)	$r x^{r-1}$
e^x	e^x
$\sin x$	$\cos x$
$\cos x$	$-\sin x$
$ax + b$	a
$\ln\|x\|$	$\frac{1}{x}$
$\tan x$	$\frac{1}{\cos^2 x}$
$\cot x$	$\frac{-1}{\sin^2 x}$
$\arcsin x$	$\frac{1}{\sqrt{1-x^2}}$
$\arctan x$	$\frac{1}{1+x^2}$
a^x	$a^x \cdot \ln a$
$\log_a x$	$\frac{1}{x \cdot \ln a}$
$\sqrt{x}$	$\frac{1}{2\sqrt{x}}$

Weitere Ableitungsfunktionen finden Sie in der FS!

Ableitungsregeln

- **Linearität**
  $(c_1 \cdot f \pm c_2 \cdot g)' = c_1 \cdot f' \pm c_2 g'$
  Bei Strichrechnungen die Summanden einzeln ableiten.
- **Produktregel**
  $f = g \cdot h \Rightarrow f' = g' \cdot h + g \cdot h'$ und
  $f = u \cdot v \cdot w \Rightarrow f' = u' \cdot v \cdot w + u \cdot v' \cdot w + u \cdot v \cdot w'$
  Die Ableitung eines Produkts aus n Faktoren besteht aus n Summanden mit Produkten aus einem abgeleiteten und den restlichen nicht abgeleiteten Faktoren.
- **Quotientenregel**
  $f = \frac{g}{h} \Rightarrow f' = \frac{g' \cdot h - g \cdot h'}{h^2}$
  Zum Ableiten mit der Quotientenregel:
  1. Nenner ist (alter Nenner)^2! Diesen Term nie ausmultiplizieren oder vereinfachen!
  2. Zähler ist **alter** Nenner mal Ableitung **alter** Zähler minus **alter** Zähler mal Ableitung **alter** Nenner.
  3. Aus dem Zähler, wenn möglich, Nennerterm ausklammern und mit Nenner kürzen. Dies geht auf jeden Fall immer ab der 2. Ableitung!
  4. Wenn nichts mehr zu kürzen ist, Zähler so weit wie möglich vereinfachen (ausmultiplizieren, zusammenfassen), aber Nenner lassen!

  Bei einer gebrochenrationalen Funktion erhöht sich der Nennergrad bei jeder Ableitung nur um 1 (wegen des Kürzens)!
  Spätestens bei der 2. Ableitung benötigen Sie zusätzlich die Kettenregel.
- **Kettenregel**
  $f(g(x))' = f'(g(x))' \cdot g'(x)$
  Äußere Funktion mit zuständiger Ableitungsfunktion ableiten, dabei wird die innere Funktion wie eine einzige Variable behandelt. Diesen Term mit der Ableitung der inneren Funktion multiplizieren.
  Beispiele finden Sie in der Tabelle unten.

Funktion f(x)	äußere Funktion (kurz äF)	innere Funktion (kurz iF)	1.Schritt: Ableitung äF mit „bleibender" iF	2.Schritt: Ableitung iF	Ableitung: Produkt aus Schritt 1 und Schritt 2 f′(x)
$5(3x - x^2)^4$	$5(\,)^4$	$3x - x^2$	$20(\text{iF})^3$	$3 - 2x$	$20(3x - x^2)^3(3 - 2x)$
$4\sin(\pi - 3x)$	$4\sin(\,)$	$\pi - 3x$	$4\cos(\text{iF})$	-3	$4\cos(\pi - 3x) \cdot (-3)$
$3e^{-kx^2+2x}$	$3e^{()}$	$-kx^2 + 2x$	$3e^{(\text{iF})}$	$-2kx + 2$	$3e^{-kx^2+2x}(-2kx + 2)$

4.2.3 Höhere Ableitungen

Die Ableitungsfunktion kann wieder abgeleitet werden (wir sprechen dann von der 2. Ableitung und schreiben $f''(x)$), die wiederum abgeleitet werden kann, dies ergibt die 3. Ableitung, also $f'''(x)$.

Und so kann man weiter ableiten und kommt damit zur 4.; 5.; ...; n-ten Ableitung. Ob dies sinnvoll ist, sei dahingestellt.
Die neue Aufgabenstellung aber verlangt, dass Sie wissen, was die Ableitungen aussagen, was Sie daraus ersehen und wie was genutzt werden kann.

Lesen Sie sich die folgenden Sätze genau durch, sie sind nicht unbedingt mathematisch korrekt, zeigen Ihnen aber auf, was Sie an Grundwissen benötigen.

1. Ableitung $f'(x)$

- gibt an der Stelle x die Steigung der Tangenten an das Schaubild von $f(x)$ an.
- ist die momentane Änderung der Größe $f(x)$.
- ist die momentane Änderungsrate (insbesondere kann festgestellt werden, ob sich der Wert nicht ändert ($f' = 0$); ob der Wert zunimmt ($f' > 0$; bei starker Zunahme ist eben f' sehr groß); oder ob der Wert abnimmt ($f' < 0$).
- ist die 2. Ableitung der Stammfunktion $F(x)$.
- wird an den relativen Extremstellen von $f(x)$ null.
- gibt geometrisch die Steilheit des Graphen an.

2. Ableitung $f''(x)$

- gibt an der Stelle x die Krümmung des Schaubildes von $f(x)$ an. Ist $f'' > 0$, so ist die Kurve nach links gekrümmt (im Gegenuhrzeigersinn), bei $f'' < 0$ hat der Graph eine Rechtskrümmung (Uhrzeigersinn). Ist f'' betragsmäßig groß, ist die Kurve sehr stark gekrümmt.
- ist die Steigung der Steigung. Das heißt, ist $f'' > 0$, so steigt die Steigung. Die Steigung wird also größer, der Graph steigt stärker an.
- Geht der Graph von einer Links- in eine Rechtskurve über (oder umgekehrt), so wird in diesem Punkt die Krümmung null. Es liegt ein Wendepunkt vor.
- F'' ist die Steigung der Funktion f, also f'.

3. Ableitung $f'''(x)$

- ist die Steigung der Krümmung, also wie sich die Krümmung ändert.
- wird nur als hinreichende Bedingung zum Nachweis eines Wendepunktes verwendet.

WISSEN

- **Der Grad der Ableitungsfunktion einer ganzrationalen Funktion ist um 1 kleiner als der Grad der Funktion.**
- **Beim Ableiten einer gebrochenrationalen Funktion erhöht sich der Nennergrad (Nach dem Kürzen!) um 1.**
- **Eine Sinusfunktion wird durch Ableiten zu einer Kosinusfunktion und umgekehrt.**

Beispiele zu den Ableitungen finden Sie in der Tabelle unten. Bitte überlegen Sie zunächst, welche Grundregeln und welche Regeln angewandt werden müssen. Gehen Sie stur von außen nach innen vor. Sofern Sie mit der Ableitungsfunktion arbeiten müssen (z. B. Bestimmung von Extremwerten, ...) müssen Sie diese zuvor vereinfachen und so weit wie möglich kürzen.

Funktion	Vorbetrachtung	Ableitung	vereinfachte Ableitung
$f_t(x) = \frac{x^2-4}{x^2+t}$	Ableitungsfunktion von x^r Quotientenregel, darin die Kettenregel	$f_t'(x) = \frac{(x^2+t)\cdot 2x - [(x^2-4)\cdot 2x]}{(x^2+t)^2}$	$\frac{(2t+8)x}{(x^2+t)^2}$
$f_t(x) = (t-x)\cdot e^{tx}$	Ableitungsfunktionen von x^r, e^x, Produktregel, darin die Kettenregel	$f_t'(x) = (-1)\cdot e^{tx} + (t-x)\cdot e^{tx}\cdot t$	$e^{tx}(t^2 - tx - 1)$
$f(x) = \ln\left(\sqrt{3-x^2}\right)$	Ableitungsfunktion von $\ln x$, x^r Kettenregel in der Kettenregel	$f'(x) = \frac{\frac{1}{2}(3-x^2)^{-\frac{1}{2}}\cdot(-2x)}{\sqrt{3-x^2}}$	$\frac{-x}{3-x^2}$
$f(x) = \cos\left(a^{\tan x}\right)$	Ableitungsfunktion von $\cos x$, $\tan x$, a^x Kettenregel (Bitte FS verwenden)	$f'(x) = -\sin\left(a^{\tan x}\right)\cdot a^{\tan x}\cdot \ln(\tan x)\cdot\frac{1}{\cos^2 x}$	nicht möglich

4.3 Untersuchung von Funktionen

Ein wichtiger Aufgabentyp ist die Betrachtung der Funktionen nach ganz bestimmten Eigenschaften, um die Funktion grafisch darzustellen (Kurvendiskussion, Kurvenuntersuchung).
Der gefundene Graph dient dann in der Regel bei den danach folgenden Aufgabenteilen als Grundlage, Skizze oder Planfigur. Nicht selten muss der Graph auch durch weitere Kurven und Geraden zu einem vollständigen „Bild" erweitert werden. Kurzum, der gezeichnete Graph der Funktion sollte möglichst stimmen, sodass Fragen dazu auch sinnvoll und richtig gelöst werden können.

Ohne Hilfsmittel ist eine Kurvendiskussion nicht leicht, mithilfe eines Taschenrechners wird sie leicht, denn theoretisch könnten Sie ohne jegliche Information außer der Funktionsgleichung über die Wertetabelle beliebig genau das Schaubild jeder Funktion zeichnen. Es ist nur eine Frage der **Anzahl der Punkte**, die Sie ja leicht über den Taschenrechner bekommen.

Tipp

Je weniger Sie über den Graphen wissen, je weniger Sie bei einer Diskussion durchblicken und je weniger Sie Ihren „Rechenkünsten" (Nullstellen, Ableitungen, ...) vertrauen, desto mehr Punkte müssen Sie berechnen.

Ganz einfach wird die Bestimmung des Graphen mit dem GTR. Sie müssen nur die Gleichung richtig eingeben und den Graphen auf dem Display (natürlich in einem geeigneten Maßstab) anzeigen lassen. Auf dem Display können Sie auch „arbeiten" (z.B. Nullstellen bestimmen, Tangenten einzeichnen, Flächen einzeichnen und berechnen und vieles mehr).
Die Aufgabensteller wissen, dass Sie einen GTR benutzen dürfen, und gehen davon aus, dass Sie den GTR auch beherrschen. Nehmen Sie ihn täglich in die Hand. Wer einen GTR benutzen darf, der muss mit ihm umgehen können! Ganz gleich, was für Hilfsmittel Ihnen bei einer Kurvendiskussion auch immer zugestanden werden, Sie müssen die wesentlichen Teile der Diskussion kennen und wissen, was man letztendlich damit erreichen will.

>> BEISPIEL

Folgender Fehler sollte Ihnen nicht passieren:
Gesucht sei der Graph der Funktion
$f(x) = \frac{2x+1}{x^2-2}$
Mit einem TR benötigt man mit dem folgenden Befehl für die Berechnung der Werte grob 2 min: [Zahl x] [Kin1] [X] [2] [+] [1] [=] [:] [(] [Kout1] [x^2] [−] [2] [)] [=]

x	−4	−3	−2	−1	0	1	2	3	4
y	−0,5	−0,7	−1,5	1	−0,5	−3	2,5	1	0,6

Trägt man diese Punkte nun in ein geeignetes Koordinatensystem ein und verbindet sie, ergibt sich nebenstehendes Bild des Graphen.

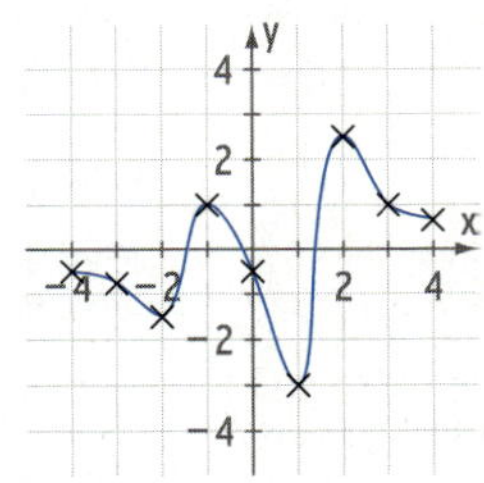

Die Zwischenwerte, deren Berechnung immer sinnvoll ist, lauten (Rechenzeit unter zwei Minuten):

x	−3,5	−2,5	−1,5	−0,5	0,5	1,5	2,5	3,5
y	−0,6	−0,9	−8	0	−1,1	16	1,4	0,8

Schon die Zwischenwerte zeigen, dass der Graph vollkommen falsch gezeichnet wurde. Die hohen Werte an den Stellen $x = -1{,}5$ und $x = 1{,}5$ lassen einen Pol in dieser „Gegend" vermuten (es handelt sich schließlich um eine gebrochenrationale Funktion).
Zwei weitere Werte (oder mehr) bringen Gewissheit:
$f(-1{,}4) = 45$;
$f(1{,}4) = -95$;
und es ergibt sich ein völlig anderes Bild.

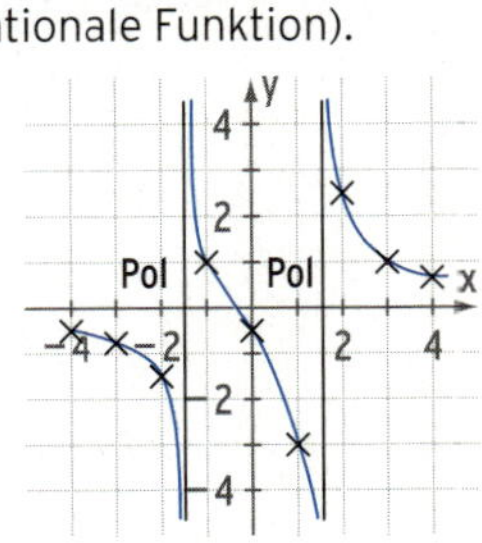

Also: Nicht bei der Berechnung der Punkte sparen, nehmen Sie sich die vier Minuten Zeit, es lohnt sich!
Der Graph bleibt natürlich ein „Provisorium", die genauen Werte der Extrempunkte, Wendepunkte, Pole, ... erkennen Sie dabei nicht. Aber Sie können mit der Skizze weiterarbeiten und das ist das Wichtigste.

4.3.1 Definitions- und Wertebereich

Defintions- und Wertebereiche sind zwei Teilmengen der reellen Zahlen, die Sie nicht verwechseln dürfen und nach dieser Seite auch nicht mehr verwechseln werden. Verwenden Sie nicht allzu viel Zeit auf diese Seite, es sind damit nur wenige Punkte zu holen und damit auch wenige zu verlieren. Der grobe Überblick genügt (ist aber notwendig)!

- Überlegen Sie sich zunächst, an welchen Stellen die Funktion nicht definiert ist.
- Sehen Sie sich die nicht definierten Stellen an und lassen Sie sie auf keinen Fall bei der Kurvendiskussion weg, denn genau dort sind ja z. B. die senkrechten Asymptoten.
- Geben Sie den Wertebereich erst an, wenn Sie den Graphen gezeichnet haben.
- Der **Definitionsbereich** besteht aus den Zahlen, die eingesetzt werden dürfen (x-Werte).
- Der **Wertebereich** besteht aus den Zahlen, die man beim Einsetzen erhält (y-Werte).
- Denken Sie daran, dass bei Funktionenscharen für jeden Wert des Parameters t andere Bereiche entstehen können. Notfalls helfen Ihnen Fallunterscheidungen.

	Definitionsbereich	**Wertebereich**
Definition	Menge der reellen Zahlen, die für die Variable x verwendet werden darf	Menge der reellen Zahlen, die als Funktionswerte f (x) wirklich vorkommen
geometrisch (sehr unmathematisch)	alle x-Werte, d. h. alle Zahlen der x-Achse, für die ein y-Wert berechnet werden kann	alle y-Werte, d. h. alle Werte, die beim Einsetzen der x-Werte als Ergebnis möglich sind
maximaler Bereich	nicht definiert (und damit „verboten") sind lediglich: ▪ Division durch Null ▪ Term $\leq$ im Argument des Logarithmus ▪ negative Zahlen unter geradzahligen Wurzeln (2.; 4.; 6. Wurzel)	Ohne Pol geben die absoluten Extremwerte die Grenzen an. Bei einem Pol mit Zeichenwechsel ist ganz $\mathbb{R}$ der Definitionsbereich. Bei einen Pol ohne Zeichenwechsel sind die Werte in der „Richtung", in der der Graph läuft, natürlich unbegrenzt.

Beispielfunktion	**Definitionsbereich**	**Wertebereich**
$f(x) = \frac{2x-5}{1-x^2}$	$\mathbb{R}\setminus\{-1; 1\}$ (wegen Division durch 0)	ganz $\mathbb{R}$, da bei $x = -1$ und $x = 1$ jeweils ein Pol mit Zeichenwechsel vorliegt
$f_t(x) = \frac{2x-5}{t-x^2}$	für $t > 0$: $\mathbb{R}\setminus\{\pm\sqrt{t}\}$ für $t = 0$: $\mathbb{R}\setminus\{0\}$ für $t < 0$: ganz $\mathbb{R}$	für $t > 0$: $\mathbb{R}$ (ohne Werte zwischen Maximum und 0) für $t = 0$: $]-0{,}2; \infty[$ für $t < 0$: vom Minimum bis zum Maximum
$f(x) = 5e^{-3x+4}$	ganz $\mathbb{R}$	$]0; \infty[$ (alle positiven Zahlen)
$f_t(x) = te^{-tx+4}$	ganz $\mathbb{R}$	für $t > 0$: $]0; \infty[$ für $t = 0$: 0 für $t < 0$: $]-\infty; 0[$
$f(x) = \frac{\ln(x+3)}{2x}$	$]-3; \infty[\setminus\{0\}$	ganz $\mathbb{R}$, bei $x = 0$ ist Pol mit Zeichenwechsel
$f_t(x) = \ln(x+t)$	$]-t; \infty[$	ganz $\mathbb{R}$
$f(x) = \sqrt{3-2x}$	$x \leq \frac{3}{2}$, also $]-\infty; \frac{3}{2}]$	$[0; \infty[$
$f_t(x) = 3\cos(tx)$	ganz $\mathbb{R}$	$[-3; 3]$

4.3.2 Symmetrie

Muss im Rahmen einer Kurvenuntersuchung eine Funktion oder eine Funktionenschar auf Symmetrie untersucht werden, so ist meistens nur die Symmetrie zur y-Achse oder zum Ursprung gemeint.

Sie gehen folgendermaßen vor, ganz gleich welche Funktionsart vorliegt:

1. Sie ersetzen in der Funktionsgleichung die Variable x durch (−x) (und zwar jedes x durch (−x)!).
2. Sie vergleichen die erhaltene Funktion f(−x) mit der Funktion f(x).

Folgende Fälle können auftreten:

1. $f(x) = f(-x)$. Dann ist die Funktion symmetrisch zur y-Achse.
2. $f(x) = -f(-x)$. Dann ist die Funktion symmetrisch zum Ursprung (0|0).
3. Keiner der beiden obigen Fälle. Dann ist keine Symmetrie erkennbar. „Nicht symmetrisch" wäre als Schluss falsch, da die Funktion bzgl. einer Geraden ungleich der y-Achse oder eines Punktes ungleich dem Ursprung symmetrisch sein könnte, was bei obigem Ansatz nicht zu sehen ist.

Sind **Funktionenscharen** gegeben, kann sich für verschiedene t die Symmetrieeigenschaft ändern. Sie müssen dann eine Fallunterscheidung durchführen.

>> BEISPIEL

$f_t(x) = \frac{x-t}{x^2-4} \Rightarrow f_t(-x) = \frac{-x-t}{x^2-4} = -\frac{x+t}{x^2-4}$

ist für $t = 0$ symmetrisch zum Ursprung ($f_0(x) = -f_0(-x)$); für $t \neq 0$ ist die Symmetrie aber nicht erkennbar ($f_t(x) \neq \pm f_t(-x)$).

Wenn Sie Symmetrie feststellen, haben Sie nur die „halbe" Arbeit. Es genügt dann, bei der Kurvenuntersuchung die Funktion für $x \in \mathbb{R}_0^+$ zu betrachten.

Nicht erkannte Symmetrie wirkt sich nicht als Fehler aus. Es müssen lediglich einige Berechnungen zusätzlich erledigt werden, der Zeitaufwand wird größer. Schlimmer ist es, wenn Sie fälschlicherweise annehmen, dass die Funktion symmetrisch ist. Überprüfen Sie einige Punkte beim Aufstellen der Wertetabelle.

Das Folgende gehört nicht zu einer „normalen" Kurvenuntersuchung, aber zum notwendigen Grundwissen auf jeden Fall. Da die Betrachtung dem Verständnis der Symmetriebetrachtung innerhalb der Kurvendiskussion dient, wurde es hier eingeschoben.

Symmetrie zum Punkt P(u|v)

Eine Funktion ist symmetrisch zum Punkt P(u|v), wenn für alle x ∈ D v der Mittelwert von f(u − x) und f(u + x) ist.
Es muss folgende Gleichung erfüllt sein:
$f(u-x) + f(u+x) = 2 \cdot f(u) = 2v$
Mit anderen Worten:
Sie ersetzen die Variable x zunächst durch den Term (u − x), dann durch den Term (u + x), und addieren die beiden Funktionsterme. Ist das Ergebnis $2 \cdot v$, so ist der Graph von f(x) symmetrisch zum Punkt P(u|v).
Liegt P auf f(x), so ist P ein Wendepunkt.

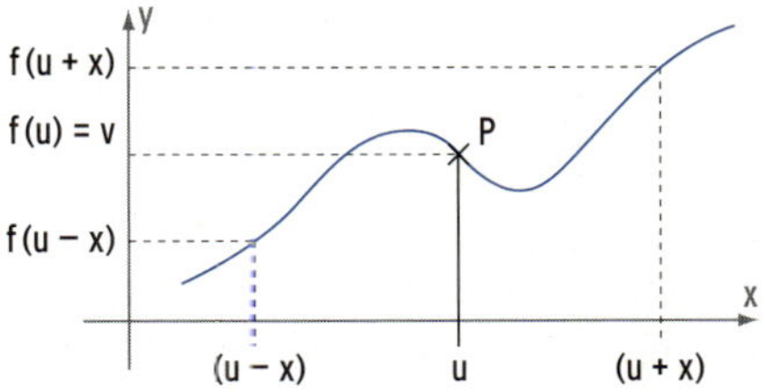

Symmetrie zur Geraden x = u

Eine Funktion ist symmetrisch zur Geraden x = u, wenn für alle x die Gleichung
$f(u-x) = f(u+x)$ erfüllt ist.
Mit anderen Worten:
Sie ersetzen die Variable x zunächst durch den Term (u − x), dann durch den Term (u + x) und vergleichen die beiden Funktionsterme. Sind beide Terme gleich, so ist der Graph von f(x) symmetrisch zur Geraden x = u.
Liegt P auf f(x), so muss P ein Extrempunkt sein.

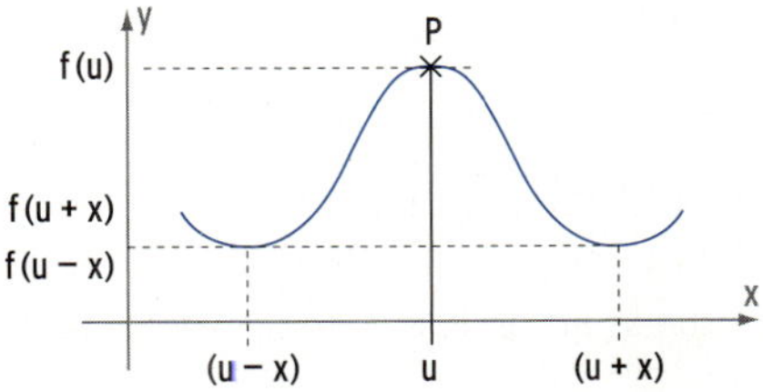

4.3.3 Nullstellen

Die Bestimmung von Nullstellen ist das eigentliche algebraische Problem einer Kurvenuntersuchung.
Das Lösen von Gleichungen, das Bestimmen von Extrem- und Wendestellen, die Berechnung von Schnittpunkten, die Polstellen und vieles mehr ist nichts anderes als das Bestimmen von Nullstellen.
Nullstellenberechnungen finden Sie überall, weil alle Bestimmungsgleichungen so umgestellt werden können, dass eine Seite null wird – und schon sind wir bei der Bestimmung von Nullstellen (→ Tabelle am Ende der Seite).

4

>> BEISPIEL

In welchem Punkt schneidet die Parabel $y = 4x^2 + 3x - 5$ die erste Winkelhalbierende?
Mit $f(x) = 4x^2 + 3x - 5$ und $g(x) = x$ führt über $f(x) = g(x)$ $(4x^2 + 3x - 5 = x)$ auf $4x^2 + 2x - 5 = 0$, ein „Nullstellenproblem" für $h(x) = 4x^2 + 2x - 5$ mit den dazugehörigen Lösungen.

Der GTR liefert die Nullstellen sehr einfach: Geben Sie die Gleichung des Graphen über [Y=] ein, dann [CALC], dann auf 2. Man muss zwei Grenzen und einen Tipp eingeben (was nicht schwer fällt, da der Graph im Display ja sichtbar ist). Bei mehreren Nullstellen müssen Sie diese hintereinander berechnen. Einige Merkhilfen zur Bestimmung von Nullstellen:

- Wenn Sie den Term der Gleichung, die null werden soll, als Funktion in den GTR eingeben (über [Y=]) können Sie über [CALC] problemlos die Nullstellen der Funktion bestimmen und damit die Gleichung lösen. Das geht besser als über den MATH solver (Gleichungslöser). Den Term können Sie ohne Vereinfachungen eingeben.
- Ein Produkt ist genau dann null, wenn mindestens einer der Faktoren null ist. Bei Produkten setzen Sie die Faktoren einzeln null. An allen gefundenen Nullstellen ist das Produkt dann null.
- $x^{u(x)}$ ist immer größer null. Also soweit wie möglich ausklammern und den „Rest" auf Nullstellen untersuchen.
- Wenn Sie eine Nullstelle x_0 der Gleichung kennen, können Sie ohne Rest mittels der Polynomdivision durch $(x - x_0)$ dividieren und erhalten eine Gleichung, die um einen Grad niedriger ist und deren Nullstellen evtl. besser bestimmt werden können.
- Bei den trigonometrischen Funktionen wiederholen sich die Nullstellen aufgrund der Periode. Sofern es geht, sehen Sie sich das Schaubild im Display des GTR an.
- Bei einer Funktion mit Zähler (Z) und Nenner (N) (z.B. gebrochenrationale Funktion) bestimmen Sie die Nullstellen des Zählers und die Nullstellen des Nenners getrennt. Für die Stelle x_0 gilt:

$Z(x_0) \neq 0$ und $N(x_0) \neq 0$	„ganz normaler Funktionswert", der durch Einsetzen berechnet werden kann
$Z(x_0) = 0$ und $N(x_0) \neq 0$	eine Nullstelle der Funktion (Graph schneidet oder berührt die x-Achse), Funktionswert ist null
$Z(x_0) \neq 0$ und $N(x_0) = 0$	ein Pol (senkrechte Asymptote)
$Z(x_0) = 0$ und $N(x_0) = 0$	eine Lücke. Kürzen Sie mit $(x - x_0)$ und betrachten Sie danach nochmals Zähler und Nenner.

Sofern Sie die Nullstellen nicht berechnen können, bleiben Ihnen zwei Näherungsverfahren (Intervallhalbierung und Newtonverfahren).

Problem	Gleichung umstellen auf „Nullstelle"
Schnittpunkt der Funktionen f (x) und g (x)	anstatt $f(x) = g(x)$ eben $f(x) - g(x) = 0$ und $h(x) = f(x) - g(x)$ in den GTR einsetzen
Extrempunkte der Funktion f (x)	notwendige Bedingung: $f'(x) = 0$ f′ in den GTR eingeben
An welcher Stelle hat die Funktion den Wert 5?	anstatt $f(x) = 5$ eben $f(x) - 5 = 0$
An welcher Stelle ist die Steigung der Funktion − 0,5?	anstelle von $f'(x) = -0{,}5$ als Ansatz $f'(x) + 0{,}5 = 0$
Für welchen x-Wert ist der Funktionswert doppelt so hoch wie an der Stelle a?	$f(x) = 2 \cdot f(a)$ liefert: $f(x) - 2 \cdot f(a) = 0$

4.3.4 Extrempunkte

WISSEN

Relative Extrempunkte sind die Punkte des Schaubildes, die gegenüber ihren unmittelbaren Nachbarpunkten die größten oder kleinsten Funktionswerte haben.

Unter einem absoluten Extrempunkt versteht man den Punkt $P(x_1|f(x_1))$ mit $f(x_1) \leq f(x)$ für alle $x \in D$ (absoluter Tiefpunkt) oder $f(x_1) \geq f(x)$ für alle $x \in D$ (absoluter Hochpunkt)
Sucht man den absoluten Hochpunkt, vergleicht man die Funktionswerte aller relativen Hochpunkte und die Randwerte (ist x nicht eingeschränkt, dann $\lim_{x \to \pm\infty} f(x)$). Entsprechendes gilt für den absoluten Tiefpunkt.

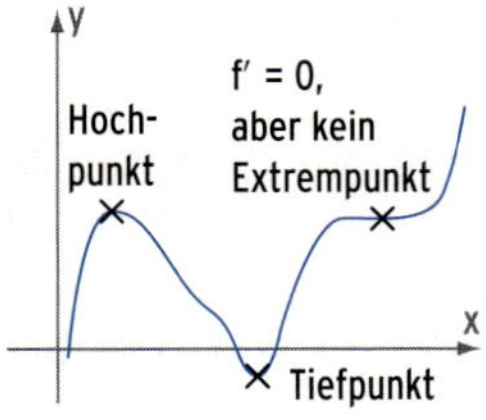

Hochpunkt (HP) heißt der Punkt mit dem größten Funktionswert der Umgebung. Tiefpunkt (TP) heißt der Punkt mit dem kleinsten Funktionswert der Umgebung.

Bestimmung der Extrempunkte

1. Notwendige Bedingung: Der Graph muss an jedem relativen Extrempunkt eine waagerechte Tangente haben. (Die Steigung muss null sein, also $f' = 0$). Deshalb werden zunächst alle Stellen x_i berechnet, für die $f'(x_i) = 0$ gilt.
2. Hinreichende Bedingung: Wechselt f' an der Stelle x_i das Vorzeichen, liegt ein Extrempunkt vor.
   Wechsel von + nach − (vor x_i steigt, nach x_i fällt der Graph) bedeutet Hochpunkt bei x_i. Ist $f''(x_i) < 0$, ist diese Bedingung auf jeden Fall erfüllt.
   Wechsel von − nach + (vor x_i fällt, nach x_i steigt der Graph) bedeutet Tiefpunkt bei x_i. Ist $f''(x_i) > 0$, ist diese Bedingung auf jeden Fall erfüllt.
3. Berechnung der Ordinate: Die unter 1 gefundenen und unter 2 geprüften x-Werte werden in die Funktionsgleichung eingesetzt. Man erhält damit den y-Wert (Ordinate) des Extrempunktes.

Die Lösungen der Gleichung $f'(x) = 0$ seien die Werte $x_1, x_2, \ldots$ Es gilt:

$$f''(x_i) = \begin{cases} > 0 & \Rightarrow (x_i|f(x_i)) \text{ ist Tiefpunkt} \\ = 0 & \Rightarrow \text{Sonderfall} \\ < 0 & \Rightarrow (x_i|f(x_i)) \text{ ist Hochpunkt} \end{cases}$$

Sonderfall $f'(x_i) = 0$ und $f''(x_i) = 0$:
Setzen Sie x_i in f''' ein. Ist $f'''(x_i) \neq 0$, ist $P(x_i|f(x_i))$ ein Wendepunkt und kein Extrempunkt. Ansonsten (also für $f'''(x_i) = 0$) müssen Sie untersuchen, ob f' an der Stelle x_i das Vorzeichen wechselt.
Ist eine Lösung x_i von $f' = 0$ von einem Parameter abhängig, müssen Sie bei $f''(x_i)$ möglicherweise eine Fallunterscheidung vornehmen. $f''(x_i)$ kann ja für verschiedene t verschiedene Vorzeichen haben (oder null werden).

Relativ neu, aber schon sehr verbreitet sind Aufgaben, bei denen die Graphen von f'', f', f und F verglichen oder voneinander hergeleitet werden müssen. Bei diesen Betrachtungen spielen die Extremwerte eine wichtige Rolle. Versuchen Sie die folgende Tabelle gedanklich zu verstehen und zeichnerisch umzusetzen.

	a	b	c
F	–	Wendepunkt	Extremwert
f	Wendepunkt	Extremwert	Nullstelle
f'	Extremwert	Nullstelle	–
f''	Nullstelle	–	–

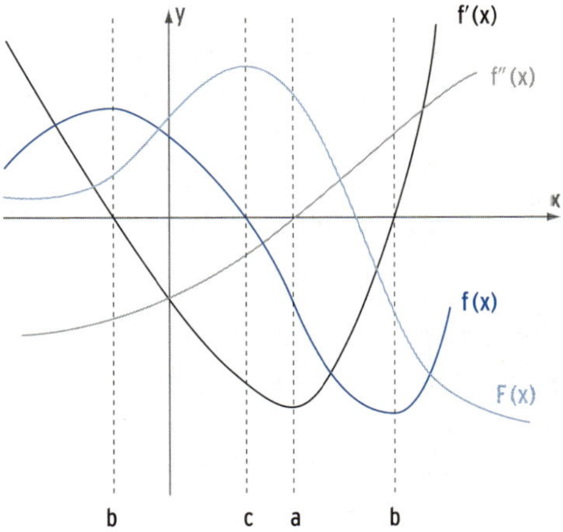

4.3.5 Wendestellen, Wendetangente

Wendestellen

Wendepunkte sind die Punkte des Funktionsgraphen, bei denen der Funktionsgraph von einer Rechts- in eine Linkskrümmung (oder von einer Links- in eine Rechtskrümmung) übergeht.

Wie bei den Extrempunkten muss man bei den Wendepunkten zwischen einer notwendigen Bedingung (hier $f''(x_i) = 0$) und einer hinreichenden Bedingung (hier $f'''(x_i) \neq 0$) unterscheiden. Wird $f'''(x_i) = 0$, so muss man wie bei den Extrempunkten nach dem Vorzeichenwechsel (diesmal bei f") schauen. Beachten Sie hierzu auch die Informationen in der FS.

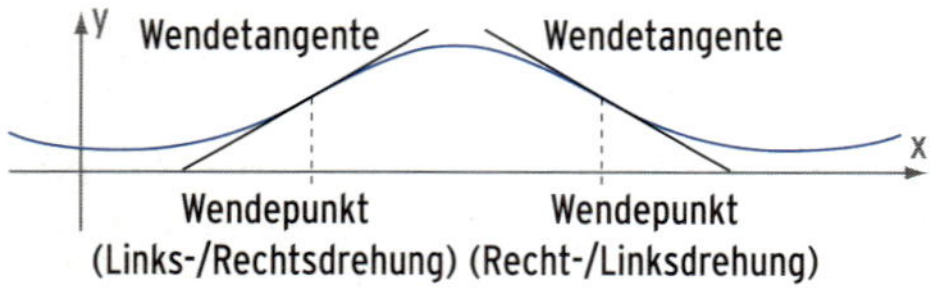

Die Rechenschritte zum Bestimmen der Wendepunkte entsprechen genau den Rechenschritten zum Bestimmen der Extrempunkte, jeweils jeder einzelne Schritt in der „nächst höheren" Ableitung. (f" anstatt f' und f''' anstatt f".)

Bestimmung eines Wendepunktes:

- Bestimmung der 2. Ableitung $f''(x)$
- Nullstellen $f''(x) = 0$ mit Lösungen x_i
- Bestimmung der 3. Ableitung $f'''(x)$
- Einsetzen der x_i in f''':
  $f'''(x_i) \neq 0 \Rightarrow (x_i | f(x_i))$ ist Wendepunkt.
  $f'''(x_i) = 0 \Rightarrow$ Untersuchen Sie, ob f" an der Stelle x_i das Vorzeichen wechselt.
  Bei Vorzeichenwechsel ist $(x_i | f(x_i))$ Wendepunkt, sonst nicht.

„Krümmung" bedeutet:

Linkskrümmung	Rechtskrümmung
Linkskurve ⌣	Rechtskurve ⌢
$f''(x) > 0$	$f''(x) < 0$
f' streng monoton steigend	f' streng monoton fallend
alle Steigungen möglich	
Nullstellen von f und f' möglich	
jeder Funktionswert möglich	

Wendetangente

Die mit Abstand am häufigsten verlangte Tangente an eine Kurve ist die Tangente im Wendepunkt des Graphen, die kurz Wendetangente heißt.

Eine Tangente an einen Graphen im Punkt P ist die Gerade, die durch den Punkt P geht und die Steigung des Graphen im Punkt P hat.

Die Tangente (nicht nur die Wendetangente) wird in der Regel durch die Punkt-Steigungsform einer Geraden (→ FS) bestimmt, es wird für die Geradengleichung lediglich ein Punkt und die Steigung der Geraden benötigt.

In der Praxis sieht die Bestimmung der Wendetangente folgendermaßen aus:

- Bestimmung des Wendepunktes $(x_W | f(x_W))$
- Bestimmung der Steigung des Graphen an der Stelle x_W. ($f'(x_W) = m$)
- Einsetzen der berechneten Werte in die Punkt-Steigungsform der Geraden

Die allgemeine Gleichung der Wendetangente ist $y - f(x_W) = f'(x_W) \cdot (x - x_W)$.

Tipp

Wenn Sie zum Graphen die Wendetangente zeichnen müssen, so zeichnen Sie die Tangente vor dem Graphen. Sie können dann das Schaubild der Geraden anpassen und damit sieht die Gerade auch wie eine Tangente aus.
Ist das Schaubild bereits gezeichnet, kann (so zeigt die Erfahrung) ganz schlecht eine Gerade so eingezeichnet werden, dass sie auch wie eine Tangente aussieht.

Der Graph wechselt am Wendepunkt auf die „andere Seite" der Wendetangente.
Die Wendetangente können Sie (wie alle Tangenten) auf dem GTR zeichnen lassen. Der Wendepunkt ist (im Gegensatz zu den Extrempunkten) mit dem GTR sofort bestimmbar. Sie müssen f' zeichnen lassen und dort die Extrempunkte bestimmen (denn die 1. Ableitung von f' ist die 2. Ableitung von f).

4.3.6 Asymptoten

WISSEN

Eine Asymptote ist eine Gerade, an die sich eine Kurve anschmiegt, ohne sie im Endlichen zu erreichen.

Oder mit anderen Worten: zwischen dem Graphen und der Geraden (die wir dann Asymptote nennen) wird der Abstand immer kleiner, immer kleiner, immer kleiner, ...
Mathematisch gesehen ist der Grenzwert des Abstandes null. $\lim\limits_{x \to \pm\infty} (f(x) - g(x)) = 0$

Man kann bei einer Funktion für fast alle reellen Zahlen einen Funktionswert angeben. Man erhält den Wert durch Einsetzen der Zahl in die Funktionsgleichung. Leider gibt es aber reelle Zahlen, in denen die Funktion nicht definiert ist. Deshalb kann an diesen Stellen kein Funktionswert berechnet werden. Genau diese Stellen sind von besonderem Interesse. Zudem ist das Zeichenblatt begrenzt, ganz gleich, welchen Maßstab man verwendet. Und auch hier stellt sich die Frage: Wie verhält sich der Graph außerhalb?

a) Wie verhält sich eine Funktion (und damit auch ihr Graph) in der nächsten Umgebung einer Definitionslücke oder am Rande eines nicht definierten Gebietes?
b) Wie verhält sich die Funktion (und damit auch ihr Graph), für $x \to \infty$ und für $x \to -\infty$?

Die Lage der Näherungsgeraden gibt auch den Namen:

- senkrechte Asymptote (oder Pol), wenn die Asymptote parallel zur y-Achse läuft
- waagerechte Asymptote, wenn die Asymptote parallel zur x-Achse läuft
- schiefe Asymptote bei allen anderen Asymptoten

Nicht definierte Stellen und Gebiete
(Es gibt nur drei Arten.)

Eine Funktion ist nicht definiert an der Stelle, an der durch Null dividiert würde.

>> BEISPIEL

$f(x) = \frac{Z}{x-3}$ ist an der Stelle $x = 3$ nicht definiert, ganz gleich welchen Wert der Zähler Z auch immer für den Wert $x = 3$ annimmt.

Ist x_0 eine Zahl, für die der Nenner 0 wird, und untersucht man die Funktion für ein x, das sich x_0 nähert, so wird $(x - x_0)$ immer kleiner und damit der Bruch (also der Funktionswert) immer größer, der Graph nähert sich der Geraden $x = x_0$, einer Geraden parallel zur y-Achse an der Stelle x_0 an. Diese Gerade heißt senkrechte Asymptote oder Pol.

Ausnahme: Hat auch der Zähler an der Stelle x_0 eine Nullstelle, so wird auch er immer kleiner. Man sagt f(x) hat an der Stelle x_0 eine Lücke. Kürzen Sie die Funktion vor der weiteren Betrachtung durch $(x - x_0)$.

Eine Funktion ist nicht definiert in dem Intervall, in dem der Radikand einer geradzahligen Wurzel negativ ist.
$f(x) = \sqrt{g(x)}$ ist nicht definiert für $g(x) < 0$.

>> BEISPIEL

$f(x) = \sqrt{3 - x}$ ist für alle $x > 3$ nicht definiert.
Für $x = 3$ ist der Funktionswert dann null.
$f(3) = 0$.

Eine Funktion ist nicht definiert in dem Intervall, in dem das Argument der Logarithmenfunktion ≤ 0 wird.
$f(x) = \ln(g(x))$ ist nicht def. für $g(x) \leq 0$.

>> BEISPIEL

$y = \ln(3x + 6)$ ist für alle $x \leq -2$ nicht definiert.

Für den Grenzwert gilt: $\lim\limits_{x \to -2+} \ln(3x + 6) \to -\infty$.
In Worten: Strebt das Argument im ln gegen null, so strebt der ln gegen minus unendlich.
Wichtig: An den Nullstellen des Nenners (für Zähler $\neq 0$) einer gebrochen rationalen Zahl und an der Definitionsgrenze beim Logarithmus ist ein Pol, eine senkrechte Asymptote, also eine Gerade parallel zur y-Achse, an die sich der Graph der Funktion anschmiegt.

Senkrechte Asymptote (Pol)

SENKRECHTE ASYMPTOTE

Die Gerade $x = k$ heißt Pol oder senkrechte Asymptote des Graphen von $f(x)$, wenn $\lim\limits_{x \to k} f(x) = \pm\infty$ gilt!

Ein Pol kann nur an einer nicht definierten Stelle der Funktion oder am Rande eines Intervalls, in dem die Funktion nicht definiert ist, vorkommen!
Bilden Sie gegen alle nicht definierten Werte bzw. Randwerte eines nicht definierten Intervalls den Grenzwert. Lautet dieser Grenzwert $+\infty$ oder $-\infty$, liegt an den entsprechenden Stellen ein Pol.
Bilden Sie den Grenzwert von beiden Seiten. Erhalten Sie dasselbe Vorzeichen, liegt ein Pol ohne Zeichenwechsel, bei verschiedenen Vorzeichen ein Pol mit Zeichenwechsel vor.

Untersucht man, wie sich der Graph bei $x \to \pm\infty$ verhält, so gibt es drei Möglichkeiten:

- Entweder läuft der Graph gegen eine zur x-Achse parallelen Geraden (waagrechte Asymptote),
- oder gegen eine Gerade mit der Steigung $\neq 0$ (schiefe Asymptote),
- oder der Graph läuft gegen $\pm\infty$ ohne sich an eine Gerade anzuschmiegen.

Waagerechte Asymptote

WAAGERECHTE ASYMPTOTE

Wenn $\lim\limits_{x \to \pm\infty} (f(x) - k) = 0$ gilt, ist $y = k$ waagerechte Asymptote des Graphen von $f(x)$.

Mit anderen Worten: Der Graph der Funktion $f(x)$ nähert sich für sehr große bzw. sehr kleine Werte ($\to -\infty$) immer mehr der Geraden $y = k$.
Nicht jede Funktion hat eine waagerechte Asymptote. Für $x \to \infty$ gibt es höchstens eine waagerechte Asymptote und für $x \to -\infty$ ebenfalls. Beide können verschieden sein, was allerdings selten vorkommt.

- Ganzrationale Funktionen haben keine waagerechte Asymptote.
- Für gebrochenrationale und Potenzfunktionen gilt:
  Zählergrad > Nennergrad $\Rightarrow$ keine waagerechte Asymptote.
  Zählergrad = Nennergrad $\Rightarrow$ Ist r der Quotient der Summanden im Zähler und im Nenner mit den jeweils höchsten Exponenten bei der Variablen, so ist $y = r$ waagerechte Asymptote für $x \to \pm\infty$.
  Zählergrad < Nennergrad $\Rightarrow$ waagerechte Asymptote: $y = 0$ (x-Achse) für $x \to \pm\infty$.
- Bei sonstigen Funktionsarten, verknüpften und verketteten Funktionen: Grenzwertbildung getrennt für $x \to +\infty$ und $x \to -\infty$.

Schiefe Asymptote

Eine schiefe Asymptote ist eine Gerade mit der Gleichung $y = mx + b$ $(m \neq 0)$, an die sich der Graph der Funktion anschmiegt.

SCHIEFE ASYMPTOTE

Wenn $\lim\limits_{x \to \pm\infty} (f(x) - (mx + b)) = 0$ gilt, ist $y = mx + b$ schiefe Asymptote des Graphen von $f(x)$.

Eine schiefe Asymptote hat eine gebrochenrationale Funktion, deren Zählergrad um genau 1 höher ist als ihr Nennergrad.
Die schiefe Asymptote wird durch eine Polynomdivision bestimmt.
Als Ergebnis der Polynomdivision (Zählerpolynom durch Nennerpolynom) erhält man ein lineares Glied mx, ein konstantes Glied b (das im Sonderfall auch 0 sein kann) und einen Rest.

$y = mx + b$ ist die schiefe Asymptote, da der Rest für $x \to \pm\infty$ gegen null strebt.

- Eine Funktion kann höchstens eine schiefe Asymptote haben.
- Eine schiefe Asymptote und eine waagerechte Asymptote können nie gleichzeitig vorkommen.
- Eine Funktion mit schiefer Asymptote oder waagerechter Asymptote kann gleichzeitig einen oder mehrere Pole haben.

4.3.7 Wertetabelle

Eine Wertetabelle (kurz auch Tabelle) ist eine Menge berechneter Punkte eines Graphen zu einer Funktionsgleichung.

Theoretisch kann man mithilfe von genügend vielen berechneten Punkten den Graphen jeder Funktion beliebig genau zeichnen.

Aber auch noch so viele Werte in der Tabelle ersetzen die anderen Kurvenuntersuchungspunkte nicht ganz.

Erfahrungsgemäß ist auf die Wertetabelle Verlass. Sollte je ein Punkt „nicht ins Bild passen“, so berechnen Sie einfach einen Nachbarpunkt und lassen beim Zeichnen den „unsicheren“ Punkt weg.

Prinzipiell sollten Sie so viele Punkte in Ihrer Wertetabelle berechnen, dass kein Zweifel mehr über den Verlauf des Graphen aufkommen kann. Die schon berechneten speziellen Punkte übernehmen Sie natürlich aus der Kurvenuntersuchung.

Zur Berechnung der Wertetabelle benützen Sie selbstverständlich den TR. Denken Sie daran, dass er nicht nur die Werte ganzer Zahlen, sondern alle Werte, die Sie benötigen, berechnen kann. Insbesondere wenn Sie nicht sicher sind, lassen Sie den TR für sich arbeiten.

Müssen Sie einen bestimmten Graphen einer Funktionenschar zeichnen, schreiben Sie die entsprechende Funktionsgleichung zunächst einmal auf (Parameter durch die entsprechende Zahl ersetzen) und berechnen dann die y-Werte.

Sofern Sie den GTR benutzen dürfen, ist die Wertetabelle unnötig geworden.
Sie erhalten den Graph, sehen alle Eigenschaften und erhalten problemlos die wichtigen Punkte wie Extrempunkte, Nullstellen oder Wendepunkte über den Rechner.
Zudem können Sie ohne Mühe eine Tabelle herstellen und dabei sogar die Schrittweite beliebig ändern.

4.3.8 Graph (Schaubild)

Unter dem Graphen oder dem Schaubild einer Funktion verstehen wir die „zeichnerische Darstellung“ der Funktion im rechtwinkligen, ebenen Koordinatensystem. Die Punkte der Ebene, die die Funktionsgleichung erfüllen, ergeben das Schaubild.

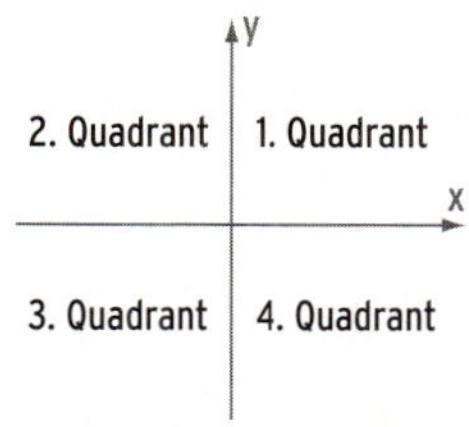

Das Zeichenblatt wird durch das rechtwinklige Koordinatensystem in 4 Flächen aufgeteilt. Man spricht von 4 Feldern (oder 4 Quadranten), die, wie in der Skizze angegeben, mathematisch positiv durchnummeriert werden (also entgegen dem Uhrzeigersinn).

Der Graph wird auch als **Kurve** oder **Kurvenbogen** bezeichnet. Er hat in der Regel einen anderen „Namen“ als die Funktion.

In der Praxis zeichnet man wenige spezielle Punkte ein, die verbunden werden und das Schaubild ergeben. In der Regel sind dies:

- die Nullstellen, in denen der Graph die x-Achse schneidet oder berührt ($f(x) = 0$),
- die Extrempunkte, die die höchsten oder tiefsten Funktionswerte in der Umgebung haben ($f'(x) = 0$ und $f''(x) \neq 0$),
- die Wendepunkte, in denen der Graph von einer Rechts- in eine Linkskrümmung (oder umgekehrt) übergeht ($f(x) = 0$ und $f'''(x) \neq 0$).

Um den Verlauf der Kurve möglichst genau festzulegen, berechnet man noch weitere Punkte (Wertetabelle). Sofern der Graph Asymptoten hat, müssen diese vor dem Zeichnen des Graphen in das Achsenkreuz eingezeichnet werden; insbesondere die Pole!

Der GTR zeichnet Ihnen den Graph auf das Display. Ein sehr bequemer Weg, den Verlauf des Schaubildes zu sehen.

Tipp

Nehmen Sie den Graphen wirklich als „Planfigur“ und zeichnen Sie alle Hilfslinien, die die gestellten Fragen betreffen, ein.

4.3.9 Übersicht zu den Kurvenuntersuchungen

	Ganzrationale Funktion	Gebrochenrationale Funktion	Potenzfunktion	Betragsfunktion
Definitionsbereich	Ganz $\mathbb{R}$. Die Funktion ist auch stetig und differenzierbar in ganz $\mathbb{R}$.	$\mathbb{R}$ ohne die Nullstellen des Nenners	Bei $x^{n:m}$ muss wegen $\sqrt[m]{x^n}$ für gerade m und ungerade n $x \geq 0$ sein!	$f(x) = \begin{cases} g(x) \\ h(x) \end{cases}$ Definitionsbereich von g und h nehmen
Symmetrie	Über $f(-x)$. Oder: nur gerade Exponenten $\Rightarrow$ symmetrisch zur y-Achse; nur ungerade Exponenten $\Rightarrow$ symmetrisch zu $(0\|0)$	Nur über $f(-x)$! Nie mit geraden oder ungeraden Exponenten! $f(-x) = f(x)$ $\Rightarrow$ symmetrisch zur y-Achse. $f(-x) = -f(x)$ $\Rightarrow$ symmetrisch zu $(0\|0)$	Nur über $f(-x)$, nicht über gerade oder ungerade n, m bei $x^{n:m}$.	$g(-x)$ und $h(-x)$ im Definitionsbereich betrachten, praktisch nie symmetrisch
Asymptoten	Es existieren keine Asymptoten.	Pole bei den Nullstellen des Nenners (Zähler $\neq 0$). Der Vergleich höchster Zähler- und Nenner-Exponenten kann waagerechte oder schiefe Asymptote (Polynomdivision). ergeben	Alle Arten der Asymptoten möglich, z. B. $f(x) = x^{-1}$ hat Pol $(x = 0)$ und waagerechte Asymptote $(y = 0)$.	getrennt für g und h bestimmen, auf Definitionsbereich achten
Nullstellen	Ist eine Nullstelle x_0 bekannt, mit Polynomdivision $f(x):(x - x_0)$ bilden. Bei Grad n existieren höchstens n Nullstellen.	Mit Z (= Zähler) und N (= Nenner) gilt: $Z = 0$ und $N \neq 0$ $\Rightarrow$ Nullstelle $Z = 0$ und $N = 0$ $\Rightarrow$ Lücke $Z \neq 0$ und $N = 0$ $\Rightarrow$ Pol. Mit Z-Grad n und N-Grad m $\Rightarrow$ maximal n Nullstellen.	Teils schlecht bestimmbar. Vorsicht bei Umstellungen bei Strichrechnungen!	Ebenfalls einzeln bestimmen und mit Definitionsbereich überprüfen.
Extrempunkte	Grad n $\Rightarrow$ höchstens $n - 1$ Extremstellen. Summanden einzeln ableiten. Bei der hinreichenden Bedingung auf Parameterwert achten.	Bei Nennergrad n und Zählergrad m $\Rightarrow$ höchstens $n + m - 1$ Extremstellen! Ableiten mit Quotientenregel, Funktion nicht umschreiben!	Vorsicht bei negativen Exponenten beim Ableiten.	Einzeln bei g und h nach Extrempunkten untersuchen.
Wendepunkte	Grad n $\Rightarrow$ höchstens $n - 2$ Wendestellen	Höchstens $n + 2m - 2$ Wendestellen! Wenn eine Wendetangente verlangt ist, sollten Sie vor dem Schaubild die Tangente zeichnen.	Für die Anzahl sind global keine Aussagen möglich.	Bei beiden Teilfunktionen berechnen und nachschauen, ob Punkte im Definitionsbereich liegen.
Wertetabelle	Werte nicht nur für ganzzahlige x-Werte berechnen. Besser verstärkt in der Nähe der Nullstellen, Extrem- und Wendepunkte.	Werte in der Nähe der Pole berechnen. Nicht zu viele Nullstellen einzeichnen. Werte mit TR berechnen: e aus TR über [1] [INV] [ln]!	Mit der [x^y]-Taste werden die meisten Fehler gemacht! Mit Speicher arbeiten und vorher üben.	Zwei Wertetabellen aufstellen, für jeden Definitionsbereich einzeln.
Graph (Schaubild)	Nicht mehr als n Nullstellen und $n - 1$ Extrempunkte einzeichnen! Jede ganzrationale Funktion strebt für $x \rightarrow \pm\infty$ gegen ∞ oder $-\infty$.	Asymptoten immer vor dem Schaubild einzeichnen. Lücken einzeichnen, Funktionsgleichung danach kürzen und mit gekürzter Funktion weitermachen.	Vorsicht bei negativen Exponenten. Bei unsicheren Punkten Nachbarpunkte berechnen.	Zwei unabhängige Graphen im jeweiligen Definitionsbereich zeichnen.

	Exponentialfunktion	Logarithmus-Funktion	Trigonometrische Funktionen	
			Sinus, Cosinus	**Tangens, Cotangens**
Definitionsbereich	Reine e-Funktionen sind auf ganz $\mathbb{R}$ definiert. Vorsicht: $e^x > 0$!	$\ln g(x)$ ist nur für $g(x) > 0$ definiert. Bei Scharen an Fallunterscheidungen denken!	Ganz $\mathbb{R}$ (die Periode ist 2π) Bei $y = \sin(ax)$ ist Periode $\frac{2\pi}{a}$	Polstellen ausnehmen: tan: $\pm 0{,}5\pi + g\pi$; cot: $g\pi$ mit $g \in \mathbb{Z}$
Symmetrie	Über $f(-x)$. Wichtig: $-e^x \neq e^{-x} = \frac{1}{e^x}$.	Nur über $f(-x)$. $f(-x) = f(x)$ $\Rightarrow$ symmetrisch zur y-Achse. $f(-x) = -f(x)$ $\Rightarrow$ symmetrisch zu $(0\|0)$	Achsensymmetrisch zur Geraden durch einen Extrempunkt. Punktsymmetrisch zu einer Nullstelle.	Punktsymmetrisch: tan zu $P(g \cdot \pi \| 0)$; cot zu $Q(\pm 0{,}5\pi + g\pi \| 0$ jeweils mit $g \in G$.
Asymptoten	$\lim \to \infty$ und $\lim \to -\infty$ getrennt bestimmen. „e^x wächst schneller als jede Potenz von x!"	Pol für $\ln(g(x))$ für $g(x) \to 0^+$ (rechtsseitiger Grenzwert $\to -\infty$). „ln x wächst langsamer als jede Potenz von x!"	Es exisiteren keine Asymptoten.	tan hat Pole bei $(\pm 0{,}5 + g)\pi$. cot hat Pole bei 0 und $g\pi$. Periode ist π.
Nullstellen	$e^x \neq 0$ $\Rightarrow$ e^x wenn möglich ausklammern und vom Restfaktor Nullstellen bestimmen.	$\ln(g(x)) = 0$ für $g(x) = 1$, da $\ln 1 = 0$. Vorsicht bei jeder Strichrechnung im Argument!	$\sin(g(x)) = 0$, wenn $g(x) = \pi \pm n \cdot$ Periode, $n \in \mathbb{N}$. $\cos(g(x)) = 0$, wenn $g(x) = \pm 0{,}5\pi \pm n \cdot$ Periode, $n \in \mathbb{N}$.	$\tan(g(x)) = 0$ für $g(x) = g\pi$. $\cot(g(x)) = 0$ für $0{,}5\pi + g\pi$.
Extrempunkte	Nach dem Ableiten e^x ausklammern! Immer daran denken: $e^x > 0$ für alle x.	Ableitung von ln x ist 1 : x! Innere Ableitung nicht vergessen. Ableitung ist meist eine gebrochenrationale Funktion.	In einer Periode ein Hoch-, ein Tiefpunkt. Jeweils genau zwischen den Nullstellen.	Keine Extrempunkte. Ableiten wegen der Wendepunkte, auch wenn $f' \neq 0$ gilt.
Wendepunkte	1. Ableitung mit Produktregel weiter ableiten.	2. Ableitung ist meist eine gebrochenrationale Funktion.	Nullstellen sind Wendepunkte.	
Wertetabelle	Man benötigt viele Punkte, wenn man sonst wenig weiß. Mit Speicher im TR arbeiten.	Werte in Polnähe bestimmen. Logarithmus-Gesetze (FS) beachten. Immer TR verwenden!	Vorsicht mit dem TR: Immer auf RAD stellen, nicht mit Grad rechnen. Vielfache von π verwenden. Auch beim tan kein Gradmaß.	
Graph (Schaubild)	Vorsicht: Waagerechte bzw. schiefe Asymptoten gelten meist nur entweder für $x \to \infty$ oder $x \to -\infty$.	Vorsicht: ln x „geht" für $x \to \infty$ sehr langsam $\to \infty$. Bitte vor dem Einzeichnen nicht an Punkten sparen.	Beim Zeichnen an die Periode denken.	

4.3.10 Bemerkungen zu den Funktionsarten

Ganzrationale Funktion

- Hat die Funktion den Grad n, so existieren höchstens n Nullstellen, höchstens $n-1$ Extrempunkte und höchstens $n-2$ Wendepunkte.
- Die Funktion hat keine Asymptoten.
- Bitte Linearität beachten (Summanden einzeln ableiten und integrieren).
- Die Funktion ist auf ganz $\mathbb{R}$ stetig und beliebig oft differenzierbar.

Gebrochenrationale Funktion

- Ist n der Grad des Zählers (ZG = n), m der Grad des Nenners (NG = m), so hat die Funktion höchstens n Nullstellen, höchstens $n+m-1$ Extrempunkte und höchstens $n+2m-2$ Wendepunkte.
- Beim Ableiten immer die Quotientenregel (FS!) benutzen.
- Beim Integrieren: meist zuerst algebraisch umstellen (z. B. Polynomdivision).
- Die Pole (Nullstellen des Nenners) nicht vergessen!

Potenzfunktion

- Vorsicht beim Definitionsbereich (Exponenten $\in \mathbb{Q}$)!
- Variable mit gebrochenem Exponenten schreiben für Ableitung und Integration.
- Bezüglich des Ableitens wie ganzrationale Funktion behandeln.

Natürliche Exponentialfunktion

- Zahl „e" mit: [1] [INV] [ln x]. Zahl sofort in den Speicher nehmen.
- Asymptoten für $x \to \infty$ und $x \to -\infty$ getrennt bestimmen.
- Ableiten immer mit der Kettenregel.
- Schlagen Sie gleich zu Beginn der Diskussion die Rechengesetze in der FS auf:
  $x = \ln a \Leftrightarrow e^x = a$ (ln ist $\log_e$)
  $e^k > 0$ für alle $k \in \mathbb{R}$ (auch $k < 0$)
  $e^{ax+b} = c \Rightarrow x = \frac{\ln c - b}{a}$
  $e^k = 1 \Leftrightarrow k = 0$ (für jeden Term k)

Natürliche Logarithmusfunktion

- Pole sind möglich bei: $\lim\limits_{g(x)\to 0+} [\ln(g(x))]$ $\Leftrightarrow -\infty$ für $g(x) \to 0$.
- Beim Ableiten und Integrieren bitte immer FS benutzen!
- FS vor der Kurvenuntersuchung aufschlagen (Seite mit den log-Gesetzen!):
  $\ln = \log_e$; $\ln(f(x)) = 0 \Leftrightarrow f(x) = e^0 = 1$.
- ln ist nur für positive Argumente definiert; aber $\ln x < 0$ für $0 < x < 1$:
  $\ln(-1)$ ist nicht definiert, aber $\ln x = -1$ ist möglich.

Trigonometrische Funktionen

- Vorsicht, Argument steht im Bogenmaß (Radiant): Darauf achten, dass der TR im Bogenmaß arbeitet! Notfalls nach jedem Einschalten neu umstellen.
- Wichtigste Eigenschaft der Funktion ist die Periodizität (FS aufschlagen).
- Zusammenhänge der Funktion siehe FS.
- Ableitungen mit Kettenregel vornehmen.
- tan und cot haben Pole.
- sin und cos sind über ganz R stetig und beliebig oft differenzierbar.
- Bei $f(x) = a\sin(b(x+c)) + d$ gilt:
  - Streckung in y-Richtung (Amplitude) (Wertebereich $[-a; a]$ anstatt $[-1; 1]$)
  - Streckung in x-Richtung. Periode ändert sich (statt 2π nun $\frac{2\pi}{b}$!).
  - Verschiebung in x-Richtung (um $-c$)
  - Verschiebung in y-Richtung (um $+d$)

Betragsfunktion

- Umschreiben in zwei Teilfunktionen (mit geschweifter Klammer notieren)
- Beide entstandenen Teilfunktionen algebraisch vereinfachen.
- Kurvenuntersuchung komplett für beide Funktionen (mit verschiedenen Definitionsbereichen) durchführen.
- Vorzeichen nur vom Term innerhalb der Betragsstriche ändern, nicht von der ganzen Funktion.
  $f(x) = x^2 - |2-x|$ wird zu
  $$f(x) = \begin{cases} x^2 - 2 + x & \text{für } x \le 2 \\ x^2 + 2 - x & \text{für } x > 2 \end{cases}$$

4.3.11 Beispiele zu den Kurvenuntersuchungen

Im Folgenden finden Sie vier Funktionenscharen, die diskutiert werden sollen. Versuchen Sie dies mit den Ihnen zur Verfügung stehenden Hilfsmitteln (ohne Rechner, mit TR, mit GTR), bevor Sie die Ergebnisse der Beispiele betrachten. Zeichnen Sie die Graphen für die angegebenen Werte des Parameters t und in dasselbe Achsenkreuz auch den Graphen der dazugehörigen Ableitungsfunktion. Überlegen Sie sich zunächst ohne Taschenrechner die Form der entsprechenden Ableitungsfunktion. Arbeiten Sie zügig, es handelt sich um Basiswissen.

$f_t(x)$	1 Graph für $t = 3$ $\frac{1}{t}x^3 + 2x^2 + tx$	2 Graph für $t = 4$ $\frac{x}{x^2 - t}$ $(t > 0)$	3 Graph für $t = 1$ $e - e^{tx}$ $(t \neq 0)$	4 mit $-\frac{\pi}{2} < x < \frac{\pi}{2}$ $\frac{4}{\pi}x - \tan x$
Sy	nicht erkennbar	symmetrisch $(0 \mid 0)$	nicht erkennbar	symmetrisch $(0 \mid 0)$
DB	$\mathbb{R}$	$\mathbb{R} \setminus \{\pm\sqrt{t}\}$	$\mathbb{R}$	$]-\frac{\pi}{2}, \frac{\pi}{2}[$
WB	$\mathbb{R}$	$\mathbb{R}$	$W = \{y \mid -\infty < y < e\}$	$\mathbb{R}$
NS	$(0 \mid 0)$; $(-t \mid 0)$	$(0 \mid 0)$	$\left(\frac{1}{t} \middle| 0\right)$	$\pm 0{,}79$ (mit GTR)
Pol	kein Pol	$x = \pm\sqrt{t}$ mit ZW	kein Pol	$x = \pm 0{,}5(2z + 1)\pi$; $z \in \mathbb{Z}$ $x_1 = -\frac{\pi}{2}$, $x_2 = \frac{\pi}{2}$
wA	keine waager. A.	$y = 0$ für $x \to \pm\infty$	$y = e$ für $x \to -\infty$	keine waager. A.
sA	keine schiefe A.	keine schiefe A.	keine schiefe A.	keine schiefe A.
HP	$(-t \mid 0)$	kein Hochpunkt	kein Hochpunkt	$(0{,}5 \pm 2z\pi \mid f(...))$
TP	$\left(-\frac{t}{3} \middle| -\frac{4t^2}{27}\right)$	kein Tiefpunkt	kein Tiefpunkt	$(-0{,}5 \pm 2z\pi \mid f(...))$
WP	$\left(-\frac{2}{3}t \middle| -\frac{2t^2}{27}\right)$	$(0 \mid 0)$	kein Wendepunkt	$(0 \mid 0)$; $z \in \mathbb{Z}$

Weitere Werte über den Taschenrechner (gerundet):

	−5	**−4**	**−3**	**−2**	**−1**	**0**	**1**	**2**	**3**	**4**	**5**	**8**
$f_1(x) = \frac{1}{3}x^3 + 2x^2 + 3x$	−6,7	−1,3	0	−0,7	−1,3	0	5,3	16,7				
$f_4(x) = \frac{x}{x^2 - 4}$	−0,2	−0,3	−0,6	Pol	0,3	0	−0,3	Pol	0,6	0,3	0,2	01
$f_1(x) = e - e^x$	2,7	2,7	2,7	2,6	2,4	1,7	0	−4,7	−17	−52		
$f(x) = \frac{4}{\pi}x - \tan x$	−9,7	−3,9	−4,0	−4,7	0,3	0	−0,3	4,7	4,0	3,9	9,7	17,0

Achtung: Die Schaubilder der Funktionen sind grob skizziert. Sie dienen nur dem Vergleich.

1 für $t = 3$
$f_3'(x) = x^2 + 4x + 3$

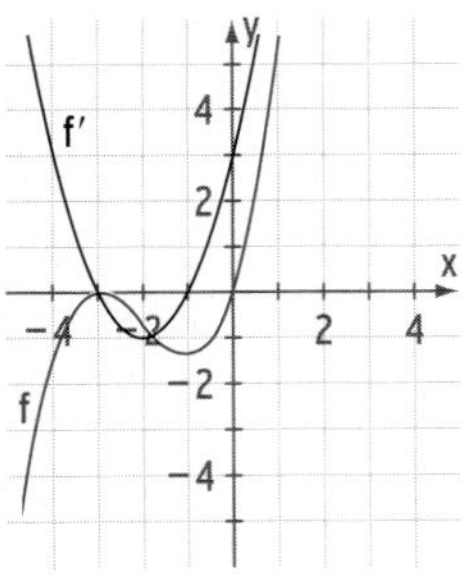

2 für $t = 4$
$f_4'(x) = -\frac{x^2 + 4}{(x^2 - 4)^2}$

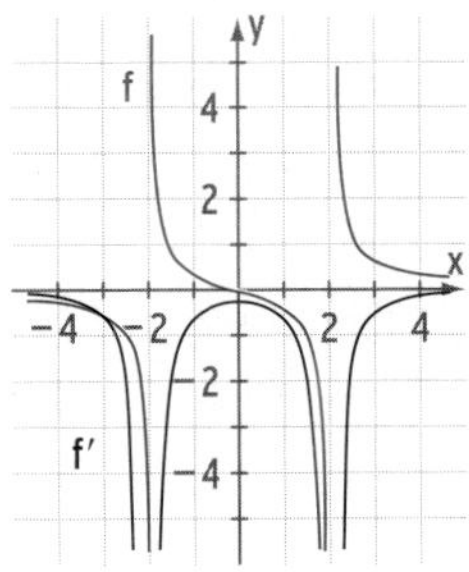

3 für $t = 1$
$f_1'(x) = -e^x$

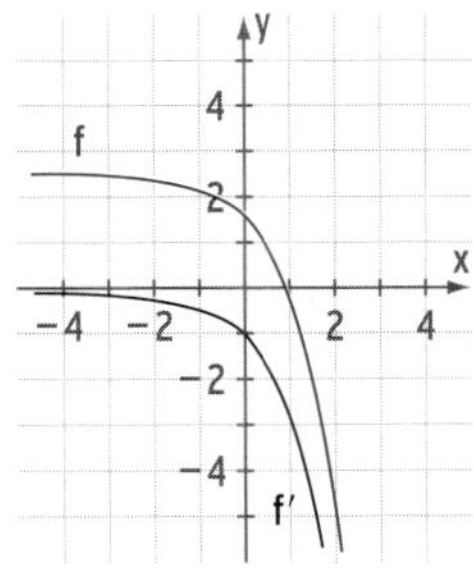

4 mit $-\frac{\pi}{2} < x < \frac{\pi}{2}$
$f'(x) = \frac{4}{\pi} - \frac{1}{\cos^2 x}$

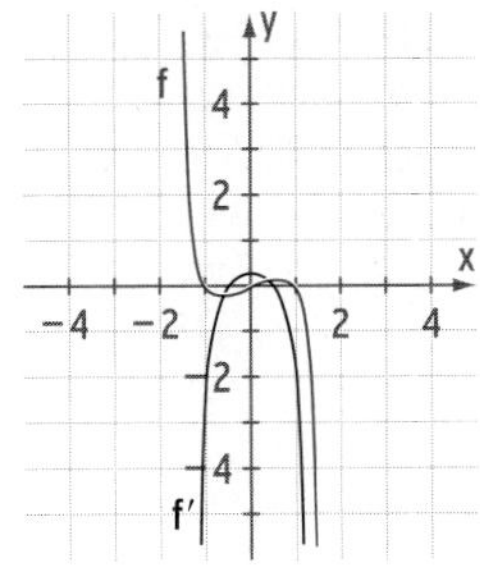

4.4 Wichtiges zu den Funktionen

Im Bereich der Analysis gibt es „Standardprobleme", die zum Themenbereich des funktionalen Zusammenhangs gehören und nicht selten nach einer Kurvendiskussion abgefragt werden.
Es genügt nicht, dass Sie die handwerklichen Fertigkeiten zu deren Berechnung beherrschen (diese notwendige Bedingung setzt man aber stets voraus), Sie sollten auch verstehen, weshalb die Frage von Bedeutung ist und was mit der Berechnung erreicht werden kann und soll.

Als Minimalprogramm müssen Sie „auf Stichwort" die Rechenfertigkeiten (sofern erlaubt auch mit dem TR oder GTR) einsetzen können. So genügt alleine das Wort „Extremwert", um sofort die erste Ableitung zu bilden, diese null zu setzen und die erhaltenen Lösungen in die zweite Ableitung einzusetzen.
Tun Sie dies bei jeder Fragestellung, ganz gleich, ob die Frage heißt:

- Bestimmen Sie die Extrempunkte der Funktion.
- Für welche t hat die Funktion Extremwerte?
- Zeigen Sie, dass die Funktion genau zwei Extremwerte hat.
- Liegt der Extremwert der Funktion auf einer der Koordinatenachsen?
- Bei welcher Funktion der Schar nimmt der lokale Extremwert den Wert 2 an?

Rechnen Sie auch mit Verständnisfragen, hier einige der einfachen Art als Beispiele:

Frage	Antwort
Kann der Funktionswert eines Hochpunktes kleiner sein als der Funktionswert eines Tiefpunktes?	Ja. Dazwischen liegt dann ein Pol oder zwei Extrempunkte. Beispiel: $f(x) = \frac{x^2+1}{x}$ 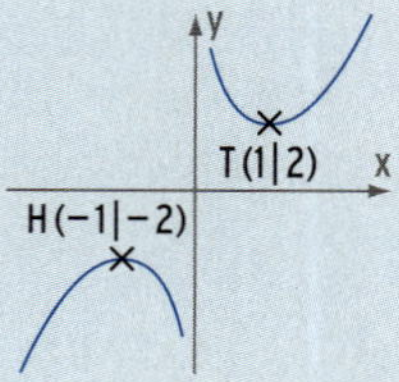
Wenn die Normale die x-Achse unter dem Winkel von 30° schneidet, welchen Winkel hat dann die Tangente mit der y-Achse?	Eine kleine Skizze hilft immer: 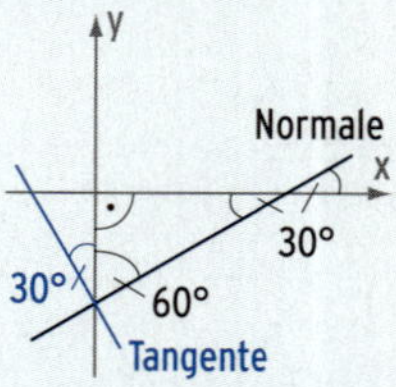
Geben Sie zwei verschiedene Funktionen f (x) und g (x) an, für die F (x) jeweils Stammfunktion ist.	Gibt es nicht. Da $F'(x) = g(x)$ und $F'(x) = f(x)$ muss $f(x) = g(x)$ sein.
Wie unterscheiden sich die Integralfunktion zu f (x) und eine Stammfunktion von f (x)?	Die Integralfunktion zu f (x) bzgl. a gibt zu jedem x den Flächeninhalt im Intervall [a, x] unter f (x) an. Die Ableitung einer Stammfunktion ist f (x).
Unter welchen Umständen existiert zur Funktion $y = f(x)$ eine Umkehrfunktion? Geben Sie ein Beispiel einer Funktion an, die eine Umkehrfunktion hat und ein Beispiel einer Funktion, zu der es keine Umkehrfunktion gibt.	f (x) ist im Intervall [a, b] umkehrbar, wenn f (x) im Intervall [a, b] streng monoton ist (also $f'(x) < 0$ oder $f'(x) > 0$). $f(x) = e^x$ ist umkehrbar. $f(x) = x^2$ ist auf $\mathbb{R}$ nicht umkehrbar. Im Intervall [0; 10] ist $f(x) = x^2$ aber umkehrbar.
Geben Sie zwei Grundregeln zur Integration und jeweils ein Beispiel dazu an.	x^n wird zu $\frac{1}{n+1}x^{n+1}$ $\quad f(x) = x^2;\ F(x) = \frac{1}{3}x^3$ e^x bleibt e^x $\quad f(x) = 6e^{3x};\ F(x) = 2e^{3x}$ sin wird zu $-\cos$ $\quad f(x) = \sin 5x;\ F(x) = -\frac{1}{5}\cos 5x$ ln x wird zu $x \ln x - x$ $\quad f(x) = 5\ln(2x);\ F(x) = \frac{5}{2}\cdot\frac{1}{2x} = \frac{5}{4x}$

4.4.1 Schnittpunkt, Berührpunkt

WISSEN

Die gemeinsamen Punkte zweier Funktionsschaubilder heißen:

- **Schnittpunkt**, wenn die Schaubilder am gemeinsamen Punkt verschiedene Steigungen haben, wenn sich die Graphen also wirklich schneiden.
- **Berührpunkt**, wenn die Schaubilder am gemeinsamen Punkt gleiche Steigungen haben, wenn sich die Graphen also echt berühren.

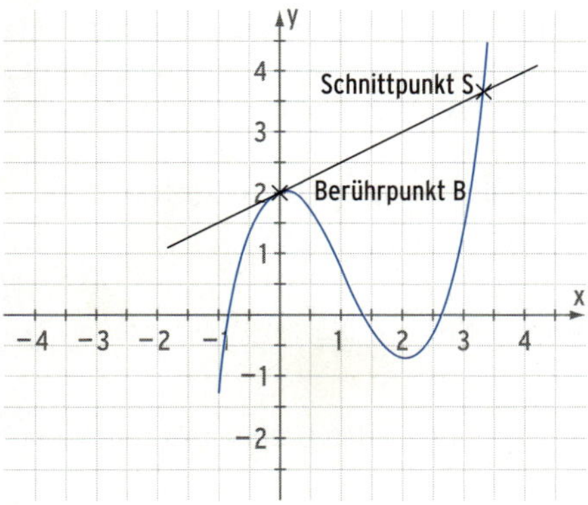

Bei der Berechnung gemeinsamer Punkte zweier Graphen gehen Sie immer folgendermaßen vor:

1. Setzen Sie die Funktionsterme der beiden Funktionsgleichungen gleich. Aus dieser Gleichung werden die Lösungen für die Variable x berechnet.
   Sie wissen noch:
   aus $f(x) = g(x) \Rightarrow f(x) - g(x) = 0$
   Bestimmen Sie die Nullstellen der Funktion $h(x) = f(x) - g(x)$ (sehr einfach über den GTR).
2. Das Einsetzen der berechneten Lösungen in eine der beiden (aber bitte die „einfachere“ auswählen) Funktionsgleichungen (Zahl oder Term anstelle der Variablen x) ergibt die Ordinate (y-Wert) des Schnitt- oder Berührpunktes.
3. Ein Vergleich der Steigungen (Einsetzen der x-Werte in die 1. Ableitungen) zeigt die Art des gemeinsamen Punktes:
   gleiche Steigungen $\Rightarrow$ Berührpunkt,
   ungleiche Steigungen $\Rightarrow$ Schnittpunkt.

Auch hier gilt:
$f'(x_0) = g'(x_0) \Rightarrow f'(x_0) - g'(x_0) = 0$, so hat $h'(x_0) = f'(x_0) - g'(x_0)$ ebenfalls eine Nullstelle und h hat in x_0 eine doppelte Nullstelle.

Schnitt eines Graphen mit der x-Achse („Bestimmung der Nullstellen“)
Sie setzen bei der Funktionsgleichung des Graphen y gleich null ($f(x) = 0$) und lösen nach x auf. Ist die Steigung ($f'(x)$) an dieser Stelle $\neq 0$, so handelt es sich um einen Schnittpunkt, ist die Steigung = 0, um einen Berührpunkt.

Schnitt des Graphen mit der y-Achse
Sie ersetzen die Variable x durch die Zahl 0 und erhalten die Ordinate (y-Wert) des Schnittpunktes auf der y-Achse. (Das ist zwangsläufig immer ein Schnittpunkt und es existiert höchstens ein Schnittpunkt!)

Spezialfälle sind in der Regel schwieriger zu behandeln.

Zur Skizze
Gesucht sind die gemeinsamen Punkte der Geraden $y = 0{,}5x + 2$ und des Graphen der Funktion $f(x) = \frac{1}{2}x^3 - 2x^2 + \frac{1}{2}x + 2$.

Gleichsetzen: $\frac{1}{2}x^3 - 2x^2 + \frac{1}{2}x + 2 = \frac{1}{2}x + 2$

ergibt die Lösungen $x_{1,2} = 0$ und $x_3 = 4$.
Wegen $f'(0) = 0{,}5$ (gleiche Steigung wie die Gerade) berühren sich die beiden Graphen im Punkt $B(0\,|\,2)$.
Wegen $f'(4) = 8{,}5$ (Steigung ungleich der Geradensteigung) ist $S(4\,|\,4)$ ein Schnittpunkt.

Die Berechnung der Nullstelle des Graphen der Funktion $f(x)$ ist problematisch.
Bitte an dieser Stelle nicht bestimmen: Die erste Nullstelle ist nur durch Ausprobieren oder durch eine Näherungsrechnung möglich.
Danach Polynomdivision und Berechnung der restlichen Nullstellen. Die Nullstellen (gerundet): $N_1(-0{,}8\,|\,0)$; $N_2(1{,}5\,|\,0)$; $N_3(3{,}3\,|\,0)$.
Der Schnittpunkt mit der y-Achse dagegen ist einfach bestimmbar: Setzt man $x = 0$, erhält man den y-Wert 2.

4.4.2 Tangente

WISSEN

Die Gerade durch den Punkt $P(x_0 | f(x_0))$ des Graphen der Funktion $y = f(x)$ mit der Steigung $m = f'(x_0)$ heißt Tangente an f in P. Die Gleichung dieser Geraden heißt Tangentengleichung oder Tangentenfunktion in P an f.

Salopper ausgedrückt: Die Gerade, die den Graphen der Funktion f im Punkt P berührt, heißt Tangente an f in P (auch Kurventangente).

Die Berechnung der Tangente erfolgt über die Punkt-Steigungsform, wobei die Steigung über die 1. Ableitung leicht berechnet werden kann.

Tangentengleichung an f in $P(x_0 | f(x_0))$:

$y = f'(x_0) \cdot (x - x_0) + f(x_0)$ oder

$y = f'(x_0) \cdot x + (-f'(x_0) \cdot x_0 + f(x_0))$

4.4.3 Normale

WISSEN

Die Gerade durch den Punkt $P(x_0 | f(x_0))$ des Graphen der Funktion $y = f(x)$ mit der Steigung $m = \frac{-1}{f'(x_0)}$ heißt Normale an f in P. Die Gleichung dieser Geraden heißt Normalengleichung oder Normalenfunktion in P an f.

Salopper ausgedrückt: Die Gerade, die den Graphen der Funktion f in P rechtwinklig schneidet, heißt Normale an f in P (auch Kurvennormale).

Die Berechnung der Normalen erfolgt über die Punkt-Steigungsform, wobei die Steigung der negative Kehrwert der 1. Ableitung ist.

Normalengleichung an f in $P(x_0 | f(x_0))$:

$y = \frac{-1}{f'(x_0)} \cdot (x - x_0) + f(x_0)$ oder

$y = \frac{-1}{f'(x_0)} \cdot x + \left(\frac{x_0}{f'(x_0)} + f(x_0)\right)$

Beispiele zu Tangenten und Normalen

Geben Sie jeweils die Tangentengleichung und die Normalgleichung an den Graphen der Funktion f im Punkt $P(x_0 | f(x_0))$ in Hauptform $(y = mx + b)$ an.

Aufgabe (Funktion; x_0)	$f(x) = e^x\left(1 - \frac{1}{4}e^x\right);\ x_0 = 1$	$f_t(x) = t\,x \sin x;\ x_0 = \frac{\pi}{6}$	$f_t(x) = 3x(1 - t\sqrt{x});\ x_0 = 1$
y-Wert $f(x_0)$	$y_0 = e\left(1 - \frac{e}{4}\right) = e - \frac{e^2}{4}$	$f_t\left(\frac{\pi}{6}\right) = \frac{t\pi}{12}$	$f_t(1) = 3 \cdot (1 - t) = 3 - 3t$
1. Ableitung $f'(x_0)$	$f'(x_0) = e^x\left(1 - \frac{1}{2}e^x\right)$	$f_t'(x) = t\,x \cos x + t \sin x$	$f_t'(x) = 3 \cdot \left(1 - \frac{3}{2}t\sqrt{x}\right)$
Tangenten-Steigung $f'(x_0)$	$f'(1) = e\left(1 - \frac{1}{2}e\right) = e - \frac{e^2}{2}$	$f_t'\left(\frac{\pi}{6}\right) = \frac{6t + \pi t\sqrt{3}}{12}$	$f_t'(1) = 3 - \frac{3}{2}t$
Normalensteigung $\frac{-1}{f'(x_0)}$	$m_n = \frac{2}{e^2 - 2e}$	$m_n = \frac{-12}{6t + \pi t\sqrt{3}}$	$m_n = \frac{2}{3t - 6}$
Punkt-Steigungsform der Tangente	$y - \left(e - \frac{e^2}{4}\right) = \left(e - \frac{e^2}{2}\right)(x - 1)$	$y - \frac{t\pi}{12} = \frac{6t + \pi t\sqrt{3}}{12}\left(x - \frac{\pi}{6}\right)$	$y - (3 - 3t)$ $= 3 \cdot \left(1 - \frac{3}{2}t\right) \cdot (x - 1)$
Tangente	$y = \left(e - \frac{e^2}{2}\right)x - \frac{e^2}{4}$	$y = \frac{6t + \pi t\sqrt{3}}{12x} - \frac{\pi^2 t\sqrt{3}}{72}$	$y = 3 \cdot \left(1 - \frac{3}{2}t\right) \cdot x + \frac{3}{2}t$
Normale	$y = \frac{2}{e^2 - 2e}x - \frac{2}{e^2 - 2e} + \frac{4e - e^2}{4}$	$y = \frac{-12}{6t + \pi t\sqrt{3}}x + \frac{2\pi}{6t + \pi t\sqrt{3}} + \frac{t\pi}{12}$	$y = \frac{2}{3t - 6} \cdot x - \frac{2}{3t - 6} + 3(1 + t)$

4.4.4 Winkel, Steigung, Orthogonalität

Winkel

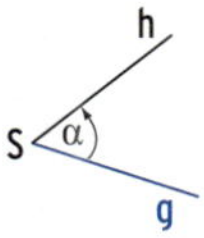

Dreht man die Halbgerade g in mathematisch positiver Richtung (entgegen dem Uhrzeigersinn) auf die Halbgerade h (g und h gehen von demselben Punkt S aus), so überstreicht g einen Winkel α.

WISSEN

Gradmaß: 1° ist der 360-ste Teil des Vollkreises. Winkel werden in der Geometrie meist im Gradmaß gemessen.
Bogenmaß: Ein Winkel kann auch als Teil eines Kreisumfangs im Bogenmaß (Einheit Radiant, abgekürzt RAD) gemessen werden. Der Vollkreis hat die Bogenlänge 2π, da man im Einheitskreis (Radius = 1) arbeitet und damit den Kreisumfang $2\pi r = 2\pi \cdot 1 = 2\pi$ hat. Der große Vorteil dabei ist, dass damit der Winkel mittels der Längeneinheit gemessen werden kann.

Winkel in der Geometrie werden ausnahmslos im Gradmaß gemessen, auch in der Analysis gibt man Schnittwinkel und Steigungswinkel im Gradmaß an.
Lediglich bei der Diskussion von trigonometrischen Funktionen benutzt man das Bogenmaß. Damit erhält man beim Graphen auf beiden Achsen eine Längeneinheit und kann die trigonometrischen Schaubilder mit den Schaubildern anderer Funktionstypen gut vergleichen.

Steigung

Die Steigung einer Geraden ist der Tangens des Winkels α zwischen Gerade und x-Achse mit $-90° \leq \alpha \leq 90°$.
Eine eventuell notwendige Umrechnung „Steigung $\leftrightarrow$ Winkel" ist immer ein „TR-Problem" im Gradmaß.

Die Steigung eines Graphen $y = f(x)$ im Punkt $P(u \mid f(u))$ ist die Steigung der Tangenten an den Graphen in P. Berechnet wird die Steigung über die Ableitung: $m = f'(u)$!
Da $-\infty < f'(u) < \infty$, erhalten Sie über die 1. Ableitung mittels des TR ([INV] [tan]) den Steigungswinkel in Bezug zur x-Achse zwischen $-90°$ und $90°$.
Der Schnittwinkel zweier Graphen ist der Schnittwinkel der beiden Tangenten im Schnittpunkt.

Orthogonalität

Zwei Geraden stehen orthogonal aufeinander, wenn der Winkel zwischen ihnen 90° beträgt. Orthogonalität ist also nur ein anderes Wort für „stehen senkrecht aufeinander".

Berechnung von Schnittwinkeln zweier Graphen

Es sei $S(x_s \mid y_s)$ der Schnittpunkt der beiden Graphen f und g. Zur Berechnung des Schnittwinkels der beiden Graphen müssen zwei Fälle unterschieden werden. Schneiden sich die Schaubilder rechtwinklig (orthogonal), in Zeichen: $\perp$, so muss eine Steigung der negative Kehrwert der anderen Steigung sein:
$f_1(s) \perp f_2(s) \Leftrightarrow f_1'(s) = \frac{-1}{f_2'(s)}$.
$f_1'(s) \cdot f_2'(s) = -1$.
Umgekehrt gilt mit $m_1 \cdot m_2 = -1$ auch, dass die den Steigungen zugeordneten Geraden (oder Tangenten an Graphen) rechtwinklig (orthogonal) sind.
Insbesondere gilt für die Tangentensteigung m_t und die Normalensteigung m_n in einem Punkt P des Graphen von f(x):
$m_t = \frac{-1}{m_n}$; $m_n = \frac{-1}{m_t}$; $m_n \cdot m_t = -1$.
Schneiden sich die Schaubilder zweier Graphen f und g nicht rechtwinklig (nicht orthogonal), so gilt für den Schnittwinkel α im Schnittpunkt $P(x_p \mid y_p)$:

$$\tan\alpha = \frac{f'(x_p) - g'(x_p)}{1 + f'(x_p) \cdot g'(x_p)} = \frac{m_2 - m_1}{1 + m_1 \cdot m_2}$$

Aufgabe	Lösung
Wie groß ist der Winkel bei einer Steigung von 100 %?	$100\,\% = 1 \Rightarrow \tan\alpha = 1$ $\Rightarrow$ über [TAN-1] folgt als Ergebnis 45°
Am steilsten Stück eines Alpenpasses steigt die Straße unter einem Winkel von 9°. Welche Steigung steht auf dem Verkehrsschild?	tan 9 = 0,1583... Auf dem Schild steht „16 % Steigung"

4.4.5 Umkehrfunktionen

WISSEN

Sei f: $x \rightarrow f(x)$ eine Funktion mit der Definitionsmenge D und der Wertemenge W.
Gilt für alle $f(x) \in W$: $f^{-1}(f(x)) = x$, so heißt f^{-1}: $f(x) \rightarrow x$ die Umkehrfunktion von f.
D_f wird zu $W_{f^{-1}}$, W_f wird zu $D_{f^{-1}}$ und $D_{f^{-1}}$ wird zu W_f; $W_{f^{-1}}$ wird zu D_f.

In Worten: f bildet die Urpunkte auf die Bildpunkte ab. Die Funktion, die jeden Bildpunkt auf den Urpunkt abbildet, heißt Umkehrfunktion von f mit der Bezeichnung f^{-1}. Es gilt somit
$f^{-1}(f(x)) = x$ und natürlich $f(f^{-1}(x)) = x$.

Eine stetige Funktion f hat nur dann im Intervall I eine Umkehrfunktion, wenn f auf ganz I streng monoton ist.
Den Nachweis der strengen Monotonie führt man über die 1. Ableitung:
$f'(x) > 0$ für alle $x \in I$
$\Rightarrow$ f ist streng monoton steigend in I.
$f'(x) < 0$ für alle $x \in I$
$\Rightarrow$ f ist streng monoton fallend in I.

Für $x \in \mathbb{R}^+$ ist f: $x \rightarrow \sqrt[n]{x}$ die Umkehrfunktion von f: $x \rightarrow x^n$ und umgekehrt.

Geometrische Deutung der Umkehrfunktion

Der Graph der Umkehrfunktion f^{-1} von f ist der an der 1. Winkelhalbierenden (y = x) gespiegelte Graph der Funktion f. Damit hängen natürlich auch die beiden Steigungen $f'(x_0)$ und $f^{-1\prime}(f(x_0))$ voneinander ab.

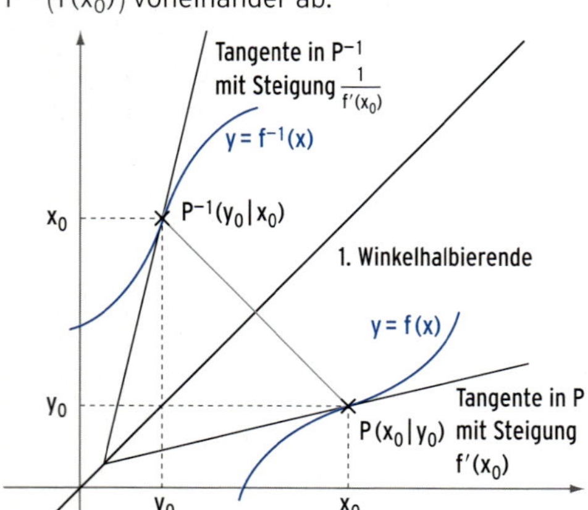

Die Ableitung der Umkehrfunktion

Sei f^{-1}: $y \rightarrow f^{-1}(y) = x$ die Umkehrfunktion von f: $x \rightarrow f(x)$ dann gilt für $f^{-1\prime}(x_0) \neq 0$:
$f^{-1\prime}(f(x_0)) = f^{-1\prime}(y_0) = \frac{1}{f'(x_0)}$.
Unmathematisch in Worten: Ist die Steigung im Punkt P der Funktionen $y = f(x)$ gleich m_p, so ist die Steigung im Punkt P^{-1} der Umkehrfunktion f^{-1} eben $\frac{1}{m_p}$.
Damit hat man eine Möglichkeit, die Ableitung einer Funktion, deren Gleichung man nicht kennt (bzw. nicht berechnen kann), an bestimmten Stellen über die Ableitung ihrer Umkehrfunktion zu bestimmen.

Es sei $f(x) = x - e^{-x}$. Wegen $f'(x) = 1 + e^{-x}$ ($1 + e^{-x} > 0$ für alle $x \in \mathbb{R}$) existiert eine Umkehrfunktion f^{-1}, die wir nicht berechnen können. (x kann aus $y = f(x)$ nicht berechnet werden.) Gesucht sei $f^{-1\prime}(-1)$.
Wegen $f(0) = -1$ ist $f^{-1}(-1) = 0$ und damit $f^{-1\prime}(-1) = \frac{1}{f'(0)} = \frac{1}{1 + e^0} = \frac{1}{2}$.

Bestimmung einer Umkehrfunktion $f^{-1}(x)$ von f(x) im Intervall I

1. Nachweis der Existenz der Umkehrfunktion (über $f'(x)$):
   Leiten Sie f(x) ab und untersuchen Sie über f′ die strenge Monotonie
2. Berechnung der Umkehrfunktion (Existenz nur bei strenger Monotonie):
   Zunächst wird die Variable x aus der Gleichung $y = f(x)$ berechnet. Dann werden die beiden Variablen getauscht ($x \leftrightarrow y$). Die nach dem Variablentausch entstandene Gleichung ist die Gleichung der Umkehrfunktion.

>> BEISPIEL

$f_t(x) = 3te^{-2x}$ mit $t \in \mathbb{R}^+$

1. $f_t' = -6te^{-2x} < 0$
   $\Rightarrow$ Es existiert eine Umkehrfunktionenschar.
2. Aus $y = 3te^{-2x}$
   $\Rightarrow x = -0{,}5(\ln y - \ln 3t)$.

Nach dem Tausch $x \leftrightarrow g$ erhält man die Gleichung der Umkehrfunktion:
$\bar{f}_t(x) = -0{,}5(\ln x - \ln 3t)$.

4.5 Stammfunktionen

WISSEN

Sind F und f über demselben Intervall I definierte Funktionen und F ist in diesem Intervall differenzierbar (die 1. Ableitungsfunktion existiert), dann heißt F Stammfunktion von f, wenn für alle $x \in I$ $F'(x) = f(x)$ gilt.

Mit F ist natürlich auch $F + c$ ($c \in \mathbb{R}$) eine Stammfunktion, da c als konstanter Summand beim Ableiten „wegfällt".
Eine Funktion f(x) hat unendlich viele Stammfunktionen. Diese unterscheiden sich aber nur durch eine Konstante. Es gilt:

- Sind G(x) und F(x) zwei Stammfunktionen von f(x), so gilt $G(x) = F(x) + c$.
- Ist F(x) eine Stammfunktion von f(x), so ist auch $F(x) + c$ eine Stammfunktion von f(x).

Wichtige Grundregeln		Beispiele	
f(x)	F(x)	f(x)	F(x)
x^n	$\frac{1}{n+1}x^{n+1}$	$3x^5 - \sqrt{3x}$	$\frac{1}{2}x^6 - \frac{2}{\sqrt{3}}x^{-\frac{3}{2}}$
e^x	e^x	$-2e^x$	$-2e^x$
$\ln x$	$x\ln x - x$	$5\ln x + 3$	$5(x\ln x - x) + 3x$
$\sin x$	$-\cos x$	$6x - 3\sin x$	$3x^2 + 3\cos x$
$\cos x$	$\sin x$	$\pi - 4\cos x$	$\pi x - 4\sin x$
$\tan x$	$-\ln\|\cos x\|$	$-7\tan x$	$+7\ln\|\cos x\|$
$\cot x$	$\ln\|\sin x\|$	$\cot x + \sin x$	$\ln\|\sin x\| - \cos x$

Diese „Grundstammfunktionen" gelten nicht, wenn anstatt der Variablen x eine Funktion der Variablen x steht, also bei Verkettungen. Oder wenn Funktionen verknüpft sind.

Bei $f(x) = e^x \Rightarrow F(x) = e^x$, aber für $f(x) = e^{x^2}$ gilt nicht $F(x) = e^{x^2}$ und $f(x) = x e^x$ $\not\Rightarrow F(x) = \frac{1}{2}x^2 \cdot e^x$!

Um die Stammfunktionen von verketteten oder verknüpften Funktionen bestimmen zu können, sind die bei den Ableitungen geltenden Regeln (Quotienten-, Produkt- und Kettenregel) unbrauchbar. Die Ableitungsregeln können nicht auf das Bilden von Stammfunktionen übertragen werden.

Es gelten andere Regeln. Die Wichtigste für Sie ist die **lineare Substitution:**

$f(x) = g(ax + b) \Rightarrow F(x) = \frac{G(ax + b)}{a}$.

Sie gilt nur, wenn die innere Funktion linear ist (Variable hat nur die Exponenten 0 und/oder 1).

Steht anstelle der Variablen x in einer Funktion (äußere Funktion) eine lineare Funktion $ax + b$ (innere Funktion), so ist die zugehörige Stammfunktion die mit den „Grundstammfunktionen" gebildete Stammfunktion der äußeren Funktion (innere Funktion wie bei Kettenregel wie eine Variable behandeln) durch die Ableitung der inneren Funktion.

Fragestellung	mögliche Lösung
Welche Funktion erhält man, wenn man eine Stammfunktion von f'(x) bildet?	Man erhält eine Funktion, die sich von f(x) höchstens um eine Konstante unterscheidet.
Bilden Sie von zwei verschiedenen Stammfunktionen von f(x) jeweils wieder eine Stammfunktion. Durch was können sich diese neuen Stammfunktionen unterscheiden?	Sie unterscheiden sich im linearen und im konstanten Glied. Seien G und F die Stammfunktionen der Stammfunktionen, dann gilt: $G - F = ax + b$.
Die Stammfunktion F(x) von f(x) hat an der Stelle x_0 eine Nullstelle und an der Stelle x_1 einen Tiefpunkt. Welche Aussagen kann man über den Graphen von f(x) an diesen beiden Stellen machen? Hat dann jede Stammfunktion von f(x) in x_0 eine Nullstelle und in x_1 einen Tiefpunkt?	Bei der Nullstelle ist keine Aussage möglich. Beim Tiefpunkt von F(x) hat f(x) eine Nullstelle. Nein, andere Stammfunktionen haben andere Nullstellen. Ja, hat eine Stammfunktion in x_1 einen Tiefpunkt, haben alle Stammfunktionen in x_1 einen Tiefpunkt.
Gibt es für jede Funktion f(x), die integrierbar ist, eine Stammfunktion, die durch den Ursprung geht?	Ja, genau eine. Ist F(x) eine Stammfunktion, so ist $G(x) = F(x) + c$ ebenfalls eine Stammfunktion. Mit $c = -F(0)$ geht der Graph von G(x) durch den Ursprung.

Beispiele zu den Stammfunktionen

Umkehrrechenarten sind in der Regel schwieriger durchzuführen wie die ursprüngliche Rechenart. Dies gilt auch beim Integrieren als Umkehrrechenart des Differenzierens.
Sicher, das Differenzieren ist weit wichtiger und wird öfter verlangt, aber das Integrieren sollten Sie dennoch bis zu einem gewissen Level problemlos und darüber hinaus wenigstens bei einfachen Fragestellungen beherrschen.
Praktisch ist, dass Ihnen auch hier der GTR hilft.

Beim Ableiten verknüpfter und verketteter Funktionen gibt es drei Regeln, die Sie natürlich sicher beherrschen:

- die Kettenregel, die bei verketteten Funktionen einzusetzen ist – eine Regel die in jeder Prüfung vorkommt,
- die Produktregel, die Sie anwenden, wenn verschiedene Faktoren die Variable x (oder bei Wachstumsproblemen und physikalischen Aufgaben die Zeitvariable t) enthält,
- die Quotientenregel, wenn der Funktionsterm Zähler und Nenner enthält und in beiden die Variable vorkommt.

Beim Integrieren gibt es Regeln dieser einfachen Art leider nicht. Das hat bei unserer Rechenarbeit natürlich Konsequenzen. Bitte merken Sie sich Folgendes und schauen Sie sich die folgenden Beispiele sorgfältig und bewusst an:

- Trennen Sie immer die Koeffizienten von dem Term mit der Variablen. Bevor Sie integrieren, müssen Sie bei den allermeisten Funktionsgleichungen algebraische Umformungen vornehmen. Ich halte diese Umformungen für das Wichtigste überhaupt und lege Ihnen Beispiele vor, die diese Umformungen erfordern (→ erste Tabelle).
- Steht anstatt der Variablen eine lineare Funktion (a x + b) im Funktionsterm, so müssen Sie nach der Regel der „linearen Substitution" integrieren.

Natürlich gibt es weitere Verfahren, die auf dieser Seite aber nicht geübt werden:

- Produktintegration oder partielle Integration
- Integration durch Substitution
- Substitution zur algebraischen Vereinfachung
- Polynomdivision vor der Integration

Allgebraische Umformungen

Funktionsgleichung	Umformung	Stammfunktion F (x)	Bemerkung
$f(x) = \sqrt{3x} - \frac{3}{5x^2}$	$f(x) = \sqrt{3}\,x^{\frac{1}{2}} - \frac{3}{5}x^{-2}$	$F(x) = \frac{2 \cdot \sqrt{3}}{3}x^{\frac{3}{2}} + \frac{3}{5}x^{-1}$	Immer Koeffizient abtrennen. Koeffizient nicht „vereinfachen".
$f_t(x) = \frac{t^2}{x} + \frac{x}{t^2} + \sqrt{\frac{t}{x}}$	$f_t(x) = t^2 x^{-1} + t^{-2} \cdot x + \sqrt{t} \cdot x^{-\frac{1}{2}}$	$F_t(x) = t^2 \ln\|x\| + \frac{1}{2t^2}x^2 + 2\sqrt{t}\,x^{\frac{1}{2}}$	t ist wie eine reelle Zahl zu behandeln! t bleibt!
$f_t(x) = \frac{3x^2 - tx}{5x^4}$	$f_t(x) = \frac{3}{5}x^{-2} - \frac{t}{5}x^{-3}$	$F_t(x) = -\frac{3}{5}x^{-1} + \frac{t}{10} \cdot x^{-2}$	Nur möglich, wenn keine Strichrechnung im Nenner vorkommt!
$f_t(x) = 3t\,e^{x-2t}$	$f_t(x) = \frac{3t}{e^{2t}} \cdot e^x$	$F_t(x) = \frac{3t}{e^{2t}} \cdot e^x$	Die Formelsammlung zeigt die Potenz- und Logarithmengesetze.

Lineare Substitutionen

Funktionsgleichung	Umformung	Stammfunktion F (x)	Bemerkung
$f(x) = 5\sqrt{7x-4}$	$f(x) = 5 \cdot (7x-4)^{\frac{1}{2}}$	$F(x) = \frac{2}{3} \cdot 5 \cdot (7x-4)^{\frac{3}{2}} \cdot \frac{1}{7}$	(7 x – 4) als Variable belassen, dann Division durch innere Ableitung (also 7).
$f_t(x) = 4t\,e^{-2tx+3}$	$f_t(x) = 4t\,e^3 \cdot e^{-2tx}$	$F_t(x) = \frac{4t\,e^3 \cdot e^{-2tx}}{-2t}$	Denken Sie bei den e-Funktionen stets an die Potenzgesetze!
$f_t(x) = 5\ln\|3x-4\|$	–	$F_t(x) = \frac{5 \cdot [(3x-4) \cdot \ln\|3x-4\| - (3x-4)]}{3}$	Die Rechenregeln für die Logarithmen finden Sie in jeder Formelsammlung.
$f_t(x) = \cos(3x - 2\pi)$	–	$F_t(x) = \frac{\sin(3x-2\pi)}{3}$	Denken Sie auch an die Umformungsmöglichkeiten bei den Trigonometrischen Funktionen!

4.6 Integrale

Integrare ist ein lateinisches Wort und heißt „wiederherstellen". Gemeint ist, dass aufgrund eines Teilwissens (hier das Wissen über die momentanen Änderungen) das Ganze wiederhergestellt wird.
Eigentlich ist das Integral ein Grenzwert. Teilt man die Fläche unter der Randfunktion f(x) von a bis b in schmale Rechtecke mit der Breite Δx auf, so erhält man als Addition der Rechtecksflächen eine Obersumme mit den Rechtecken oberhalb des Graphen und eine Untersumme mit den Rechtecken unterhalb des Graphen.

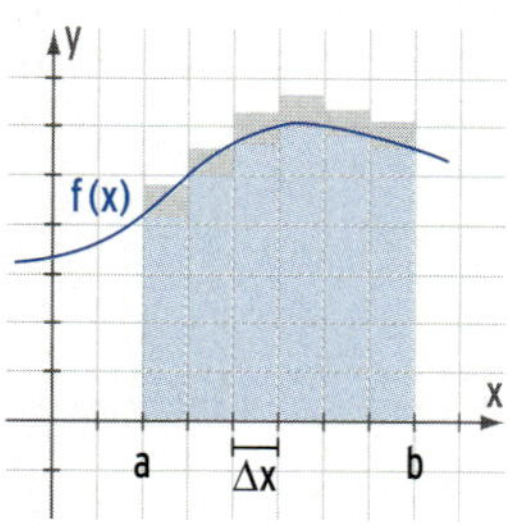

Für $\Delta x \to 0$ sind beide Summen gleich groß. Dieser Grenzwert heißt Integral. Das Integralzeichen erinnert an die Summe, f(x) dx ist eigentlich „Länge mal Breite" der Rechtecke.

Unbestimmtes Integral von f(x)

Eine Stammfunktion von f(x) heißt auch unbestimmtes Integral von f(x). Das unbestimmte Integral ist bis auf eine Konstante c bestimmt.
Schreibweise: $F(x) = \int f(x)\,dx + c$.
f(x) heißt Integrand; x Integrationsvariable.

Bestimmtes Integral

Sei F eine Stammfunktion von f im Intervall [a; b], in dem f keine Definitionslücke hat, so heißt die Zahl F(b) − F(a) das bestimmte Integral über f von a bis b.

In Zeichen: $\int_a^b f(x)\,dx = [F(x)]_a^b = F(b) - F(a)$

b heißt obere, a heißt untere Grenze.

Uneigentliches Integral

Der Grenzwert einer Integration über ein unbeschränktes Intervall heißt uneigentliches Integral.
Es soll die uneigentliche Fläche (die einen endlichen Flächeninhalt bei unendlicher Ausdehnung hat) unter der Randfunktion y = f (x) bestimmt werden:

$$A = \int_a^\infty f(x)\,dx = \lim_{z \to \infty} \int_a^z f(x) = \lim_{z \to \infty} F(z) - F(a).$$

4.6.1 Hauptsatz der Differential- und Integralrechnung

HAUPTSATZ

Ist f eine auf dem Intervall [a; b] stetige Funktion und F eine beliebige Stammfunktion von f, so gilt:

$$\int_a^b f(x)\,dx = F(b) - F(a)$$

Damit kann man nun über eine momentane Änderung einer bestimmten Größe die gesamte Änderung der Größe in jedem Intervall [a; b] berechnen. Die momentane Änderung muss nur stetig sein.
Und umgekehrt kann man, wenn die Größe als Funktion dargestellt werden kann, die momentane Änderung berechnen.

Vorsicht, die Zeit, in der die Integration fast ausschließlich als reine Flächen- oder Volumenberechnung benutzt wurde, ist vorbei. Sie müssen nicht nur die beiden Rechenfertigkeiten „ableiten"(differenzieren) und „Stammfunktion bestimmen" (integrieren) beherrschen und sie innerhalb der Aufgaben anwenden können. Sie müssen zudem ihren Sinn verstehen und wissen, was man damit alles tun kann.

Insbesondere die Anwendungsaufgaben (die oftmals physikalische Hintergründe haben) gelten als schwer. Nicht weil die notwendige Mathematik dazu nicht einfach ist (denn sie ist einfach), sondern weil ohne Übung das Gespür für diesen Aufgabentyp fehlt, zumal die Zuordnung der Texte zur Funktion oder zur Gleichung nicht jedem sofort klar wird.

Ich schlage Ihnen vor, dass Sie auf jeden Fall die nächste Seite durcharbeiten und mittels der Regeln einige Aufgaben dieses Gebietes berechnen.

Hier eine Lücke zu lassen ist nicht ratsam, sie kann ein sehr großes Loch reißen, denn Sie riskieren, dass Sie einen großen Teil einer Aufgabe nicht bearbeiten können.

4.6.2 Bedeutung des Integrals

$f(x) = \frac{475x + 15}{2x + 15}$ beschreibt die Stückzahlen einer Zahnpastamarke, die innerhalb der Woche x im Supermarkt A verkauft wurde.
Bestimmen Sie näherungsweise, wie viele Tuben Zahnpasta in den ersten 52 Wochen insgesamt verkauft wurden. Nach wie vielen Wochen sind insgesamt 1500 Tuben verkauft?

Haben Sie den Lösungsansatz schon? Wir befinden uns im b)-Teil einer Abituraufgabe des Jahres 2005 aus Baden-Württemberg – mittendrin im Integrieren:

Die Lösung: $N = \int_0^{52} f(x)\,dx = 8676$ oder besser

$N = \int_{0,5}^{52,5} f(x)\,dx = 8776$

(Berechnungen mit dem GTR)

Auch ohne GTR wäre die Aufgabe lösbar, wenn Sie mit der Substitution $u = 2x + 15$ arbeiten, aber die Integration ist nicht einfach: der Zähler und die Grenzen ändern sich mit der Substitution, in der Stammfunktion steht der ln!
Der Lerneffekt ist gegenüber dem Zeitaufwand klein, berechnen Sie diese Aufgabe nur, wenn Sie wirklich genügend Zeit dazu haben.

$$\int_{15}^{119} \frac{118{,}75u - 1773{,}75}{u}\,du = \int_{15}^{119} (118{,}75 - 1773{,}75u^{-1})\,du$$

Die Beispiele sollen Ihnen zeigen, dass die Integration auf mehreren Bereichen anwendbar ist.
Es lohnt sich, die beiden Infinitesimalrechenarten der Schulmathematik etwas näher zu betrachten: Was bietet das Ableiten, was das Integrieren?

Gegeben sei die Funktion f(x)	Differenzieren (ableiten) f′(x)	Integrieren (Stammfunktion bestimmen) F(x)
Geometrische Bedeutung am Schaubild. Gegeben ist der Graph von f(x).	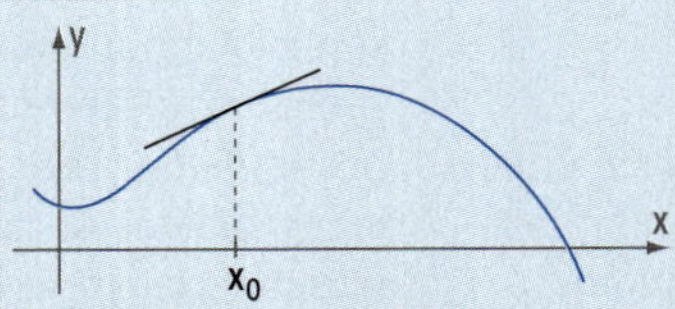 $f'(x_0)$ ist steigend an der Stelle x_0.	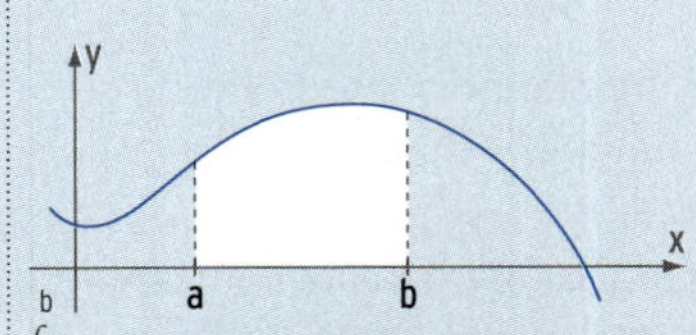 $\int_a^b f(x)\,dx = F(b) - F(a)$ ist Flächeninhalt unter f(x) im Intervall [a, b]
Bei Wachstumsaufgaben sei die momentane Änderungsrate f′(t) der zu betrachtenden Größe bekannt.	Die Ableitung zeigt die Änderung der Änderungsrate. Ist $f''(t) > 0$, so wird die Änderungsrate im Zeitpunkt t eben größer, die Größe steigt stärker an.	Die Größe wächst im Zeitintervall $[t_1; t_2]$ um $\int_{t_1}^{t_2} f'(t)\,dt = f(t_2) - f(t_1)$
Bei der Betrachtung von Bewegungen sei die Funktion der Geschwindigkeit $v = f(t)$ gegeben.	Die Ableitung an der Stelle t_1 (also $f'(t_1)$) ist die momentane Beschleunigung zum Zeitpunkt t_1.	Integration ergibt die in der Zeit von t_1 bis t_2 zurückgelegte Strecke.
Wir betrachten den Wasserstand an einem Regenüberlaufbecken. Bei starkem Regen kann der Zulauf mit der Funktion f(t) näherungsweise beschrieben werden. Im gleichen Zeitintervall läuft immer gleich viel Wasser ab.	Die momentane Änderungsrate des Wasservolumens ist über die Ableitung des Wasserstandes zur Zeit t $V(t) = V(0) + f(t) - g(t)$, also $V'(t) = f'(t) - k$ (denn g(t) muss linear sein) zu bestimmen.	Ist die Änderungsrate I(t) anstelle des Bestandes gegeben und weiß man den Stand zum Zeitpunkt t_1, so kann der Bestand zum Zeitpunkt t_2 berechnet werden: $B(t_2) = B(t_1) + \int_{t_1}^{t_2} I(t)\,dt$
Eine Solaranlage speist Strom in das Netz. Je nach Helligkeit und Sonnenstrahlung ändern sich die Werte. Ein Messgerät registriert ständig die eingespeisten Werte.	Die Ableitung der aufgezeichneten Funktion gibt die momentanen Änderungen wieder. Man sieht daraus, wann es heller wurde, wann die Sonne die Anlage stärker bescheint, …	Die mittlere Einspeisung im Zeitintervall $[t_1; t_2]$ wird über $M = \frac{1}{t_2 - t_1} \int_{t_1}^{t_2} E(t)\,dt$ berechnet, wobei E(t) die Größe der Einspeisung zum Zeitpunkt t ist.

4.6.3 Integrationsregeln

Grundeigenschaften des Integrals:

$\int_a^b f(x)\,dx = -\int_b^a f(x)\,dx$	Wechsel der Grenzen bedeutet Vorzeichenwechsel
$\int_a^b f(x)\,dx + \int_b^c f(x)\,dx = \int_a^c f(x)\,dx$	Integrale können aufgespalten oder zusammengelegt werden (Additivität).
$\int_a^b [c \cdot f(x) + d \cdot g(x)]\,dx$ $= c\int_a^b f(x)\,dx + d\int_a^b g(x)\,dx$	Bei Summanden kann einzeln integriert werden (Linearität).
Ist $g(x) \leq f(x)$ für $x \in [a, b]$ $\Rightarrow \int_a^b g(x)\,dx \leq \int_a^b f(x)\,dx$	Monotonie
Gilt $m \leq f(x) \leq M$ $\Rightarrow m(b-a) \leq \int_a^b f(x)\,dx \leq M(b-a)$	Abschätzbarkeit Damit lässt sich z. B. ein Flächeninhalt abschätzen.

Lineare Substitution

- linearen Term wie eine Variable behandeln und mit „Grundintegralen" berechnen
- dann durch die innere Ableitung teilen

  $\int_a^b f(ax+b)\,dx = F(ax+b):a$

Der GTR kann Integralfunktionen zeichnen und bei festen Grenzen auch näherungsweise berechnen. Damit können Sie problemlos Flächeninhalte, Summen von Größen und Mittelwerte bestimmen.

Ohne GTR sind wir mit unserer Schulmathematik nicht immer in der Lage, das Integral zu lösen, aber Sie erhalten nur Aufgaben zum Integrieren, die für Sie lösbar sind.
Die Grundintegrale, einige Grundregeln und die lineare Substitution gehören zum absoluten Grundwissen.
Die Regeln Produktintegration und Integration durch Substitution finden Sie auch in diesem Band. In einigen Ländern und in einigen Grundkursen werden diese beiden Verfahren nicht gelehrt. Informieren Sie sich, ob Sie diese beiden Integrationsverfahren überhaupt können müssen.

Die Grundintegrale (die Sie am besten auswendig lernen, obwohl sie in jeder FS enthalten sind) sind in der unteren Tabelle aufgelistet.

Ich kann mir nicht vorstellen, dass Sie weitere Integrale auswendig können sollten. Weitere Integrale entnehmen Sie bitte der Formelsammlung.

f (x)	F (x)	Beschreibung	Beispiel Grundregeln (auch mit linearer Substitution)
$x^r;\ r \neq -1$	$\frac{1}{r+1}x^{r+1}$	Hochzahl um 1 erhöhen und durch neue Hochzahl dividieren	$f(x) = \frac{3}{x^5} + \sqrt{3x} + (2x+1)^2$ $F(x) = -\frac{3}{4}x^{-4} + \sqrt{3} \cdot x^{\frac{3}{2}} \cdot \frac{2}{3} + (2x+1)^3 \cdot \frac{1}{3 \cdot 2}$
$\frac{1}{x} = x^{-1}$	$\ln\|x\|$	Sonderfall: Bei der Hochzahl −1 ist die Stammfunktion der ln vom Betrag.	$f(x) = \frac{2}{3x+4}$ $F(x) = \frac{2}{3} \cdot \ln\|3x+4\|$
e^x	e^x	e^x bleibt beim Integrieren und beim Ableiten gleich.	$f(x) = 3e^x - \frac{5}{2e^{3x+4}}$ $F(x) = 3e^x - \frac{5}{2e^{3x+4}}:(-3)$
$\ln x$	$x \cdot \ln x - x$	durch Ableiten überprüfen	$f(x) = \ln(3x+4)$ $F(x) = \frac{(3x+4) \cdot \ln(3x+4) - (3x+4)}{3}$
$\sin x$	$-\cos x$	anderes Vorzeichen als beim Ableiten	$f(x) = 3\sin(2\pi x)$ $F(x) = -3\cos(2\pi x):2\pi$
$\cos x$	$\sin x$	anderes Vorzeichen als beim Ableiten	$f(x) = \cos 3x + 3 \cdot \cos x$ $F(x) = \frac{1}{3}\sin 3x + 3\sin x$

4.7 Zusammenhang der Schaubilder

Vorbemerkung

Durch die Rechenfertigkeit „Ableiten" erhält man rechnerisch problemlos und eindeutig von der Stammfunktion F(x) die Funktion f(x), danach durch weiteres Ableiten die „Steigungsfunktion" f′(x), danach durch nochmaliges Ableiten die „Krümmungsfunktion" f″(x).
Ganz klar, dass man vom Schaubild der Stammfunktion auf das Schaubild der Funktion, auf das Schaubild der Ableitungsfunktion und das der Krümmungsfunktion schließen kann (und natürlich die entsprechenden Schaubilder oftmals auch ohne zusätzliche Angaben zeichnen kann).

Dem umgekehrten Schluss – Integration genannt – (von f″(x) auf f′(x), auf f(x) bis zu F(x)) fehlt leider die Eindeutigkeit. Aber – und das macht die entsprechenden Probleme lösbar – die Gleichungen und die Kurven sind bis auf eine Verschiebung in der y-Richtung eindeutig bestimmt.

Es genügt, wenn Sie vom Schaubild zur Ableitung kommen und umgekehrt und wenn Sie verstehen, dass durch das Ableiten der Extrempunkt zur Nullstelle und der Wendepunkt zum Extrempunkt wird.

integrieren ↔ ableiten	
Extrempunkt ⇔ Nullstelle	Wendepunkt ⇔ Extrempunkt
in den Schaubildern a	in den Schaubildern b

Funktionsgleichungen

1 $f(x) = (x-2)^2 \cdot e^x$

2 $f'(x) = x \cdot (x-2) \cdot e^x$

3 $f''(x) = (x^2-2) \cdot e^x$

4 $f'''(x) = (x^2 + 2 \cdot x - 2) \cdot e^x$

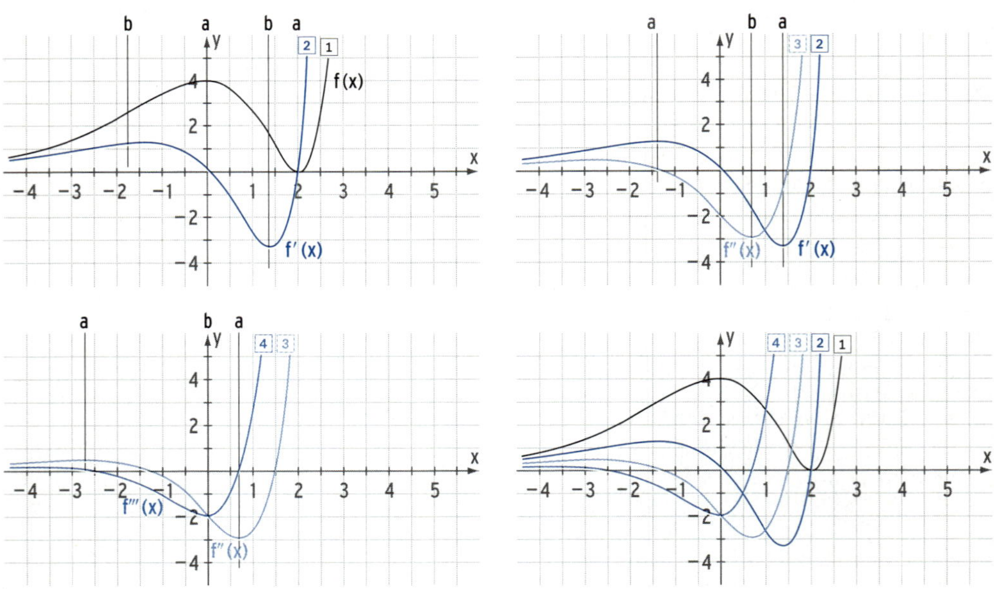

4.8 Kurvenscharen, Funktionenscharen

WISSEN

Enthält die Funktionsgleichung einen Parameter (meist t), so beschreibt die Gleichung für jeden zugelassenen Wert des Parameters genau eine Funktion. Mit $f_t(x)$ werden dann unendlich viele Funktionen beschrieben, wir nennen ihre Gesamtheit Funktionenschar. Die dazugehörenden Schaubilder bilden dann eine Kurvenschar.

$f_t(x) = t - e^{tx}$ $(t \in \mathbb{R})$ ist eine Funktionenschar, deren Schaubilder C_t heißen sollen.

Für $t = 1$ gilt:
$f_1(x) = 1 - e^x$ mit dem Schaubild C_1.
Für $t = 501$ gilt:
$f_{501}(x) = 501 - e^{501x}$ mit dem Schaubild C_{501}.
Für $t = \sqrt{7}$ gilt:
$f_{\sqrt{7}}(x) = \sqrt{7} - e^{\sqrt{7}\cdot x}$ mit dem Schaubild $C_{\sqrt{7}}$.

Natürlich kann man auch eine Kurvenschar diskutieren, nicht nur einzelne Kurven.
Der Parameter (meist t) wird dann wie eine reelle Zahl behandelt, dadurch wird die Diskussion in der Regel nicht wesentlich schwieriger.

- Notfalls können Sie den Parameter t durch eine Zahl (z. B. 7) ersetzen und die Diskussion durchführen. Lassen Sie dabei aber die Zahl 7 stets stehen (nicht mit anderen Zahlen zusammenfassen, nicht kürzen) und nach Beendigung der Diskussion ersetzen Sie die 7 wieder durch t.
- Schlimmer ist, dass Sie bei Diskussionen von Scharen den Taschenrechner nicht benutzen können. Mit dem GTR können Sie aber mehrere Kurven der Schar gleichzeitig ansehen und damit schon viel über die ganze Schar aussagen.
- Passen Sie auf, wenn das Vorzeichen eine Rolle spielt (z. B. beim Nachweis eines Extrempunktes mittels der zweiten Ableitung). Vergessen Sie nicht, dass Sie womöglich eine Fallunterscheidung machen müssen.
- Teilen Sie nicht durch Null. Sofern t im Nenner steht, kann der Parameter natürlich auch einen Wert annehmen, sodass der Nenner 0 wird. Betrachten Sie diesen Fall gesondert. $f_t(x) = \frac{2x}{t-5}$ ist eben für $t = 5$ nicht definiert.
- Auch bei geradzahligen Wurzeln und beim Logarithmus ist es möglich, dass der Definitionsbereich von t abhängt.

Bei den bisher üblichen Aufgaben wurde oftmals zuerst eine Kurvenschar diskutiert und danach musste eine Kurve der Schar gezeichnet werden. Die weiteren Fragen bezogen sich dann auf diese gezeichnete Kurve. Bei Problemen mit der Schar diskutieren Sie zunächst die zu zeichnende Kurve und gehen danach erst zur Schar.

Aber die Aufgabenart hat sich gewandelt. Sie müssen zunehmend mit anderen Fragen rechnen. Sehen Sie sich die Beispiele zu den Funktionenscharen an:

H(2 | 4) ist Hochpunkt jeder Kurve der Funktionenschar $f_t(x)$ ganzrationaler Funktionen 2. Grades. Geben Sie die Gleichung der Schar an.	$y = ax^2 + bx + c \Rightarrow 4 = 4a + 2b + c$ $y' = 2ax + b \Rightarrow 0 = 4a + b$ mit $a = t \Rightarrow f_t(x) = tx^2 - 4tx + 4 + 4t$
Geben Sie eine Kurvenschar ganzrationaler Funktionen an, bei der für $t > 4$ die Funktion der Schar an der Stelle x_0 einen Hochpunkt bei $t < 4$ aber einen Tiefpunkt hat. Geben Sie an, wie dann der Graph für $t = 4$ aussieht.	$f_t''(x)$ muss an der Stelle x_0 bei $t = 4$ das Vorzeichen wechseln: Da das Vorzeichen des x-Wertes beim Vorzeichenwechsel bei f″ keine Rolle spielen darf, muss die 2. Ableitung der Funktion wohl so aussehen: $f''(x) = (t-4)x^2$. Also $f'(x) = a(t-4)x^3$ (der Koeffizient spielt ja keine Rolle) und damit die Funktion $f_t(x) = b(t-4)x^4$ z. B.: $f_t(x) = 12(t-4)x^4$ $f_4(x)$ ist die x-Achse $(f_4(x) = 0)$
Gegeben sei die Funktionenschar $f_{t,s}(x) = t\sin((\pi - s)x)$. Wie beeinflussen die Parameter t und s den Graphen der Funktion? (Zwei Parameter sind allerdings sehr selten, aber natürlich möglich. Die Anzahl der Parameter ist nicht begrenzt.)	t verändert die Amplitude der trigonometrischen Funktion: $t > 0$ Amplitude (größter Funtionswert) ist t $t < 0$ Funktion ist an der x-Achse gespiegelt mit Amplitude $\|t\|$ $(\pi - s)$ beieinflusst die Periode: $\frac{2\pi}{\pi - s}$

4.9 Bestimmung von Funktionsgleichungen

Es gibt verschiedene Probleme der Schulmathematik, bei denen die Gleichung der Funktion bestimmt werden muss:

- Sie erhalten einige Zahlenpaare und müssen die Gleichung bestimmen, auf der diese Punkte liegen, dabei ist der Text um die Aufgabe herum unbedeutend.
  Dies ist oft bei Wachstumsproblemen oder Zerfallsproblemen der Fall. Die Art der gesuchten Funktion wird angegeben oder kann dem Text entnommen werden.
- Von einem Graphen weiß man bestimmte Punkte (z.B. auch Extrempunkte oder Wendepunkte) und bestimmte Steigungen. Gesucht wird die Funktionsgleichung. Meist wird bei dieser Fragestellung eine ganzrationale Funktion gesucht.
- Sie müssen einen Teil einer gegebene Funktion durch einen Funktionsterm anderer Art annähern. Dazu wird angegeben, welche Punkte beziehungsweise welche Steigungen gleich sein sollen.

Klar, dass es noch eine ganze Menge anderer Probleme zum Auffinden von Funktionen gibt, etwa eine Gerade, die eine Fläche in einem bestimmten Verhältnis teilt, eine ganz bestimmte Stammfunktion, eine Wahrscheinlichkeitsverteilung oder eine Kugel oder Ebene. Die Aufgabenpalette ist vielfältig, aber nicht schwer.

Prinzipiell gibt es zwei Lösungsmöglichkeiten:

Mit GTR
Sie müssen die Zahlenpaare (die Punkte) in zwei Listen eingeben (in L_1 die x-Werte, in L_2 die dazugehörigen y-Werte). Über STAT, dann RECH (oder CALC) werden Ihnen verschiedene Funktionsarten angeboten (Ganzrationale Funktion 1., 2., 3., 4. Grades, die e-Funktion, die ln-Funktion und die Potenzfunktion x^n). Suchen Sie die entsprechende Funktion aus und durch Eingabe L_1, L_2, Y_1 gibt der Rechner die Koeffizienten an und speichert die Funktion unter Y_1. Sie können dann mit dieser Funktion arbeiten. Sind mehr Punkte als gesuchte Koeffizienten gegeben, erhalten Sie einen Funktionsterm, der am wenigsten von den Punkten abweicht.

Ohne GTR (insbesondere wenn auch Steigungen und nicht nur Punkte gegeben sind) gehen Sie folgendermaßen vor:

1. Allgemeiner Ansatz: Schreiben Sie die in der Aufgabe gesuchte Funktion in allgemeiner Art (mit Platzhalter für die Koeffizienten).
   Bei einer Gleichung 2. Grades:
   $y = ax^2 + bx + c$
   Bei einer Exponentialfunktion: $y = a \cdot e^{bx} + c$
2. Bestimmung der Ableitungen: Bestimmen Sie die notwendigen Ableitungen vom allgemeinen Ansatz.
3. Einsetzen der angegebenen Eigenschaften: In die Gleichungen $f(x) = \ldots$, $f'(x) = \ldots$, $f''(x) = \ldots$ werden die im Text angegebenen Daten der gesuchten Funktion eingesetzt. Da bei jeder Gleichung die x-Werte und die dazugehörigen y, y′ oder y″-Werte eingesetzt werden, entsteht ein Gleichungssystem für die Koeffizienten a, b, ...

Die Aufgaben sind nicht überbestimmt, sie enthalten keine nicht notwendigen Angaben. Sie müssen damit praktisch jedes im Text vorkommende Wort verwenden. Sollte Ihnen eine Gleichung fehlen, suchen Sie den Text nach noch nicht verwendeten Worten durch! Ist n die Anzahl der gesuchten Koeffizienten, so benötigen Sie, sofern eine Funktionenschar gesucht ist, n − 1, sofern genau eine Funktionsgleichung gesucht ist, n Gleichungen.

4. Lösen des Gleichungssystems: Bestimmen Sie mithilfe der Ihnen bekannten Verfahren (Gleichsetzungs-, Einsetzungs- und Additionsverfahren) die Koeffizienten und setzen Sie diese in den allgemeinen Ansatz ein.

Sollte Ihnen trotz mehrmaligem Durchlesen des Textes eine Angabe (Gleichung) fehlen, hören Sie trotzdem nicht mit der Aufgabe auf. Wählen Sie einfach einen Wert, sodass Sie wenigstens die Teilaufgabe bearbeiten können! Wird bei der Aufgabe das (Teil-)Ergebnis angegeben, so rechnen Sie mit diesem Ergebnis weiter. Auch wenn Ihre Berechnung andere Zahlen aufweist. Suchen Sie bitte nicht den Fehler! Sie werden nur nervös.

4.9.1 Die Übersicht

Klar, dass zur Bestimmung von Funktionsgleichungen insbesondere Punkte auf dem Graphen und Steigungen an bestimmten Stellen notwendig sind. Es darf nicht zum Problem werden, dass Sie die Punkte nicht finden, nur weil sie nicht als Punkte angegeben sind. Lesen Sie alle (aber auch wirklich alle) Beispiele der folgenden zwei Seiten konzentriert durch. Diese Beispiele müssen Ihnen genügen, um beim Auffinden von Funktionstermen sattelfest (oder wenigstens nicht chancenlos) zu sein.

>> BEISPIEL

Wenn nach 3 Jahren 5 Fahrzeuge auf der Schillerstraße parken, nach weiteren 3 Jahren schon 50 Fahrzeuge und zu Beginn des 10. Jahres die momentane Parkänderungsrate 5 beträgt, dann heißt es doch nur, $(3|5)$ und $(6|50)$ sind Punkte auf $f(x)$ und $f'(10) = 5$.

Am 3. Tag gehen nur noch 25 % der 800 Hotelgäste in den nicht gereinigten Pool, und am 5. Tag schwimmt Ernst ganz alleine. Das bedeutet, dass $(1|800)$, $(3|200)$ und $(5|1)$ Punkte auf der Funktion sind.

Als Hilfe eine Auflistung der am häufigsten vorkommenden Textangaben:

1. **Ein Punkt $P(u|v)$ liegt auf dem Graphen der Funktion:** Im Ansatz $y = \dots$ u für x und v für y einsetzen. Sie erhalten eine Gleichung mit den „Koeffizientenvariablen" a, b, ...
2. **Ein Extrempunkt $P(u|v)$ ist gegeben:** u; v wie in 1 in die Gleichung $y = \dots$ einsetzen. Zusätzlich gilt auch $y'(u) = 0$, dies ergibt eine 2. Gleichung.
   Die Information Hoch- oder Tiefpunkt ($y'' <$ oder > 0) nützt leider nichts.
   Wissen Sie nur die Stelle für einen Extrempunkt („... hat bei $x = 5$ einen Tiefpunkt ..."), erhalten Sie nur eine Gleichung durch Einsetzen in y'.
3. **Ein Wendepunkt $P(u|v)$ ist gegeben:** u; v wie in 1 in die Gleichung $y = \dots$ einsetzen. Zusätzlich gilt auch $y''(u) = 0$. Dies ergibt eine 2. Gleichung.
   Die Information $y''' \neq 0$ nützt nichts. Ohne v wieder nur eine Gleichung.
4. **Die Steigung an der Stelle r:** Die Bedingung wird in y' eingesetzt. Weiß man die Steigung an einem Punkt, wird sofort der Punkt in $y = \dots$ eingesetzt. Sie erhalten zwei Gleichungen (über den Punkt und über die Steigung je eine).
5. **Parameter:** Steht in einer der Gleichungen der Parameter t („... geht durch den Punkt $P(t|-1)$"), so behandeln Sie t wie eine Zahl. Gehen Sie nicht davon aus, t sei zu berechnen. Ihre Koeffizienten sind eben dann ganz oder teilweise Terme mit t. Als Ergebnis erhalten Sie eine Funktionenschar.

Auf jeden Fall beachten

Müssen Sie eine Funktionsgleichung bestimmen, mit der später weitergerechnet werden muss, so ist dies für mich eine sogenannte „k-o-Aufgabe". Derjenige, der die Gleichung nicht bestimmen kann, kann die Aufgabe nicht weiter bearbeiten und erhält somit überhaupt keine Punkte.

Das weiß der Aufgabensteller natürlich auch und wird deshalb fairerweise in der Regel das Teilergebnis angeben. Das hat für Sie zwei wichtige Konsequenzen.

- Wenn Ihre Berechnungen je zu einem anderen Ergebnis führt, übernehmen Sie trotzdem auf jeden Fall für die folgenden Fragen das angegebene Teilergebnis und suchen bitte keinen Fehler bei Ihren Berechnungen. Sie finden den Fehler ohnehin nur sehr schwer und Sie werden nur nervös. Der Punkteabzug hält sich erfahrungsgemäß im Rahmen, zumal Sie bei richtigem Ansatz und logischem Gedankengang auch mit Rechenfehlern die Mehrzahl der Punkte erhalten. Ein wichtiger Grundsatz: Niemals die eigenen Fehler suchen. Sind Teilergebnisse angegeben, sofort übernehmen.
- Wenn Sie nicht sofort wissen, wie die Funktion bestimmt werden kann, lassen Sie eine halbe Seite Platz und gehen Sie mit dem angegebenen Teilergebnis zu den folgenden Fragen über. Sie haben keine Zeit zu verschenken und sollten darauf achten, dass Sie Punkte erreichen. Wenn Sie mit allem anderen fertig sind, können Sie immer noch das Problem anpacken. Aber ich rate Ihnen, Mut zur Lücke zu haben; es zahlt sich letztendlich wirklich aus.

4.9.2 Beispiele

<table>
<tr><th>Aufgabe</th><th>Bemerkungen</th><th>Lösung</th></tr>
<tr>
<td>Welche Parabel 2. Grades hat dieselben Nullstellen und denselben Hochpunkt wie $f(x) = \sin x$ im Intervall $[0; \pi]$?</td>
<td>Eine sehr einfache Aufgabe. Zunächst berechnen Sie die Punkte der Sinuskurve und setzen diese in den allgemeinen Ansatz ein. Das LGS kann von Hand oder mit dem GTR gelöst werden.</td>
<td>$g(x) = a x^2 + b x + c$
$(0 \mid 0) \in g(x) \Rightarrow c = 0$
$(0{,}5\pi \mid 1) \in g(x)$
$\Rightarrow 1 = 0{,}25\pi^2 a + 0{,}5\pi b$
$(\pi \mid 0) \in g(x)$
$\Rightarrow 0 = \pi^2 a + \pi b$ und aus
$\Rightarrow a = -\frac{4}{\pi^2}$ und $b = \frac{4}{\pi}$
Ergebnis: $g(x) = -\frac{4}{\pi^2}x^2 + \frac{4}{\pi}x$</td>
</tr>
<tr>
<td>Ein radioaktives Präparat zerfällt nach dem Gesetz $N(t) = N(0) \cdot e^{kt}$ (t in Jahren). Die Halbwertszeit ist 3 Jahre. Bestimmen Sie k.
Wie viel mg sind zu Beginn des Jahres 2006 zerfallen, wenn im Jahre 1998 100 mg vorhanden waren?</td>
<td>Halbwertszeit 3 Jahre bedeutet, dass nach 3 Jahren noch die Hälfte vorhanden ist.
Damit wird $N(3) = 0{,}5 \cdot N(0)$</td>
<td>$0{,}5 \cdot N(0) = N(0) \cdot e^{3k}$ und damit
$3k = \ln 0{,}5$
$\Rightarrow k \approx -0{,}23$
$N(7) = 100 \cdot e^{-0{,}23 \cdot 7} \approx 19{,}99$
Ergebnis:
$k \approx -0{,}23$ und 2006 sind bereits 80,01 mg zerfallen.</td>
</tr>
<tr>
<td>Geben Sie die Gleichung einer Funktion an, deren Graph an der Stelle $x = 2$ einen Pol, die x-Achse als waagrechte Asymptote und an den Stellen $x = -1$ und $x = 5$ eine Nullstelle hat und durch den Punkt $(1 \mid 0)$ geht.</td>
<td>Sie benötigen aufgrund der Asymptoten eine gebrochenrationale Funktion.
Erfüllen Sie Schritt für Schritt die geforderten Bedingungen, die Reihenfolge ist nicht sonderlich wichtig. Beginnen Sie einfach mit einer beliebigen Bedingung und schauen Sie jeweils bei der nächsten Bedingung, ob die vorigen noch erfüllt sind. Notfalls bessern Sie einfach nach.
Vorsicht, es gibt mehrere Lösungen!</td>
<td>Pol $\Rightarrow f(x) = \frac{1}{x-2}$
Nullstellen: $f(x) = \frac{(x+1)(x-5)}{x-2}$
x-Achse waagrechte Asymptote heißt, der Zählergrad ist kleiner als der Nennergrad.
$f(x) = \frac{(x+1)(x-5)}{(x-2)^3}$
Mit $P(1 \mid 0)$ gilt:
$f(x) = \frac{(x+1)(x-5)}{(x-2)^3} - 8$</td>
</tr>
<tr>
<td>Ein Supermarkt A führt eine neue Zahnpasta ein. In den ersten 5 Wochen ergeben sich folgende Verkaufszahlen:
<table>
<tr><td>Woche</td><td>1</td><td>2</td><td>3</td><td>4</td><td>5</td></tr>
<tr><td>Verkauf in Woche</td><td>26</td><td>46</td><td>60</td><td>76</td><td>86</td></tr>
</table>
Im Modell A beschreibt
$f(x) = \frac{a x + 15}{b x + 15}$
Im Modell B beschreibt
$g(x) = a - b \cdot e^{kx}$
die verkaufte Stückzahl in der Woche x.
Bestimmen Sie f (x) mit den Werten der 1. und der 5. Woche und g (x) mit den Werten der ersten drei Wochen.</td>
<td>Der erste Teil der Aufgabe wurde im Jahre 2005 in Baden-Württemberg im Abitur gestellt. An sich ist der erste Teil nicht allzu schwer, aber der ungewöhnliche Text verwirrt.
Beim 2. Teil werden sichere Kenntnisse aus der Algebra verlangt.
Ein Tipp:
bei den e-Funktionen $f(x) = a e^{kx}$ nach dem Einsetzen der Punkte einen Quotienten bilden, damit fällt a aus der Gleichung.</td>
<td>$\boxed{1}\ f(1) = 26 \Rightarrow a + 15 = 26(b + 15)$
$\boxed{2}\ f(5) = 86 \Rightarrow 5a + 15 = 86(5b + 15)$
$\Rightarrow$ über $5 \cdot \boxed{1} - \boxed{2}$
$\Rightarrow b = 2$ und $a = 427$
$f(x) = \frac{427x + 15}{2x + 15}$

$\boxed{1}\ 26 = a - b \cdot e^{k}$
$\boxed{2}\ 46 = a - b \cdot e^{2k}$
$\boxed{3}\ 60 = a - b \cdot e^{3k}$
$\boxed{4} = \boxed{2} - \boxed{1} \Rightarrow 20 = b e^{k}(1 - e^{k})$
$\boxed{5} = \boxed{3} - \boxed{2} \Rightarrow 14 = b e^{k}(e^{k} - e^{2k})$
$\frac{\boxed{4}}{\boxed{5}}\ 20(e^{k} - e^{2k}) = 14(1 - e^{k})$
$\Rightarrow 20e^{2k} - 34e^{k} + 14 = 0$ mit $e^{k} = u$
$\Rightarrow 10u^2 - 17u + 7 = 0$
$\Rightarrow u_1 = 0$ und $u_2 = \frac{14}{20}$
$\Rightarrow k \approx -0{,}36 \Rightarrow b \approx 95$ und $a \approx 92{,}5$
Ergebnis: $g(x) = 92{,}5 - 95 \cdot e^{-0{,}36x}$</td>
</tr>
</table>

4.9.3 Besondere Fragestellungen

Natürlich gibt es bei der Bestimmung von Funktionsgleichungen auch „Exoten". Beißen Sie sich an dieser Seite nicht fest, es genügt, wenn Sie sie durchlesen und die Probleme zur Kenntnis nehmen.

Aufgabe	Bemerkungen	Lösung
Die Funktion $f(x) = \frac{2x-2}{x^2}$ wurde im ersten Teil diskutiert. Dann kam folgende Aufgabe: für $x \geq 1$ gilt $F(x) = \int_1^x f(t)\,dt$ Stellen Sie F (x) ohne Integralzeichen dar und zeigen Sie, dass F für $x > 1$ keine Nullstelle hat. Untersuchen Sie F auf Extremstellen für $x > 1$.	Schaffen Sie die Aufgabe ohne meine Lösung? Die Aufgabe ist ungewöhnlich und deshalb schwer! Zunächst verwirrt die Umbenennung der Variablen x in t. Aber man will ja den Flächeninhalt unter der Randfunktion von 1 bis zu jeder Zahl $x > 1$ als Funktion betrachten. Man benötigt also die Variable x auf der Rechtsachse des Koordinatensystems und macht sie durch die Umbenennung der Randfunktion wieder frei. Die algebraische Umrechnung vor der Bestimmung der Stammfunktion muss man auch erst sehen!	$f(t) = 2t^{-1} - 2t^{-2}$ $\Rightarrow F(t) = 2\ln t + 2t^{-1} + c$ und mit $F(1) = 0$ $\Rightarrow c = -2$ und damit $F(x) = 2\ln x + 2x^{-1} - 2$ Da $F'(x) = f(x)$ und $f > 0$ gilt, hat F für $x > 1$ keine Nullstelle, ist für $x > 1$ streng monoton steigend und hat somit auch keine Extremstelle.
$f(x) = x + 2 + \sin(0{,}5 \cdot \pi \cdot x)$ stellt für $-2 < x < 2$ das Profil eines Berghanges dar. Durch Erdbewegungen soll dieses Profil so umgestaltet werden, dass es durch eine Parabel 2. Ordnung beschrieben werden kann. Altes und neues Profil sollen in den Randpunkten übereinstimmen, zudem soll das neue Profil oben horizontal auslaufen. Bestimmen Sie die Gleichung der Parabel. Muss Erde zugeführt oder abgeführt werden?	Das ist ein Teil einer Abituraufgabe aus den beruflichen Gymnasien Baden-Württembergs. Die Bestimmung der Parabel sowie die Berechnung der Fläche ist ohne Rechner möglich. Eine Skizze (und hier hilft der GTR natürlich sehr) ist auf jeden Fall nützlich. (Die Funktion f (x) war im ersten Aufgabenteil schon zu zeichnen.)	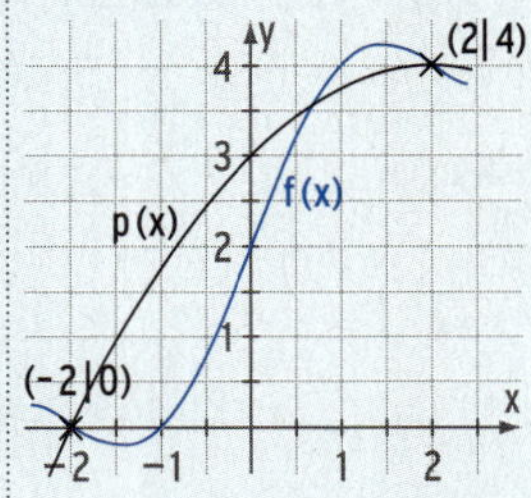 $p(x) = ax^2 + bx + c$ $0 = 4a - 2b + c$ $4 = 4a + 2b + c$ $0 = 4a + b$ $\Rightarrow p(x) = -\frac{1}{4}x^2 + x + 3$ $\int_{-2}^{2} f(x)\,dx = 8;\ \int_{-2}^{2} p(x)\,dx = 10{,}67$ $\Rightarrow$ Man benötigt Erde.
Eine Parabel 3. Ordnung schneidet die 1. Winkelhalbierende an den Stellen −t, t und 2t. Auf der y-Achse befindet sich ein Extrempunkt. Geben Sie die Gleichung der Parabel an. Gibt es nur eine solche Parabel?	Skizze 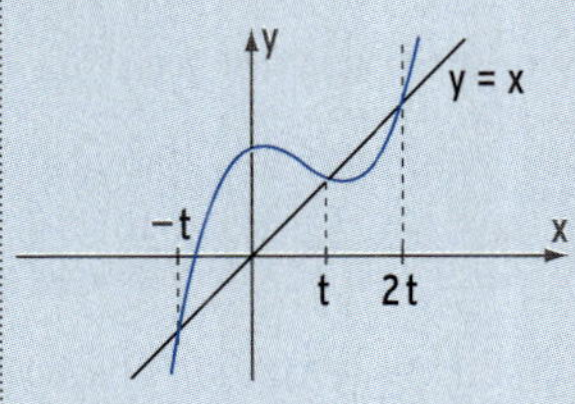	$p(x) = ax^3 + bx^2 + cx + d$ [1] $-t = -at^3 + bt^2 - ct + d$ [2] $t = at^3 + bt^2 + ct + d$ [3] $2t = 8at^3 + 4bt^2 + 2ct + d$ [4] $p'(0) = 0 \Rightarrow c = 0$ [2] − [1] $\Rightarrow 2t = 2at^3 \Rightarrow a = \frac{1}{t^2}$ [3] − [2] $\Rightarrow t = 7at^3 + 3bt^2$ $\Rightarrow b = -\frac{2}{t} \Rightarrow d = 2t$ $\Rightarrow \infty$-viele Lösungen (alle $t \neq 0$)
Legt man an die Exponentialfunktion $f(x) = ae^x + b$ im Schnittpunkt mit der x-Achse die Tangente an, so schließt diese Tangente mit den beiden Koordinatenachsen ein gleichschenkliges Dreieck mit dem Flächeninhalt 8 ein. Bestimmen Sie a und b.	Skizze 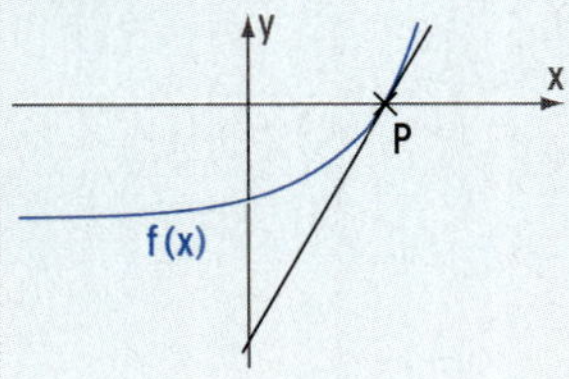	$A_\Delta = 8$ $\Rightarrow x_p^2 = 2 \cdot 8$ $\Rightarrow x_p = 4$ $f(4) = 0$ $\Rightarrow 0 = ae^4 + b$

4.10 Beispiele zu den Funktionen

Klar, dass reine Funktionstypen kaum vorkommen. Funktionen können verschoben, gestreckt, verknüpft und verkettet werden (auch mehrfach und Mischungen sind ebenfalls möglich).Prägen Sie sich dennoch die reinen Formen ein klein wenig ein.

Art	Graph	Besonderheiten
Gerade Beispiel: $f(x) = \frac{1}{2}x - 2$	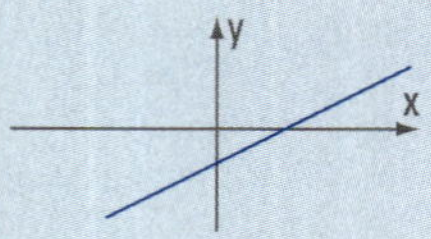	Steigung ist konstant (Tangens des Winkels), Vorkommen: Tangente, Normale, Asymptote
Normalparabel Beispiel: $f(x) = x^2$	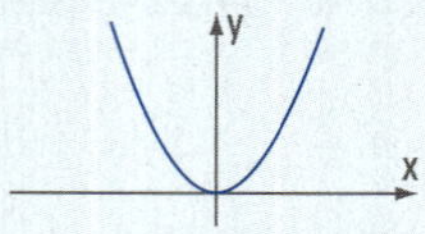	maximal 2 Nullstellen (Berechnung über quadratische Gleichung) genau ein Extrempunkt, läuft für $x \to \pm\infty$ gegen $+\infty$ oder $-\infty$ (bei beiden Grenzwerten gleich)
Parabel 3. Ordnung Beispiel: $f(x) = x^3 - 2x^2 - 3x + 2$	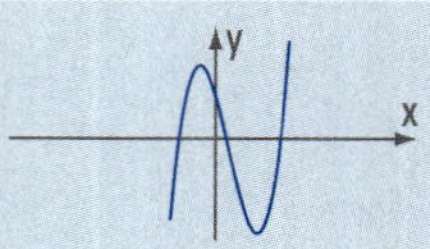	maximal 3 Nullstellen, maximal 2 Extrempunkte, maximal ein Wendepunkt, läuft für $x \to \pm\infty$ gegen $+\infty$ oder $-\infty$ (bei den beiden Grenzwerten unterschiedlich)
Quadratwurzelfunktion Beispiel: $f(x) = \sqrt{x+2}$	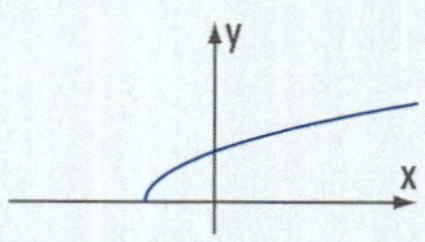	Ein Ast einer an der 1. Winkelhalbierenden gespiegelten Parabel 2. Ordnung. Läuft gegen ∞ (aber sehr langsam), beginnt auf der x-Achse mit „senkrechter" Steigung, Steigung wird immer kleiner, bleibt aber positiv
e-Funktion (Basis ist die Euler'sche Zahl e) Beispiel: $f(x) = e^x$	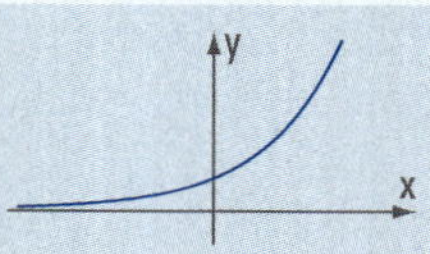	Funktionswerte immer positiv, Steigung ist immer gleich dem Funktionswert, keine Extremstellen, keine Wendestellen, Steigung wird immer größer, Vorkommen: bei stetigem Wachstum oder (mit negativer Hochzahl (und damit an der y-Achse gespiegelt) bei Zerfallsproblemen (beispielsweise radioaktiver Zerfall)
ln-Funktion (Logarithmusfunktion) Beispiel: $f(x) = \ln x$	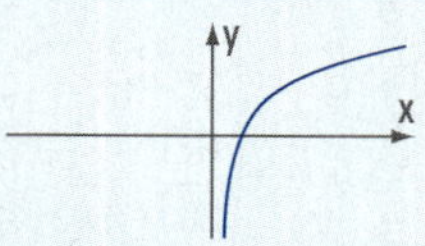	Läuft das Argument gegen Null, läuft die Funktion gegen $-\infty$. Steigung immer positiv, wird immer kleiner Grenzwert für $x \to \infty$ ist $f(x) \to \infty$ kein Extrempunkt, kein Wendepunkt
sin-Funktion Beispiel: $f(x) = \sin x$	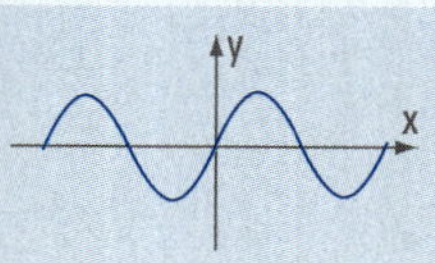	Ist periodisch (Extrempunkte, Wendepunkte, Nullstellen wiederholen sich), Vorkommen: insbesondere bei Schwingungen

Hier einige Beispiele für Verknüpfungen und Verkettungen obiger Funktionen:

$f(x) = \frac{e^x}{x^2}$	$f(x) = \sqrt{2+x} - \ln x + \frac{1}{2}x - 2$	$f(x) = e^{\sin x}$	$f(x) = \sin(e^x)$
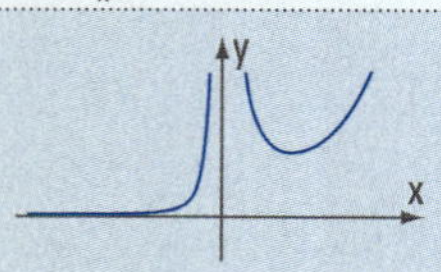	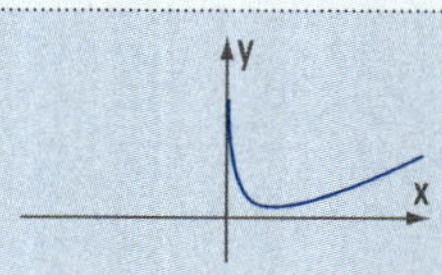	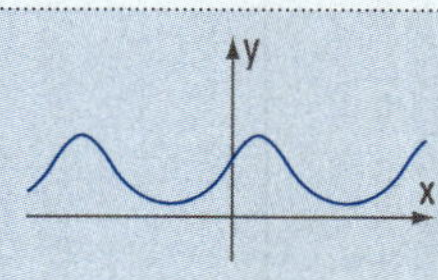	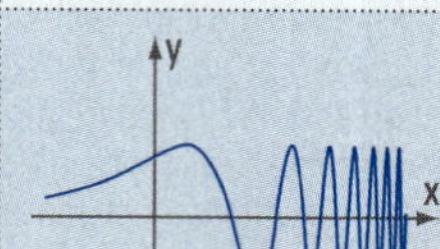

5_Leitidee Grenzprozesse und Approximationen

Die mathematische Grundlage zur Infinitesimalrechnung ist die Bestimmung von Grenzwerten. Diese „Denkweise", ein Problem theoretisch zu lösen, obwohl man in der Praxis die Werte eigentlich nicht richtig bestimmen kann, beherrschten früher nur wenige große Mathematiker. Genießen Sie es, dass Sie mit Ihrem Wissen diese Gedanken nicht nur nachvollziehen können, sondern sogar in der Lage sind, mit Grenzwerten zu rechnen.

Zur Grenzwertrechnung (die Rechenfertigkeit der Oberstufe schlechthin) gehört eine ganze Portion Abstraktion. So wird beispielsweise eine Fläche, zu der unendlich oft weitere Flächen addiert werden (die also stets größer wird), nicht notwendigerweise beliebig groß.

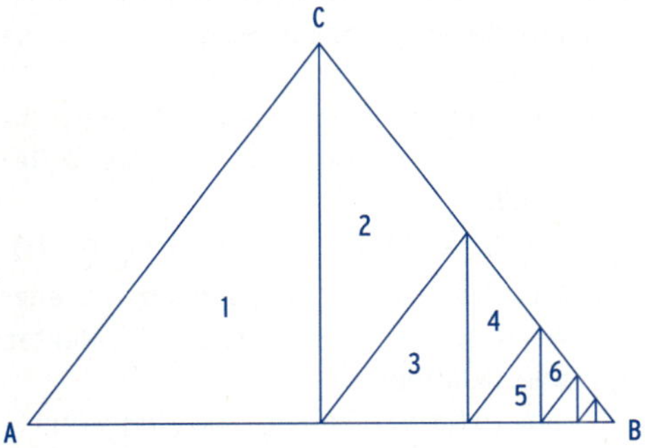

Unendliche Addition positiver Flächeninhalte: Zur Hälfte (1) des Dreiecks ABC wird die Hälfte des Restes (2) und wieder die Hälfte des Restes (3) und nochmals die Hälfte (4) und so weiter addiert.
Man erhält als Summe der unendlich vielen Flächen einen Inhalt, der nicht größer als der Flächeninhalt des Dreiecks ABC ist.

Unter Approximation versteht man zunächst einmal eine Annäherung. Annäherungen sind notwendig, wenn wir rechentechnisch nicht in der Lage sind, das Problem direkt zu klären oder wenn der mathematische Aufwand zu hoch wird oder wenn ein Näherungswert als Information genügt. Vor der Zeit des TR waren diese Approximationen wichtig, man musste das **Heron-Verfahren** zur Bestimmung von Quadratwurzeln beherrschen, das Newton-Verfahren zur Bestimmung von Nullstellen, die Kepler'sche Fassregel zur Berechnung von Flächeninhalten, um nur einige zu nennen.
Heute regelt diese Probleme der GTR problemlos und unglaublich schnell und genau. Dennoch müssen wir uns einige Verfahren „anschauen", wie tief, das kann nur ihr Fachlehrer einschätzen. Fragen Sie ihn.

5.1 Der Grenzwertbegriff

Die Betrachtung von unendlich vielen Schritten, die Untersuchung immer kleiner werdender Größen, das Erfassen von zeitlich gegen null laufenden Zeitpunkten und die Überlegungen zum Verlauf von Graphen in nicht mehr „zeichenbaren" Abschnitten (z. B. $x \to \infty$) sind zentrale mathematischen Probleme der Oberstufe schlechthin.

Wir bewegen uns an die Grenze und überlegen, was im Grenzfall passiert.

WISSEN

Eine Zahl g heißt Grenzwert der Funktion f(x) für x gegen a ($x \to a$) bzw. x gegen plus oder minus unendlich ($x \to \pm\infty$), wenn sich beim Annähern von x an a ($x \to a$) oder $x \to \pm\infty$ auch die Funktionswerte f(x) immer mehr der Zahl g nähern.

Oder: Berechnen wir für immer näher an a liegende x-Werte (bzw. Werte $x \to \pm\infty$) die Funktionswerte und nähern sich dann diese Funktionswerte immer mehr einer Zahl g, so sagen wir zu dieser Zahl g Grenzwert der Funktion für $x \to a$ (bzw. $x \to \pm\infty$).

Wir unterscheiden zwischen verschiedenen Grenzwertarten. Nachfolgend finden Sie eine stark vereinfachte Übersicht, die mathematische Korrektheit habe ich dem einfachen Verständnis geopfert. Sie müssen die Begriffe verstehen, mehr nicht.

Bezeichnung	Schreibweise	Beschreibung
linksseitiger Grenzwert	$\lim\limits_{x \to a-} f(x)$	Wenn man sich der Zahl a nur von links nähert. Man kommt von kleineren Zahlen, deshalb das „–" Zeichen.
rechtsseitiger Grenzwert	$\lim\limits_{x \to a+} f(x)$	Entsprechend bei Annäherung nur von rechts („+" Zeichen); $\lim \sqrt{x}$ für $x \to 0$ ist zum Beispiel nur von rechts möglich.
einseitiger Grenzwert	$\lim\limits_{x \to a} f(x)$	Oberbegriff für links- oder rechtsseitigen Grenzwert. Anwendung insbesondere an Definitions-Rändern.
uneigentlicher Grenzwert	$\lim\limits_{x \to a} f(x) \to \pm\infty$	Wenn bei der Annäherung die Funktionswerte betragsmäßig unendlich groß werden.
eigentlicher Grenzwert	$\lim\limits_{x \to a} f(x) = g$	Wenn ein Grenzwert g existiert. Dabei muss der linksseitige gleich dem rechtsseitigen Grenzwert sein.
Grenzwert	$\lim\limits_{x \to a} f(x) = g$	Kurz für eigentlicher Grenzwert. Obwohl g nie ganz erreicht wird, rechnet man mit g weiter!

Die einfachste Art, Grenzwerte zu bestimmen, ist das Einsetzen.
Leider versagt diese Methode an den für uns wichtigsten Stellen:

- an den Definitionslücken
- für $x \to \pm\infty$

Natürlich hilft bei der Grenzwertbestimmung der TR (insbesondere der GTR).
Gehen Sie einfach nahe an die Definitionslücke oder wählen Sie bei $x \to \pm\infty$ sehr große oder sehr kleine Zahlen.
Aber immer Vorsicht. Der TR zeigt bei sehr kleinen und sehr großen Zahlen eine Fehlermeldung, weil sein zulässiger Zahlenbereich über- bzw. unterschritten wurde;
z. B. bei $f(x) = \frac{e^x}{3x^2 - 17}$ bei $x = 1000$

Tipps und Hinweise

- **Die FS zeigt Ihnen die Definition eines Grenzwertes, bitte merken Sie sich diese Seite.**
- **In der FS sind die sogenannten Grenzwertsätze, die Folgendes aussagen, soweit die Einzelgrenzwerte existieren:**
  - **die Summe (Differenz) der Grenzwerte ist der Grenzwert der Summe (Differenz):**
    $\lim\limits_{x \to x_0} (u(x) + v(x)) = \lim\limits_{x \to x_0} u(x) + \lim\limits_{x \to x_0} v(x)$
  - **Das Produkt (der Quotient) der Grenzwerte ist der Grenzwert des Produktes (des Quotienten)**
    $\lim\limits_{x \to x_0} (u(x) \cdot v(x)) = \lim\limits_{x \to x_0} u(x) \cdot \lim\limits_{x \to x_0} v(x)$;
    $\lim\limits_{x \to x_0} \frac{u(x)}{v(x)} = \frac{\lim\limits_{x \to x_0} u(x)}{\lim\limits_{x \to x_0} v(x)}$;
    $v(x) \neq 0$ **und** $\lim\limits_{x \to x_0} v(x) \neq 0$
    entsprechend für $x \to \pm\infty$

Dazu einige Beispiele:

Funktion	Vereinfachung mit Grenzwertsatz	Berechnung	Bemerkung
$\lim\limits_{x \to 3} \frac{x+3}{x-3}$	$\frac{\lim\limits_{x \to 3} x+3}{\lim\limits_{x \to 3} x-3}$	$\frac{6}{\to 0} \to \infty$	Nenner wird immer kleiner, damit wird Bruch immer größer.
$\lim\limits_{x \to 3} \frac{x-3}{x+3}$	$\frac{\lim\limits_{x \to 3} x-3}{\lim\limits_{x \to 3} x+3}$	$\frac{0}{6} = 0$	ist auch durch Einsetzen berechenbar
$\lim\limits_{x \to \infty} \left(e^x - 3x^3\right)$	$\lim\limits_{x \to \infty} e^x - 3 \cdot \lim\limits_{x \to \infty} x^3$	$\to \infty \; -3 \cdot (\to \infty)$	Grenzwertsätze nicht anwendbar
$\lim\limits_{x \to -\infty} \left(e^x - 3x^3\right)$	$\lim\limits_{x \to -\infty} e^x - 3 \cdot \lim\limits_{x \to -\infty} x^3$	$\to 0 \; -3 \cdot (\to -\infty)$ $\to \infty$	Grenzwertsätze nicht anwendbar

5.1.1 Bestimmung des Grenzwertes

Die Grenzwertbildung ist eine der problematischsten Rechenfertigkeiten der Schulmathematik überhaupt. Allein die Theorie dieser Problematik wäre einige Seiten wert. Da ich davon ausgehe, dass Sie weder Lust noch Zeit dafür haben, biete ich Ihnen drei „Kochrezepte" an, mit denen es sich (gerade noch) leben lässt.

Leider haben die „Rezepte" gewaltige Mängel: Es fehlt die mathematische Korrektheit und Schärfe. Für Übungszwecke sind sie aber in den allermeisten Fällen brauchbar und geben Ihnen die notwendige Sicherheit.

Methode 1: Grenzwertbestimmung mit dem TR

Für die Probleme der Schulmathematik ist der Grenzwert sehr häufig am einfachsten und am fehlerfreisten mit dem TR zu bestimmen.
„Tasten" Sie sich von beiden Seiten an die Stelle a heran:

>> BEISPIEL

Für $x \to 2$ ist mit der Berechnung $f(1{,}9)$; $f(1{,}999)$; $f(1{,}999999)$ und $f(2{,}1)$; $f(2{,}001)$; $f(2{,}000001)$ in weniger als zwei Minuten der Grenzwert für $x \to 2$ klar.
Für $x \to \pm\infty$ bestimmen Sie $f(\pm 10)$; $f(\pm 100)$; $f(\pm 1000)$, notfalls noch $f(\pm 10\,000)$ und $f(\pm 100\,000)$ und sind in knapp einer Minute fertig.
Vorsicht: Werden die Zahlen zu groß oder zu klein, dann zeigt der TR eine Fehlermeldung an.

Methode 2: Regel von De L'Hospital (nicht immer verlangt, steht in der FS)

Bei einem Quotienten kann die Regel (oder der Satz) von De L'Hospital (auch Bernoulli-L'Hospital'sche Regel), die in jeder FS steht, Hilfe bringen. Sie nützt die Ableitungen des Zählers und des Nenners (nicht der Funktion!) und deren Grenzwerte aus.

WISSEN

L'Hospital: $\lim\limits_{x \to a} \frac{f(x)}{g(x)} = \lim\limits_{x \to a} \frac{f'(x)}{g'(x)}$

Leiten Sie den Zähler und den Nenner getrennt ab und bilden Sie von beiden Ableitungen die Grenzwerte.
In der FS nachschlagen, unter welchen Bedingungen die Regel einsetzbar ist!

Methode 3: „Unmathematischer Satz"

Die Grenzwerte eines einfachen Terms, bei dem die Variable nur einmal vorkommt, sind einsichtig und lassen sich leicht merken.

Merkt man sich diese wenigen wichtigen Grenzwerte, so kann man mittels der Grenzwertsätze der FS und eines total unmathematischen Satzes die Grenzwerte einigermaßen schnell und sicher bestimmen:

WISSEN

e^x läuft schneller als jede Potenz von x und jede Potenz von x läuft schneller als der ln x.
Oder: Das Grenzwertverhalten wird in erster Linie von e^x, dann von den Potenzen von x und danach vom ln x bestimmt.

Lernen Sie dazu folgende Grenzwerte auswendig (Manche FS bringen sehr gute Auswahlen wichtiger Grenzwerte; dann bitte nachschlagen!):

$$\lim_{x \to \pm\infty} \frac{a_n x^n + a_{n-1} x^{n-1} + \dots}{b_m x^m + b_{m-1} x^{m-1} + \dots} \begin{cases} \to \pm\infty & \text{für } n > m \\ = \frac{a_n}{b_m} & \text{für } n = m \\ = 0 & \text{für } n < m \end{cases}$$

$$n \in \mathbb{N}: \lim_{x \to \infty} \frac{x^n}{e^x} = 0 \text{ und } \lim_{x \to -\infty} \frac{x^n}{e^x} \to \infty \begin{cases} \infty & n \text{ gerade} \\ -\infty & n \text{ ungerade} \end{cases}$$

$$\lim_{x \to \infty} e^x \to \infty; \quad \lim_{x \to -\infty} e^x = 0$$

$$n \in \mathbb{N}: \lim_{x \to \infty} \frac{e^x}{x^n} \to \infty \text{ und } \lim_{x \to -\infty} \frac{e^x}{x^n} = 0$$

$$\lim_{x \to \infty} e^{-x} = \lim_{x \to \infty} \frac{1}{e^x} = 0; \quad \lim_{x \to -\infty} e^{-x} = \lim_{x \to -\infty} \frac{1}{e^x} \to \infty$$

$$n \in \mathbb{N}: \lim_{x \to \infty} \frac{x^n}{\ln x} \to \infty \text{ und } \lim_{x \to 0+} \frac{x^n}{\ln x} = 0$$

$$\lim_{g(x) \to 0+} (\ln g(x)) \to -\infty; \quad \lim_{g(x) \to 0+} \sqrt{g(x)} = 0$$

$$n \in \mathbb{N}: \lim_{x \to \infty} \frac{\ln x}{x^n} = 0 \text{ und } \lim_{x \to 0+} \frac{\ln x}{x^n} \to \infty$$

Bitte beachten Sie die Beispiele, die Ihnen die notwendige Sicherheit geben sollten.

5.1.2 Beispiele

Funktionsgleichung f(x)	$\lim\limits_{x\to\infty} f(x)$	$\lim\limits_{x\to-\infty} f(x)$	a	$\lim\limits_{x\to a} f(x)$	b	$\lim\limits_{x\to b} f(x)$	Bemerkungen
$\frac{\sin(nx)}{mx}$	0	0	0	$\frac{n}{m}$	2	$\frac{\sin(2n)}{2m}$	$\lim\limits_{x\to 0}\frac{\sin x}{x}=1$
$\frac{e^x-1}{2x}$	$\to\infty$	0	0	$\frac{1}{2}$	-3	$\frac{e^{-3}-1}{6}$	typisches Beispiel für die Regel von De L'Hospital
$\frac{\ln(1+x)}{x}$	0	nicht definiert	0	1	-1	$\to\infty$	bei $x\to-1$ rechtsseitiger Grenzwert
$\frac{4(2-x)}{(x-1)^3}$	0	0	1	$\to\pm\infty$	2	0	für $t<0$ Pol an der Stelle $x=\ln(-t)$
$1-\frac{2e^x}{e^x+t}$	-1	1	0	$1-\frac{2}{1+t}$	1	$1-\frac{2e}{e+t}$	Pol bei $x=1$, links- und rechtsseitiger Grenzwert verschieden
$3x(1-t\sqrt{x})$	$\to\infty$	nicht definiert	0	0	1	$3-3t$	$x\to 0$, nur rechtsseitiger Grenzwert
$(x^2-4)e^{-x^2}$	0	0	0	-4	-1	$\frac{-3}{e}$	Graph ist symmetrisch zur y-Achse
$\ln\left(\frac{1+x}{1-x}\right)$	nicht definiert	nicht definiert	-1	$\to-\infty$	1	$\to\infty$	$=\ln(1+x)-\ln(1-x)$!
$\frac{x^2-4}{x+3}$	$\to\infty$	$\to-\infty$	-3	$\to\pm\infty$	± 2	0	bei $x=3$ Pol mit Zeichenwechsel
$\frac{3x^2-4}{(2x-1)^2}$	$\frac{3}{4}$	$\frac{3}{4}$	$\frac{1}{2}$	$\to-\infty$	0	-4	bei $x=\frac{1}{2}$ Pol ohne Zeichenwechsel
$\frac{\sqrt{x+1}-1}{2x}$	0	nicht definiert	0	$\frac{1}{4}$	-1	$\frac{1}{2}$	Regel von De L'Hospital $x\to 1$ rechtsseitiger Grenzwert
$\frac{\sqrt{2-x}}{2\ln x}$	nicht definiert	nicht definiert	0	0	2	0	zwei einseitige Grenzwerte!

Wenn Sie diese Seite ohne Schwierigkeiten gemeistert haben, kann Ihnen nicht mehr allzu viel bei der „Grenzwertbildung" passieren. Bei Problemen sollten Sie wenigstens versuchen, sich so gut wie möglich so viel wie möglich zu merken.

Beim GTR können Sie natürlich immer den Graphen anschauen. Bitte tun Sie dies.

Wählen sie auf dem Display einen Maßstab, der Ihnen den Grenzwert anzeigt.

5.2 Approximationen

Mathematisch muss oftmals mit einer angenäherten Zahl gerechnet werden, denken Sie nur an die irrationalen Zahlen, beispielsweise an die für uns so wichtigen Zahlen wie die Kreiszahl π, die Euler'sche Zahl e $\left(= \lim\limits_{n\to\infty}\left(1+\frac{1}{n}\right)^n\right)$ und an die Quadratwurzeln nichtquadratischer Zahlen (z. B. $\sqrt{2}$).

Im Rahmen der Schulmathematik unterscheide ich zwei prinzipiell verschiedene Arten der Approximation (lat. „Näherung" oder „Annäherung"):

a) Man sucht einen ganz bestimmten Wert, der mittels der Schulmathematik nicht berechenbar oder nur sehr aufwändig und schwer berechenbar ist. Oftmals muss man die Verfahren mehrere Male anwenden und erhält nach jeder Anwendung einen genaueren Wert. Diese schrittweise Annäherung nennt man auch Iteration und das zugehörige Verfahren Iterationsverfahren.
Dank der Taschenrechner ist die Bedeutung dieser Näherungsverfahren stark gesunken, wir kümmern uns in diesem Band nur noch um die näherungsweise Bestimmung von Nullstellen. Bitte fragen Sie Ihren Fachlehrer, ob dieses Wissen überhaupt notwendig ist für Sie oder ob es genügt, wenn Sie mit dem GTR die Nullstellen bestimmen können. Oder, was ebenfalls denkbar ist, dass weitere Verfahren erlernt oder gekannt werden müssen.

b) Man will nicht einzelne Punkte, sondern ganze Funktionen annähern.
Insbesondere die Wachstumsaufgaben bringen es mit sich, dass auch Exponentialfunktionen und nicht nur (wie früher üblich) ganzrationale Funktionen bestimmt werden müssen. In der Regel sind dann einzelne Punkte des Graphen gegeben.

Bestimmung	Vorgehen	Beurteilung
Nullstelle 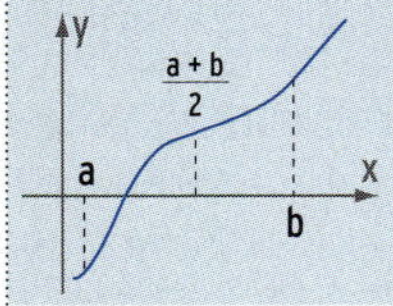	Intervallhalbierung Immer ganz stur den mittleren Funktionswert berechnen.	sehr langsames Verfahren, geht problemlos, auch ohne TR. Ein Wert muss immer unterhalb, der andere oberhalb der x-Achse liegen.
Nullstelle 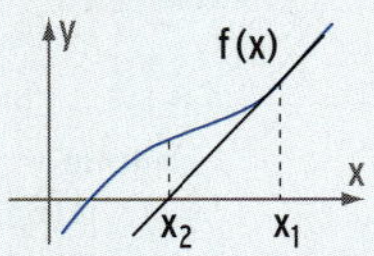	Newton-Verfahren	Nähert sich schnell an. Ohne TR zwar berechenbar, aber mühsam und kaum ohne zu runden durchführbar. Das Verfahren steht in jeder FS.
Quadratwurzel $\sqrt{2} = 1{,}4...$	Heron-Verfahren, $\sqrt{a}$ wird näherungsweise bestimmt (n + 1: Näherung). $x_{n+1} = \frac{1}{2}\left(x_n - \frac{a}{x_n}\right)$	Vorsicht, nicht in jeder FS! Meist genügt es zu wissen, dass es ein Verfahren zur Bestimmung von Quadratwurzeln gibt. Die Einarbeitung lohnt sich nicht.
Flächeninhalt 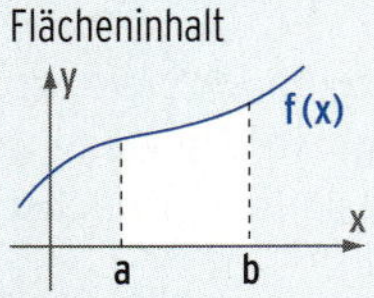	Kepler'sche Fassregel $\int\limits_a^b f(x)\,dx \approx \frac{b-a}{6}\left[f(a) + 4\cdot f\left(\frac{a+b}{2}\right) + f(b)\right]$	Schnelles und einfach zu berechnendes Verfahren zur Flächenbestimmung. Es ist problemlos ohne Taschenrechner möglich und Sie sollten es sich auf jeden Fall ansehen.
Flächeninhalt 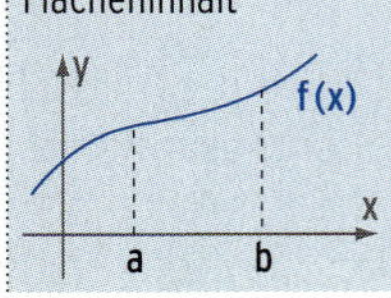	Simpson'sche Regel $\int\limits_a^b f(x)\,dx \approx \frac{b-a}{3n}\left[(y_a + y_b) + 4(y_1 + y_3 + ... + y_{n-1}) + 2(y_2 + y_4 + ... y_{n-2})\right]$	Verfeinerung der Kepler'schen Fassregel. Kenntnis ist nicht in allen Ländern notwendig. Steht in der FS, Einarbeitung nur, wenn Ihr Lehrer es verlangt (Idee wie Kepler, aber feinere Aufteilung).

5.2.1 Nullstellenbestimmung

Das Bestimmen der Nullstellen ist ein zentrales algebraisches Problem der Schulmathematik. So bestimmen Sie die Lösungen der Gleichung $x^2 + 2 = 3x$ durch Umstellen in $x^2 - 3x + 2 = 0$ und lösen das Problem über die Bestimmung der Nullstelle des Terms $x^2 - 3x + 2$. Selbst das Bestimmen der Extrem- und Wendestellen ist eine „Nullstellenbestimmung". (Die notwendigen Bedingungen sind $f' = 0$ bzw. $f'' = 0$.)

Auch Schnittprobleme sind „Nullstellenbestimmungen":
Der Schnitt von $f(x)$ mit $g(x)$ führt über $f(x) = g(x)$ zu $f(x) - g(x) = 0$ und damit zur Bestimmung der Nullstelle der Hilfsfunktion $h(x) = f(x) - g(x)$. Leider ist es gar nicht so einfach, die Nullstellen (geometrisch: die gemeinsamen Punkte des Graphen mit der x-Achse) zu bestimmen. Es gibt viele Funktionsgleichungen in der Schulmathematik, deren Nullstellen nicht mit den zur Verfügung stehenden Mitteln berechnet werden können. Deshalb werden Näherungsverfahren oder Iterationsverfahren gelehrt.
Dieser Band stellt Ihnen zwei Verfahren vor, die durch die Einführung des GTR eigentlich nicht benötigt werden. Lesen Sie bitte beide Verfahren in Ruhe durch. Den Gedankengang der Intervallhalbierung kann man auf viele Probleme anwenden. Das Newton-Verfahren gehört zur Allgemeinbildung und wird auch in der mündlichen Prüfung abgefragt.

Das Intervall-Halbierungsverfahren

Ein Intervall ist eine zusammenhängende Teilmenge der reellen Zahlen.

Wenn bei einer stetigen Funktion $y = f(x)$ die Funktionswerte an den Stellen a und b (also $f(a)$ und $f(b)$) verschiedene Vorzeichen haben, muss dazwischen der Graph die x-Achse schneiden und damit die Funktion eine Nullstelle haben.

Bestimmt man in der Mitte des Intervalls [a; b] den Funktionswert $f\left(\frac{a+b}{2}\right)$, so erhält man eine Nullstelle oder einen Wert, der ein entweder von $f(a)$ oder von $f(b)$ verschiedenes Vorzeichen hat.
In dem halbierten Intervall, das an den Rändern zu verschiedenen Vorzeichen der Funktionswerte führt, muss die Nullstelle liegen.

Weitere Halbierungen (immer Mitte und Randwert mit entgegengesetztem Vorzeichen der Funktionswerte wählen) verkleinern das für die Nullstelle zuständige Intervall jeweils auf die Hälfte der ursprünglichen Länge. Damit kann die gesuchte Nullstelle immer genauer beschrieben werden.

Will man die Nullstelle relativ genau bestimmen (auf zwei, drei Dezimalen zum Beispiel), sind leider sehr viele Halbierungsschritte notwendig. Obwohl Ihnen ein Rechner zur Verfügung steht, ist der Zeitaufwand nicht unerheblich.

Das Newton-Verfahren

Das Newton-Verfahren nützt nicht nur den Wert der differenzierbaren Funktion, sondern auch ihre Steigung aus.
Man bestimmt vom Anfangswert x_0 die Tangente und nimmt als nächsten Wert den Schnittpunkt dieser Tangente mit der x-Achse, der ja nahe bei der gesuchten Nullstelle liegen muss.

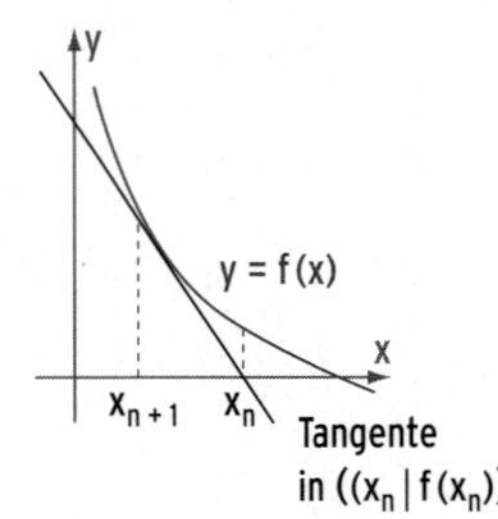

Von diesem Wert wird wieder der Funktionswert, die Tangente in diesem Punkt und der Schnittpunkt der Tangente und der x-Achse berechnet und zur nächsten Näherung verwendet.

Für Sie ist es nur eine „Einsetzübung", die problemlos mit dem TR bewältigt werden kann. Ist x_n der gerade aktuelle Wert, so ist der nächstgenauere Wert
$x_{n+1} = x_n - \frac{f(x_n)}{f'(x_n)}$.

Mit dem GTR können Sie natürlich die Nullstellen aller Funktionen ohne Näherungsverfahren numerisch berechnen.
Bitte üben Sie das einige Male.

5.2.2 Die Kepler'sche Fassregel

In der Zeit, in der der große Astronom Johannes Kepler lebte (1571–1630) (Sie kennen doch hoffentlich die drei nach ihm benannten Gesetze der Planetenbewegung), waren Weinfässer noch nicht genormt und das Volumen dieser Fässer ließ sich schlecht feststellen. Kurzum, Kepler (so wird erzählt) fühlte sich beim Kauf des Weines zu seiner Hochzeit betrogen und überlegte, wie man mit wenigen einfachen Messungen das Volumen eines Fasses berechnen könnte. Diesen Überlegungen verdanken wir eine näherungsweise Berechnung von Integralen. Diese Regel, deren Herleitung Sie natürlich nicht kennen müssen, trägt den Namen „Kepler'sche Fassregel".

Laut den allgemeinen Prüfungsanforderungen sind die Integrationsmethoden „Produktintegration" und „Integration durch Substitution" nicht mehr zwingend gefordert. (Sie finden aber beide im Glossar und können sich problemlos einlesen, sofern Sie diese Rechenfertigkeit beherrschen müssen.) Das wertet natürlich die Fassregel, die mit dem GTR verschwinden könnte, wieder gewaltig auf. Es ist nicht die wichtigste Seite des Bandes, aber sie ist es wert, gelesen zu werden!

Kepler berechnet das Integral unter der Randfunktion f(x) im Intervall [a; b] mit nur 3 Stützpunkten. Das bedeutet, dass lediglich 3 Funktionswerte zu berechnen sind, was sehr einfach ist und zudem sehr schnell geht.
Klar, dass diese Näherung nicht bei jeder Funktion einen befriedigenden Wert ergibt. Sehr gute Ergebnisse erzielt man, wenn sich die Funktion auf dem Intervall gut durch eine Parabel annähern lässt.

Notfalls kann man das Integral in mehrere Teile aufteilen und erhält dann bessere Werte, hat aber den Nachteil, dass auch mehr Rechenarbeit erforderlich ist. Eine Verfeinerung und Verallgemeinerung der Fassregel veröffentlichte der englische Mathematiker Thomas Simpson. Diese Simpson'sche Regel gehört aber nicht zum allgemeinem Schulstoff.

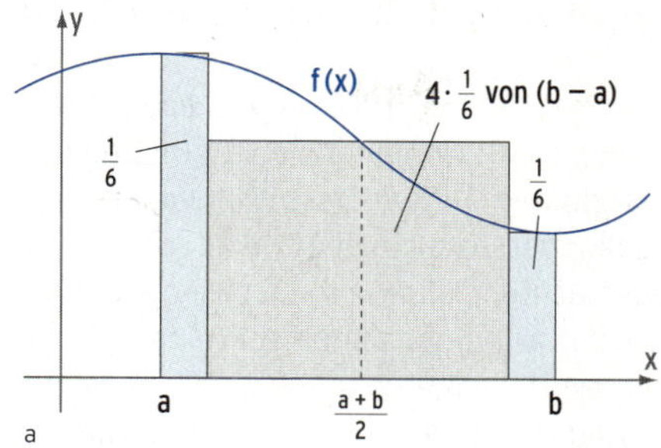

$$\int_b^a f(x)\,dx \approx \frac{b-a}{6}\left(f(a) + 4\cdot f\left(\frac{a+b}{2}\right) + f(b)\right)$$

Die Fassregel allerdings müssen sie anwenden können.
Zunächst in Worten:
Multipliziert man mit der Intervalllänge die Summe aus dem Anfangsfunktionswert, dem Endfunktionswert und dem Vierfachen des mittleren Funktionswertes und teilt dieses Produkt durch 6, erhält man eine numerische Näherung des Integrals:

$$\left[(b-a)\cdot\left(f(a) + 4\cdot f\left(\frac{a+b}{2}\right) + f(b)\right)\right] : 6 \approx \int_a^b f(x)\,dx$$

Außer den üblichen Fragen:

- Bestimme den Flächeninhalt mithilfe der Kepler'schen Fassregel.
- Um wie viel unterscheidet sich der durch die Fassregel berechnete Flächeninhalt vom wahren Flächeninhalt (der dann über eine Stammfunktion oder über den GTR berechnet werden muss)?

sind natürlich auch ungewöhnlichere Fragen möglich:

- $P(x_p \mid y_p)$ sei ein Punkt im ersten Quadranten auf einer Ursprungsgeraden mit positiver Steigung. Die Fläche unterhalb der Geraden im Intervall $[0; x_p]$ soll mit der Fassregel berechnet werden. Wie groß ist der Fehler bei dieser Näherungsrechnung?
- Die Fläche unter der Exponentialfunktion $f(x) = e^x$ wird im Intervall [a; b] durch die Fassregel angenähert. Ist die Näherung größer oder kleiner als der wirkliche Wert oder kommt es auf das Intervall an?

Ein „normales" Beispiel:
$f(x) = \frac{5-x}{x^2+1}$ im Intervall [−1; 3]

$$\int_{-1}^{3} f(x)\,dx \approx \frac{3-(-1)}{6}(3 + 4\cdot 2 + 0{,}2) \approx 7{,}47$$

(über GTR: 7,33)

6_Räumliches Strukturieren/Koordinatisieren

Ich verstehe unter einer Struktur eine innere Gliederung, einen wohlüberlegten Aufbau in einem bestimmten Gefüge. Dass wir dies nicht wie in der Sekundarstufe 1 in der Ebene, sondern im Raum betrachten, ist eigentlich zwingend. Klar, dass wir nur auf einer Ebene schreiben, zeichnen und damit auch rechnen, aber wir bewegen uns im Raum, um uns sind räumliche Körper, jede Bewegung findet im Raum statt. Die logische Folge ist, dass wir auch mathematisch den dreidimensionalen und nicht den zweidimensionalen Raum betrachten müssen.
Aber, wenn wir auch nur einen einzigen Punkt des Raumes beschreiben wollen, benötigen wir ein Bezugssystem. Niemand kann uns erklären wo Stuttgart liegt, wenn er kein Bezugssystem hat (z. B. Längen- und Breitengrad oder 800 km südlich von Hamburg oder ...)
Was „passiert" denn, mal ganz primitiv und unmathematisch betrachtet, in der Geometrie?
Und was müssen Sie kennen oder können?

Krass ausgedrückt, haben wir der antiken Geometrie die Figuren (Parabel, Kugel, ...) genommen und total „algebraisiert".
Und das geht so.

- Wir wählen einen beliebigen, aber festen Punkt, den wir O-Punkt oder Ursprung nennen.
- Von diesem Punkt aus wählen wir drei verschiedene Richtungen und geben diesen eine Einheit.
- Damit kann man jeden Punkt des Raumes mit den den drei Richtungen und den entsprechenden Anzahlen der Einheiten beschreiben.

Wir haben damit eine Möglichkeit geschaffen, alle Punkte des Raumes eindeutig zu benennen.

Mit dieser Beschreibung der Punkte wird jede Figur zu einer Punktemenge:

- Eine Kugel ist keine Kugel im antiken Sinne mehr, sondern die Menge aller Punkte, die von einem festen Punkt (den wir Mittelpunkt M nennen) denselben Abstand (den wir Radius r nennen) haben.
- Eine Gerade ist die Menge aller Punkte, die einer ganz bestimmten Gleichung genügen.

Entsprechendes gilt natürlich für alle Figuren. Wir sind in Punktemengen gelandet, die jeweils algebraisch mit einer Gleichung beschrieben werden können.

Damit ist die Geometrie sehr einfach und leicht berechenbar geworden, die Probleme sind nicht mehr so sehr rechentechnischer Art, sondern gelten mehr dem allgemeinen Verständnis.
Und dem entsprechend müssen Sie sich vorbereiten und üben.

Zur heute üblichen Praxis
Wir verwenden ein sogenanntes kartesisches Koordinatensystem, das folgende Eigenschaften hat:

- Die Achsen werden mit x_1, x_2,und x_3 bezeichnet.
- Die drei Koordinatenachsen stehen paarweise senkrecht aufeinander und bilden ein rechtwinkliges System.
- Ein Punkt wird mit einem Tripel beschrieben: $A(a_1|a_2|a_3)$. Dabei ist a_1 die Anzahl der Einheiten, die man in der x_1-Richtung, a_2 die Anzahl in der x_2-Richtung und a_3 die Anzahl, die man in die x_3-Richtung gehen muss, um vom Ursprung (O-Punkt) zum Punkt A zu kommen.
- Der Vektor mit dem Anfangspunkt O und dem Endpunkt $A(a_1|a_2|a_3)$ ist $\vec{a} = \begin{pmatrix} a_1 \\ a_2 \\ a_3 \end{pmatrix}$. Es ist der Vektor vom Ursprung zum Punkt A, wir sagen Ortsvektor von A dazu.

In der Zeichenebene stellen wir die drei Achsen folgendermaßen dar:

- Die x_1-Achse ist parallel zur 1. Winkelhalbierenden nach links unten gerichtet und um den Faktor $\frac{1}{\sqrt{2}}$ gekürzt. (1 Diagonale des Karos ist damit eine Einheit.)

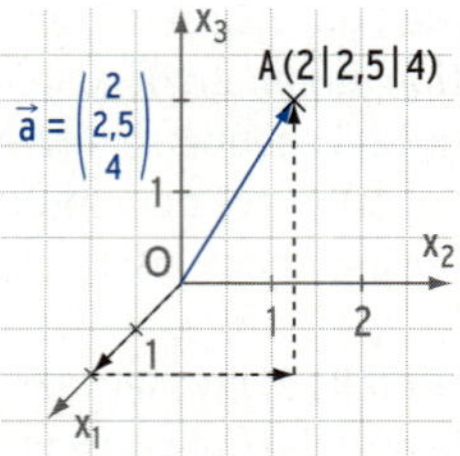

- Die x_2-Achse ist parallel zum unteren Zeichenblattrand nach rechts gerichtet, in der Regel mit der Einheit 1 cm (2 Karos).
- Die x_3-Achse ist parallel zum seitlichen Zeichenblattrand nach oben gerichtet, in der Regel mit der Einheit 1 cm (2 Karos).

6.1 Lineare Gleichungssysteme (LGS)

WISSEN

Eine Gleichung, in der die Variablen nur linear (mit der Hochzahl 1, die natürlich nicht geschrieben wird) vorkommen, heißt lineare Gleichung.
Zahlen und Parameter dürfen auch in linearen Gleichungen beliebige Hochzahlen haben, nur eben die Variablen nicht.
Sind mehrere lineare Gleichungen gegeben, so spricht man von einem linearen Gleichungssystem (LGS).

Die Anzahl der Gleichungen und die Anzahl der vorkommenden Variablen muss nicht gleich groß sein. Für den Lösungsweg und die Lösungsmenge sind diese beiden Zahlen aber von entscheidender Bedeutung.

Leider bieten manche FS wenig Brauchbares zur Bestimmung der Lösungsmengen von linearen Gleichungssystemen. Natürlich sind Lösungsverfahren angegeben, aber ob damit jeder klarkommt?

Lesen Sie, bevor Sie sich hier verkünsteln, besser erst die nächsten Seiten durch. Aber danach müssen Sie mit Ihrer FS arbeiten. Wie immer: In Ruhe anschauen und überlegen, wie wann was verwendet werden kann.

Hat ein LGS n Variablen $x_1, x_2, ..., x_n$ (meist gilt $n \leq 3$), so ist jedes n-tupel $(r_1|r_2|...|r_n)$ mit den reellen Zahlen r_i eine Lösung des Systems, wenn beim Ersetzen der Variablen x_i durch die entsprechenden Zahlen r_i **jede** Gleichung des Systems erfüllt ist.

Bereits in der Mittelstufe erlernt man drei Verfahren zur Lösung von zwei Gleichungen mit zwei Unbekannten bzw. drei Gleichungen mit drei Unbekannten:

Einsetzverfahren

Beim Einsetzverfahren wird eine Variable aus einer Gleichung berechnet und in die anderen Gleichungen eingesetzt.

Gleichsetzungsverfahren

Beim Gleichsetzungsverfahren werden zwei nach denselben Variablen frei gestellte Gleichungen so „gleichgesetzt", dass diese Variable wegfällt.

Additions- (oder Subtraktions-)verfahren

Beim Additionsverfahren werden die einzelnen Gleichungen so multipliziert, dass bei der Addition (bzw. Subtraktion) zweier Gleichungen eine Variable entfällt.
Mit jedem der drei Verfahren kann jedes LGS gelöst werden. Aber es ist ungleich besser, Sie können eines der Verfahren (dann aber bitte das Additionsverfahren) richtig, als alle nur oberflächlich.

Der bedeutende Mathematiker Carl Friedrich Gauß (1777–1855) beschrieb ein Verfahren zur Berechnung von Lösungen eines LGS, das eigentlich eine sture Benutzung des Additionsverfahrens darstellt. Dieses Gauß'sche Eliminationsverfahren (Gauß'scher Algorithmus) gewinnt in heutiger Zeit aufgrund der Rechner immer mehr an Bedeutung.
Der große Vorteil dieses Verfahrens ist, dass insbesondere die (immer unbequemen) Sonderfälle (keine Lösung oder ∞-viele Lösungen) sofort sicher erkannt werden. Das Problem der Lösungsmannigfaltigkeit wird damit systematisch angefangen, ein Vorteil, der gar nicht hoch genug eingeschätzt werden kann.

Der GTR ist zur Lösung des LGS hervorragend geeignet. Sofern Sie ihn zur Verfügung haben, setzen Sie ihn natürlich immer ein. Sie müssen allerdings bei den Sonderfällen „keine Lösung" bzw. „unendlich viele Lösungen" die Anzeige auf dem Display richtig deuten können.
Ein Beispiel, das Sie bitte mit und ohne Rechner „durchspielen".

>> BEISPIEL

1 $3x_1 + x_2 + x_3 = 4$
2 $x_1 - 2x_2 + 2x_3 = 7$
3 $-2x_1 + 4x_2 + tx_3 = r$
für $t = 2,\ r = -2$ eine Lösung: $(1|-1|2)$
für $t = -4,\ r = 14$ keine Lösung
für $t = -4,\ r = -14$ unendlich viele Lösungen

6.1.1 Gauß-Verfahren

Ein LGS ist in **Stufenform (Dreiecksform)**, wenn in der zweiten Gleichung der Koeffizient der ersten Variablen, in der dritten Gleichung die Koeffizienten der beiden ersten Variablen, in der vierten Gleichung die Koeffizienten der drei ersten Variablen, ..., in der n-ten Gleichung die Koeffizienten der (n − 1) ersten Variablen alle null sind. Da die Summanden mit den Koeffizienten null auch null sind, schreibt man üblicherweise diese Summanden nicht. Für die Stufenform ergibt sich somit folgendes Gleichungssystem:

$$\begin{aligned} a_1x_1 + a_2x_2 + a_3x_3 + a_4x_4 + \ldots + a_nx_n &= a \\ b_2x_2 + b_3x_3 + b_4x_4 + \ldots + b_nx_n &= b \\ c_3x_3 + c_4x_4 + \ldots + c_nx_n &= c \\ d_4x_4 + \ldots + d_nx_n &= d \end{aligned}$$

Eine **Äquivalenzumformung** ist eine Umformung, welche die Lösungsmenge des LGS nicht ändert. Die üblichen Äquivalenzumformungen sind:

1. Multiplikation einer Gleichung mit einer reellen Zahl $\neq 0$
2. Vertauschung zweier Gleichungen
3. Ersetzen einer Gleichung durch die Summe oder die Differenz der Gleichung mit einer anderen Gleichung der LGS.

Mittels der drei Äquivalenzumformungen wird ein LGS auf Stufenform gebracht. Danach berechnet man (mit der letzten Gleichung beginnend) die einzelnen Variablen. In der praktischen Handhabung ist dieses Verfahren (das haben wohl alle guten Ideen gemeinsam) recht einfach:

Wenn man mit der Umformung 1 die Koeffizienten einer Variablen bei zwei Gleichungen des Systems gleich macht, dann wird bei einer Subtraktion dieser beiden Gleichungen (Umformung 3) zwangsweise dieser Koeffizient null, oder unmathematisch ausgedrückt: „Die Variable fällt heraus" und die Gleichung kann in die Stufenform integriert werden.

Wiederholt man diesen Schritt genügend oft, kommt man auf die Stufenform.

Ein allgemeines Beispiel auf der folgenden Seite mit drei Gleichungen und drei Unbekannten soll Ihnen die Art der Rechnung und der Wiederholungen zeigen. Dabei gehe ich ganz stur vor, um zu zeigen, dass jedes LGS mit diesen Schritten auf Stufenform gebracht werden kann.

Damit hat man die gewünschte Dreiecksform erreicht. Notwendig sind (bei drei Gleichungen und drei Variablen) genau zwei Schritte (oder drei Schritte, wenn das LGS zunächst auf die Ausgangsgleichung gebracht werden muss).

Die gesuchte Lösungsmenge lässt sich durch die Stufenform sehr einfach bestimmen. Mittels der letzten Gleichung wird x_3 berechnet. x_3 in G 3.2 eingesetzt ergibt nach leichter algebraischer Umstellung x_2; und x_3 und x_2 in G 3.1 eingesetzt ergibt (auch hier ist die Umstellung sehr einfach) die letzte gesuchte Größe x_1. Auch wenn das LGS Parameter beinhaltet, sind die Schritte genau gleich. Sie müssen dann lediglich aufpassen, dass Sie nicht durch null teilen!

Natürlich kann der GTR auch das Gauß-Verfahren. Man gibt die Matrix

$$\begin{vmatrix} a_1 & a_2 & \ldots & a_n & a \\ b_1 & b_2 & & b_n & b \\ & & \vdots & & \\ n_1 & n_2 & & n_n & n \end{vmatrix}$$

ein und erhält über den Befehl [Matrix]; [Math]; [A] die Dreiecksform.

Doch der GTR kann noch mehr: über [Matrix]; [Math]; [B] erhalten Sie die Diagonalenform:

$$\begin{vmatrix} 1 & 0 & 0 & 0 & \ldots & 0 & v_1 \\ 0 & 1 & 0 & 0 & & 0 & v_2 \\ 0 & 0 & 1 & 0 & & 0 & v_3 \\ & & & & \vdots & & \\ 0 & . & . & . & & 1 & v_n \end{vmatrix}$$

mit der Lösung $(v_1 | v_2 | \ldots | v_n)$ des LGS.

Weder beim Gauß-Verfahren noch bei der Diagonalenform steht in der letzten Zeile: 0 0 ... 0 1.

Bei unendlich vielen Lösungen gibt es außerhalb der Diagonalen und der rechten Spalte Elemente, die ungleich 0 sind.

>> BEISPIEL

Ausgangsgleichungssystem

$$\begin{aligned} a_1 x_1 + a_2 x_2 + a_3 x_3 &= a \quad (G1.1)\\ b_1 x_1 + b_2 x_2 + b_3 x_3 &= b \quad (G1.2)\\ c_1 x_1 + c_2 x_2 + c_3 x_3 &= c \quad (G1.3)\end{aligned}$$

1. Schritt:

G1.1 bleibt und wird zu G2.1

$b_1 \cdot G1.1 - a_1 \cdot G1.2$ wird zu G2.2

$c_1 \cdot G1.1 - a_1 \cdot G1.3$ wird zu G2.3

Damit ergibt sich:

$$\begin{aligned} a_1 x_1 + a_2 x_2 + a_3 x_3 &= a\\ (a_2 b_1 - b_2 a_1) x_2 + (a_3 b_1 - b_3 a_1) x_3 &= a b_1 - b a_1\\ (a_2 c_1 - c_2 a_1) x_2 + (a_3 c_1 - c_3 a_1) x_3 &= a c_1 - c a_1\end{aligned}$$

Vereinfacht:

$(a_2 b_1 - b_2 a_1) = d_2;\ (a_3 b_1 - b_3 a_1) = d_3;\ a b_1 - b a_1 = d$

$(a_2 c_1 - c_2 a_1) = e_2;\ (a_3 c_1 - c_3 a_1) = e_3;\ a c_1 - c a_1 = e$

$$\begin{aligned} a_1 x_1 + a_2 x_2 + a_3 x_3 &= a \quad (G2.1)\\ d_2 x_2 - d_3 x_3 &= d \quad (G2.2)\\ e_2 x_2 - e_3 x_3 &= e \quad (G2.3)\end{aligned}$$

2. Schritt:

G2.1 bleibt und wird zu G3.1

G2.2 bleibt und wird zu G3.2

$e_2 \cdot G2.2 - d_2 \cdot G2.3$ wird zu G3.3

Damit ergibt sich:

$$\begin{aligned} a_1 x_1 + a_2 x_2 + a_3 x_3 &= a\\ + d_2 x_2 - d_3 x_3 &= d\\ (d_3 e_2 - e_3 d_2) x_3 &= d e_2 - e d_2\end{aligned}$$

Vereinfacht:

$(d_3 e_2 - e_3 d_2) = f_3;\ d e_2 - e d_2 = f$

Gleichungssystem in Stufenform:

$$\begin{aligned} a_1 x_1 + a_2 x_2 + a_3 x_3 &= a \quad (G3.1)\\ d_2 x_2 - d_3 x_3 &= d \quad (G3.2)\\ f_3 x_3 &= f \quad (G3.3)\end{aligned}$$

>> BEISPIEL

Ausgangsgleichungssystem

$$\begin{aligned} 2x_1 + 3x_2 + 2x_3 &= 2 \quad (G1.1)\\ x_1 - x_2 - 4x_3 &= 1 \quad (G1.2)\\ -x_1 + 2x_2 + 5x_3 &= -2 \quad (G1.3)\end{aligned}$$

1. Schritt:

$1 \cdot G1.1 - 2 \cdot G1.2$ wird zu G2.2

$-1 \cdot G1.1 - 2 \cdot G1.3$ wird zu G2.3

Damit ergibt sich:

$$\begin{aligned} 5x_2 + 10x_3 &= 0\\ -7x_2 - 12x_3 &= 2\end{aligned}$$

Vereinfacht:

$$\begin{aligned} 2x_1 + 3x_2 + 2x_3 &= 2 \quad (G1.1)\\ 5x_2 + 10x_3 &= 0 \quad (G2.2)\\ -7x_2 - 12x_3 &= 2 \quad (G2.3)\end{aligned}$$

2. Schritt:

$7 \cdot G2.2 + 5 \cdot G2.3$ wird zu G3.1

$x_3 = 1$

Damit ergibt sich:

$$-10x_3 = -10$$

Vereinfacht:

$$\begin{aligned} 2x_1 + 3x_2 + 2x_3 &= 2 \quad (G1.1)\\ 5x_2 + 10x_3 &= 0 \quad (G2.2)\\ x_3 &= 1 \quad (G3.1)\end{aligned}$$

durch Einsetzen von unten nach oben: $\Rightarrow x_3 = 1 \Rightarrow x_2 = -2 \Rightarrow x_1 = 3$

6.1.2 Lösungsmengen von linearen Gleichungssystemen

WISSEN

Die möglichen Lösungsmengen bei einem LGS sind: keine Lösung oder genau eine Lösung oder unendlich viele Lösungen.

Keine Lösung

Ein LGS mit n Variablen hat keine Lösung, wenn es kein n-tupel (x_1; x_2; ...; x_n) gibt, das alle Gleichungen des Systems erfüllt. Natürlich sieht man dies dem LGS nicht an. Sie müssen die Lösungen mit den bekannten drei Verfahren berechnen oder das LGS auf Stufenform bringen. Um die Lösungsmenge zu erkennen, betrachtet man die letzte Gleichung der Stufenform. Ein LGS in Stufenform hat keine Lösung, wenn die letzte Gleichung keine Lösung hat.

Genau eine Lösung

Ein LGS mit n Variablen hat genau eine Lösung, wenn es genau ein n-tupel (x_1; x_2; ...; x_n) gibt, das alle Gleichungen des Systems erfüllt. Ist (0; 0; ...; 0) die einzige Lösung, so sprechen wir von der trivialen Lösung des Systems. Die Lösung der letzten Gleichung der Stufenform wird in die anderen Gleichungen zur Bestimmung der Variablen eingesetzt.

Unendlich viele Lösungen

Sind (x_1; x_2; ...; x_n) und (y_1; y_2; ...; y_n) verschiedene Lösungen des LGS, so sind die n-tupel ($r x_1 + k y_1$; $r x_2 + k y_2$; ...; $r x_n + k y_n$) für alle reellen Zahlen r und k ebenfalls Lösungen des LGS. Hat die letzte Gleichung der Stufenform ∞-viele Lösungen, dann hat auch das LGS ∞-viele Lösungen.

WISSEN

Unendlich viele Lösungen heißt nicht, dass alle möglichen Einsetzungen Lösungen sind.

Es gibt beispielsweise ∞-viele Zahlentripel, die an der zweiten Stelle die Zahl 2 haben [(1|2|3); (−5|2|−1); ...], damit haben aber noch lange nicht alle die Zahl 2 an der zweiten Stelle.

>> BEISPIEL

n sei die Anzahl der Variablen; m die Anzahl der Gleichungen.

n = 2 und m = 3

$$\begin{aligned} 2x_1 + 3x_2 &= 3 \\ 3x_1 - 2x_2 &= 4 \\ 5x_1 - x_2 &= -1 \end{aligned}$$

$$\begin{aligned} 2x_1 + 3x_2 &= 3 \\ -13x_2 &= -1 \\ 0 &= -204 \end{aligned}$$

Keine Lösung, letzte Gleichung hat keine Lösung.

n = 3 und m = 3

$$\begin{aligned} 2x_1 + 3x_2 + 3x_3 &= 3 \\ 3x_1 - 2x_2 - 9x_3 &= 4 \\ 5x_1 - x_2 - 18x_3 &= -1 \end{aligned}$$

in Dreiecksform gebracht:

$$\begin{aligned} 2x_1 + 3x_2 + 3x_3 &= 3 \\ 13x_2 + 27x_3 &= 1 \\ 12x_3 &= 12 \end{aligned}$$

Lösungsmengen des LGS:

Aus der letzten Gleichung

⇒ $x_3 = 1$ ⇒ $x_2 = -2$

⇒ $x_1 = 3$

⇒ eine Lösung (3|−2|1)

n = 3 und m = 2

$$\begin{aligned} 2x_1 + 3x_2 + 3x_3 &= 3 \\ 3x_1 - 2x_2 - 9x_3 &= 4 \end{aligned}$$

$$\begin{aligned} 2x_1 + 3x_2 + 3x_3 &= 3 \\ 13x_2 + 27x_3 &= 1 \end{aligned}$$

∞-viele Lösungen:

$x_3 = \frac{1 - 13x_2}{27}$

$L = \left\{\frac{13 - 7t}{9} \middle| t \middle| \frac{1 - 13t}{27} \text{ mit } t \in \mathbb{R}\right\}$

Im GTR (über [MATRIX] EDIT)

3 x 3

$$\begin{vmatrix} 2 & 3 & 3 \\ 3 & -2 & 4 \\ 5 & -1 & -1 \end{vmatrix}$$

3 x 4

$$\begin{vmatrix} 2 & 3 & 3 & 3 \\ 3 & -2 & -9 & 4 \\ 5 & -1 & -18 & -1 \end{vmatrix}$$

2 x 4

$$\begin{vmatrix} 2 & 3 & 3 & 3 \\ 3 & -2 & -9 & 4 \end{vmatrix}$$

[MATRIX] [MATH] MATH B

$$\begin{vmatrix} 1 & 0 & 0 \\ 0 & 1 & 0 \\ 0 & 0 & 1 \end{vmatrix}$$

also keine Lösung wegen letzter Zeile 0 = 1

$$\begin{vmatrix} 1 & 0 & 0 & 3 \\ 0 & 1 & 0 & -2 \\ 0 & 0 & 1 & 1 \end{vmatrix}$$

mit Lösung (3|−2|1)

$$\begin{vmatrix} 1 & 0 & -1{,}61... & 1{,}38... \\ 0 & 1 & 2{,}076 & 0{,}08... \end{vmatrix}$$

also unendlich viele Lösungen

6.1.3 Übersicht zu den linearen Gleichungssystemen

LGS-Typ	Lösungsvorschlag	typisches Auftreten	Beispiel
eine Gleichung mit einer Variablen	Ordnen, Variable ausklammern und die Variablen berechnen.	Schnitt Gerade-Ebene in Koordinatenform	E: $2x_1 - 2x_2 - x_3 = 0$ g: $\vec{x} = \begin{pmatrix} 2 \\ -5 \\ 3 \end{pmatrix} + t\begin{pmatrix} 4 \\ -2 \\ 1 \end{pmatrix}$ $\Rightarrow 2(2+4t) - 2(-5-2t) - (3+t) = 0$ $\Rightarrow t = -1 \Rightarrow S(-2 \mid -3 \mid 2)$
eine Gleichung mit zwei Variablen	Ordnen, eine der Variablen isolieren und berechnen (in Abhängigkeit zu der anderen Variablen).	Schnitt Ebene in Vektorform mit Ebene in Koordinatenform	E_1: $2x_1 + x_2 + 3x_3 - 12 = 0$ E_2: $\vec{x} = \begin{pmatrix} 0 \\ -2 \\ 7 \end{pmatrix} + r\begin{pmatrix} -1 \\ -3 \\ 4 \end{pmatrix} + s\begin{pmatrix} 3 \\ -5 \\ 9 \end{pmatrix}$ $\Rightarrow 2(-r+3s) + (-2-3r-5s)$ $+ 3(7+4r+9s) - 12 = 0$ $\Rightarrow r = -4s - 1 \Rightarrow$ g: $\vec{x} = \begin{pmatrix} 1 \\ 1 \\ 3 \end{pmatrix} + s\begin{pmatrix} 7 \\ 7 \\ -7 \end{pmatrix}$
eine Gleichung mit drei Variablen	Zwei der Variablen beliebig (aber sinnvoll) einsetzen und die dritte Variable berechnen.	Aufsuchen von Punkten auf einer Ebene in Koordinatenform, Vektor orthogonal zu einem gegebenen Vektor	E_1: $2x_1 + x_2 + 3x_3 - 12 = 0$ mit $x_2 = 1,\ x_3 = 5 \Rightarrow P(-2 \mid 1 \mid 5)$ $\begin{pmatrix} 1 \\ 2 \\ 3 \end{pmatrix} \perp \begin{pmatrix} a \\ b \\ c \end{pmatrix}$ $\Rightarrow a + 2b + 3c = 0$ mit $a = 1,\ b = 2$ $\Rightarrow c = -\frac{5}{3}$
zwei Gleichungen mit einer Variablen	Aus 1. Gleichung Variable berechnen und das Ergebnis in die 2. Gleichung einsetzen.	bei drei Gleichungen und zwei Variablen	$2x - 3 = 5;\ -x + 4 = 9$ aus Gleichung 1 $\Rightarrow x = 4$ eingesetzt $\Rightarrow -4 + 4 = 9$ also $0 = 9$ und damit keine Lösung
zwei Gleichungen mit zwei Variablen	Eine Variable eliminieren, die andere Variable berechnen.	häufigstes LGS der Analysis, z. B. Schnitt zweier Geraden	$y = 2x + 4;\ y = -x + 5$ $\Rightarrow 2x + 4 = -x + 5 \Rightarrow 3x = 1$ $\Rightarrow x = \frac{1}{3} \Rightarrow y = \frac{14}{3} \Rightarrow S\left(\frac{1}{3} \middle\vert \frac{14}{3}\right)$
zwei Gleichungen mit drei Variablen	Eine Variable eliminieren, ergibt eine Gleichung mit zwei Variablen. Dann Bestimmung einer Variablen in Abhängigkeit der anderen.	Schnitt zweier Ebenen in Koordinatenform, Bestimmung eines Normalenvektors einer Ebene in Vektorform	E: $\vec{x} = \begin{pmatrix} 1 \\ 2 \\ 1 \end{pmatrix} + t\begin{pmatrix} 3 \\ 1 \\ -1 \end{pmatrix} + s\begin{pmatrix} 1 \\ -1 \\ 1 \end{pmatrix}$ $3n_1 + n_2 - n_3 = 0$ $n_1 - n_2 - n_3 = 0$ $\Rightarrow 2n_1 + 2n_2 = 0$ $\Rightarrow n_2 = -n_1;\ n_3 = 2n_1$
drei Gleichungen mit einer Variablen	Aus einer Gleichung die Variable berechnen und in beide anderen Gleichungen einsetzen. Lösung nur, wenn alle Gleichungen erfüllt sind.	Nachprüfen, ob ein gegebener Punkt auf der Geraden liegt.	$P(2 \mid -1 \mid 3)$ g: $\vec{x} = \begin{pmatrix} 1 \\ 2 \\ 3 \end{pmatrix} + t\begin{pmatrix} -2 \\ 1 \\ 4 \end{pmatrix}$ $\Rightarrow \left.\begin{array}{l} (1)\ 2 = 1 - 2t \\ (2)\ -1 = 2 + t \\ (3)\ 3 = 3 + 4t \end{array}\right\} \Rightarrow$ keine Lösung
drei Gleichungen mit zwei Variablen	Aus zwei Gleichungen mit zwei Variablen die Variablen berechnen und in die dritte Gleichung einsetzen.	Schnitt zweier Geraden, lineare Unabhängigkeit dreier Vektoren	$\Rightarrow \left.\begin{array}{l} (1)\ 3 + t = 4 - s \\ (2)\ -2 + 2t = -2s \\ (3)\ 1 - 3t = 2 + s \end{array}\right\} \Rightarrow s = 2,\ t = -1$
drei Gleichungen mit drei Variablen	Durch Eliminieren der Variablen über zwei Gleichungen mit zwei Variablen auf eine mit einer Variablen.	Schnitt Gerade mit Ebene in Vektorform, Gleichungssysteme bei Basiswechsel	$\Rightarrow \left.\begin{array}{l} (1)\ 3 + r + 3s = -t \\ (2)\ 3 + r - 3s = 2 - 3t \\ (3)\ 1 - r - s = 7 + 4t \end{array}\right\} \Rightarrow t = -1$
drei Gleichungen mit vier Variablen	Über zwei Gleichungen mit drei Variablen und eine Gleichung mit zwei Variablen.	Schnitt zweier Ebenen in Vektordarstellung	$3 + r + 3s = -u + 3v$ $3 + r - 3s = -2 - 3u - 5v$ $1 - r - s = 7 + 4u + 9v$ $v \in \mathbb{R};\ s = 0;\ r = -2 + 7v;\ u = -1 - 4v$

6.1.4 Berechnungen mit dem GTR

Beim Lösen von LGS ist der GTR eine sehr wertvolle und schnelle Hilfe.
Die Lösungsmenge ist genauso schnell ablesbar wie die Lösungen selber.

Zunächst (ganz langsam) das Vorgehen über die Berechnung der Matrix anhand eines Beispiels mit drei Variablen und drei Gleichungen:

Gleichungssystem

$$\begin{aligned} x_1 + 2x_2 + 3x_3 &= 4 \\ 2x_1 + 3x_2 + 4x_3 &= 1 \\ 3x_1 + 4x_2 + x_3 &= 2 \end{aligned}$$

Eingabe der Matrix über [Matrix] , EDIT
$n \times m$ hier 3×4
3;4;1;2;3;4;2;3;4;1;3;4:1;2 mit jeweils
[Enter] nach der entsprechenden Zahl
Eingabe erfolgt zeilenweise
Programm verlassen über [QUIT]

Matrix

$$\begin{vmatrix} 1 & 2 & 3 & 4 \\ 2 & 3 & 4 & 1 \\ 3 & 4 & 1 & 2 \end{vmatrix}$$

Aufrufen der Diagonalenform über [Matrix], Math, B

Auf dem Display erscheint
Diag(

Einfügen der Matrix über [MATRIX], n: [ENTER]
Klammer schließen und [ENTER] ergibt die Matrix in der Diagonalenform

$$\begin{vmatrix} 1 & 0 & 0 & -11 \\ 0 & 1 & 0 & 9 \\ 0 & 0 & 1 & -1 \end{vmatrix}$$

Das Ergebnis lautet:
1. Zeile bedeutet $x_1 + 0 \cdot x_2 + 0 \cdot x_3 = -11$, also $x_1 = -11$
2. Zeile bedeutet $0 \cdot x_1 + x_2 + 0 \cdot x_3 = 9$, also $x_2 = 9$
3. Zeile bedeutet $0 \cdot x_1 + 0 \cdot x_2 + x_3 = -1$, also $x_3 = -1$

Unendlich viele Lösungen
Ersetzt man die letzte Gleichung des LGS durch die erste Gleichung, ändert sich die Matrix, das LGS hat natürlich dann unendlich viele Lösungen.

$$\begin{vmatrix} 1 & 2 & 3 & 4 \\ 2 & 3 & 4 & 1 \\ 1 & 2 & 3 & 4 \end{vmatrix}$$

Auf dem Display erscheint

$$\begin{vmatrix} 1 & 0 & -1 & -10 \\ 0 & 1 & 2 & 7 \\ 0 & 0 & 0 & 0 \end{vmatrix}$$

Die letzte Zeile zeigt die unendlich vielen Lösungen, die mittels der beiden ersten Gleichungen bestimmt werden können:
Wählt man $x_3 = t$, so wird wegen $x_1 + 0 \cdot x_2 - t = -10 \Rightarrow x_1 = t - 10$ und wegen $0 \cdot x_1 + x_2 + 2t = 7 \Rightarrow x_2 = -2t + 7$
Die Lösungsmenge sind die Zahlentripel $(t - 10 \mid -2t + 7 \mid t)$ mit $t \in \mathbb{R}$

Keine Lösung
Ersetzt man die letzte Gleichung des LGS durch die erste Gleichung und ändert die letzte Zahl der Gleichung, so hat das LGS keine Lösung.
Die letzte Zeile ergibt $0 = 1$ und damit keine Lösung.

$$\begin{vmatrix} 1 & 2 & 3 & 4 \\ 2 & 3 & 4 & 1 \\ 1 & 2 & 3 & 5 \end{vmatrix}$$

Auf dem Display erscheint

$$\begin{vmatrix} 1 & 0 & -1 & 0 \\ 0 & 1 & 2 & 0 \\ 0 & 0 & 0 & 1 \end{vmatrix}$$

Obwohl alles sehr einfach aussieht (und im Grunde auch sehr einfach ist), rate ich Ihnen dringend, einige LGS mit dem GTR zu lösen. Das Berechnen der LGS kommt so häufig im Teilgebiet der Geometrie vor, dass Sie diesen handwerklichen Schritt nicht nur fehlerlos, sondern auch schnell durchführen müssen. Und das heißt eben nun mal: üben!

6.2 Koordinatensystem

Das geometrische Denken ist, seitdem man alle geometrischen Gebilde als Punktemengen auffasst, algebraisch geworden. Für uns ist dies sehr angenehm. Die Punktemengen können wir durch Gleichungen beschreiben und mit den Gleichungen können wir gut (und fast problemlos) „rechnen".

Die Punkte sind in der Ebene Zahlenpaare $(x \mid y)$, damit arbeiten wir in der Analysis.
So beschreibt die Gleichung $y = x^2 - 2x + 3$ alle Punkte, die diese Gleichung erfüllen.
Der Punkt $(1 \mid 2)$ gehört zu der Punktemenge, der Punkt $(1 \mid 3)$ nicht, da er die Gleichung nicht erfüllt.

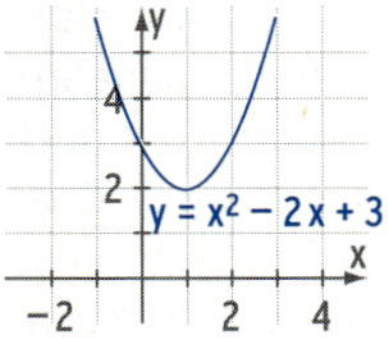

Die Menge aller Punkte, welche die Gleichung erfüllen, bilden eine Parabel 2. Grades, die um 1 nach rechts und um 2 nach oben verschoben ist.

Die Punkte im Raum sind Zahlentripel $(x_1 \mid x_2 \mid x_3)$, mit diesen Punkten arbeiten wir in der Oberstufengeometrie.
Auch hier beschreiben wir die Punktemengen mit Gleichungen, die zum Beispiel so aussehen:

$$\vec{x} = \begin{pmatrix} x_1 \\ x_2 \\ x_3 \end{pmatrix} = \begin{pmatrix} -2 \\ 1 \\ -1 \end{pmatrix} + t\begin{pmatrix} 1 \\ 1 \\ 4 \end{pmatrix} \Rightarrow \begin{array}{ll} (1) & x_1 = -2 + t \\ (2) & x_2 = 1 + t \\ (3) & x_3 = -1 + 4t \end{array}$$

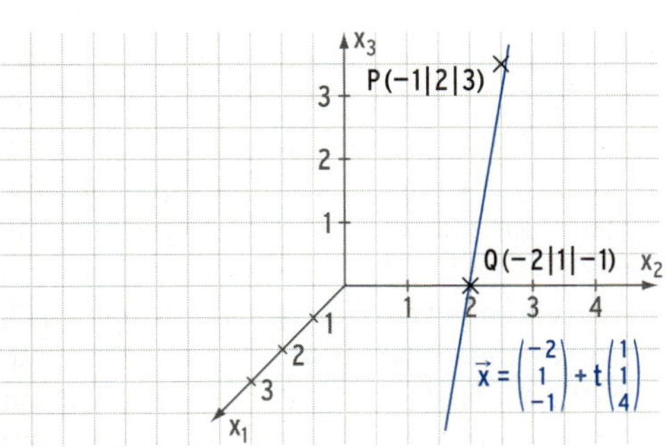

Diese Gleichung beschreibt die Punkte einer Geraden des Raumes.
Der Punkt $P(-1 \mid 2 \mid 3)$ liegt auf dieser Geraden, weil für ein festes t (hier $t = 1$) für alle drei Werte die Gleichung erfüllt ist.
$(1 \mid 2 \mid 4)$ liegt nicht auf der Geraden, da es kein t gibt, sodass alle 3 Gleichungen erfüllt sind.

Gehen von einem festen Punkt des Raumes (Ursprung) drei Vektoren in verschiedener Richtung aus und legt man auf diesen drei Vektoren Einheiten fest, so kann man damit alle Punkte des Raumes beschreiben. Ich habe bei den drei unten angegebenen Koordinatensystemen jeweils den Punkt $(-1 \mid 2 \mid 3)$ eingezeichnet.

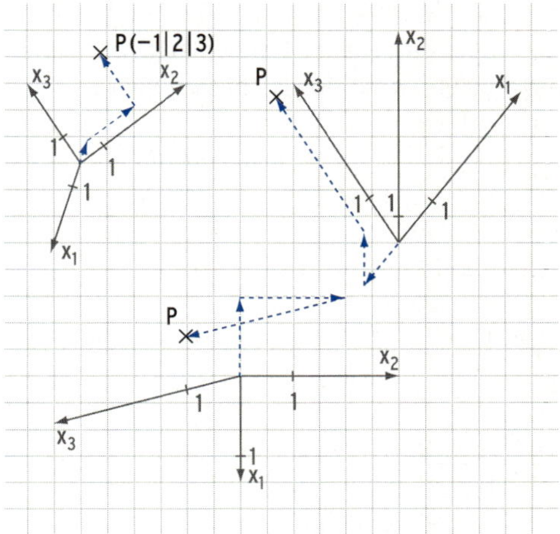

Außer diesen sogenannten kartesischen Koordinatensystemen gibt es noch andere Koordinatensysteme, die Sie allerdings nicht beherrschen müssen (z. B. Polar-Koordinatensystem, Kugel-Koordinatensystem, ...).
Wir verwenden ausschließlich ein rechtwinkliges kartesisches Koordinatensystem, bei dem die drei Koordinatenachsen paarweise senkrecht aufeinander stehen und dieselbe Einheit haben.
Die Einheit in der x_1-Richtung zeichnen wir um $\frac{1}{2}\sqrt{2}$ verkürzt, sodass die Diagonale der Karos als Anhaltspunkte genutzt werden können.
Das rechtwinklige kartesische Koordinatensystem:

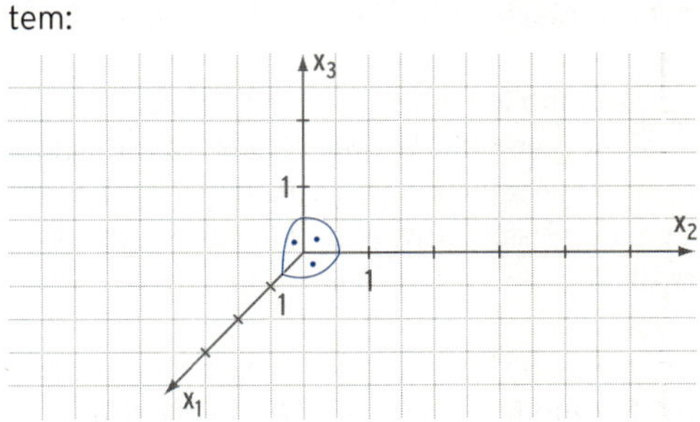

6.2.1 Skizzen, Schrägbilder, Schnitte

Nicht alle Menschen haben ein gutes räumliches Vorstellungsvermögen. Es ist auch nicht leicht, sich räumliche Figuren oder Zusammenhänge räumlicher Figuren (Schnitt, Berühren, Enthaltensein und Ähnliches) vorzustellen.

Unten sind drei Würfel abgebildet. Die Lagen der Würfel 1 und 2 sind leicht zu erkennen.

1

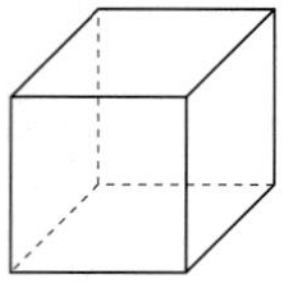

1 sieht man von vorn, oben und rechts.

2

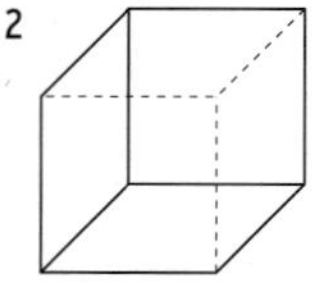

2 sieht man von vorn, unten und links.

3

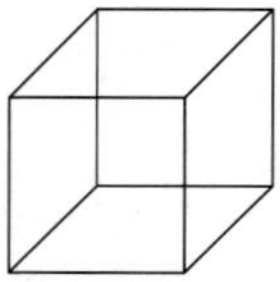

3 kann man von beiden Ansichten her sehen.

Versuchen Sie es einmal. Jede der Positionen 1 und 2 ist mit ein klein wenig Übung zu sehen. Notfalls schließen Sie kurz die Augen, um dann die Würfel vom „anderen Blickpunkt" zu sehen.

Je stärker die Probleme bei der Vorstellung räumlicher Körper werden, desto mehr ist man auf Hilfsmittel angewiesen.
In der räumlichen Geometrie ist das die Zeichnung oder die Skizze. Eine klärende, das Problem lösende Zeichnung herzustellen, ist eine (nicht einfache!) Fähigkeit.

Leider kann ich Ihnen kein „Kochrezept" angeben. Die Herstellung einer Skizze hängt viel zu sehr vom Problem ab. Dennoch bin ich der Ansicht, dass sich auch diese Fähigkeit trainieren lässt.

Üben Sie die Arbeit mit den Skizzen. Skizzieren Sie von Anfang an beim Aufgabenlösen mit. Glauben Sie mir, es hilft.

Bei der Herstellung der Skizzen unterscheide ich zwischen zwei Gruppen:

Ebene Skizzen

Die ebene Skizze ist das Bild einer Schnittebene des Raumes. Die Skizze ist zweidimensional und daher einfach zu verstehen und einfach zu zeichnen. Ebene Skizzen sind im Handwerksbereich üblich (z. B. Grundriss eines Hauses).
Zeichnen Sie immer das Bild einer senkrechten Projektion: Entweder Sie wählen die Ebene, in der gearbeitet werden soll, als Zeichenebene und projizieren die benötigten Elemente (aber nur die benötigten!) senkrecht auf die Ebene. Oder Sie wählen als Zeichenebene eine zum Problem senkrecht stehende Ebene, auf die Sie wieder nur das Notwendigste senkrecht projizieren. Wird Ihnen mittels einer einzigen Skizze das Problem nicht klar, zeichnen Sie auf mehreren Ebenen. So, wie ein Werkzeugmacher auch einen Auf-, einen Grund- und einen Seitriss als Bild des Werkstücks erhält oder herstellt. Scheuen Sie sich bitte nicht, auch mehrere Skizzen herzustellen. So viele, bis Sie eine Vorstellung des Problems haben.

Räumliche Skizzen

Die räumliche Skizze ist eine Abbildung des Raumes auf eine Ebene. Sie ist anschaulich, aber nicht einfach herzustellen. Räumliche Skizzen werden z. B. im Bereich der Grafiker und Designer verwendet.
Das Koordinatensystem besteht aus drei Achsen, die paarweise aufeinander senkrecht stehen. Die drei Achsen schneiden sich im Ursprung $O(0|0|0)$. Die x_1-Achse, die eigentlich aus der Zeichenebene „herauskommt", wird im Winkel 135° zur x_2-Achse gezeichnet und die Einheit um den Faktor $\frac{1}{2}\sqrt{2}$ verkürzt.
Damit die räumliche Darstellung übersichtlich bleibt, zeichnet man in der Regel nur die „positiven Koordinatenachsen" ein. Dabei legt man die x_2- und die x_3-Achse parallel zu den Zeichenblattbegrenzungen.

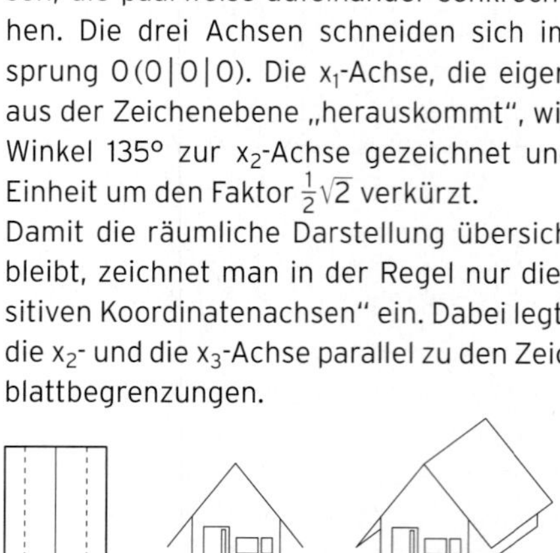

ebene Skizzen
(Grundriss) (Aufriss)
räumliche Skizze

6.2.2 Wahre Größen

Die Darstellung des dreidimensionalen Raumes auf die zweidimensionale Zeicheneben hat als größten Nachteil, dass sowohl Winkelweiten als auch Längen nicht immer in den wirklichen Größen gezeichnet werden können.
Ich denke, dass Sie in der Lage sein müssen, wahre Längen und Winkelweiten nicht nur berechnen, sondern auch konstruieren zu können.

Um wahre Größen bestimmen zu können, muss der Winkel oder die Strecke in einer zur Zeichenebene parallelen Ebene liegen. Es genügt, wenn Sie eine Strecke in wahrer Länge konstruieren können, ein Dreieck können Sie in drei Strecken zerlegen und mit den konstruierten wahren Längen wieder konstruieren und erhalten damit auch alle drei Winkel in wahrer Größe.

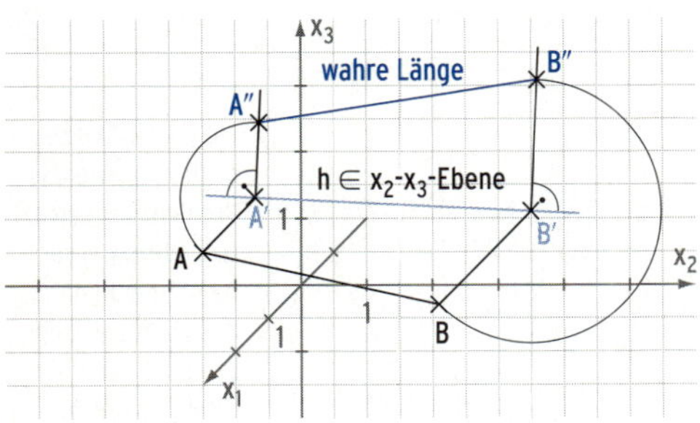

Projizieren Sie die Endpunkte der Strecke auf die x_2-x_3-Ebene durch Parallelen zur x_1-Achse mit der Länge der x_1-Koordinate der Punkte. Sie erhalten die Punkte A′ und B′ und durch diese Punkte die Gerade h in der x_2-x_3-Ebene.
Klappen Sie das Trapez ABA′B′ in die x_2-x_3-Ebene (Die Senkrechte zu h durch A′ schneidet den Kreis um A′ mit Radius AA′ in A″; entsprechend mit B). Die Strecke A″B″ ist die wahre Länge der Strecke AB.

Konstruktion wahrer Längen

Eine „halbgeometrische" Lösung zur Bestimmung wahrer Längen ist folgendes Verfahren, das wohl in einer gewissen Grauzone (mathematisch nicht ganz korrekt) angesiedelt werden muss:
Gegeben sei die Strecke $\overline{AB}$ mit $A(a_1 | a_2 | a_3)$ und $B(b_1 | b_2 | b_3)$. Man wählt nun eine zweidimensionale „Hilfszeichenebene", in der die „Hilfspunkte" $A'(a_1 | a_2)$ und $B'(b_1 | b_2)$ eingezeichnet werden. Dann zeichnet man in A (oder B) senkrecht zu $\overline{AB}$ die Differenz der x_3-Koordinaten $(a_3 | b_3)$ und erhält damit die wahre Länge der Strecke $\overline{AB}$.

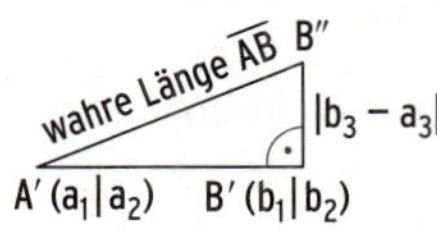

oder

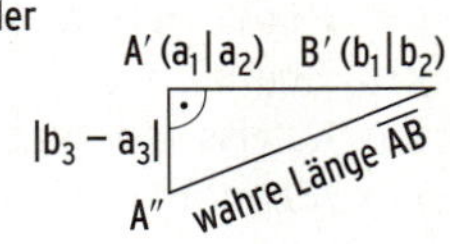

Klappungen

Gegeben sei ein Giebeldach. Vom Punkt A zum Punkt B wird ein Draht auf der Dachfläche gespannt, der möglichst kurz sein soll. An welchem Punkt C überquert er den Dachfirst f?

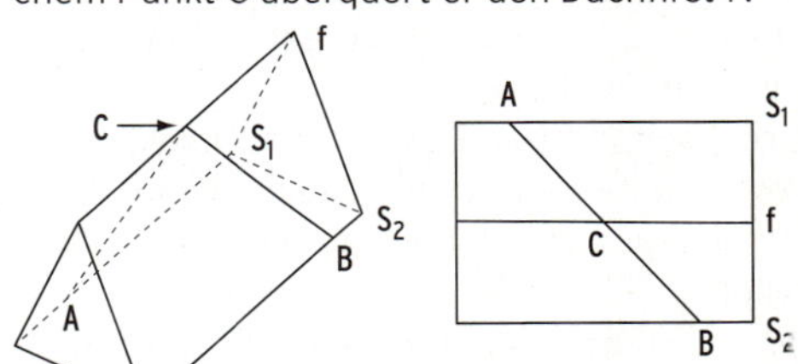

Eine Frage, die in der darstellenden Geometrie konstruktiv sehr einfach gelöst werden kann: Man klappt einfach eine Dachfläche in die Ebene der anderen Dachfläche und zieht die Gerade von A nach B.

Es genügt, wenn Sie von einem Dreieck ABC den Punkt B über C auf die Gerade (AC) klappen können.
Damit können Sie mittels mehrerer „Klappungen" alle geradlinig begrenzten Figuren und über den Mittelpunkt Kreise und Kugeln klappen.

Schreibt man die Gerade g (= (AC)) mit dem Ortsvektor $\vec{c}$ von C als Stützvektor und dem normierten Richtungsvektor $\overrightarrow{AC}^0$ (Länge 1!), so erhält man, wenn man für den Parameter t den Abstand d(C, B) einsetzt, den Ortsvektor (und damit die Koordinaten) des Punktes B′ und wenn man für t −d(C, B) einsetzt, den Ortsvektor (und damit die Koordinaten) des Punktes B″.

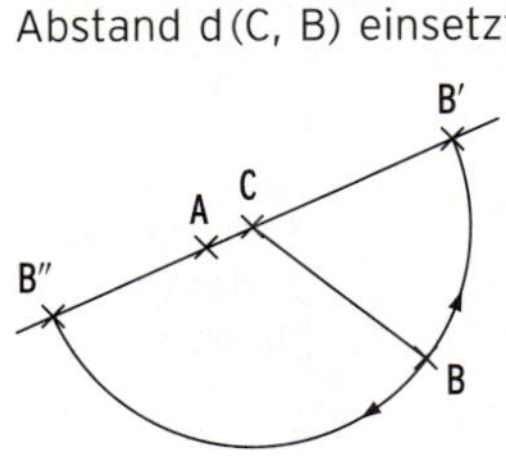

6.2.3 Risse und Schnitte

Projiziert man ein räumliches Objekt senkrecht auf eine Ebene, so heißt dieses Bild Riss.
Am bekanntesten sind wohl

- der Grundriss (senkrechte Projektion auf die x_1-x_2-Ebene),
- der Aufriss (senkrechte Projektion auf die x_2-x_3-Ebene),
- der Seitenriss (senkrechte Projektion auf die x_1-x_3-Ebene),

die insbesondere von den Architekten und von den Ingenieuren verwendet werden.

Eigentlich genügen zwei Risse auf zueinander senkrechte Ebenen, um jeden Punkt des räumlichen Objekts eindeutig zu beschreiben, also dem Raum zuzuordnen.
Durch den dritten Riss ist ein Objekt ohne „Denkarbeit" sehr gut zu erkennen, man kann sich den gezeichneten Körper problemlos vorstellen.
Nicht sichtbare Kanten werden gestrichelt, sichtbare Kanten durchgezogen gezeichnet, so dass schon daher keine Unstimmigkeiten aufkommen können.

>> BEISPIEL

Es ist ein Modell einer Kirche mit Turm im Schrägbild und in den verschiedenen Rissen dargestellt. Wie in der Geometrie üblich, werden nicht sichtbare Kanten gestrichelt gezeichnet.

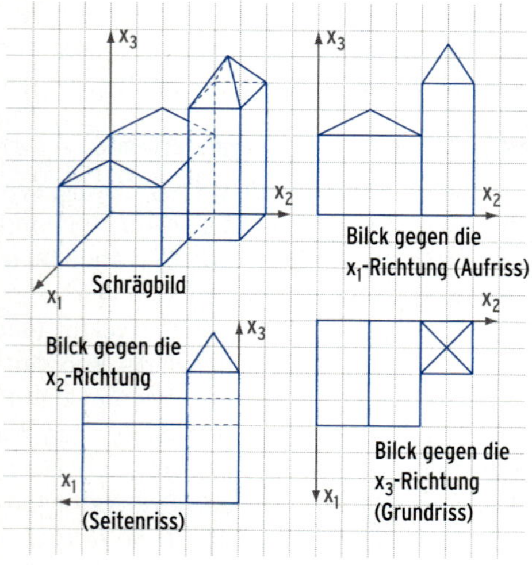

Schneidet man ein räumliches Objekt mit einer Ebene (die nicht unbedingt zu einer Koordinatenebene parallel sein muss) und zeichnet die Punkte des Objektes auf dieser Ebene, so entsteht eine Schnittzeichnung.
Schnittzeichnungen sind als Hilfen unersetzbar. Insbesondere, wenn Sie beim räumlichen Sehen Probleme haben, sollten Sie Schnitte zeichnen. Nicht konstruieren, sondern nur als Skizzen zur Veranschaulichung.

Zwei kleine Beispiele zeigen Ihnen, was ich meine (Skizzen ohne Maße, ganz grob gezeichnet).

>> BEISPIEL

Ein Sektglas hat die Form eines auf der Spitze stehenden Kegels mit einem Öffnungswinkel von 60°. Es wird ein Pfirsich mit einem Durchmesser von 4 cm in das Glas gelegt. In welcher Höhe von der Spitze aus berührt der Pfirsich das Glas?

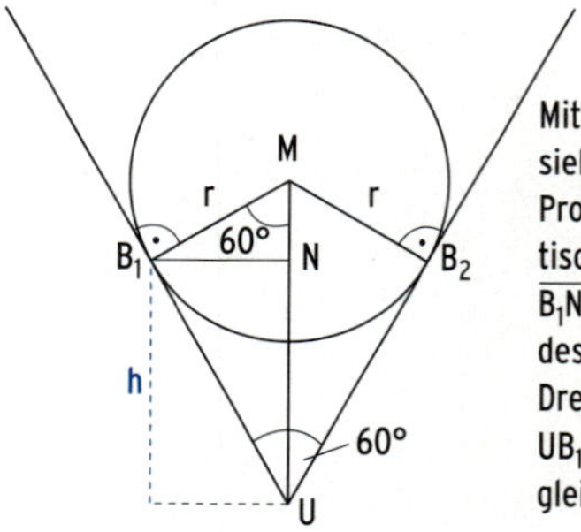

Mit dieser Skizze sieht man, wie das Problem mathematisch lösbar wird. $\overline{B_1N}$ ist die Höhe des gleichseitigen Dreiecks mit s = r. UB_1B_2 ist wieder gleichseitiges Dreieck.

>> BEISPIEL

Ein Zelt hat die Form einer senkrechten quadratischen Pyramide, die Längen der Quadratseiten und die Pyramidenhöhe betragen jeweils 2 m. 25 cm unter der Zeltspitze ist eine punktförmige Lampe. Der Eingang des Zeltes endet in O auf der Höhe von 1 m. Wie weit dringt das Licht bei offenem Eingang nach außen auf den Boden vor dem Zelt?
(Ein etwas abgewandelter Teil einer Abituraufgabe aus Baden-Württemberg)

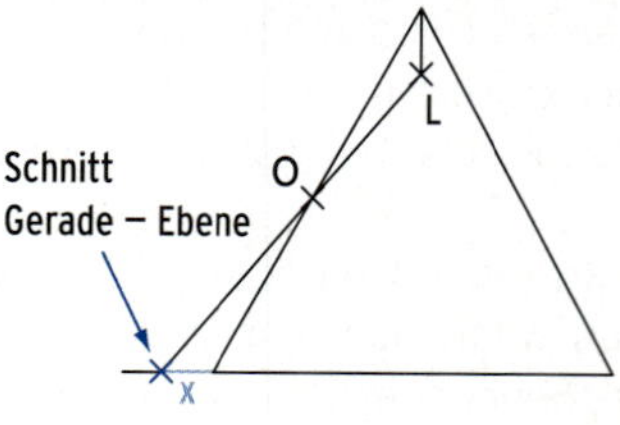

6.2.4 Übersicht Skizzen

Problem	räumliche Skizze	Projektion auf Ebene	Bewertung
Darstellung einer Ebene Beispiel: 3 Ebenen E_1, E_2, E_3 mit $E_1 \parallel E_2$ und $E_3 \cap E_2 = g$, $E_3 \cap E_1 = g'$.	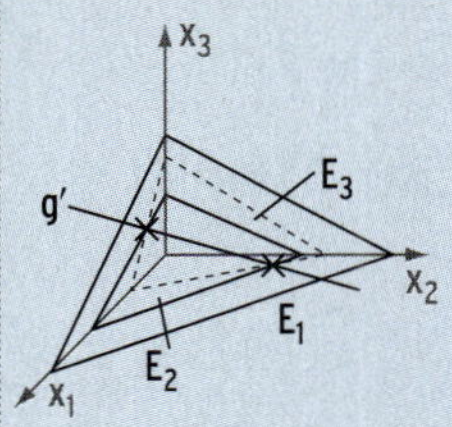	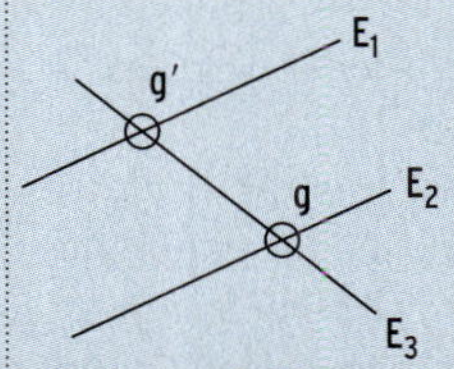 g liegt ⊥ zur Zeichen-Ebene $g' \parallel g$	Räumlich für eine einzelne Ebene sehr anschaulich. Bei mehreren Ebenen (z. B. Schnitt von Ebenen, Ebenenscharen) ist Projektion anschaulicher, da das räumliche Bild bei zu vielen Informationen verwirrt.
Darstellung von ebenen Flächen Teilmengen von Ebenen	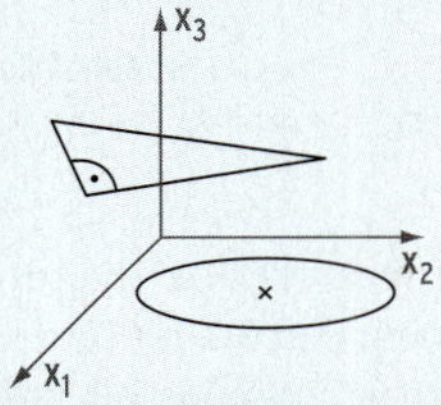	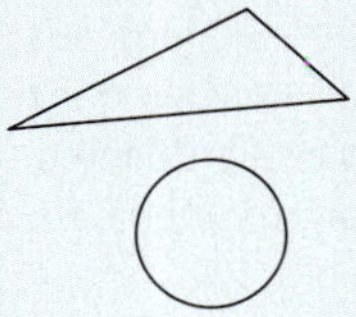	Am besten für jedes Problem eine neue Skizze erstellen. Bei Projektionen: auf eine Ebene ‖ zur Figur projizieren. Achtung: Figuren sind nicht winkeltreu und nicht längentreu.
Darstellung von Körpern	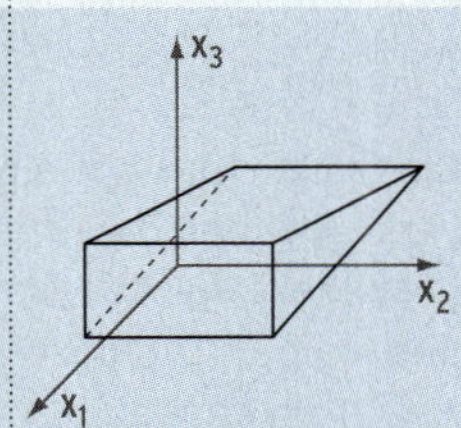	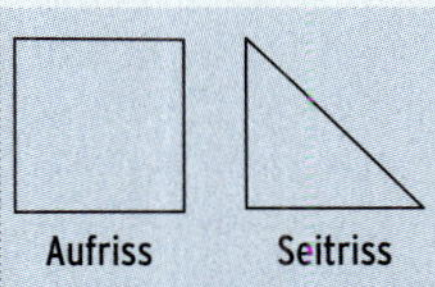	Meist sind räumliche Skizzen notwendig. Nicht sichtbare Kanten gestrichelt zeichnen, das erhöht die Anschaulichkeit gewaltig. Die Projektion auf die Ebene ist nur sinnvoll bei gleichzeitiger Skizze aus verschiedenen Ansichten.
„Klapp-Probleme" und „Lotprobleme"	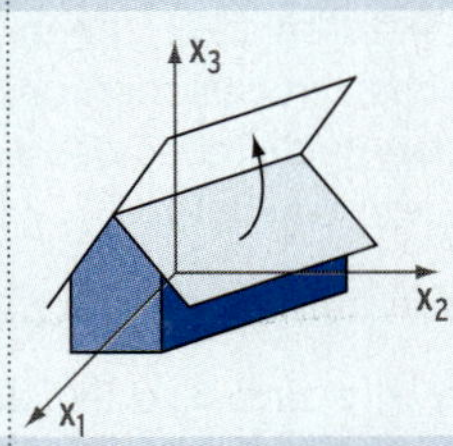	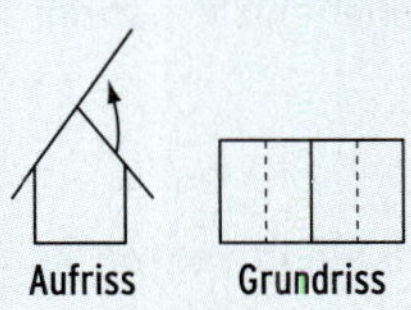	Skizzen aus verschiedenen Blickrichtungen für die Berechnung, räumliche Skizze zur besseren Veranschaulichung
Schnittprobleme Beispiel: Schnitt von Geraden	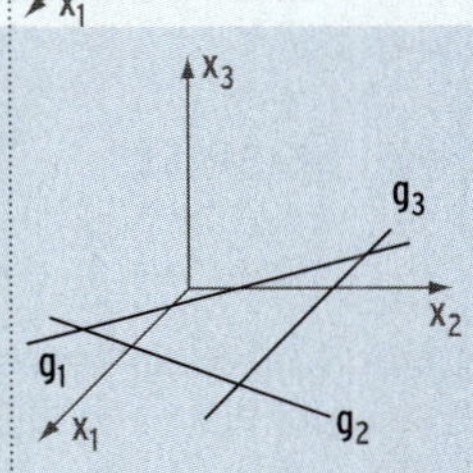	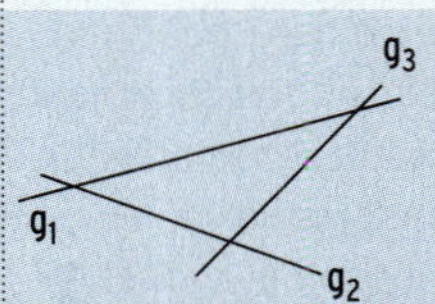 Die Skizze zeigt nicht, ob die Geraden windschief zueinander sind oder sich schneiden.	Sehr unübersichtlich im Raum. Bei Projektion auf Ebene liegen zwei Geraden, die sich schneiden, in einer Ebene. Auf dieser Ebene abbilden! Zweideutig bei beiden Skizzen, da sich immer auch windschiefe Geraden in der Projektion schneiden.
Abstandsprobleme Beispiel: Abstand Gerade und Punkt	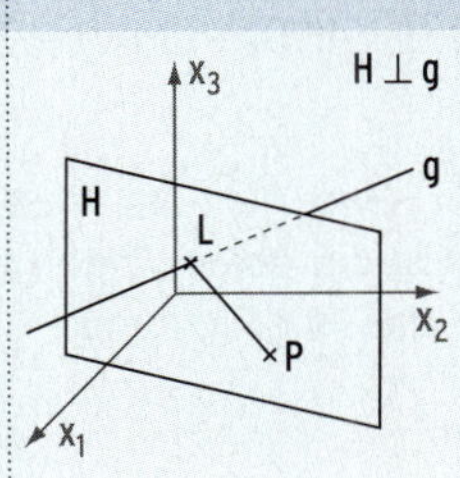	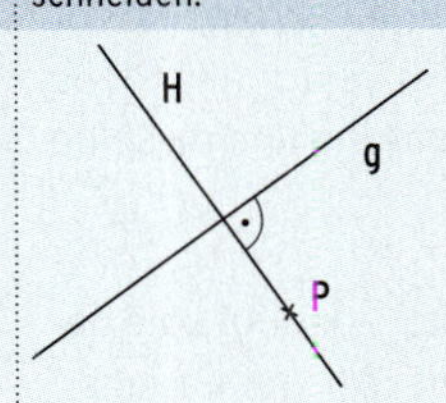	Im Raum übersichtlich, aber nicht abmessbar. Eine ebene Skizze ist nur sinnvoll, wenn auf die von g und P aufgespannte Ebene abgebildet wird (H ist ⊥ zur Zeichenebene).

6.3 Vektorrechnung

Die Vektorrechnung der analytischen Geometrie ist das einzige Teilgebiet der Schulmathematik, in dem mit zwei verschiedenen Grundmengen gearbeitet wird:

- Reelle Zahlen, die in der Geometrie auch **Skalare** (lat. *skalaris* = zur Leiter gehörend) genannt werden und durch ihren Zahlenwert eindeutig bestimmt sind, bilden eine Grundmenge.
  Sie kennen die Rechentechniken und die Verknüpfungen innerhalb der Skalare aus der Analysis, es handelt sich um das ganz „normale" Rechnen mit den reellen Zahlen. Genauso wird mit den Skalaren in der Geometrie gearbeitet.
- Mit den **Vektoren** wird eine weitere Grundmenge verwendet. Vektoren kennen Sie aus verschiedenen Gebieten der Physik. Zur eindeutigen Bestimmung eines Vektors benötigt man mehr als nur einen Zahlenwert: Ein Vektor ist nur dann eindeutig bestimmt, wenn man seine Länge und seine Richtung kennt!

Das Wort *Vektor* kommt aus dem Lateinischen und bedeutet in etwa „Träger", wobei ein Träger von mehreren Informationen (nicht nur der Zahlengröße) gemeint ist.

Tipp

Vereinfacht stellen Sie sich einen Vektor als „Verschiebung" eines Punktes, einfach als Pfeil im Raum vor. Dieser Pfeil hat eine ganz bestimmte Richtung und eine ganz bestimmte Länge. Die Lage des Pfeiles betrachten wir nicht. Ob nun der Pfeil am oberen Blattende oder in der Mitte oder sonst wo liegt, es ist immer derselbe Vektor, dieselbe Verschiebung.

Alle Pfeile derselben Länge und derselben Richtung beschreiben somit genau einen Vektor und umgekehrt beschreibt ein Vektor alle Pfeile des Raumes, die dieselbe Richtung und dieselbe Länge haben.

Zur Beschreibung eines Vektors genügt (wie gesagt) eine einzige Zahl nicht. Wir geben jeden Vektor im Raum durch drei reelle Zahlen an. Es sind die drei Maßzahlen der Verschiebung in Richtung der drei Achsen des Koordinatensystems. Diese drei Zahlen schreiben wir untereinander.

>> BEISPIEL

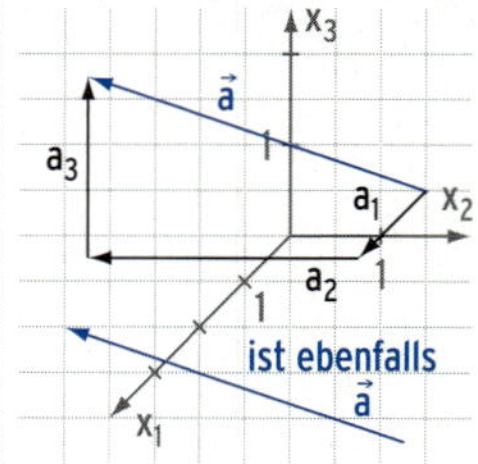

$\vec{a} = \begin{pmatrix} a_1 \\ a_2 \\ a_3 \end{pmatrix}$,

hier $\approx \vec{a} = \begin{pmatrix} 1{,}5 \\ -3 \\ 2 \end{pmatrix} = \overrightarrow{AB}$

Um einen Platzhalter für einen Skalar von einem Platzhalter für einen Vektor unterscheiden zu können, wählt man verschiedene Schreibweisen.

Ein Skalar wird wie eine reelle Zahl behandelt, verknüpft und damit auch so beschrieben. Insbesondere werden als Platzhalter für Skalare die kleinen lateinischen Buchstaben (a, b, ..., x, y, z) verwendet.

Vektoren bezeichnen wir mit kleinen lateinischen Buchstaben unter einem Pfeil oder mit den Buchstaben des Anfangs- und Endpunktes unter einem Pfeil.

$\vec{x} = \begin{pmatrix} x_1 \\ x_2 \\ x_3 \end{pmatrix}$; $\overrightarrow{AB} = \begin{pmatrix} -3 \\ 11 \\ \sqrt{2} \end{pmatrix}$; $\vec{a}_t = \begin{pmatrix} 3t \\ 2-t \\ 14 \end{pmatrix}$

a, x, z sind also Skalare und $\vec{a}$, $\vec{x}$, $\vec{z}$ sind also Vektoren.

>> BEISPIEL

$\begin{pmatrix} 3 \\ 2 \\ -4 \end{pmatrix}$ ist der Vektor, den man erhält, wenn man von einem beliebigen Anfangspunkt 3 Einheiten in die x_1-Richtung, 2 Einheiten in die x_2-Richtung und 4 Einheiten in die Gegenrichtung der x_3-Richtung geht.

$$2\begin{pmatrix} 3 \\ 2 \\ -4 \end{pmatrix} = \begin{pmatrix} 2\cdot 3 \\ 2\cdot 2 \\ 2\cdot(-4) \end{pmatrix} = \begin{pmatrix} 6 \\ 4 \\ -8 \end{pmatrix}$$

ist der obige Vektor in doppelter Länge (aber gleicher Richtung).

6.3.1 Wichtige Vektoren

Bezeichnung	**Beschreibung und Schreibweise**	**Einsatz**	**Beispiel**
allgemeiner Vektor $\vec{a} = \overrightarrow{AB}$ (vom Punkt A zum Punkt B)	Der allgemeine Vektor hat immer als Koordinaten die Koordinaten des Endpunktes minus die Koordinaten des Anfangspunktes: $A(a_1 \mid a_2 \mid a_3)$ $B(b_1 \mid b_2 \mid b_3)$ $\Rightarrow \overrightarrow{AB} = \begin{pmatrix} b_1 - a_1 \\ b_2 - a_2 \\ b_3 - a_3 \end{pmatrix}$	Wenn durch zwei Punkte eine Richtung gegeben ist (bei Gerade, Ebene, ...).	$A(4 \mid 2 \mid -3)$ $B(-2 \mid 1 \mid -1)$ $\Rightarrow \overrightarrow{AB} = \begin{pmatrix} -6 \\ -1 \\ 2 \end{pmatrix}$; $\overrightarrow{BA} = \begin{pmatrix} 6 \\ 1 \\ -2 \end{pmatrix}$
Basisvektor	Jeder Vektor des Raumes lässt sich aus drei beliebigen, aber untereinander linear unabhängigen Vektoren als Linearkombination darstellen. Drei linear unabhängige Vektoren heißen eine Basis.	bei jeder Koordinatendarstellung der Vektoren	In der Regel wird die Basis $\begin{pmatrix} 1 \\ 0 \\ 0 \end{pmatrix}, \begin{pmatrix} 0 \\ 1 \\ 0 \end{pmatrix}, \begin{pmatrix} 0 \\ 0 \\ 1 \end{pmatrix}$, verwendet.
Einheitsvektor $\vec{a}^0$ oder $\vec{e}_a$	Der Einheitsvektor ist ein Vektor der Länge eins. Man erhält den Einheitsvektor $\vec{a}^0$ in Richtung des Vektors $\vec{a}$, indem man $\vec{a}$ durch seine eigene Länge teilt (man „normiert" den Vektor).	Bei Abstands- und Längenproblemen: $\vec{a}^0 = \dfrac{\begin{pmatrix} a_1 \\ a_2 \\ a_3 \end{pmatrix}}{\sqrt{a_1^2 + a_2^2 + a_3^2}}$	$\vec{b} = \begin{pmatrix} 2 \\ 1 \\ -2 \end{pmatrix}$ $\vec{b}^0 = \frac{1}{3} \begin{pmatrix} 2 \\ 1 \\ -2 \end{pmatrix}$
Gegenvektor $-\vec{a}$	Der Gegenvektor des Vektors $\vec{a}$ ist der Vektor, der addiert zu $\vec{a}$ den Nullvektor gibt. $\vec{a} = \begin{pmatrix} a_1 \\ a_2 \\ a_3 \end{pmatrix}, \; -\vec{a} = \begin{pmatrix} -a_1 \\ -a_2 \\ -a_3 \end{pmatrix} = -\begin{pmatrix} a_1 \\ a_2 \\ a_3 \end{pmatrix}$	Bei Vektorgleichungen: $\vec{a} + (-\vec{a}) = \vec{0}$	$\vec{a} = \begin{pmatrix} 3 \\ 2 \\ -1 \end{pmatrix}$ $\Rightarrow -\vec{a} = \begin{pmatrix} -3 \\ -2 \\ 1 \end{pmatrix}$
Normalenvektor $\vec{n}$ der Ebene	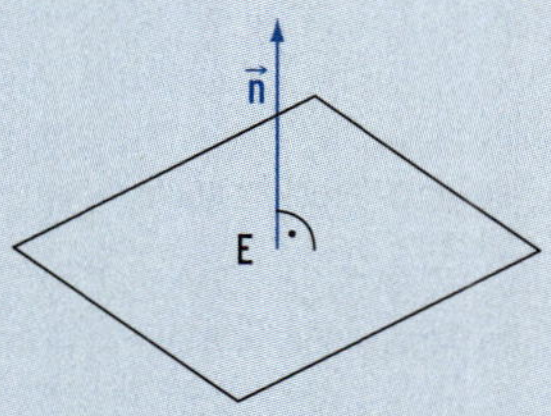 Der Normalenvektor der Ebene ist der Vektor, der senkrecht auf der Ebene steht. Er ist bis auf die Länge (und die Gegenrichtung) eindeutig bestimmt.	zur Beschreibung einer Ebene, bei Lot-, Abstands- und Schnittproblemen mit der Ebene	E: $2x_1 + x_2 - 2x_3 = 0$ $\Rightarrow \vec{n}_t = t \begin{pmatrix} 2 \\ 1 \\ -2 \end{pmatrix}$ ist für jedes $t \neq 0$ ein Normalenvektor.

Bezeichnung	**Beschreibung und Schreibweise**	**Einsatz**	**Beispiel**
Nullvektor $\vec{0}$	Der Nullvektor ist der Vektor, dessen Anfangspunkt gleich dem Endpunkt ist. Der Nullvektor hat keine Länge und keine eindeutige Richtung. Er ist das neutrale Element der Vektoraddition.	bei Umrechnungen von Vektorgleichungen Bei Vektorbeweisen wird ein Nullvektor (geschlossener Zug) dargestellt und daran werden die Koeffizienten berechnet.	$\vec{0} = \begin{pmatrix} 0 \\ 0 \\ 0 \end{pmatrix}$ $\vec{0} = t\,\vec{a} + s \cdot \vec{b}$ bei linearer Unabhängigkeit der Vektoren $\vec{a}$ und $\vec{b}$ $\Rightarrow\ t = 0$ und $s = 0$
Ortsvektor $\overrightarrow{OA} = \vec{a}$ des Punktes $A\,(a_1 \mid a_2 \mid a_3)$	Der Ortsvektor des Punktes A ist der Vektor vom Koordinatenursprung zum Punkt A. Punkt und Ortsvektor haben dieselben Koordinaten, aber eine ganz andere Schreibweise.	bei der vektoriellen Beschreibung von Punkten, Figuren und Körpern	$A\,(-3 \mid 2 \mid 1)$ $\Rightarrow\ \vec{a} = \begin{pmatrix} -3 \\ 2 \\ 1 \end{pmatrix}$
Vektoren bei der Geradengleichung $\vec{x} = \vec{p} + t\,\vec{r}$	$\vec{p}$ heißt **Stützvektor** und ist ein Ortsvektor eines (beliebigen) Punktes der Geraden, $\vec{p}$ gibt die Lage der Geraden an. $\vec{r}$ heißt **Richtungsvektor** und gibt die Richtung der Geraden an. $\vec{r}$ ist ein Vektor zwischen zwei beliebigen Punkten der Geraden.	zur Beschreibung von Geraden und bei Berechnungen mit Geraden	$\vec{x} = \begin{pmatrix} 2 \\ 1 \\ -1 \end{pmatrix} + t \begin{pmatrix} 2 \\ -3 \\ -1 \end{pmatrix}$ hat den Stützvektor $\vec{p} = \begin{pmatrix} 2 \\ 1 \\ -1 \end{pmatrix}$ und den Richtungsvektor $\vec{r} = \begin{pmatrix} 2 \\ -3 \\ -1 \end{pmatrix}$
Vektoren bei der Ebenengleichung $\vec{x} = \vec{p} + r\,\vec{n} + s\,\vec{v}$	$\vec{p}$ heißt **Stützvektor** und ist ein Ortsvektor eines (beliebigen) Punktes der Ebene. $\vec{p}$ gibt die Lage der Ebene an. $\vec{u}$ und $\vec{v}$ sind zwei linear unabhängige **Richtungsvektoren**. Jede Linearkombination ergibt eine mögliche Richtung auf der Ebene. Ein Richtungsvektor ist ein Vektor zwischen zwei beliebigen Punkten der Ebene.	zur Beschreibung von Ebenen und bei Berechnungen mit Ebenen	$\vec{x} = \begin{pmatrix} 1 \\ 2 \\ 3 \end{pmatrix}$ (Stützvektor) $+ t \begin{pmatrix} 4 \\ 5 \\ 6 \end{pmatrix}$ (Richtungsvektor) $+ s \begin{pmatrix} 7 \\ 8 \\ 9 \end{pmatrix}$ (Richtungsvektor)
Vektor im n-dimensionalen Raum	Man kann Vektoren auch im n-dimensionalen Räumen definieren. Sie haben dann n-Komponenten. $\vec{v} = \begin{pmatrix} a_1 \\ b_1 \\ \dots \\ a_{n-1} \\ a_n \end{pmatrix}$	Beispielsweise bei Lagerkisten von n verschiedenen Produkten. Berechnung wie bei Vektoren im dreidimensionalem Raum	5 Parteien stellen sich einer Wahl $\vec{v}_r = \begin{pmatrix} p_1 \\ p_1 \\ p_3 \\ p_4 \\ p_5 \end{pmatrix}$ ist die Wahl in Wahllokal R.

6.3.2 Punkt, Gerade, Strecke

Beschreibung	Zusammenhänge	Skizze
Ein Punkt P des Raumes wird durch drei reelle Zahlen beschrieben. Diese drei Zahlen geben die Verschiebung vom Nullpunkt in die drei Achsenrichtungen an. P (a | b | c) ist der Punkt, den man erreicht, wenn man den Nullpunkt a Einheiten in x_1-, b Einheiten in x_2- und c Einheiten in x_3-Richtung verschiebt.	Der Vektor $\vec{a} = \begin{pmatrix} a_1 \\ a_2 \\ a_3 \end{pmatrix}$ mit den Koordinaten des Punktes A ($a_1 \| a_2 \| a_3$) heißt Ortsvektor von A und ist der Vektor mit Anfangspunkt 0 und Endpunkt A.	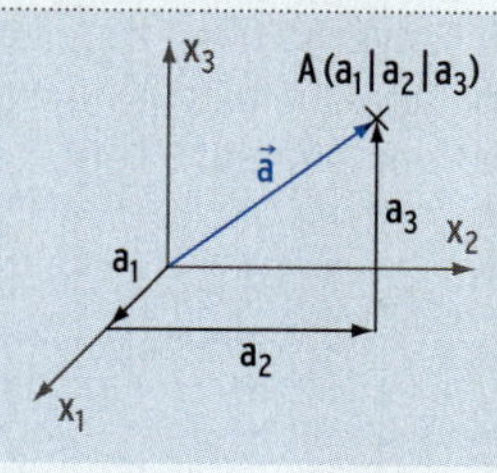
Eine Gerade im Raum wird durch einen Stützvektor plus das Vielfache des Richtungsvektors beschrieben: $x = \vec{p} + t\,\vec{r}$ $(t \in \mathbb{R})$ heißt Vektorgleichung oder Parametergleichung oder Punktrichtungsform der Geraden g. $\vec{p}$ heißt **Stützvektor** und ist der Ortsvektor zu einem beliebigen Punkt der Geraden g. $\vec{p}$ gibt die Lage der Geraden an. $\vec{r}$ heißt **Richtungsvektor** und ist der Vektor zwischen zwei beliebigen Punkten auf der Geraden g. $\vec{r}$ gibt die Richtung der Geraden an. t heißt **Parameter** und durchläuft alle reellen Zahlen. Für jeden Wert von t erhält man genau einen Punkt der Geraden g und umgekehrt hat jeder Punkt der Geraden genau einen reellen Wert t.	**Punktrichtungsform**: Bei bekannter Richtung $\vec{r}$ und einem bekannten Punkt P ($p_1 \| p_2 \| p_3$) g: $\vec{x} = \begin{pmatrix} p_1 \\ p_2 \\ p_3 \end{pmatrix} + t \begin{pmatrix} r_1 \\ r_2 \\ r_3 \end{pmatrix} \Leftrightarrow \begin{matrix} x_1 = p_1 + t\,r_1 \\ x_2 = p_2 + t\,r_2 \\ x_3 = p_3 + t\,r_3 \end{matrix}$ **Zwei-Punkte-Form**: Bei zwei bekannten Punkten (P und Q) wird der Richtungsvektor durch den Vektor zwischen den beiden bekannten Punkten gebildet. $\vec{r} = \vec{q} - \vec{p} \Leftrightarrow \begin{matrix} r_1 = q_1 - p_1 \\ r_2 = q_2 - p_2 \\ r_3 = q_3 - p_3 \end{matrix}$	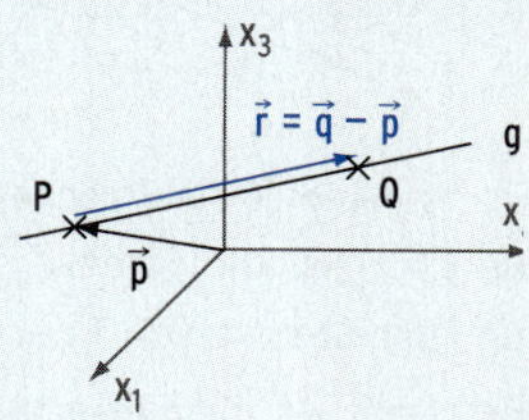
Schränkt man bei der Geradengleichung $\vec{x} = \vec{p} + t \cdot \vec{r}$ die möglichen Werte für den Parameter t ein, so erhält man eine Teilmenge der Punktmenge der Geraden. Ist t nur in einem abgeschlossenen Intervall definiert, sagen wir zu dieser Teilmenge **Strecke**. Setzt man für t den kleinstmöglichen Wert ein, so erhält man den Anfangspunkt; setzt man den größtmöglichen Wert ein, erhält man den Endpunkt der Strecke.	Die Gerade g durch die Punkte P und Q wird beschrieben durch: g: $\vec{x} = \vec{p} + t\,\vec{r} = \vec{p} + t(\vec{q} - \vec{p})$ Lässt man für t nur Werte zwischen 0 und 1 zu, erhält man die Punkte auf der Geraden von P (t = 0) bis Q (t = 1), also die Strecke PQ.	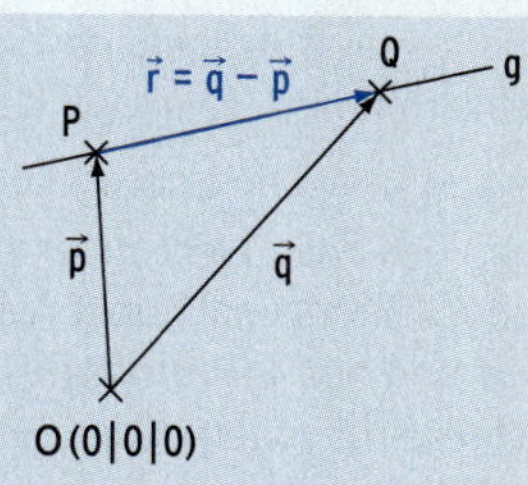

>> BEISPIEL

g: $\vec{x} = \begin{pmatrix} 1 \\ 2 \\ -1 \end{pmatrix} + t \begin{pmatrix} 3 \\ -1 \\ 4 \end{pmatrix}$ ist die Gerade durch die Punkte A (1 | 2 | −1) und B (3 | −1 | 4).

Schränkt man t ein, z. B. $t \in [-1; 3]$ erhält man die Strecke von Punkt P (1 − 3 | 2 + 1 | −1 − 4) = P (−2 | 3 | −5) zu Punkt Q (1 + 9 | 2 − 3 | −1 + 12) = Q (10 | −1 | 11)

6.3.3 Teilverhältnis

Für jeden Punkt T auf einer Geraden (AE) wird ein Teilverhältnis t definiert durch $t = \frac{\overline{AT}}{\overline{TE}}$. Dieses Teilverhältnis legt fest, wie T in Bezug auf die Punkte A und E liegt.

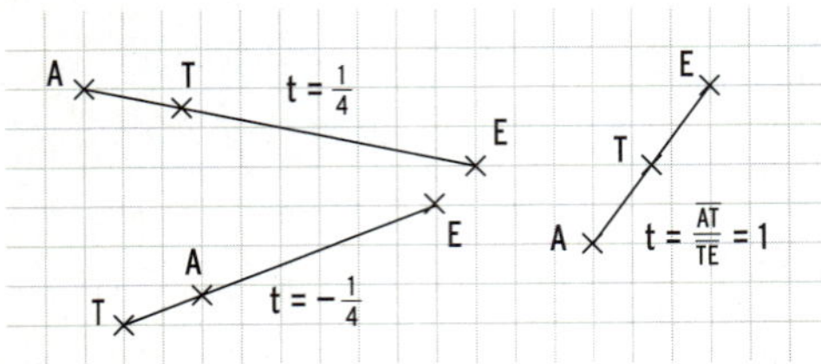

Für t = 1 teilt T die Strecke $\overline{AE}$;

Für $t = \frac{1}{5}$ ist die Strecke von A nach T eben nur $\frac{1}{5}$ der Strecke von T nach E.

Für t = 5 ist die Entfernung von T zum Anfangspunkt A der Strecke $\overline{AE}$ 5-mal so groß wie zum Endpunkt B der Strecke.

Ist t positiv, so liegt T innerhalb der Strecke $\overline{AE}$, ist t negativ, so liegt T außerhalb der Strecke $\overline{AE}$.

Gilt für die Gerade g: $\vec{x} = \vec{a} + r\vec{v}$ $(= \overrightarrow{OA} + r\,\overrightarrow{AE})$, und T ist ein Punkt auf der Geraden (AE) mit dem Teilverhältnis t, so gilt für das r zum Punkt T:

$t = \frac{r}{1-r}$ und damit natürlich $r = \frac{t}{1+t}$.

Klar, dass der Wert r, der die Länge des Richtungsvektors vom Punkt A aus zum Punkt T angibt und das Teilverhältnis t des Punktes T zur Strecke $\overline{AE}$ voneinander abhängen

Einschub zur Allgemeinbildung

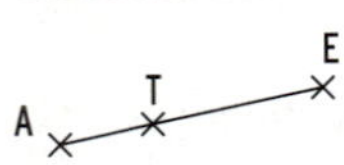

$\frac{\overline{AT}}{\overline{TE}} = \frac{\overline{TE}}{\overline{AE}}$ Teilt man eine Strecke so, dass sich der kleinere Teil zum größeren Teil so verhält wie der größere Teil zum Ganzen, so spricht man von einer stetigen Teilung oder vom „Goldenen Schnitt".

In der Antike war man der Ansicht, dass der Goldene Schnitt die ideale Schönheit der Figuren und Bauwerke ausmache.

Für Sie geht es nicht um Schönheit, sondern um Beweise mithilfe der Vektoren, die mittels der Teilverhältnisse gelöst werden können bzw. deren Teilverhältnis berechnet oder bestimmt werden muss.

Vorsicht, vielen Schülern fallen diese Aufgaben sehr schwer (obwohl sie eigentlich problemlos sind).

Gehen Sie bei diesem Aufgabentyp immer gleich vor (zunächst das Problem in der Ebene):

- Fertigen Sie eine Skizze an mit der Sie arbeiten können (nicht zu klein!) und die dem Problem entspricht.
- Bestimmen Sie zwei Vektoren verschiedener Richtung, mit denen Sie problemlos alle anderen Richtungen der Skizze beschreiben können.
- Bestimmen Sie einen Weg, der wieder am Anfangspunkt endet (also den Nullvektor beschreibt) und den Teilungspunkt beinhaltet und alle Wege mittels der gewählten zwei Vektoren beschreibt.
- Wenn Sie nur einen Teil eines Vektors benötigen, verwenden Sie einen Teiler (z. B. $s \cdot v$ ist der s-te Teil von v).
- Multiplizieren Sie die Gleichung des Nullvektors aus und ordnen Sie alles nach den gewählten zwei Vektoren.
- Die beiden Koeffizienten der Vektoren müssen beide null sein. Sie haben zwei Gleichungen mit zwei Variablen, die leicht zu lösen sind. (Mit und ohne GTR).

>> BEISPIEL

Beweisen Sie, dass sich die Seitenhalbierenden im Dreieck im Verhältnis 1 : 2 teilen.

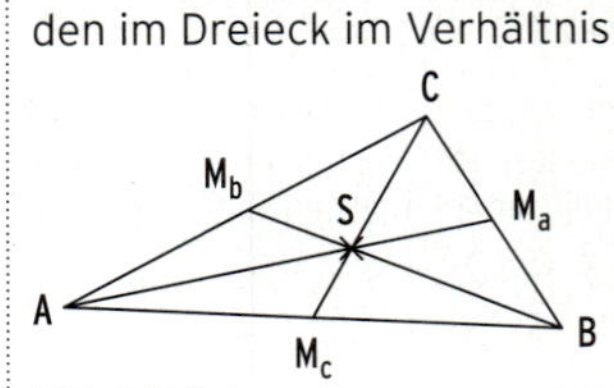

$\vec{a} = \overrightarrow{AB}$

$\vec{b} = \overrightarrow{BC}$

$\Rightarrow \overrightarrow{AC} = \vec{a} + \vec{b}$

$\overrightarrow{AM_a} = \vec{a} + \frac{1}{2}\vec{b}$

$\overrightarrow{CM_c} = -\vec{b} - \frac{1}{2}\vec{a}$

Mit ASM_cA

$\Rightarrow \vec{0} = u\cdot\left(\vec{a} + \frac{1}{2}\vec{b}\right) + v\left(-\vec{b} - \frac{1}{2}\vec{a}\right) - \frac{1}{2}\vec{a}$

$\Rightarrow \vec{a}\left(u - \frac{v}{2} - \frac{1}{2}\right) + \vec{b}\left(\frac{1}{2}u - v\right) = \vec{0}$

$\Rightarrow \left(u - \frac{v}{2} - \frac{1}{2}\right) = 0$ und $\left(\frac{1}{2}u - v\right) = 0$

$\Rightarrow v = \frac{1}{3},\ u = \frac{2}{3}$

Das Problem im Raum ist im Grunde genau das gleiche. Sie müssen nur drei (anstatt zwei) linear unabhängiger Vektoren zur Beschreibung wählen, wieder den Nullvektor beschreiben, ausmultiplizieren und ordnen und erhalten dann drei Koeffizienten, die null sein müssen.

7_Leitidee Algorithmus

al ist ein arabischer Artikel und *arithmos* heißt griechisch „Zahl". Der Name Algorithmus ist aus diesen beiden Worten in Anlehnung des persisch-arabischen Mathematikers Mohammed Ben Mufa Alkaresmi entstanden.

Algorithmus war ursprünglich das um 1600 in Europa eingeführte Rechnen mit Dezimalzahlen. Heute verstehen wir darunter ein Rechenverfahren, das nach einem festgelegten, auch wiederholbaren, eindeutigen Schema mit endlich vielen Schritten vollziehbar ist.

Die wohl bekanntesten Algorithmen der Schulmathematik sollten Sie wenigstens kennen, wenn auch nicht unbedingt können:

a) Intervallschachtelung, zum Beispiel zur Bestimmung von Nullstellen eines Schaubildes

b) Euklidischer Algorithmus zur Berechnung des größten gemeinsamen Teilers; sucht man den größten gemeinsamen Teiler der Zahlen x und y ($x > y$), so beginnt man mit

$x = n_1 \cdot y + m_1$

$y = n_2 \cdot m_1 + m_2$

$m_1 = n_3 \cdot m_2 + m_3$ ... bis nach endlich vielen Schritten m_i null wird.

Dann ist n_i der größte gemeinsame Teiler.

c) Gauß'scher Algorithmus zur Lösung linearer Gleichungssysteme

d) Horner-Schema zur Berechnung von Funktionswerten $f(x_0)$ ganzrationaler Funktionen (und deren Ableitungen). Ein Beispiel finden Sie in der Tabelle unten.

Wendet man das Verfahren auf die Zahlen der 3. Zeile an (die dann als 1. Zeile gilt), erhält man die Ableitung an der Stelle x_0, also $f'(x_0)$.

e) Sieb des Eratosthenes zur Bestimmung von Primzahlen

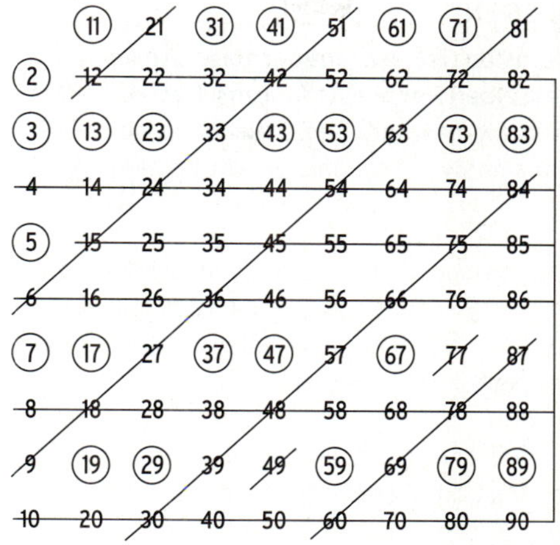

Es sind die Primzahlen bis zur Zahl n gesucht. (im Beispiel $n = 90$). Zunächst werden alle Zahlen von 2 bis n aufgelistet. Dann streicht man alle Vielfache dieser mit 2 beginnenden Zahlen. Die nicht gestrichenen Zahlen sind die gesuchten Primzahlen (im Beispiel eingekreist).

f) Newton'sches Näherungsverfahren zur Bestimmung von Nullstellen

g) Heron-Verfahren zur näherungsweisen Berechnung von Quadratwurzeln

Das Verfahren liefert mithilfe des arithmetischen Mittels eine Intervallschachtelung, mit der die Quadratwurzel beliebig genau angenähert werden kann.

Soll $\sqrt{p}$ berechnet werden, so zerlegt man $p = a_1 \cdot b_1$ mit $a_1 < \sqrt{p} < b_1$ mit

$b_{n+1} = \frac{a_n + b_n}{2}$ und $a_{n+1} = \frac{p}{b_{n+1}}$.

Es ergibt sich die Intervallschachtelung $a_1 < a_2 < \ldots a_n < a_{n+1} < \sqrt{p} < b_{n+1} < b_n < \ldots b_2 < b_1$

>> BEISPIEL

$\sqrt{15}$ (Wert mit TR: 3,872983346)

$a_1 = 3$; $a_2 = 3{,}75$; $a_3 = 3{,}8709$; ...

$b_1 = 5$; $b_2 = 4$; $b_3 = 3{,}875$; ...

−4	0	0	2	0	3	Koeffizienten nach fallender Potenz Beispiel: $f(x) = -4x^5 + 2x^2 + 3$, gesucht: $f(2)$; $x_0 = 2$
	−8	−16	−32	−60	−120	Multiplikation der vorgehenden Spalte der 3. Zeile mit x_0
−4	−8	−16	−30	−60	**−117**	Die 1. Zahl ist Koeffizient der höchsten Potenz, Rest ist jeweils Summe der 1. und 2. Zeile. Die letzte Zahl der 3. Zeile ist die gesuchte Zahl.

7.1 Iteration

WISSEN

Iteration ist die wiederholte Anwendung desselben Rechenverfahrens. Dabei benutzt man die gewonnenen Zwischenergebnisse, um sich dem Ergebnis weiter zu nähern.

Iterationsvorschriften gibt es insbesondere bei Näherungsrechnungen, wobei man das Verfahren dann abbricht, wenn die gewünschte Genauigkeit erreicht wurde.

Ein typisches Beispiel für eine Iterationsvorschrift ist das Newton-Verfahren.

>> BEISPIEL

Als Beispiel soll hier die Iterationsvorschrift zur Berechnung von Kubikwurzeln positiver Zahlen erläutert werden:

$\sqrt[3]{a}$ wird angenähert durch $x_{n+1} = \frac{2 \cdot x_n + \frac{a}{x_n^2}}{3}$.
Das bedeutet, dass mit einem Startwert x_0 begonnen wird, dann wird mittels x_0 der erste Näherungswert x_1 berechnet, damit dann x_2 usw.
x_{n+1} ist dann die $(n+1)$-te Näherung, berechnet aus der n-ten Näherung x_n.

Gesucht ist $\sqrt[3]{100}$:
$x_1 = 10$
$\Rightarrow x_2 = 7$
$\Rightarrow x_3 = 5{,}3469...$
$\Rightarrow x_4 = 4{,}7305...$
$\Rightarrow x_5 = 4{,}64325...$
(Wert aus dem TR: $\sqrt[3]{100} = 4{,}641588834$

Auch grafische Iterationen sind möglich, kommen aber relativ selten vor.

Ein Beispiel, damit Sie sich den Sachverhalt vorstellen können, sollte genügen:

>> BEISPIEL

Bestimmen Sie die Folgeglieder (und damit den Grenzwert) der Folge
$a_{n+1} = -\frac{7}{9}a_n + 7$ mit $a_0 = 7{,}4$

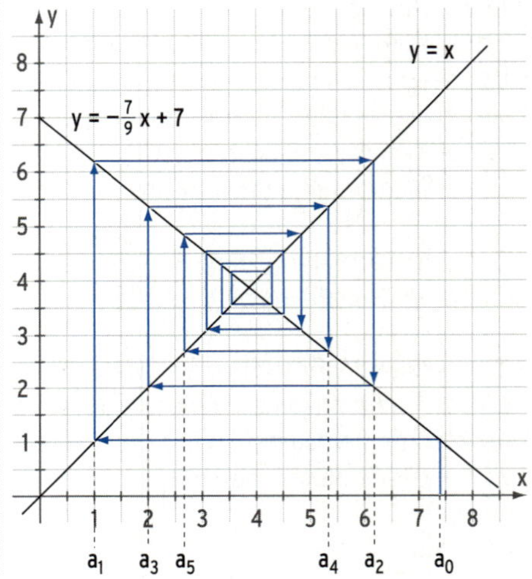

7.2 Rekursion

WISSEN

„Rekursion" bedeutet auf Bekanntes zurückgreifen, also die Berechnung einer Größe durch bekannte Größen.

Eine rekursive Funktion ist eine mittels rekursiver Definition gewonnene Funktion, bei der die Funktionswerte durch bereits bekannte Funktionswerte berechnet oder bestimmt werden, insbesondere die Folgen und Reihen werden oftmals rekursiv definiert.

Betrachten wir als Beispiele Folgen, die explizit (durch eine Formel, die das n-te Glied angibt) oder eben rekursiv (durch schon bekannte Folgenglieder) angegeben werden können.

Gerne gefragt wird die Umsetzung der expliziten auf die rekursive Definition der Folgeglieder (und umgekehrt).
Diese Aufgaben sind nicht immer einfach.

Beispiele

explizite Darstellung	rekursive Darstellung	
$a_n = a_1 + (n-1) \cdot d$	$a_{n+1} = a_n + d$	arithmetische Folge
$a_n = a_1 \cdot q^{n-1}$	$a_{n+1} = a_n \cdot q$	geometrische Folge
$a_n = 5^{-n}$	$a_{n+1} = \frac{1}{5} \cdot a_n$ $a_0 = 1$	Folge
$a_n = n^2 + 2n$	$a_{n+1} = a_n + 2n + 3$ $a_0 = 0$	
$a_n = n!$	$a_{n+1} = (n+1) \cdot a_n$ $a_0 = 1$	

Auch Reihen sind rekursiv definierbar. So hat die geometrische Reihe mit der expliziten Form $s_n = a_1 \cdot \frac{q^n - 1}{q - 1}$ die Rekursionsformel $s_{n+1} = s_n \cdot q + a_1$.

Textaufgaben sehen beispielsweise so aus:

>> BEISPIEL

Ein Ratensparvertrag bringt 5 % Jahreszins, der Zins wird am Jahresende dem Kapital zugeführt. Zu Beginn jeden Jahres werden 5000 € einbezahlt.

a) Berechnen Sie das Kapital nach 5 und nach 10 Jahren.

b) Geben Sie eine explizite und eine rekursive Gleichung für das Kapital zum Ende der Jahre an.

Die Lösung: s_n sei das Kapital am Ende des n-ten Jahres.
Dann gilt:

$s_1 = 5000 + 0{,}05 \cdot 5000$

$s_2 = s_1 + 0{,}05 \cdot s_1$

$s_3 = s_2 + 0{,}05 \cdot s_2$
$\quad = s_1 + s_1 \cdot 0{,}05 + s_1 \cdot 0{,}05^2$

$s_4 = s_3 + 0{,}05 \cdot s_3$
$\quad = s_1 + s_1 \cdot 0{,}05 + s_1 \cdot 0{,}05^2 + s_1 \cdot 0{,}05^3$

Also ist s_n eine geometrische Reihe mit

$s_n = 5000 \cdot \frac{1{,}05^n - 1}{1{,}05 - 1}$

$s_5 = 5000 \cdot \frac{1{,}05^5 - 1}{1{,}05 - 1} = 27\,628{,}16$

$s_{10} = 62\,889{,}46$

7.3 Matrizen

WISSEN

Unter einer (m × n)-Matrix versteht man ein rechteckiges Zahlenschema, in dem in m Zeilen und n Spalten reelle Zahlen oder deren Platzhalter aufgelistet sind.

$$\begin{pmatrix} a_{11} & a_{12} & & a_{1n} \\ a_{21} & a_{22} & \cdots & a_{2n} \\ \cdots & \cdots & & \cdots \\ a_{m1} & a_{m2} & & a_{mn} \end{pmatrix}$$

Dabei ist a_{ij} das Element in der i-ten Zeile und der j-ten Spalte; a_{34} steht in der 3. Zeile und der 4. Spalte.

Die Matrix ist eine sehr angenehme, kurze, treffende, alles Unnötige weglassende Schreibweise für zahlreiche mathematischer Probleme.

Innerhalb der Oberstufenmathematik wird die Matrix als Beschreibung linearer Gleichungssysteme, linearer Abbildungen, affiner Abbildungen und für Vektorgleichungen verwendet.

Wenn Sie sich mit dieser eleganten, schnörkellosen, platzsparenden Schreibweise auch nicht unbedingt anfreunden müssen, so sollten Sie sich wenigstens an sie gewöhnen.

Ist diese Schreibweise aber in Ihrem Unterricht eingeführt, müssen Sie sie nicht nur akzeptieren, sondern beherrschen.
Wehren Sie sich nicht, es ist weder schwer noch unsinnig. Es ist eine neue Schreibweise, die viele Vorteile hat.

Gegenüberstellung von Matrix und anderen Schreibweisen

Sie sehen sehr leicht, dass weder Informationen gewonnen werden noch verloren gehen. Der Vorteil ist die knappe, sachliche Schreibweise.

Lineares Gleichungssystem

$$\begin{array}{ccccc} a_{11}x_1 + & a_{12}x_2 + & \cdots & a_{1n}x_n & = & b_1 \\ a_{21}x_1 + & a_{22}x_2 + & \cdots & a_{2n}x_n & = & b_2 \\ \cdots & \cdots & \cdots & \cdots & & \cdots \\ a_{m1}x_1 + & a_{m2}x_2 + & \cdots & a_{mn}x_n & = & b_m \end{array}$$

Matrix

$$\begin{pmatrix} a_{11} & a_{12} & & a_{1n} & b_1 \\ a_{21} & a_{22} & \cdots & a_{2n} & b_2 \\ \cdots & \cdots & & \cdots & \cdots \\ a_{m1} & a_{m2} & & a_{mn} & b_m \end{pmatrix}$$

Vektorgleichung

$$\begin{pmatrix} a_{11} \\ a_{21} \\ \cdots \\ a_{m1} \end{pmatrix} x_1 + \begin{pmatrix} a_{12} \\ a_{22} \\ \cdots \\ a_{m2} \end{pmatrix} x_2 + \ldots + \begin{pmatrix} a_{1n} \\ a_{2n} \\ \cdots \\ a_{mn} \end{pmatrix} x_n = \begin{pmatrix} b_1 \\ b_2 \\ \cdots \\ b_m \end{pmatrix}$$

Oft wird die Matrixschreibweise bei den linearen Abbildungen verwendet:

Lineare Abbildung:
$x_1' = a_1 x_1 + b_1 x_2$
$x_2' = a_2 x_1 + b_2 x_2$

Matrix:
$$\begin{pmatrix} a_1 & b_1 \\ a_2 & b_2 \end{pmatrix}$$

Mit der Matrix A gilt: $\overrightarrow{x'} = A \cdot x$

Da man in der Schulmathematik bei der Vektorrechnung mit (3 × 3)-Matrizen auskommt und für die linearen und affinen Abbildungen (2 × 2)-Matrizen verwendet, werden im Folgenden nur diese beiden Matrizenarten vorgestellt.

7

7.3.1 Schreibweisen

Die folgenden Schreibweisen, Aussagen und Sätze sind (sofern sie in demselben Unterpunkt stehen) gleichwertig und austauschbar. Vorschlag zur Lösung (bei jeder Schreibweise!): Umschreiben in LGS und mit Gauß-Verfahren lösen.

Lineares Gleichungssystem (LGS)

- **Schreibweise**: für m Gleichungen mit n Variablen:

$$\begin{matrix} a_{11}x_1 + & a_{12}x_2 + & \dots & a_{1n}x_n & = & b_1 \\ a_{21}x_1 + & a_{22}x_2 + & \dots & a_{2n}x_n & = & b_2 \\ \dots & \dots & \dots & \dots & & \dots \\ a_{m1}x_1 + & a_{m2}x_2 + & \dots & a_{mn}x_n & = & b_m \end{matrix}$$

- **Zahlenbeispiel**: LGS mit drei Gleichungen und drei Variablen:

$$\begin{matrix} -2x_1 & + & 2x_2 & + & 7x_3 & = & 11 \\ 3x_1 & - & 10x_2 & - & 3x_3 & = & 3 \\ x_1 & + & 3x_2 & + & 10x_3 & = & 0 \end{matrix}$$

- **Bezeichnungen**: x_i heißen Variablen; a_{ij} heißen Koeffizienten; a_{ij} ist der Koeffizient vor der j-ten Variablen in i-ter Gleichung.
- **Spezialfall mit $b_1 = b_2 = b_n = 0$ bzw. $b = 0$:** Gilt $b_1 = b_2 = b_3 = 0$, so heißt das LGS homogenes LGS. Ein homogenes LGS besitzt mindestens die triviale Lösung $(0|0|...0)$.
Beim homogenen LGS ist jedes Vielfache einer Lösung wieder eine Lösung und die Summe zweier Lösungen auch wieder eine Lösung.
- **Lösbarkeit:** Ein inhomogenes LGS ist eindeutig lösbar, wenn das zugehörende homogene LGS nur die triviale Lösung hat.

Vektorgleichung (VG)

- **Schreibweise**:

$$\vec{a_1}x_1 + \vec{a_2}x_2 + \dots \vec{a_n}x_n = \vec{b}$$

$$\begin{pmatrix} a_{11} \\ a_{21} \\ \dots \\ a_{m1} \end{pmatrix} x_1 + \begin{pmatrix} a_{12} \\ a_{22} \\ \dots \\ a_{m2} \end{pmatrix} x_2 + \dots + \begin{pmatrix} a_{1n} \\ a_{2n} \\ \dots \\ a_{mn} \end{pmatrix} x_n = \begin{pmatrix} b_1 \\ b_2 \\ \dots \\ b_m \end{pmatrix}$$

- **Zahlenbeispiel**: Vektorgleichung mit Vektoren aus $\mathbb{R}^3$:

$$\begin{pmatrix} -2 \\ 3 \\ 1 \end{pmatrix} x_1 + \begin{pmatrix} 2 \\ -10 \\ 3 \end{pmatrix} x_2 + \begin{pmatrix} 7 \\ -3 \\ 10 \end{pmatrix} x_3 = \begin{pmatrix} 11 \\ 3 \\ 0 \end{pmatrix}$$

- **Bezeichnungen**: x_i heißen Koeffizienten oder Koordinaten der Vektoren und sind reelle Zahlen.
- **Spezialfall mit $b_1 = b_2 = b_n = 0$ bzw. $\vec{b} = \vec{0}$:** $\vec{b}$ ist Nullvektor $\vec{0} = \begin{pmatrix} 0 \\ 0 \\ 0 \end{pmatrix}$. Die Vektorgleichung hat mindestens eine Lösung: Alle Koeffizienten sind gleich null ($x_1 = x_2 = \dots x_n = 0$). Sind die Vektoren $\vec{a_1}, \vec{a_2}, \dots, \vec{a_n}$ linear abhängig, so existieren weitere Lösungen der Vektorgleichung.
- **Lösbarkeit:** Lösungen existieren, wenn $\vec{b}$ als Linearkombination der Vektoren $\vec{e_1}, \vec{a_2}, \dots, \vec{a_n}$ darstellbar ist, das heißt: $\{\vec{b}, \vec{e_1}, \dots \vec{a_n}\}$ sind linear abhängig.
Sind schon die Vektoren $\vec{a_1}, \vec{a_2}, \dots \vec{a_n}$ linear abhängig, gibt es ∞-viele Lösungen.

Matrizenrechnung (MR)

- **Schreibweise**: Erweiterte Matrix (A/b), eine $(m \times n + 1)$-Matrix:

$$\begin{pmatrix} a_{11} & a_{12} & & a_{1n} & b_1 \\ a_{21} & a_{22} & \dots & a_{2n} & b_2 \\ \dots & \dots & & \dots & \dots \\ a_{m1} & a_{m2} & & a_{mn} & b_m \end{pmatrix}$$

- **Zahlenbeispiel**: (3×4)-Matrix (ebenfalls eine erweiterte Matrix):

$$\begin{pmatrix} 2 & 2 & 7 & 11 \\ -3 & -10 & -3 & 3 \\ 1 & 3 & 10 & 0 \end{pmatrix}$$

- **Bezeichnungen**: Die Anzahl der linear unabhängigen Zeilen ist gleich der Anzahl der linear unabhängigen Spalten und heißt Rang der Matrix.
- **Zusammenhänge**: Ist A eine quadratische Matrix mit n Spalten und n Zeilen, so gilt für ihre Determinante: $\text{Det}\,A \neq 0 \Leftrightarrow \text{Rang}(A) = n$
- **Lösbarkeit**: Es sei A eine Matrix mit n Spalten und n Zeilen. Für die Lösbarkeit der erweiterten Matrix $(A/\vec{b})$ gilt:
$\text{Rang}\,A = \text{Rang}\,(A/\vec{b}) = n$
$\Rightarrow$ eindeutig lösbar.
$\text{Rang}\,A = \text{Rang}\,(A/\vec{b}) < n$
$\Rightarrow$ ∞-viele Lösungen.
$\text{Rang}\,A < \text{Rang}\,(A/\vec{b})$
$\Rightarrow$ keine Lösung.

7

7.3.2 Rechnen mit quadratischen Matrizen

	Beschreibung, Erklärung	(3 × 3)-Matrix	(2 × 2)-Matrix
Einheitsmatrix	Die Einheitsmatrix E ist das neutrale Element der Matrizenmultiplikation ($A \cdot E = E \cdot A = A$): identische Abbildung, die jeden Punkt auf sich selbst abbildet.	$\begin{pmatrix} 1 & 0 & 0 \\ 0 & 1 & 0 \\ 0 & 0 & 1 \end{pmatrix} = E$	$\begin{pmatrix} 1 & 0 \\ 0 & 1 \end{pmatrix} = E$
Adjunkte A_{ij}	Die Adjunkte A_{ij} des Elements a_{ij} (auch algebraisches Komplement) ist die mit dem Vorzeichen $(-1)^{i+j}$ multiplizierte Unterdeterminante der Matrix A, wenn die i-te Zeile und die j-te Spalte bei A gestrichen werden.	Zur Bestimmung von Determinante und inverser Matrix: $\begin{vmatrix} a_{11} & a_{12} & a_{13} \\ a_{21} & a_{22} & a_{23} \\ a_{31} & a_{32} & a_{33} \end{vmatrix}$ $\Rightarrow A_{11} = (-1)^2 \cdot (a_{22} \cdot a_{33} - a_{23} \cdot a_{32})$ $A_{23} = (-1)^5 \cdot (a_{11} \cdot a_{32} - a_{12} \cdot a_{31})$	Bei Matrizen vom Rang < 3 kommt die Adjunkte nicht vor. Determinante und inverse Matrix der (2×2)-Matrix auswendig lernen!
Determinante Det A = |A|	Die Determinante einer quadratischen Matrix ist eine reelle Zahl, die von den Elementen der Matrix abhängt. Die Determinante benötigt man für fast alle Rechenprobleme mit Matrizen. Man muss die Determinante einer (2×2)- und einer (3×3)-Matrix bestimmen können.	$\begin{vmatrix} a_{11} & a_{12} & a_{13} \\ a_{21} & a_{22} & a_{23} \\ a_{31} & a_{32} & a_{33} \end{vmatrix} = \|A\| = \text{Det } A$ $= a_{11} \cdot a_{22} \cdot a_{33} + a_{12} \cdot a_{23} \cdot a_{31}$ $+ a_{13} \cdot a_{21} \cdot a_{32} - a_{13} \cdot a_{22} \cdot a_{31}$ $- a_{11} \cdot a_{23} \cdot a_{32} - a_{12} \cdot a_{21} \cdot a_{33}$	Bei Abbildungen ist die (leicht merkbare) Determinante wichtig: $\text{Det } A = \begin{vmatrix} a_1 & b_1 \\ a_2 & b_2 \end{vmatrix} = a_1 b_2 - a_2 b_1$
inverse Matrix A^{-1}	Die inverse Matrix von A heißt A^{-1}. Es gilt: $A \cdot A^{-1} = A^{-1} \cdot A = E$. Eine inverse Matrix von A existiert, wenn $\text{Det } A \neq 0$ ist. Eine $(n \times n)$-Matrix hat eine inverse Matrix, wenn Rang $A = n$. Die Bestimmung der inversen Matrix geht über die Adjunkte. A_{ij} ist die zu a_{ij} gehörige Adjunkte von Det A.	Bei (3×3)-Matrix gilt: $A^{-1} = \frac{1}{\text{Det } A} \cdot \begin{pmatrix} A_{11} & A_{12} & A_{13} \\ A_{21} & A_{22} & A_{23} \\ A_{31} & A_{32} & A_{33} \end{pmatrix} \Rightarrow \text{FS}$	Auf jeden Fall müssen Sie die inverse Matrix einer (2,2)-Matrix kennen! ■ Nebendiagonale: Vorzeichen ändern ■ Hauptdiagonale: Elemente tauschen ■ durch Det A dividieren $A = \begin{pmatrix} a_1 & b_1 \\ a_2 & b_2 \end{pmatrix}$, $A^{-1} = \frac{1}{\|A\|} \begin{pmatrix} b_2 & -b_1 \\ -a_2 & a_1 \end{pmatrix}$
Rang einer Matrix	Der Rang einer Matrix ist die Maximalzahl der linear unabhängigen Zeilen- bzw. Spaltenvektoren. Beide maximalen Zahlen stimmen überein.	Der Rang ist ≤ 3.	Der Rang ist ≤ 2.
Summe und Differenz	Grundsätzlich können nur Matrizen, die in der Zeilen- und Spaltenzahl gleich sind, verknüpft werden. $A \pm B = C$ mit $c_{ij} = a_{ij} \pm b_{ij}$. Man addiert (subtrahiert) die an gleicher Stelle stehenden Elemente.	$\begin{pmatrix} 1 & 4 & 3 \\ 2 & -1 & -2 \\ 3 & -1 & 10 \end{pmatrix} + \begin{pmatrix} -1 & 2 & -1 \\ -1 & 2 & 3 \\ 0 & 3 & -5 \end{pmatrix} = \begin{pmatrix} 0 & 6 & 2 \\ 1 & 1 & 1 \\ 3 & 2 & 5 \end{pmatrix}$	$\begin{pmatrix} -2t & 3 \\ t & -t \end{pmatrix} + \begin{pmatrix} t & 2 \\ 1 & -t \end{pmatrix} = \begin{pmatrix} -t & 5 \\ t+1 & -2t \end{pmatrix}$
Skalarmultiplikation	Wird eine Matrix mit einem Skalar (also mit einer reellen Zahl) multipliziert, so wird jedes Element der Matrix mit dieser Zahl multipliziert.	$(-2) \cdot \begin{pmatrix} 1 & 4 & 3 \\ 2 & -1 & -2 \\ 3 & -1 & 10 \end{pmatrix} = \begin{pmatrix} -2 & -8 & -6 \\ -4 & 2 & 4 \\ -6 & 2 & -20 \end{pmatrix}$	$t \cdot \begin{pmatrix} t & -t \\ -2 & 3 \end{pmatrix} = \begin{pmatrix} t^2 & -t^2 \\ -2t & 3t \end{pmatrix}$
Produkt von Matrizen	Führt man zwei Abbildungen hintereinander aus (Verkettung), so berechnet sich die Abbildungsgleichung über das Produkt der dazugehörenden Matrizen.	$A \cdot B = C$ mit $c_{ij} = a_{i1} \cdot b_{1j} + \ldots + a_{in} \cdot b_{nj}$; $c_{ij} = a_{i1} \cdot b_{1j} + a_{i2} \cdot b_{2j} + a_{i3} \cdot b_{3j}$; $(\ldots\ldots) \cdot (\vdots) = (\blacksquare)$	$\begin{pmatrix} 2 & -3 \\ 1 & 2 \end{pmatrix} \cdot \begin{pmatrix} -2 & -4 \\ 3 & 1 \end{pmatrix}$ $= \begin{pmatrix} (-4-9) & (-8-3) \\ (-2+6) & (-4+2) \end{pmatrix} = \begin{pmatrix} -13 & -11 \\ 4 & -2 \end{pmatrix}$
(2,2)-Regeln	Bei den Abbildungen (und damit bei den (2×2)-Matrizen) gilt:		$(A \cdot B)^{-1} = B^{-1} \cdot A^{-1}$; $A^{-n} = (A^{-1})^n$ Im Allgemeinen gilt: $AB \neq BA$.

7.3.3 Anwendungsmöglichkeiten

Die Anwendungen der Matrizenrechnung sind in der Sekundarstufe 2 vielfältig. Und sinnvoll ist es allemal, da die Matrixschreibweise mit Abstand die kürzeste Schreibweise der Mathematik ist, bei Belieben jederzeit umgeschrieben werden kann und zudem „GTR-tauglich" ist. Eines muss Ihnen klar sein: Um mit dem GTR Probleme lösen zu können, müssen Sie nicht Matrixdarstellungen in andere Formen bringen, sondern andere Formen durch Matrizen darstellen!
Wenn Sie einen GTR zur Verfügung haben, führt kein Weg an der Matrixschreibweise vorbei. Sie ersparen sich dadurch viel Rechenarbeit und sehr viel Zeit!

Drei einfache Beispiele sollen Ihnen zeigen, wo Sie die Matrixschreibweise einsetzen könnten:

a) In drei verschiedenen Lebensmitteln (X, Y, Z) sind pro Einheit die drei Vitamine A, B, C jeweils in verschiedenen mg (→ Tabelle) enthalten:

	Vitamin A	Vitamin B	Vitamin C
Stoff X	1	3	2
Stoff Y	0	2	1
Stoff Z	3	1	2

Angenommen, man will wissen, wie viel Einheiten von jedem der drei Stoffe zu nehmen sind, damit man von jedem Vitamin genau 20 mg erhält, lässt sich die Aufgabe auf verschiedene Weisen lösen:
Am naheliegendsten wird wohl ein lineares Gleichungssystem sein mit drei Gleichungen (pro Vitaminsorte eine) und drei Variablen (Anzahl der Einheiten pro Stoff; $x \triangleq$ Stoff X; $y \triangleq$ Stoff Y; $z \triangleq$ Stoff Z):

Vitamin A: $x \cdot 1 + y \cdot 0 + z \cdot 3 = 20$
$\Rightarrow x + 3z = 20$
Vitamin B: $x \cdot 3 + y \cdot 2 + z \cdot 1 = 20$
$\Rightarrow 3x + 2y + z = 20$
Vitamin C: $x \cdot 2 + y \cdot 1 + z \cdot 2 = 20$
$\Rightarrow 2x + y + 2z = 20$
Die Lösung wäre $x = 2;\ y = 4;\ z = 6$.

Man kann die Vitaminmengen auch als Vektoren auffassen:
Für A: $\vec{a} = \begin{pmatrix} 1 \\ 3 \\ 2 \end{pmatrix}$; für B: $\vec{b} = \begin{pmatrix} 0 \\ 2 \\ 1 \end{pmatrix}$; für C: $\vec{c} = \begin{pmatrix} 3 \\ 1 \\ 2 \end{pmatrix}$
und erhält anstelle des LGS eine Vektorgleichung $x\,\vec{a} + y\,\vec{b} + z\,\vec{c} = \begin{pmatrix} 20 \\ 20 \\ 20 \end{pmatrix}$
Da es nicht auf die Form, sondern auf die Zahlen ankommt, würde die Beschreibung des Problems mittels der Zahlen ausreichen. Man erhält dann die folgende Matrix:

$$\begin{pmatrix} 1 & 0 & 3 & 20 \\ 3 & 2 & 1 & 20 \\ 2 & 1 & 2 & 20 \end{pmatrix}$$

Im Prinzip spielt der Ansatz überhaupt keine Rolle. Die drei Lösungswege (LGS, Vektorgleichung, Matrix) sind gleichwertig, nur die Schreibweise weist wesentliche Unterschiede auf. Von jeder Rechenart kann zu jeder Zeit in eine der beiden anderen gewechselt werden.
Versteht man diese Identität, entfällt die Brisanz der neuen Schreibweise.

b) Schnitt einer Ebene in Vektordarstellung mit einer Geraden:
$\vec{x} = \begin{pmatrix} 2 \\ 1 \\ -3 \end{pmatrix} + v\begin{pmatrix} 1 \\ -2 \\ 3 \end{pmatrix} + u\begin{pmatrix} 3 \\ -5 \\ 0 \end{pmatrix}$ führt auf
$\vec{x} = \begin{pmatrix} -1 \\ 2 \\ -2 \end{pmatrix} + t\begin{pmatrix} 2 \\ 0 \\ 5 \end{pmatrix}$ wegen
$2 + v + 3u = -1 + 2t \Rightarrow 1 \cdot v + 3 \cdot u - 2t + 3 = 0$
$1 - 2v - 5u = 2 + 0 \cdot t \Rightarrow -2 \cdot v - 5 \cdot u + 0t - 1 = 0$
$-3 + 3v + 0 \cdot u = -2 + 5t \Rightarrow 3v + 0 \cdot u - 5t - 1 = 0$
die (3 x 4)-Matrix $A = \begin{pmatrix} 1 & 3 & -2 & 3 \\ -2 & -5 & 0 & -1 \\ 3 & 0 & -5 & -1 \end{pmatrix}$
und über GTR: $v = 2,\ u = -1,\ t = 1$

c) Auffinden der Funktionsgleichung durch einzelne Punkte des Schaubilds
Gesucht ist die Parabel 2. Grades durch die Punkte A (1 | 1), B (−2 | −17) und C (3 | −7). Der Ansatz über $y = a x^2 + b x + c$ führt auf die Matrix
a b c −y (Koeffizienten von)

$$\begin{pmatrix} 1 & 1 & 1 & -1 \\ 4 & -2 & 1 & 17 \\ 9 & 3 & 1 & 7 \end{pmatrix}$$

und über den GTR auf $a = -2,\ b = 4,\ c = -1$
$\Rightarrow y = -2x^2 + 4x - 1$

7.4 Abbildungen

Die von der Mittelstufe her bekannten Abbildungen (Verschiebung, Spiegelung, Streckung, Drehung, ...) werden in der Oberstufe nicht mehr nur konstruiert, sondern algebraisch erfasst und berechnet. Dabei handelt es sich ausschließlich um Abbildungen der Zeichenebene auf sich selbst. Insbesondere kommen (im selben Koordinatensystem) Bild- und Urpunkte vor. Ich bezeichne die Urpunkte mit großen lateinischen Buchstaben, die zugehörigen Bildpunkte mit einem Strich. $A \rightarrow A'$.
Da nur ebene Figuren abgebildet werden, wird im $\mathbb{R}^2$ gearbeitet. Die Vektoren bestehen also aus zwei Zahlen.
Man unterscheidet zwischen den affinen Abbildungen (der Punktraum $\mathbb{R}^2$ wird in $\mathbb{R}^2$ abgebildet; jeder Punkt der „Ur-Ebene" hat einen eindeutig festgelegten Bildpunkt in der Bild-Ebene) und der dazugehörenden linearen Abbildung (jeder Vektor der Ebene hat einen eindeutigen Bildvektor in der Ebene).

Man muss streng zwischen affinen und linearen Abbildungen unterscheiden. Jede affine Abbildung induziert (bedingt) eindeutig eine Vektorabbildung, bei der die Verschiebungen entfallen, da zwei Vektoren gleich sind, wenn sie in Richtung und Länge übereinstimmen (die Lage spielt dabei keine Rolle).
affinen Abbildung: $\overrightarrow{x'} = A \cdot \vec{x} + b$
lineare Abbildung: $\overrightarrow{x'} = A \cdot \vec{x}$

Meist benutzt man zur Beschreibung der Abbildungen die Matrizenschreibweise.
Erleichternd kommt hinzu, dass in der Ebene gearbeitet wird, sodass die Skizzen sehr einfach und klar sind, dass es lediglich (2×2)-Matrizen sind, die bearbeitet werden müssen und dass nur zwei lineare Gleichungen zu lösen sind.

Tipp

Wenn man mit einer Abbildung „arbeiten" muss, ist es immer von Vorteil, wenn sie in der Koordinatendarstellung (zwei lineare Gleichungen) vorliegt.

Die wichtigsten Definitionen und Erläuterungen in alphabetischer Reihenfolge:

- **Charakteristische Gleichung:** Ist $A = \begin{pmatrix} a_1 & b_1 \\ a_2 & b_2 \end{pmatrix}$ eine Vektorabbildung, so heißt die quadratische Gleichung $\begin{vmatrix} a_1 - k & b_1 \\ a_2 & b_2 - k \end{vmatrix} = 0$ $\Leftrightarrow$ $k^2 - (a_1 + b_1)k + (a_1 b_2 - a_2 b_1) = 0$ die charakteristische Gleichung der Vektorabbildung.
- **Determinante D:** Ist $D \neq 0$, so ist die Abbildung umkehrbar. Ist $|D| = 1$, so ist die Abbildung flächentreu.
- **Eigenraum:** Von den Eigenvektoren und dem Nullvektor gebildeter Untervektorraum von $\mathbb{R}^2$.
- **Eigenvektoren:** Ist k ein Eigenwert, so gilt mit der Vektorabbildung A: $A\vec{v} = k\vec{v}$ und $\vec{v}$ heißt Eigenvektor zum Eigenwert k.
- **Eigenwerte:** Lösungen der charakteristischen Gleichungen
- **Fixgerade:** Gerade, die auf sich selbst abgebildet wird. Ein Punkt kann auf einen anderen Punkt der Geraden abgebildet werden.
- **Fixpunkt:** Punkt bezüglich der Abbildung α, der auf sich selbst abgebildet wird.
- **Fixpunktgerade:** Gerade bezüglich der Abbildung α, auf der jeder Punkt auf sich selbst abgebildet wird (jeder Punkt ist Fixpunkt).
- **Invariantes Rechtwinkelpaar:** Werden zwei Richtungen, die $\perp$ aufeinander stehen, bezüglich der Abbildung α so abgebildet, dass die Bildrichtungen wieder rechtwinklig stehen, heißen die Richtungen „Rechtwinkelpaar" zu α. ($\vec{v} \perp \vec{u} \Rightarrow \alpha(\vec{v}) \perp \alpha(\vec{u}) \Rightarrow \vec{v}, \vec{u}$ ist invariantes Rechtwinkelpaar). Jede affine Abbildung hat genau ein Rechtwinkelpaar.
- **Matrizenrechnung:** Notwendige Begriffe und Verknüpfungen
- **Normalform:** Ändert man die Basisvektoren, ändern sich auch die Koordinaten der Abbildungsgleichungen. Besonders einfach wird die Beschreibung, wenn die Eigenvektoren als Basisvektoren verwendet werden. Die affinen Abbildungen heißen Normalform, wenn sie folgende Form haben:
  Bei zwei Eigenwerten (k, r): $\begin{pmatrix} k & 0 \\ 0 & r \end{pmatrix} + \begin{pmatrix} c_1 \\ c_2 \end{pmatrix}$
  Bei einem Eigenwert (k):
  $\begin{pmatrix} k & 0 \\ 0 & r \end{pmatrix} + \begin{pmatrix} c_1 \\ c_2 \end{pmatrix}$ oder $\begin{pmatrix} k & 1 \\ 0 & k \end{pmatrix} + \begin{pmatrix} c_1 \\ c_2 \end{pmatrix}$
  Ohne Eigenwert: $\begin{pmatrix} a & -b \\ b & a \end{pmatrix} + \begin{pmatrix} c_1 \\ c_2 \end{pmatrix}$

7.4.1 Eigenschaften von Abbildungen

	affine Abbildung α	lineare Abbildung f
Beschreibung	Abbildung einer Ebene E auf sich selbst	Abbildung eines Vektorraums V auf einen Vektorraum U
„vereinfachte Schulversion“	Die im x_1-x_2-Koordinatensystem (entspricht dem x-y-System der Analysis) liegenden Punkte der Zeichenebene werden durch Vorschriften (Gleichungen) wieder auf Punkte derselben Ebene abgebildet.	Die Vektoren der Ebene werden auf Vektoren der Ebene abgebildet.
Zusammenhang	Jede affine Abbildung induziert eine lineare Abbildung im Vektorraum der Verschiebungspfeile der Ebene.	Lässt man bei der affinen Abbildung die „Verschiebung“ (Abbildung des Ursprungs (0 | 0)) weg, erhält man die induzierte lineare Abbildung für die Vektoren der Ebene.
Vektordarstellung	$\vec{x'} = x_1\,\vec{a} + x_2\,\vec{b} + \vec{c}$ oder $\begin{pmatrix} x_1 \\ x_2 \end{pmatrix}' = x_1\begin{pmatrix} a_1 \\ a_2 \end{pmatrix} + x_2\begin{pmatrix} b_1 \\ b_2 \end{pmatrix} + \begin{pmatrix} c_1 \\ c_2 \end{pmatrix}$	$\vec{x'} = x_1\,\vec{a} + x_2\,\vec{b}$ oder $\begin{pmatrix} x_1 \\ x_2 \end{pmatrix}' = x_1\begin{pmatrix} a_1 \\ a_2 \end{pmatrix} + x_2\begin{pmatrix} b_1 \\ b_2 \end{pmatrix}$
Koordinatendarstellung	$x_1' = a_1 x_1 + b_1 x_2 + c_1$ $\quad x_1' = -3\,x_1 + 2\,x_2 - 1$ $x_2' = a_2 x_2 + b_2 x_2 + c_2$ $\quad x_2' = 4\,x_1 - 3\,x_2 + 5$	$x_1' = a_1 x_1 + b_1 x_{21}$ $\quad x_1' = -3\,x_1 + 2\,x_2$ $x_2' = a_2 x_2 + b_2 x_2$ $\quad x_2' = 4\,x_1 - 3\,x_2$
Matrixdarstellung	$\vec{x'} = A\,\vec{x} + \vec{c}$ mit $A = \begin{pmatrix} a_1 & b_1 \\ a_2 & b_2 \end{pmatrix}$, $\vec{x'} = \begin{pmatrix} -3 & 2 \\ 4 & -3 \end{pmatrix} \cdot \vec{x} + \begin{pmatrix} -1 \\ 5 \end{pmatrix}$	$\vec{x'} = A\,\vec{x}$ mit $A = \begin{pmatrix} a_1 & b_1 \\ a_2 & b_2 \end{pmatrix}$, $\vec{x'} = \begin{pmatrix} -3 & 2 \\ 4 & -3 \end{pmatrix}\vec{x}$
Definition	Geometrische Definition: Eine geradentreue und umkehrbare Abbildung der Ebene auf sich heißt affine Abbildung oder Affinität.	Die Vektorabbildung $f\colon V \to U$ heißt linear, wenn gilt: $f(\vec{x} + \vec{y}) = f(\vec{x}) + f(\vec{y})$ und $r\,f(\vec{x}) = f(r\,\vec{x})$ für alle Vektoren $\vec{x}$, $\vec{y}$ und alle reellen Zahlen r.
Eigenschaften	Parallelentreu und teilverhältnistreu (Mitte bleibt Mitte), Gerade bleibt Gerade, parallel bleibt parallel, aber nicht winkeltreu und nicht längentreu.	dieselben Eigenschaften wie bei der zugehörigen affinen Abbildung
inverse Abbildung	$\alpha^{-1}\colon\ \vec{x} = A^{-1}\vec{x'} - a^{-1}\vec{c}$ mit $A^{-1} = \frac{1}{\text{Det}\,A} \cdot \begin{pmatrix} b_2 & -b_1 \\ -a_2 & a_1 \end{pmatrix}$ A^{-1} aus A mit Nebendiagonale: Vorzeichen ändern und Hauptdiagonale: Elemente tauschen. Dann durch Det A teilen.	$f^{-1}\colon\ \vec{x} = A^{-1}\vec{x'}$ mit $A^{-1} = \frac{1}{\text{Det}\,A}\begin{pmatrix} b_2 & -b_1 \\ -a_2 & a_1 \end{pmatrix}$
Verkettung (Hintereinanderausführung)	Mit α: $\vec{x'} = A\,\vec{x} + \vec{c}$ und β: $\vec{x'} = U\,\vec{x} + \vec{w}$ gilt: $\alpha \circ \beta$ (α nach β): $\vec{x'} = A\,U\,\vec{x} + A\,\vec{w} + \vec{c}$, aber $\beta \circ \alpha$ (β nach a): $\vec{x'} = U\,A\,\vec{x} + U\,\vec{c} + \vec{w}$.	Mit f: $\vec{x'} = A\,\vec{x}$ und g: $\vec{x'} = U\,\vec{x}$ gilt: $f \circ g$ (f nach g): $\vec{x'} = A\,U\,\vec{x}$, aber $g \circ f$ (g nach f): $\vec{x'} = U\,A\,\vec{x}$.

7

7.4.2 Probleme bei Abbildungen

Fragestellung	Beschreibung	Ansatz	Beispiel
Konstruktion von Bildpunkten bei einer affinen Abbildung mit Achse s	Gegeben ist eine Fixpunktgerade (Achse) s und ein Punkt P mit Bildpunkt P'. Gesucht: Bildpunkte von Urpunkten oder Figuren (die über einzelne Punkte abgebildet werden).	(PP') ist die Abbildungsrichtung und parallel zu (AA'), (BB'), ... (AP) schneidet s im Fixpunkt F. (P'F) schneidet Parallele zu (PP') durch A in A'.	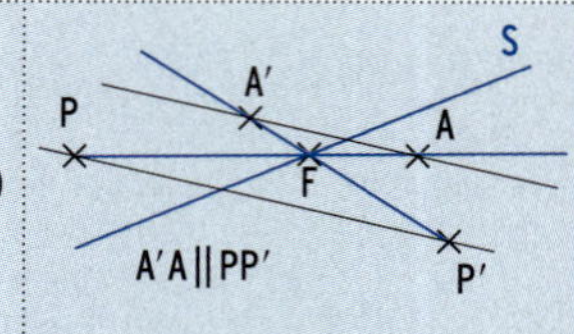
Konstruktion von Bildpunkten bei einer affinen Abbildung ohne eine Achse	Es können nur die Eigenschaften ▪ parallelentreu ▪ verhältnistreu ▪ geradentreu verwendet werden.	Kein stures Schema möglich. Zunächst versuchen, die Achsen abzubilden. Ist ein Punkt mit Bildpunkt gegeben, können infolge der Geradentreue die Geraden parallel zu den Achsen durch den gegebenen Urpunkt gebildet werden.	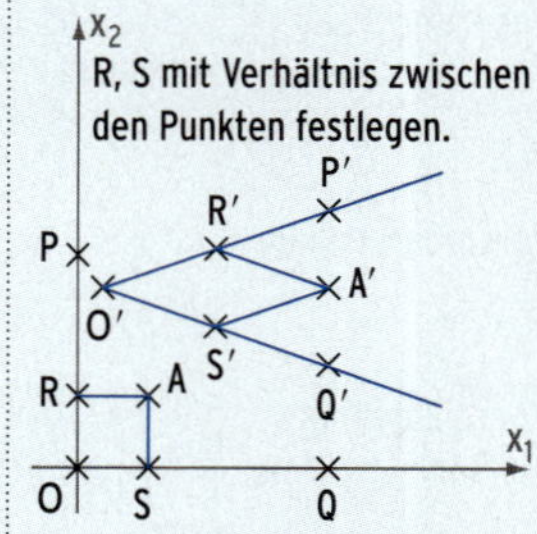
Konstruktion einer Ellipse als affines Bild eines Kreises bei einer affinen Abbildung mit Achse s	Man bestimmt das invariante Rechtwinkelpaar und erhält als Abbildung der Schnitte der Schenkel des rechten Winkels am Kreis, die Scheitel der Ellipse. Ist stur trainierbar.	1 Punkt M auf M' abbilden. 2 Mittellot von MM' schneidet s in M_T. 3 Kreis um M_T mit $r = \overline{M_TM}$ schneidet s in F_1 und F_2. 4 (F_1M) schneidet Kreis in den Urpunkten der Ellipsenscheitel. 5 Parallelen zu MM' durch die Urpunkte schneiden die Bildgeraden (F_1M') und (F_2M') in den Ellipsenscheiteln.	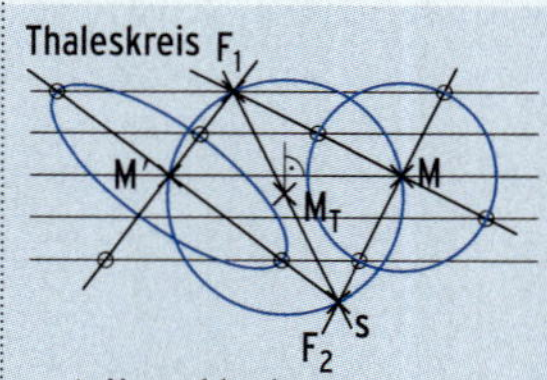○ ≙ Urpunkte des Ellipsenscheitels
Bestimmung von Abbildungsgleichungen	Drei Punktepaare bestimmen (wenn die Punkte nicht auf einer Geraden liegen) eindeutig eine affine Abbildung.	Allgemeiner Ansatz: $x_1' = a_1 x_1 + b_1 x_2 + c_1$ $x_2' = a_2 x_2 + b_2 x_2 + c_2$ Einsetzen ergibt zwei lineare Gleichungssysteme, aus denen a_1, b_1, c_1 bzw. a_2, b_2, c_2 berechnet werden können.	Gegeben: $P(1\|1) \to P'(6\|1)$; $Q(-1\|0) \to Q'(2\|1)$; $R(2\|-1) \to R'(3\|7)$ $6 = a_1 + b_1 + c_1$ $2 = -a_1 + c_1$ $3 = 2a_1 - b_1 + c_1$ $\Rightarrow a_1 = 1,\ b_1 = 2,\ c_1 = 3$ $1 = a_2 + b_2 + c_2$ $1 = -a_2 + c_2$ $7 = 2a_2 - b_2 + c_2$ $\Rightarrow a_2 = 1{,}2;\ b_2 = -2{,}4;\ c_2 = 2{,}2$
Berechnung von Eigenwerten	Nur über die charakteristische Gleichung. Es gibt keinen, genau einen oder zwei Eigenwerte.	Bei der Abbildung $\begin{pmatrix} a_1 & b_1 \\ a_2 & b_2 \end{pmatrix}$ ist $k^2 - (a_1 + b_2)k + (a_1 b_2 - a_2 b_1) = 0$ die charakteristische Gleichung.	$\begin{pmatrix} 0{,}6 & 1 \\ 0{,}4 & 0 \end{pmatrix} \Rightarrow k^2 - 0{,}6k - 0{,}4 = 0$ $\Rightarrow k_{1,2} = \frac{0{,}6 + \sqrt{0{,}36 + 1{,}6}}{2}$ $\Rightarrow k_1 = 1,\ k_2 = -0{,}4$

Fragestellung	Beschreibung	Ansatz	Beispiel
Berechnung von Eigenvektoren	Eigenvektoren existieren nur, wenn es Eigenwerte gibt; für jeden Eigenwert neu bestimmen.	Allgemeinen Vektor $\begin{pmatrix} v_1 \\ v_2 \end{pmatrix}$ abbilden und nach Eigenwert schauen: $\begin{pmatrix} v_1 \\ v_2 \end{pmatrix}\begin{pmatrix} a_1 & b_1 \\ a_2 & b_2 \end{pmatrix} = k\begin{pmatrix} v_1 \\ v_2 \end{pmatrix}$ $\Leftrightarrow a_1 v_1 + b_1 v_2 = k v_1$ $\Leftrightarrow a_2 v_2 + b_2 v_2 = k v_2$	Mit $\begin{pmatrix} 0{,}6 & 1 \\ 0{,}4 & 0 \end{pmatrix}$ und dem Eigenwert $-0{,}4$: $0{,}6\, v_1 + v_2 = -0{,}4\, v_1$ $0{,}4\, v_1 = -0{,}4\, v_2$ $\Rightarrow v_1 = -v_2 \Rightarrow t\begin{pmatrix} 1 \\ -1 \end{pmatrix}$ sind die Eigenvektoren.
Bestimmung von Fixpunkten	Einfach die Bedingungen eines Fixpunktes überprüfen. Es gibt keinen Fixpunkt, genau einen Fixpunkt oder eine ganze Fixpunktgerade.	$P(p_1 \mid p_2)$ ist Fixpunkt, wenn er sich bezüglich einer affinen Abbildung nicht ändert: $\begin{pmatrix} a_1 & b_1 \\ a_2 & b_2 \end{pmatrix}\begin{pmatrix} p_1 \\ p_2 \end{pmatrix} + \begin{pmatrix} c_1 \\ c_2 \end{pmatrix} = \begin{pmatrix} p_1 \\ p_2 \end{pmatrix}$ $= p_1 = p_1 a_1 + b_1 p_2 + c_1 = p_1$ $p_2 = p_1 a_2 + b_2 p_2 + c_2 = p_2$	α: $\vec{x} = \begin{pmatrix} 0{,}6 & 1 \\ 0{,}4 & 0 \end{pmatrix} \cdot \vec{x} + \begin{pmatrix} -2{,}4 \\ 2{,}4 \end{pmatrix} \Rightarrow$ $0{,}6\, p_1 + p_2 - 2{,}4 = p_1$ $0{,}4\, p_1 + 2{,}4 = p_2$ $\Rightarrow p_2 = 0{,}4\, p_1 + 2{,}4$ bzw. $p_2 = 0{,}4\, x + 2{,}4$ ist Fixpunktgerade.
Bestimmung von Fixgeraden	Kommen nur bei Eigenvektoren (als Richtungsvektoren) vor. Existiert eine Fixpunktgerade, so ist jede Gerade von Urpunkt zu Bildpunkt parallel und Fixgerade.	Richtungsvektor muss ein Eigenvektor sein und ein beliebiger Punkt muss wieder auf der Geraden liegen.	$\vec{x} = \vec{p} + t\,\vec{u}$ ist Fixgerade, wenn $\vec{u}$ Eigenvektor ist und P′ wieder auf der Geraden liegt.
Normalform	2 Eigenwerte: $\begin{pmatrix} k_1 & 0 \\ 0 & k_2 \end{pmatrix}$ 1 Eigenwert: $\begin{pmatrix} k & 0 \\ 0 & k \end{pmatrix}$ kein Eigenwert: $\begin{pmatrix} a & -b \\ b & a \end{pmatrix}$	Wählt man das Koordinatensystem so, dass ein Fixpunkt der neue Ursprung ist und die Eigenvektoren die neuen Richtungen sind, erhält man $\begin{pmatrix} k_1 & 0 \\ 0 & k_2 \end{pmatrix}$ bei zwei Eigenwerten.	Bei einem oder keinem Eigenwert nicht in dieser Kürze erklärbar, aber auch nicht so wichtig wie im Fall von zwei Eigenwerten.

7.5 Vollständige Induktion

Das Wort Induktion kommt aus dem Lateinischen. Wir verstehen darunter eine wissenschaftliche Methode, die vom besonderen Einzelfall auf das Allgemeine schließen lässt.

Ganz grob kann man diese Beweismethode folgendermaßen sehen:
Um einer Menschenmenge etwas mitzuteilen muss ich nicht unbedingt allen gleichzeitig diese Mitteilung überbringen (z. B. über einen Lautsprecher). Ich könnte die Menschen der Menge sich auch in einer Reihe aufstellen lassen und müsste dafür sorgen, dass jeder die Mitteilung seinem linken Nachbarn weitergibt. Wenn ich dann mit dem ganz rechts stehenden Menschen beginne, erfährt auch jeder der Menschenmenge die Mitteilung.

Aber zurück zur Mathematik:
Wenn ich zeigen kann, dass eine mathematische Aussage, die für eine natürliche Zahl n gilt, auch für den Nachfolger von n (also $n + 1$) gilt und ich zusätzlich zeige, dass sie für ein ganz bestimmtes n_0 gilt (z.B. für $n_0 = 4$), dann weiß ich, dass die Aussage für alle natürlichen Zahlen größer gleich n_0 (im Beispiel ≥ 4) gilt.

Beweisverfahren der vollständigen Induktion

Die vollständige Induktion ist ein mathematisches Beweisverfahren, mit dem gezeigt werden kann, dass ein Aussageterm (A)u für alle natürlichen Zahlen gilt, die größer oder gleich einer festen natürlichen Zahl sind.

Zu zeigen ist:

- $A(n_0)$ ist eine wahre Aussage. Das heißt, die Aussage ist wahr für die Zahl n_0. (In der Regel $n_0 = 1$)
- Aus $A(n) \Rightarrow A(n + 1)$. Das heißt, man muss zeigen, dass wenn A für n gilt, A auch für $n + 1$ gilt.
- Aus a und b kann man schließen, dass A für alle n mit $n \geq n_0$ gilt (bei $n_0 = 1$ gilt also die Aussage für alle natürlichen Zahlen).

Tipp

Sie müssen nie zeigen, dass A (n) gilt, sondern nur dass A (1) oder A (2), ... gilt. Dann nehmen Sie an, dass A (n) gilt und schließen auf A (n + 1).
Eigentlich sind die Beweise recht einfach. Man weiß genau, was zu zeigen ist und man weiß genau, was zu verwenden ist. Der Weg ist so eng vorgegeben, dass im Grunde nichts passieren kann.
Die Aufgaben, bei denen ein Beweis mit vollständiger Induktion verlangt wird, sind gar nicht so selten. Es lohnt sich, die unten stehenden Beispiele nicht nur zu überfliegen sondern wirklich durchzuarbeiten. Ich habe für die typischen Anwendungsgebiete jeweils ein Beispiel gewählt.

Aufgabe	Lösung
Zeigen Sie, dass $n^3 + 2n$ für alle n durch 3 teilbar ist.	für $n = 1$ gilt: $n^3 + 2n = 1 + 2 \cdot 1 = 3 \Rightarrow$ Aussage ist richtig (Induktionsanfang) Wir gehen davon aus, dass die Aussage für n (Induktionsannahme) gilt: $n^3 + 2n = 3 \cdot r$ mit $r \in \mathbb{N}$ Zu zeigen ist $(n+1)^3 + 2(n+1)$ ist durch 3 teilbar. Ausmultiplizieren ergibt: $n^3 + 3n^2 + 3n + 1 + 2n + 2$ und ordnen $n^3 + 2n$ + $3n^2 + 3n + 3$ $\Rightarrow$ $(n+1)^3 + 2(n+1)$ ist laut Annahme durch 3 teilbar; alle Summanden durch 3 teilbar; ist durch 3 teilbar (Induktionsschluss)
$1 + 2 + 3 + ... + n = \frac{n(n+1)}{2}$	für $n = 1$ gilt: linke Seite 1, rechte Seite $\frac{1(1+1)}{2} = 1$ $\Rightarrow$ richtig (Induktionsanfang) Es ist für n zu zeigen: linke Seite $= 1 + ... + n + (n+1)$ rechte Seite $= \frac{(n+1)(n+2)}{2}$ (Induktionsannahme) Wir nutzen die Annahme aus: linke Seite $= 1 + ... + n + (n+1) = \frac{n(n+1)}{2} + n + 1 = \frac{n(n+1) + 2n + 2}{2} = \frac{n^2 + 3n + 2}{2} = \frac{(n+1)(n+2)}{2}$ = rechte Seite $\Rightarrow$ Behauptung stimmt (Induktionsschluss)

8_Leitidee Messen

Messen bedeutet nichts anderes, als dass untersucht wird, wie häufig das gewählte Einheitsmaß in der zu messenden Größe enthalten ist. In einem Stab der Länge 134 cm ist eben das Einheitsmaß Zentimeter (der hunderste Teil eines Meters) 134-mal enthalten, ein Bauplatz mit 6 Ar enthält die Fläche $1\,m^2$ eben 600-mal ($1\,Ar = 100\,m^2$).

8.1 Steigung, Winkel, Orthogonalität

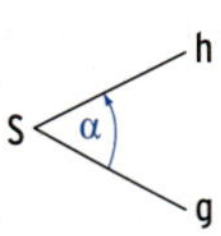

Dreht man die Halbgerade g in mathematisch positiver Richtung (entgegen dem Uhrzeigersinn) auf die Halbgerade h (g und h gehen von demselben Punkt S aus), so überstreicht g einen Winkel α. Die Größe des Winkels (oder die Winkelweite) wird in Teilen einer ganzen Drehung (g wird ganz gedreht, bis g in die alte Lage kommt) gemessen.

Gradmaß: 1° ist der 360-ste Teil des Vollwinkels. Steigungen und Schnittwinkel werden im Gradmaß gemessen.

Bogenmaß: Ein Winkel kann auch als Teil eines Kreisumfangs im Bogenmaß (Einheit Radiant, abgekürzt RAD) gemessen werden. Der Vollkreis hat die Bogenlänge 2π, da man im Einheitskreis (Radius = 1) arbeitet und damit den Kreisumfang $2\pi r = 2\pi \cdot 1 = 2\pi$ hat. Der große Vorteil dabei ist, dass damit der Winkel mittels der Längeneinheit gemessen werden kann.

Die Steigung einer Geraden ist der Tangens des Winkels α zwischen Gerade und x-Achse mit $-90° \leq \alpha \leq 90°$.

Eine notwendige Umrechnung „Steigung ↔ Winkel" ist immer ein „TR-Problem" im Gradmaß.

>> BEISPIEL

Die Gerade $y = -3x + 7$ hat die Steigung -3 und damit zur x-Achse den Winkel $\alpha = -71{,}57°$ (über [3] [+/−] [SHIFT] [tan]). Umgekehrt hat eine Gerade, die mit der x-Achse einen Winkel von 20° einschließt, die Steigung $m \approx 0{,}36$ (über [20] [tan]).

Die Steigung eines Graphen $y = f(x)$ im Punkt $P(u\,|\,f(u))$ ist die Steigung der Tangente an den Graphen in P. Berechnet wird die Steigung über die Ableitung: $m = f'(u)$!
Da $-\infty < f'(u) < \infty$, erhalten Sie über die 1. Ableitung mittels des TRs ([INV] [tan]) den Steigungswinkel in Bezug zur x-Achse zwischen $-90°$ und $90°$.
Der Schnittwinkel zweier Graphen ist der Schnittwinkel bei beiden Tangenten im Schnittpunkt. Es sei $S(x_s\,|\,y_s)$ der Schnittpunkt der beiden Graphen f und g. Zur Berechnung des Schnittwinkels der beiden Graphen müssen zwei Fälle unterschieden werden. Schneiden sich die Schaubilder rechtwinklig (orthogonal), im Zeichen: $\perp$, so muss eine Steigung der negative Kehrwert der anderen Steigung sein:
$f_1'(s) \perp f_2'(s) \Leftrightarrow f_1'(x_s) = -\frac{1}{f_2'(x_s)}$.
Oder, was natürlich genau dasselbe ist:
$f_1'(x_s) \cdot f_2'(x_s) = -1$.
Umgekehrt gilt mit $m_1 \cdot m_2 = -1$ auch, dass die den Steigungen zugeordneten Geraden (oder Tangenten an Graphen) rechtwinklig (orthogonal) sind.

Insbesondere gilt für die Tangentensteigung m_t und die Normalensteigung m_n in einem Punkt P des Graphen von f(x):
$m_t = \frac{-1}{m_n}$; $m_n = \frac{-1}{m_t}$; $m_n \cdot m_t = -1$.
Schneiden sich die Schaubilder zweier Graphen f und g nicht rechtwinklig (nicht orthogonal), so gilt für den Schnittwinkel α im Schnittpunkt $P(x_p\,|\,y_p)$: $\tan\alpha = \frac{f'(x_p) - g'(x_p)}{1 + f'(x_p) \cdot g'(x_p)} = \frac{m_2 - m_1}{1 + m_1 \cdot m_2}$
Über den TR mit [INV] [tan] folgt dann die Winkelweite (bitte in Grad!).

>> BEISPIEL

Die Geraden g: $y = -3x - 2$ und h: $y = 2x - 7$ schneiden sich im Punkt $P(1\,|\,-5)$ unter dem Winkel $\alpha = -45°$.
Über $\tan\alpha = \frac{2 - (-3)}{1 + (-3) \cdot 2} = -1$
$\Rightarrow$ (TR: [1] [+/−] [INV] [tan] [=])
folgt: $\alpha = -45°$,
mit l: $y = -0{,}5x + 2$ gilt: $l \perp h$ $(S(3{,}6\,|\,0{,}2))$.

8.2 Flächenberechnung

Der Hauptsatz der Integralrechnung zeigt den Zusammenhang zwischen der Integralfunktion, der Stammfunktion und dem Flächeninhalt.

Hier ein Vorschlag zur Berechnung von Flächeninhalten ohne Betrachtung des mathematischen Hintergrundes.

Ein krummliniges Trapez bezüglich der Randfunktion $f(x)$ ist die Punktmenge $(x|y)$ mit $a \leq x \leq b$ und $0 \leq y \leq f(x)$ oder $f(x) \leq y \leq 0$, je nachdem, ob der Graph ober- oder unterhalb der x-Achse verläuft.

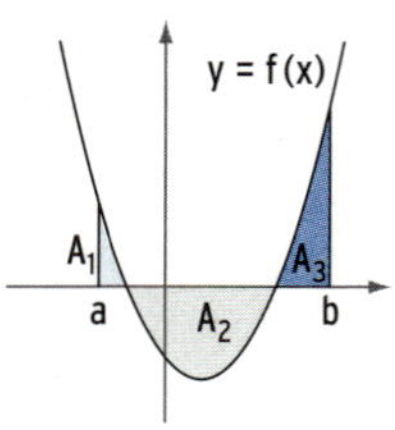

Schneidet der Graph die x-Achse, so teilen wir die Fläche in zwei (oder mehrere) krummlinige Trapeze ein, sodass jedes krummliniges Trapez nur oberhalb oder nur unterhalb der x-Achse liegt.

Ein krummliniges Trapez wird somit von einem Schaubild einer Funktion und von drei Geraden begrenzt. Eine Gerade davon ist die x-Achse, die beiden anderen Geraden (deren Längen auch 0 sein dürfen) sind parallel zur y-Achse.

Tipp

Sie können bei der Berechnung die folgenden sechs Punkte (in der angegebenen Reihenfolge) ganz stur durchgehen. Die Anleitungen sind knapp gehalten, da keine Probleme zu erwarten sind.
Sie müssen immer damit rechnen, dass die zu berechnende Fläche in Teilflächen zerlegt oder sinnvoll zu einer größeren Fläche ergänzt werden muss.

1 **Aufteilung der zu berechnenden Fläche in krummlinige Trapeze:** Insbesondere müssen die seitlichen Begrenzungen parallel zur y-Achse sein, es sei denn, der Graph der Randfunktion schneidet die x-Achse, dann wird die seitliche Begrenzung zu einem Punkt (was an den folgenden Schritten überhaupt nichts ändert)!

2 **Festlegung der seitlichen Grenzen a und b und der Randfunktion f(x) jedes einzelnen Trapezes:** Ist $a < b$, so heißt a untere, b obere Grenze. Meist sind die Grenzen und $f(x)$ gegeben.

3 **Aufstellung der Integralfunktion für jedes einzelne Trapez:**
$\int_a^b f(x)\,dx$ a ist die untere, b die obere Grenze, dx heißt Differenzial und gibt die Integrationsvariable an.

4 **Bestimmung der Stammfunktion F(x) der Randfunktion f(x):** F(x) wird in eine eckige Klammer geschrieben, die Grenzen a und b kommen an den unteren bzw. oberen Rand der hinteren Klammer. $[F(x)]_a^b$

5 **Einsetzen der Grenzen:** Ersetzen der Variablen durch die Grenzen b und a. Vom Term mit der oberen Grenze wird der Term mit der unteren Grenze abgezogen; kurz: $F(b) - F(a)$. Das ist der »orientierte Flächeninhalt«, der bis auf das Vorzeichen gleich dem Flächeninhalt des Trapezes ist.

$$\int_a^b f(x)\,dx = [F(x)]_a^b = F(b) - F(a)$$

6 **Addition der Beträge der „Inhalte" der einzelnen krummlinigen Trapeze:** Des Betrags deswegen, weil $F(b) - F(a)$ negativ wird, wenn die Randfunktion unterhalb der x-Achse liegt. Der Flächeninhalt ist immer eine positive Größe.

>> BEISPIEL

In der Skizze sei $a = -2$, $b = 3$ mit
$f(x) = x^2 - x - 2$
Graph schneidet die x-Achse in
$f(x) = x^2 - x - 2 = 0$
$\Rightarrow x_{1,2} = \frac{1 \pm \sqrt{1+8}}{2} \Rightarrow x_1 = -1,\ x_2 = 2$
Es gilt:

$$A_1 = \int_{-2}^{-1} (x^2 - x - 2)\,dx \ \left[\tfrac{1}{3}x^3 - \tfrac{1}{2}x^2 - 2x\right]_{-2}^{-1}$$
$$= \tfrac{7}{6} - \left(-\tfrac{2}{3}\right) = \tfrac{11}{6}$$

entsprechend

$$A_2 = \int_{-1}^{2} f(x)\,dx = [...]_{-1}^{2} = -\tfrac{10}{3} - \left(\tfrac{7}{6}\right) = -\tfrac{9}{2}$$

$$A_3 = \int_{2}^{3} f(x)\,dx = [...]_{2}^{3} = -\tfrac{3}{2} - \left(-\tfrac{10}{3}\right) = \tfrac{11}{6}$$

Flächeninhalt $= \frac{11}{6} + \left|-\frac{9}{2}\right| + \frac{11}{6} = 8\frac{1}{6}$ FE

Flächeninhalt zwischen zwei Graphen

$\int_a^b [f(x) - g(x)]\,dx$ oder $\int_a^b f(x)\,dx - \int_a^b g(x)\,dx$

Entweder die orientierten Teilflächen unter den Graphen einzeln berechnen oder (viel schneller und besser!) über die Hilfsfunktion $h(x) = f(x) - g(x)$ integrieren.
Der orientierte Inhalt wird positiv, wenn $f(x) \geq g(x)$ für $a \leq x \leq b$ gilt.

Schneiden f oder g die x-Achse, müssen Sie dies nicht beachten. Nur wenn h(x) eine Nullstelle hat, das heißt, wenn $f(x) = g(x)$ gilt, muss die Fläche aufgeteilt werden.

Uneigentliche Flächen

Uneigentliche Flächen sind Flächen, die nicht durchgehend begrenzt sind. Die Ausdehnung (aber nicht der Inhalt!) ist unendlich groß.

Zur Berechnung müssen Sie zunächst die Ausdehnung der Fläche begrenzen: durch Geraden $x = z$ bzw. $y = z$ an der „nicht begrenzten Stelle".
Danach führen Sie Ihre Berechnung nach den Punkten 1 bis 6 durch. Sie erhalten den Flächeninhalt A_z in Abhängigkeit von z.
Erst jetzt bilden Sie den Grenzübergang $\lim_{z \to \infty} A_z$ ... (je nach Aufgabe).

Gegeben sind die Graphen der Funktion:
$g(x) = \frac{4}{x^2}$ und $f(x) = -x^2 + 5$.

Bestimmen Sie folgende Flächeninhalte:

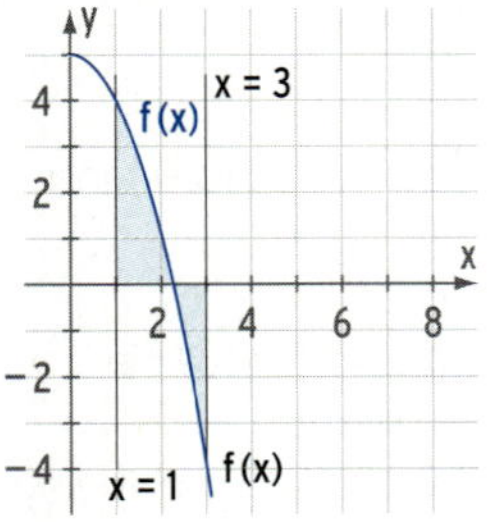

1 Zwischen dem Graph von f(x), der x-Achse und den Geraden $x = 1$ und $x = 3$.

Die Randfunktion f(x) hat bei $x_0 = \sqrt{5}$ eine Nullstelle, die Fläche muss deshalb in zwei krummlinige Trapeze zerlegt werden:

$$A_1 = \int_1^{\sqrt{5}} (-x^2 + 5)\,dx = \left[-\tfrac{1}{3}x^3 + 5x\right]_1^{\sqrt{5}}$$
$$= -\tfrac{5}{3}\sqrt{5} + 5\sqrt{5} + \tfrac{1}{3} - 5 = \tfrac{10}{3}\sqrt{5} - \tfrac{14}{3} \approx 2{,}8$$

$$A = \int_{\sqrt{5}}^{3} (-x^2 + 5)\,dx = \left[-\tfrac{1}{3}x^3 + 5x\right]_{\sqrt{5}}^{3}$$
$$= -9 + 15 + \tfrac{5}{3}\sqrt{5} - 5\sqrt{5} = 6 - \tfrac{10}{3}\sqrt{5} \approx -1{,}5$$

Flächeninhalt: $A = |A_1| + |A_2| = 2{,}8 + 1{,}5 = 4{,}3$ FE.

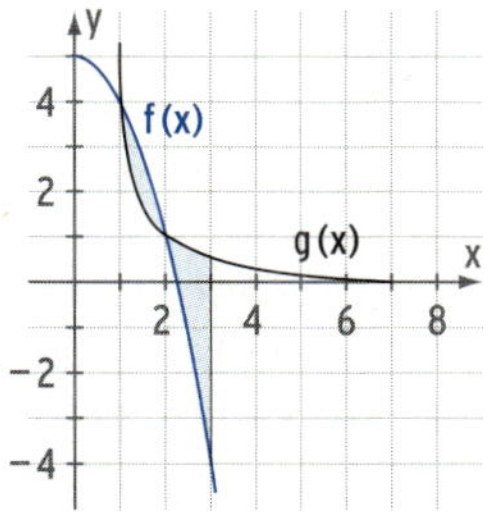

2 Zwischen den Graphen der beiden Funktionen im Intervall [1; 3].

Die Graphen schneiden sich im Punkt S(2|1).
Über $\frac{4}{x^2} = -x^2 + 5 \Rightarrow$ die biquadratische Gleichung: $-x^4 + 5x^2 - 4 = 0$ mit der für uns relevanten Lösung $x = 2$; wieder zwei Integrale getrennt berechnen:

$$B_1 = \int_1^2 (-x^2 + 5 - 4x^{-2})\,dx = \left[-\tfrac{1}{3}x^3 + 5x + \tfrac{4}{x}\right]_1^2$$
$$= -\tfrac{8}{3} + 10 + 2 + \tfrac{1}{3} - 5 - 4 = \tfrac{2}{3}$$

$$B_2 = \int_2^3 (-x^2 + 5 - 4x^{-2})\,dx = \left[-\tfrac{1}{3}x^3 + 5x + \tfrac{4}{x}\right]_2^3$$
$$= -9 + 15 + \tfrac{4}{3} + \tfrac{3}{8} - 10 - 2 = -4{,}29$$

Flächeninhalt: $B = |B_1| + |B_2| = 2 + 4{,}29 = 6{,}29$ FE.

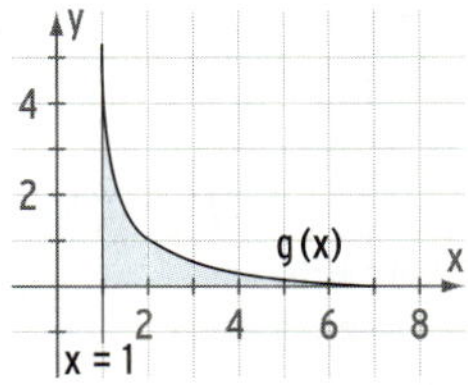

3 Zwischen der Geraden $x = 1$, dem Graphen von g(x) und der x-Achse.

Eine uneigentliche Fläche, mit der „künstlichen Grenze" $x = z$ zur vollständigen Umrandung der Fläche.

$$C_z = \int_1^z 4x^{-2}\,dx = \left[-\tfrac{4}{x}\right]_1^z = -\tfrac{4}{z} + 4 = 4 - \tfrac{4}{z}.$$

Mit $\lim_{z \to \infty} C_z = \lim_{z \to \infty} \left[4 - \left(\tfrac{4}{z}\right)\right] = 4$

$\Rightarrow$ uneigentlicher Flächeninhalt $I = 4$ FE.

Auch bei den Flächenberechnungen hat sich mit dem GTR einiges geändert:

- Der GTR berechnet die Flächen, ohne dass sie die Stammfunktionen benötigen. Damit können nicht integrierbare Funktionen als Randfunktionen vorkommen.
- Durch GTR-Flächenberechnungen sind Vergleiche mit den Näherungsrechnungen möglich.

8.3 Volumenberechnung

Sowohl im Bereich der Analysis als auch in der Geometrie und (wenn auch wesentlich seltener) in der Stochastik werden Sie immer wieder auf Körper treffen.

Einige Hinweise könnten Ihnen die Arbeit mit den Körpern erleichtern:

- Zerlegen (oder vervollständigen) Sie den Körper so, dass Sie zu den bekannten „Grundkörpern" der Mittelstufengeometrie kommen (Würfel, Quader, Prisma, Pyramide, Zylinder, Kegel, Kugel und die platonischen Körper (reguläre Polyeder)).

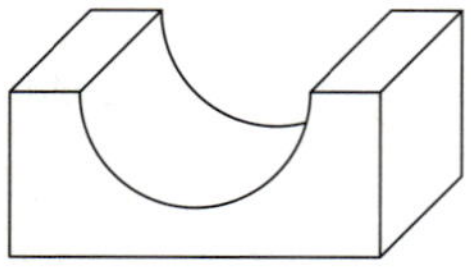

Dieser Körper stellt einen Quader dar, aus dem die Hälfte eines Zylinders ausgefräst wurde.

- Sie finden die „Grundkörper" in jeder Formelsammlung, einschließlich der Formeln zur Berechnung des Volumens und der Oberfläche, meist auch das Netz und den Radius der Umkreis- und der Inkreiskugel. Bitte schauen Sie sich die entsprechenden Seiten in der FS in Ruhe an.
- Denken Sie daran, dass ein Kegelstumpf die Differenz zweier Kegel ist (auch der Pyramidenstumpf ist eine Differenz).

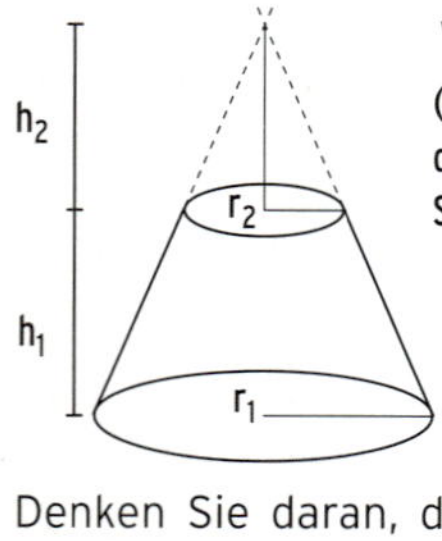

$V = \frac{1}{3}\pi r_1^2 (h_1 + h_2) - \frac{1}{3}\pi r_2^2 h_2$

(Für die Höhe und die Radien gilt der Strahlensatz.)

- Denken Sie daran, dass bei Schrägbildern bestimmte Eigenschaften wie rechter Winkel, Streckenlänge nicht erhalten bleiben.

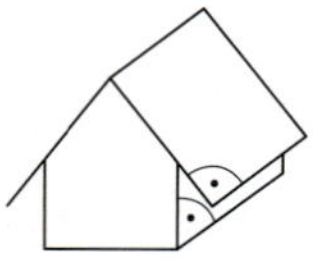

in Wirklichkeit rechte Winkel

- Setzen Sie immer die Formelsammlung und den Taschenrechner ein.
- Denken Sie daran, dass eine Bohrung in einem Körper ein Zylinder ist und ein Rohr die Differenz zweier Zylinder.

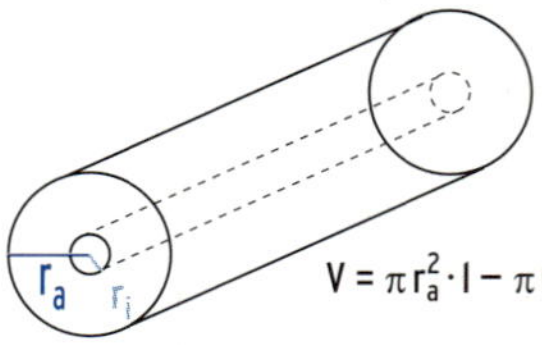

$V = \pi r_a^2 \cdot l - \pi r_i^2 \cdot l = \pi \cdot l \left(r_a^2 - r_i^2\right)$

- Das Volumen eines auf eine Spitze zulaufenden Körpers ist $\frac{1}{3}\cdot$Grundfläche·Höhe.
  Sind Stand und Deckfläche gleich, gilt
  V = Grundfläche·Höhe.

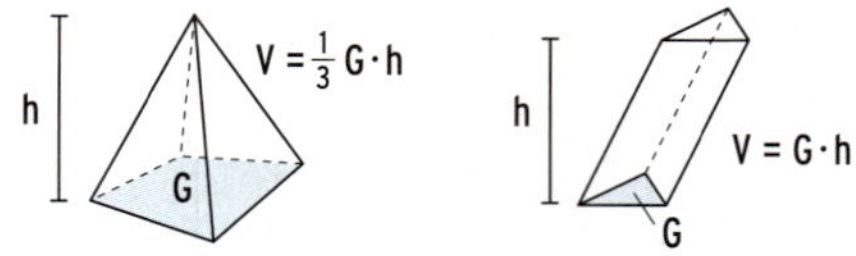

>> BEISPIEL

Ein prismenförmiger Abwasserkanal hat als Schnittfläche ein gleichseitiges Trapez mit der Höhe 40 cm, der Grundseite 30 cm und der Oberseite 50 cm. Das Wasser läuft im Schnitt mit der Geschwindigkeit von $0{,}5\frac{m}{s}$ durch den Kanal. Wieviel Liter Wasser läuft in einer Stunde durch den Kanal in das Klärbecken, wenn der Kanal stets genau bis zur halben Höhe mit Wasser gefüllt ist?

Skizze

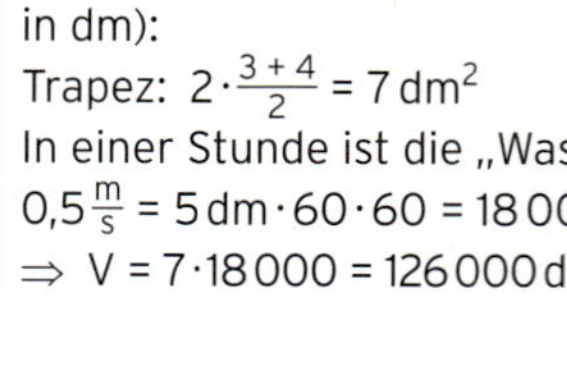

Querschittsfläche (mit halbem Wasserstand in dm):

Trapez: $2 \cdot \frac{3+4}{2} = 7\,dm^2$

In einer Stunde ist die „Wasserlänge" bei $0{,}5\frac{m}{s} = 5\,dm \cdot 60 \cdot 60 = 18\,000\,dm$

$\Rightarrow V = 7 \cdot 18\,000 = 126\,000\,dm^3 = 126\,m^3$ Wasser

Drehkörper

WISSEN

Dreht man ein krummliniges Trapez um eine der Koordinatenachsen, so entsteht ein Drehkörper, dessen Volumen wir mittels der Integralrechnung bestimmen können.

Die Randfunktion des krummlinigen Trapezes muss stetig sein und, wenn wir es um die y-Achse drehen, zusätzlich streng monoton.

Drehung um die x-Achse

$V_x = \pi \int_a^b y^2\,dx = \pi \int_a^b [f(x)]^2\,dx.$

Sie müssen den Funktionsterm quadrieren und über dieses Quadrat integrieren. Dieses Integral ist mit der Kreiszahl π zu multiplizieren.

Nach dem Einsetzen der Grenzen in die vorher bestimmte Stammfunktion erhalten Sie als Ergebnis den Rauminhalt des Drehkörpers in Volumeneinheiten (VE).

Drehung um die y-Achse

$V_y = \pi \int_{f(a)}^{f(b)} x^2\,dy = \pi \int_{f(a)}^{f(b)} [f^{-1}(y)]^2\,dy$

Die Integrationsvariable hat sich geändert. Es wird nun nach y integriert. Das heißt, dass im Integranden auch nur noch y als Variable vorkommen darf. Auch die Grenzen sind nicht mehr auf der x-Achse ablesbar. Es sind nun die Ordinaten (die y-Werte) der Begrenzung einzusetzen.

Zuerst berechnen Sie die neuen Grenzen f(a) und f(b): Einsetzen der Werte a und b in die Randfunktion f(x).
Danach bestimmen Sie aus der Randfunktion $y = f(x)$ die Variable x (oder gleich x^2). Das Integral über $x^2\,dy$ wird mit π multipliziert.
Nach dem Einsetzen der Grenzen erhalten Sie den Inhalt des Drehkörpers in Volumeneinheiten (VE).

Wird ein Flächenstück zwischen zwei Graphen um eine Koordinatenachse gedreht, kann bei der Berechnung nicht mit der Hilfsfunktion $h(x) = [f(x) - g(x)]^2$ gearbeitet werden. Sie müssen den „inneren Körper" vom „äußeren Körper" abziehen, nachdem Sie beide einzeln berechnet haben. Bei unübersichtlichen Problemen immer (wie auch bei der Flächenberechnung) Körper in Teilkörper aufteilen und getrennt berechnen!

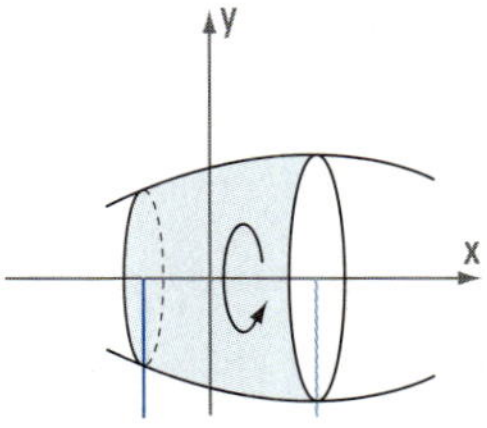

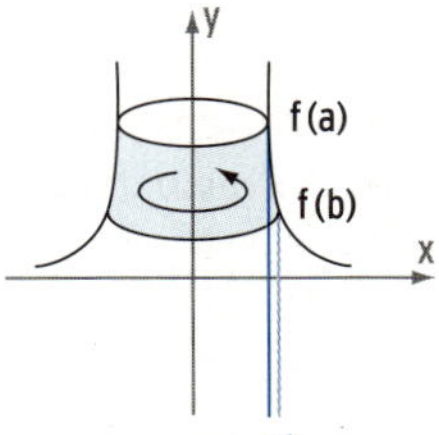

Mit dem GTR kann man als Randfunktionen auch Funktionen wählen, deren Quadrat für uns nicht integrierbar ist. Dadurch werden die Aufgaben wesentlich vielschichtiger!

>> BEISPIEL

Legt man bei einem Sektglas in Gedanken ein ebenes Koordinatensystem dahinter (wie in der Skizze), so hat der Glasrand die Form der Parabel $f(x) = x^2$.

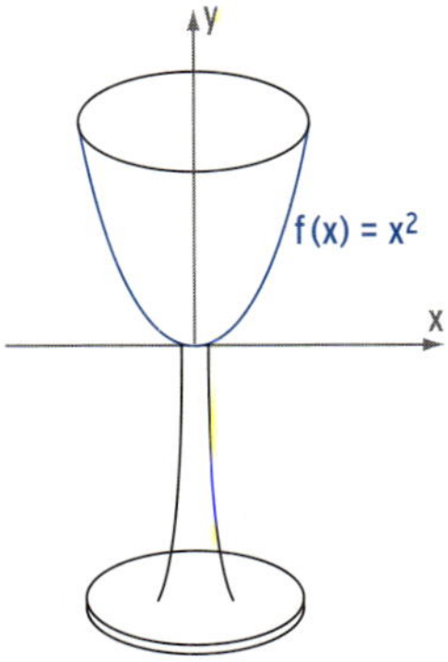

a) Wieviel fasst das Glas höchstens, wenn der zu füllende Körper eine Höhe von 5 cm hat?

$f(x) = x^2$

$\Rightarrow V_y = \pi \int_0^{0,5} x^2\,dy = \int_0^{0,5} y\,dy = \pi\left[\frac{1}{2}y^2\right]_0^{0,5} = 0{,}125\,\pi$

$= 0{,}393\,m\ell.$

Ergebnis: $125\,\pi$ (Maße bei der Berechnung in dm, da $1\,dm^3 = 1\,\ell$ entspricht)

b) Wie hoch müsste das Glas sein, damit es einen halben Liter fasst?

$V_y = 0{,}5 = \pi \cdot \left[\frac{1}{2}y^2\right]_0^h = \frac{\pi}{2}h^2$

$\Rightarrow h = 0{,}564$, also 5,64 cm

8.4 Skalarprodukt

In der Geometrie wird mit zwei ganz verschiedenen Mengen gearbeitet:

- Die Menge der reellen Zahlen, die wir Skalare nennen. Diese sind durch die Zahl eindeutig bestimmt ($\sqrt{3}$ ist eben $\sqrt{3}$, 17 eben 17).
- Die Menge der Vektoren, die im Raum durch drei Angaben bestimmt sind. Schreibweise: $\vec{x} = \begin{pmatrix} x_1 \\ x_2 \\ x_3 \end{pmatrix}$. Die drei reellen Zahlen x_1, x_2 und x_3 geben die Längen an, die der Vektor in der x_1-, x_2- bzw. x_3-Richtung hat, wenn man ihn in diese drei Richtungen zerlegt (was bei jedem Vektor möglich ist).

Verknüpfungen von Vektoren und Skalaren sind teilweise möglich, teilweise nicht. Die Auflistung zeigt Ihnen, was möglich ist und was nicht:

- Vektor ± Vektor = Vektor
  $\begin{pmatrix} 2 \\ -1 \\ 3 \end{pmatrix} + \begin{pmatrix} 4 \\ 1 \\ -2 \end{pmatrix} = \begin{pmatrix} 6 \\ 0 \\ 1 \end{pmatrix}$ $\begin{pmatrix} 2 \\ -1 \\ 3 \end{pmatrix} - \begin{pmatrix} 4 \\ 1 \\ -2 \end{pmatrix} = \begin{pmatrix} -2 \\ -2 \\ 5 \end{pmatrix}$
- Vektor · Vektor = Skalar (Skalarprodukt)
  $\begin{pmatrix} 2 \\ -1 \\ 3 \end{pmatrix} \cdot \begin{pmatrix} 4 \\ 1 \\ -2 \end{pmatrix} = 2 \cdot 4 + (-1) \cdot 1 + 3 \cdot (-2) = 1$
- Vektor : Vektor nicht definiert
  $\begin{pmatrix} 2 \\ -1 \\ 3 \end{pmatrix} : \begin{pmatrix} 4 \\ 1 \\ -2 \end{pmatrix}$ oder: $\dfrac{\begin{pmatrix} 2 \\ -1 \\ 3 \end{pmatrix}}{\begin{pmatrix} 4 \\ 1 \\ -2 \end{pmatrix}}$ geht nicht!
- Skalar ± Vektor nicht definiert
  $3 \pm \begin{pmatrix} 2 \\ -1 \\ 3 \end{pmatrix}$ geht nicht!
- Skalar · Vektor = Vektor (s-Multiplikation)
  $3 \begin{pmatrix} 2 \\ -1 \\ 3 \end{pmatrix} = \begin{pmatrix} 6 \\ -3 \\ 9 \end{pmatrix}$
- Skalar : Vektor nicht definiert
  $5 : \begin{pmatrix} 2 \\ -1 \\ 3 \end{pmatrix}$ oder: $\dfrac{5}{\begin{pmatrix} 2 \\ -1 \\ 3 \end{pmatrix}}$ geht nicht!
- Vektor ± Skalar nicht definiert
  $\begin{pmatrix} 2 \\ -1 \\ 3 \end{pmatrix} \pm 3$ geht nicht!
- Vektor · Skalar = Vektor (s-Multiplikation)
  $\begin{pmatrix} 2 \\ -1 \\ 3 \end{pmatrix} \cdot 3 = \begin{pmatrix} 6 \\ -3 \\ 9 \end{pmatrix}$
- Vektor : Skalar = Vektor (s-Multiplikation)
  $\begin{pmatrix} 2 \\ -1 \\ 3 \end{pmatrix} : 3 = \dfrac{\begin{pmatrix} 2 \\ -1 \\ 3 \end{pmatrix}}{3} = \frac{1}{3} \begin{pmatrix} 2 \\ -1 \\ 3 \end{pmatrix} = \begin{pmatrix} \frac{2}{3} \\ -\frac{1}{3} \\ 1 \end{pmatrix}$

Das Skalarprodukt ist die mit Abstand ungewöhnlichste mathematische Verknüpfung in der Schule. Damit ist sie auch sehr fehleranfällig. Bitte nehmen Sie diese Verknüpfung, die die Bestimmung von Winkelgrößen erlaubt, ernst.

Allgemein gilt:
Eine Abbildung zweier Vektoren des Vektorraumes V in die reellen Zahlen heißt Skalarprodukt in V, wenn für alle $\vec{x}$, $\vec{y}$, $\vec{z} \in V$ und alle $k \in \mathbb{R}$ gilt:
$\vec{x} \cdot \vec{y} = \vec{y} \cdot \vec{x}$; $\vec{x}\,(\vec{y} + \vec{z}) = \vec{x}\,\vec{y} + \vec{x}\,\vec{z}$; $\vec{x}\,(k\,\vec{y}) = k\,(\vec{x}\,\vec{y})$;
$\vec{x} \cdot \vec{x} = x^2 > 0$ für alle $\vec{x} \neq 0$.

Sollten Sie je bei einer vorgegebenen Abbildung zeigen müssen, dass es sich um ein Skalarprodukt handelt, müssen Sie diese Gesetze nachweisen, was durch Einsetzen und algebraische Umformungen geschieht. Die Gesetze selbst finden Sie in jeder Formelsammlung, ein Auswendiglernen ist verlorene Zeit.
Für Sie gilt:

WISSEN

In rechtwinkligen Koordinaten ist das Skalarprodukt:
$\vec{x} \cdot \vec{y} = \begin{pmatrix} x_1 \\ x_2 \\ x_3 \end{pmatrix} \cdot \begin{pmatrix} y_1 \\ y_2 \\ y_3 \end{pmatrix} = x_1 \cdot y_1 + x_2 \cdot y_2 + x_3 \cdot y_3$
(→ Auflistung links).

Und genau mit dieser reellen Zahl (also der Summe der Produkte der einander entsprechenden Koordinaten) müssen Sie arbeiten.

Obwohl auch dies in jeder Formelsammlung steht, schlage ich Ihnen vor, diesmal nicht nur auswendig zu lernen, sondern echt zu üben.

>> BEISPIELE

$\begin{pmatrix} -1 \\ 2 \\ 3 \end{pmatrix} \cdot \begin{pmatrix} 2 \\ 1 \\ -2 \end{pmatrix} = -2 + 2 - 6 = -6$

$\begin{pmatrix} \sqrt{3} \\ 0 \\ \frac{1}{2} \end{pmatrix} \cdot \begin{pmatrix} \frac{1}{3} \\ 4 \\ 7 \end{pmatrix} = \frac{\sqrt{3}}{3} + 0 + \frac{7}{2} \approx 4{,}077$

$\begin{pmatrix} 0 \\ 1 \\ 0 \end{pmatrix} \cdot \begin{pmatrix} 2 \\ 0 \\ 4 \end{pmatrix} = 0$

8

Winkelbestimmung über das Skalarprodukt

Die Bestimmung der Winkelweite in der Analysis (x-y-Ebene) geschieht über den Tangens und über die Steigung (1. Ableitungen) der Graphen. Im Raum (also in der Geometrie) benutzt man zur Winkelweitenbestimmung das Skalarprodukt.

Über die Längen der Vektoren, über das Skalarprodukt und über den Cosinussatz (den auf beliebige Dreiecke verallgemeinerten Satz des Pythagoras) lässt sich der Winkel (genauer: die Winkelweite) zwischen zwei Vektoren im Gradmaß berechnen.

WINKEL

Der Winkel zwischen den Vektoren $\vec{x}$ und $\vec{y}$ wird berechnet über

$$\cos\alpha = \frac{\left|\begin{pmatrix} x_1 \\ x_2 \\ x_3 \end{pmatrix} \cdot \begin{pmatrix} y_1 \\ y_2 \\ y_3 \end{pmatrix}\right|}{|\vec{x}|\cdot|\vec{y}|} = \frac{|x_1y_1 + x_2y_2 + x_3y_3|}{\sqrt{x_1^2 + x_2^2 + x_3^2}\cdot\sqrt{y_1^2 + y_2^2 + y_3^2}},$$

dann mit TR [INV] [cos].

Klar, dass diese Methode auch in der Analysis möglich wäre, aber über die Steigung geht alles schneller und ist weniger fehleranfällig.

>> BEISPIEL

Die zwei Geraden g: $y = 3x + 4$ und h: $y = -x + 1$ scheiden sich unter dem Winkel:

Analysis:

$$\tan\varphi = \frac{m_2 - m_1}{1 + m_1 \cdot m_2} = \frac{3-(-1)}{1-3} = \frac{4}{-2} = -2$$

$\Rightarrow \varphi \approx -63{,}43°$

Geometrie:

$$g:\ \vec{x} = \begin{pmatrix} 0 \\ 4 \\ 0 \end{pmatrix} + t\begin{pmatrix} 1 \\ 3 \\ 0 \end{pmatrix},\quad h:\ x = \begin{pmatrix} 0 \\ 1 \\ 0 \end{pmatrix} + s\begin{pmatrix} 1 \\ -1 \\ 0 \end{pmatrix}$$

$$\cos\varphi = \frac{\left|\begin{pmatrix} 1 \\ 3 \\ 0 \end{pmatrix} \cdot \begin{pmatrix} 1 \\ -1 \\ 0 \end{pmatrix}\right|}{\sqrt{1+9}\cdot\sqrt{1+1}} = \frac{|-2|}{\sqrt{20}} = 0{,}4472\ldots$$

$\Rightarrow \varphi \approx 63{,}43°$

$\Rightarrow$ gleich

In der Praxis wird die Berechnung, sofern Sie die Sätze und Regeln dieser Seite beachten, beziehungsweise die in Ihrer FS zuständigen Hilfen finden und richtig anwenden, zu einer reinen „Einsetz- und Taschenrechner-Tipp-Übung".

WISSEN

- **Zwei Vektoren schließen immer zwei Winkel ein: die beiden Winkel, die man erhält, wenn die beiden Vektoren so verschoben werden, dass ihre Anfangspunkte zusammenfallen.**
- **Wir berechnen immer den kleineren der beiden Winkel (die sich ja zu 360° ergänzen).**

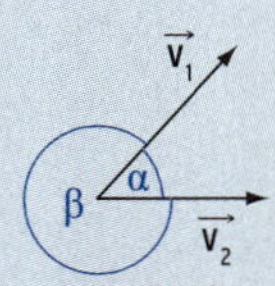

α + β = 360°

- **Der Winkel α zwischen zwei Geraden ist der kleinere Winkel zwischen den Richtungsvektoren der beiden Geraden. Da zwei Vektoren immer (ganz gleich, wie sie auch liegen) zwei Winkel miteinander einschließen, haben damit auch zwei Geraden immer zwei Winkel miteinander. Auch wenn sie windschief sind!**

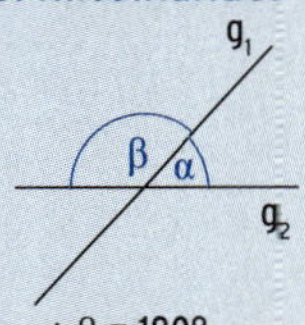

α + β = 180°

- **Der Winkel β zwischen zwei Ebenen ist der Winkel zwischen den beiden Normalenvektoren der beiden Ebenen. Damit schließen auch zwei Ebenen immer zwei Winkel ein.**
- **Der Winkel β zwischen der Geraden g und der Ebene ist der zu 90° Grad ergänzte Winkel des Winkels zwischen dem Richtungsvektor der Geraden und dem Normalenvektor der Ebene.**

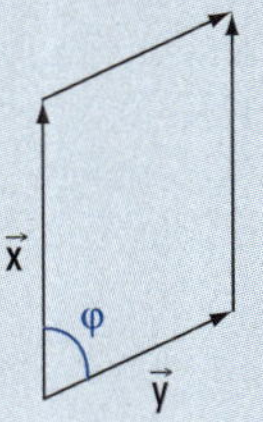

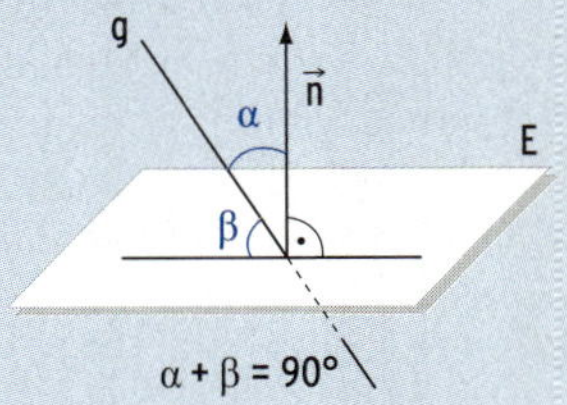

WINKELHALBIERENDE

Die Winkelhalbierenden der beiden Geraden g und l (mit den Richtungsvektoren $\vec{u}$ und $\vec{v}$), deren Schnittpunkt A in der gemeinsamen Ebene E liegt, sind die Geraden:

w_1: $\vec{x} = \vec{a} + t(\vec{u}^0 + \vec{v}^0)$ mit $|\vec{u}^0| = |\vec{v}^0| = 1$

w_2: $\vec{x} = \vec{a} + t(\vec{u}^0 - \vec{v}^0)$ mit $|\vec{u}^0| = |\vec{v}^0| = 1$

>> BEISPIEL

Gegeben sind die zwei Ebenen E und F und die zwei Geraden g und l, gesucht sind paarweise die zugehörigen Winkel.

E: $-x_1 + 2x_2 - 3x_3 + 4 = 0$,

F: $2x_1 - 2x_2 + 5x_3 - 1 = 0$,

g: $\vec{x} = \begin{pmatrix} 3 \\ -2 \\ 4 \end{pmatrix} + t\begin{pmatrix} -1 \\ 6 \\ 2 \end{pmatrix}$, l: $\vec{x} = \begin{pmatrix} 4 \\ -8 \\ 2 \end{pmatrix} + t\begin{pmatrix} 2 \\ -3 \\ -2 \end{pmatrix}$

$\sphericalangle(g, l)$:

$$\cos\alpha = \frac{|(-1)\cdot 2 + 6(-3) + 2(-2)|}{\sqrt{1+36+4}\cdot\sqrt{4+9+4}} = \frac{24}{\sqrt{697}} = 0{,}909\ldots$$

$\Rightarrow \alpha = 24{,}62°$.

$\sphericalangle(g, E)$:

$$\sin\alpha = \frac{|-1(-1) + 6\cdot 2 + 2(-3)|}{\sqrt{1+36+4}\cdot\sqrt{1+4+9}} = \frac{7}{\sqrt{574}} = 0{,}292\ldots$$

$\Rightarrow \alpha = 17°$.

$\sphericalangle(l, E)$:

$$\sin\alpha = \frac{|2(-1) - 3\cdot 2 - 2(-3)|}{\sqrt{4+9+4}\cdot\sqrt{1+4+9}} = \frac{2}{\sqrt{238}} = 0{,}129\ldots$$

$\Rightarrow \alpha = 7{,}4°$.

$\sphericalangle(g, F)$:

$$\sin\alpha = \frac{|-1\cdot 2 + 6(-2) + 2\cdot 5|}{\sqrt{1+36+4}\cdot\sqrt{4+4+25}} = \frac{4}{\sqrt{1353}} = 0{,}108\ldots$$

$\Rightarrow \alpha = 6{,}2°$.

$\sphericalangle(l, F)$:

$$\sin\alpha = \frac{|2\cdot 2 - 3(-2) - 2\cdot 5|}{\sqrt{4+9+4}\cdot\sqrt{4+4+25}} = \frac{0}{\sqrt{561}}$$

$\Rightarrow \alpha = = 0°$.

$\sphericalangle(E, F)$:

$$\cos\alpha = \frac{|-1\cdot 2 + 2(-2) - 3\cdot 5|}{\sqrt{1+4+9}\cdot\sqrt{4+4+25}} = \frac{21}{\sqrt{462}} = 0{,}977\ldots$$

$\Rightarrow \alpha = 12{,}31°$.

Richten Sie sich auch auf Aufgaben ein, die nicht nur die üblichen Rechenschritte verlangen, sondern mehr auf die Übersicht und das Verständnis zielen. Schwierigkeiten machen oft die Aufgaben, bei denen es unendlich viele Lösungen gibt und Sie eine davon angeben müssen.

>> BEISPIEL

Geben Sie eine Gerade an, die die x_1-x_2- Ebene (oder die Ebene $2x_1 - 3x_2 + 4x_3 = 7$) unter einem Winkel von 50° schneidet.

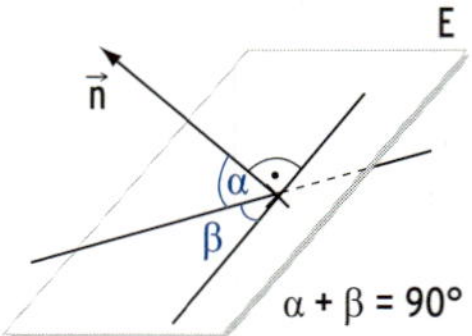

Natürlich gibt es unendlich viele solcher Geraden.

Es gibt sogar unendlich viele Geraden, wenn der Schnittpunkt mit angegeben wäre. Also z. B.: Geben Sie eine Gerade an, die die x_1-x_2-Ebene (oder die Ebene $2x_1 - 3x_2 + 4x_3 = 7$) im Punkt $P(0|-1|1)$ unter einem Winkel von 50° schneidet.

Diese Geraden liegen alle auf einem Doppelkegel.

Bitte beachten Sie, dass es auch unendlich viele Geraden gibt, die eben die Ebene nicht unter 50° schneiden.

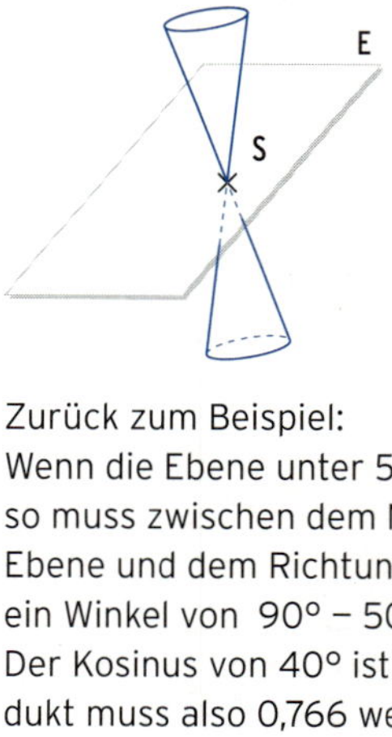

Zurück zum Beispiel:

Wenn die Ebene unter 50° geschnitten wird, so muss zwischen dem Normalenvektor der Ebene und dem Richtungsvektor der Geraden ein Winkel von $90° - 50° = 40°$ sein.

Der Kosinus von 40° ist 0,766; das Skalarprodukt muss also 0,766 werden.

Mit dem Richtungsvektor $\vec{r} = \begin{pmatrix} r_1 \\ r_2 \\ r_3 \end{pmatrix}$ muss somit

$0\cdot r_1 + 0\cdot r_2 + 1\cdot r_3 = 0{,}766$ gelten.

$\Rightarrow r_3 = 0{,}766$, r_1 und r_2 beliebig

Eine Gerade wäre $\vec{x} = \begin{pmatrix} 0 \\ 0 \\ 0 \end{pmatrix} + t\begin{pmatrix} 1 \\ 1 \\ 0{,}766 \end{pmatrix}$ oder mit dem gewünschten Schnittpunkt

$\vec{x} = \begin{pmatrix} 0 \\ -1 \\ 1 \end{pmatrix} + t\begin{pmatrix} 1 \\ 1 \\ 0{,}766 \end{pmatrix}$.

Entsprechend: $2\cdot r_1 - 3\cdot r_2 + 4\cdot r_3 = 0{,}766$

Lösung: z. B.: $\vec{x} = \begin{pmatrix} 0 \\ -1 \\ 1 \end{pmatrix} + t\begin{pmatrix} 0{,}383 \\ 0 \\ 0 \end{pmatrix}$

8.5 Ebenen

Wie jede geometrische Figur wird in der analytischen Geometrie auch die Ebene mittels einer Punktmenge beschrieben.

Man arbeitet mit einer „Ebenengleichung", die für alle Punkte, die in der Ebene liegen, erfüllt ist und für alle Punkte, die nicht in der Ebene liegen, nicht erfüllt ist.

Es gibt drei wichtige unterschiedliche Darstellungen (also Gleichungen) einer Ebene:

Vektordarstellung

Die Ebene wird mittels dreier nicht auf einer Geraden liegenden Punkte beschrieben, wobei der Ortsvektor zu einem Punkt als Stützvektor und die Vektoren zwischen zwei Punktpaaren als Richtungsvektoren verwendet werden.

$A(a_1|a_2|a_3),\ B(b_1|b_2|b_3),\ C(c_1|c_2|c_3)$

$$\Rightarrow E:\ \vec{x} = \begin{pmatrix} a_1 \\ a_2 \\ a_3 \end{pmatrix} + t\begin{pmatrix} b_1 - a_1 \\ b_2 - a_2 \\ b_3 - a_3 \end{pmatrix} + s\begin{pmatrix} c_1 - a_1 \\ c_2 - a_2 \\ c_3 - a_3 \end{pmatrix}$$

Koordinatendarstellung

Die Ebene wird als lineare Gleichung dreier Variablen $x_1;\ x_2;\ x_3$ dargestellt. Ersetzt man diese drei Variablen durch die Koordinaten eines Punktes, so erhält man eine wahre Aussage, wenn der Punkt auf der Ebene liegt; sonst eine falsche Aussage.

$a x_1 + b x_2 + c x_3 = d$

Normalendarstellung

Man nützt bei dieser Darstellung aus, dass es bis auf die Länge nur genau eine Richtung (mit Gegenrichtung) gibt, die senkrecht (orthogonal) auf der Ebene steht. Damit lässt sich die Lage der Ebene beschreiben. Weiß man zudem noch einen beliebigen Punkt der Ebene, so kann sie bereits eindeutig beschrieben werden.

$$\begin{pmatrix} n_1 \\ n_2 \\ n_3 \end{pmatrix} \cdot \left[\begin{pmatrix} x_1 \\ x_2 \\ x_3 \end{pmatrix} - \begin{pmatrix} p_1 \\ p_2 \\ p_3 \end{pmatrix}\right] = 0$$

Jede einzelne dieser drei Darstellungen einer ganz bestimmten Ebene kann sich außer in der Form (die natürlich gleich bleibt) in unendlich vielen Punkten verändern, da es unendlich viele Punkte auf jeder Ebene gibt, die man zur Beschreibung verwenden kann.

Häufig sieht man zwei verschiedenen Darstellungen nicht an, dass sie diesselbe Ebene beschreiben und man merkt erst, wenn man die Ebenen schneidet, dass es dieselben Ebenen sind.

Leider kann man sich nicht auf eine der drei Darstellungsarten festlegen, die man dann bei jedem Problem verwenden könnte:

- Aufgrund der Angaben der Aufgabe lassen sich nicht alle Arten problemlos darstellen. Man muss bei jedem Problem die Darstellung der Ebene wählen, die mittels der Angaben machbar ist.
- Zum Lösen bestimmter mathematischer Probleme ist häufig nur eine der drei Ebenenformen möglich oder besonders günstig.

Damit wird eine Rechenfertigkeit sehr wichtig, die trainierbar ist und auch trainiert werden muss: Das Umrechnen einer Ebenenform in eine andere Ebenenform. Grundsätzlich kann man aus jeder Ebenenform jede andere Form berechnen.

Am problemlosesten scheint mir folgender Zyklus:

Vektorgleichung $\Rightarrow$ Koordinatengleichung $\Rightarrow$ Normalengleichung $\Rightarrow$ Koordinatengleichung $\Rightarrow$ Vektorgleichung.

Tipp

Sie machen mit Sicherheit weniger Fehler, wenn Sie einem sturen Schema folgen. Der Nachteil, einmal eine Darstellung unnötigerweise herzustellen, ist das kleinere Übel.

Normiert man (normieren heißt bei Vektoren „auf die Länge eins bringen") den Normalenvektor bei der Normalengleichung (man teilt die Koordinatendarstellung durch die Zahl $\sqrt{a^2 + b^2 + c^2}$, wobei a, b, c die Koeffizienten vor den Variablen x_i sind, so erhält man die entsprechende Hesse-Form, die bei Abstandsproblemen benötigt wird.

In der Regel tauchen nur bei den speziellen Ebenen (sowohl bei der Berechnung als auch bei der zeichnerischen Darstellung) Probleme auf. Bitte prägen Sie sich die folgenden Seiten ein, insbesondere die speziellen Lagen der Ebenen!

8.5.1 Darstellung von Ebenen

Erklärungen	keine spezielle Lage	parallel zu einer Koordinatenachse	parallel zu einer Koordinatenebene
Die Schnittpunkte von Ebene und Koordinatenachsen heißen **Spurpunkte**, Schnittgeraden von Ebenen und Koordinatenebenen **Spurgeraden**.	Ist keine Koordinatenachse parallel zu der Ebene, so schneidet die Ebene alle drei Achsen. Dann existieren drei Spurpunkte.	Zwei Spurgeraden sind parallel zu einer Koordinatenachse. Dann existieren nur zwei Spurpunkte.	Die Ebene wird mit zwei Spurgeraden gezeichnet, die beide parallel zu einer Koordinatenachse sind. Dann existiert nur ein Spurpunkt.
Zeichnerische Darstellung Ebenen werden (soweit möglich) mittels ihrer Spurpunkte und ihrer Spurgeraden gezeichnet.	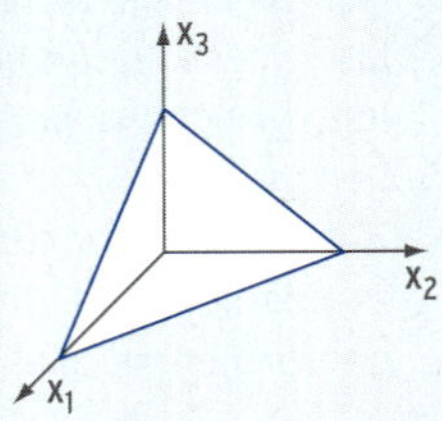	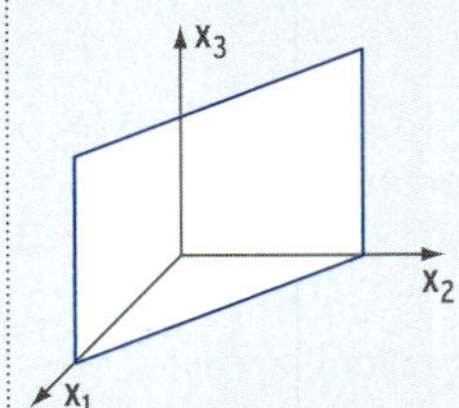 E || x_3-Achse	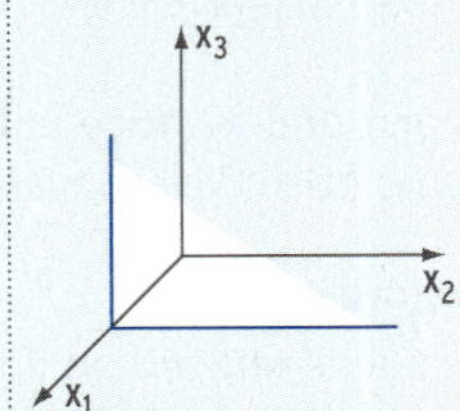 E || x_2-Achse; E || x_3-Achse; also: E || x_2-x_3-Ebene
Vektordarstellung Wenn zwei Richtungen und ein Punkt der Ebene bekannt sind oder drei Punkte. Jeder Vektor zwischen zwei Punkten einer Ebene ist Richtungsvektor.	$\vec{x} = \begin{pmatrix} p_1 \\ p_2 \\ p_3 \end{pmatrix} + t \begin{pmatrix} r_1 \\ r_2 \\ r_3 \end{pmatrix} + s \begin{pmatrix} v_1 \\ v_2 \\ v_3 \end{pmatrix}$	Mit den drei Punkten P, Q, R gilt: $\vec{x} = \vec{p} + t(\vec{r} - \vec{p}) + s(\vec{r} - \vec{p})$. Die spezielle Lage ist aus der Gleichung im Allgemeinen nicht zu sehen.	Beide Richtungsvektoren müssen bezüglich der Achse, zu der E nicht parallel ist, als Koeffizienten Null haben. $\vec{x} = \begin{pmatrix} p_1 \\ p_2 \\ p_3 \end{pmatrix} + t \begin{pmatrix} 0 \\ v_2 \\ v_3 \end{pmatrix} + s \begin{pmatrix} 0 \\ u_2 \\ u_3 \end{pmatrix}$
Koordinatendarstellung Wird auch parameterfreie Darstellung genannt. Die Koeffizienten vor den Variablen x_i bilden einen Normalenvektor.	$a x_1 + b x_2 + c x_3 + d = 0$ Eine Änderung von d bewirkt eine Parallelverschiebung. Für $d = 0$ ist die Ebene eine Ursprungsebene. Normalenvektor: $\begin{pmatrix} a \\ b \\ c \end{pmatrix}$	Mit dem Normalenvektor $\vec{n}$ und dem Punkt P: $a x_1 + b x_2 + d = 0$ $\vec{n} = \begin{pmatrix} a \\ b \\ 0 \end{pmatrix}$ Es fehlt die x_i-Komponente, zu der E parallel ist.	Es fehlen beide x_i-Komponenten, zu denen E parallel ist. $x_1 = a$; Normalenvektor $\vec{n} = \begin{pmatrix} a \\ 0 \\ 0 \end{pmatrix}$
Normalendarstellung Bei einem gegebenem Normalenvektor und einem Punkt in der Ebene. Das Berechnen des Skalarprodukts führt sofort auf die Koordinatengleichung.	$(\vec{x} - \vec{p}) \cdot \vec{n} = 0$ $\vec{p}$ ist Ortsvektor eines beliebigen Punktes. $\vec{n}$ ist ein Normalenvektor.	Eine Hesse-Form ist immer noch eine Koordinatenform oder eine Normalenform. Die Eigenschaften bleiben erhalten, und damit gelten auch die obigen Bemerkungen. Die Koordinatengleichung wird lediglich durch den Betrag (die Länge) des Normalenvektors dividiert, eine erlaubte algebraische Umformung. Bei der Normalengleichung wird als Normalenvektor ein Vektor verwendet, der die Länge eins hat. Sonst keine Änderungen. **Hesse-Formen** werden zur Abstandsberechnung benötigt: $\left[\begin{pmatrix} x_1 \\ x_2 \\ x_3 \end{pmatrix} - \begin{pmatrix} p_1 \\ p_2 \\ p_3 \end{pmatrix}\right] \cdot \frac{1}{\sqrt{n_1^2 + n_2^2 + n_3^2}} \begin{pmatrix} n_1 \\ n_2 \\ n_3 \end{pmatrix} = 0$	
Hesse-Formen Die Hesse-Normalenformen sind die normierten Formen. Sowohl die Koordinatenform als auch die Normalenform kann normiert werden.	$\frac{a x_1 + b x_2 + c x_3 + d}{\sqrt{a^2 + b^2 + c^2}} = 0$		

8

8.5.2 Übersicht zur Umwandlung von Ebenen

von → ↓ nach	**Vektorgleichung** $\vec{x} = \begin{pmatrix} p_1 \\ p_2 \\ p_3 \end{pmatrix} + t \begin{pmatrix} r_1 \\ r_2 \\ r_3 \end{pmatrix} + s \begin{pmatrix} v_1 \\ v_2 \\ v_3 \end{pmatrix}$ $\vec{x} = \begin{pmatrix} -3 \\ 3 \\ 4 \end{pmatrix} + r \begin{pmatrix} 6 \\ -1 \\ -2 \end{pmatrix} + s \begin{pmatrix} 9 \\ 1 \\ -8 \end{pmatrix}$	**Koordinatengleichung** $a x_1 + b x_2 + c x_3 + d = 0$ $2 x_1 + 6 x_2 + 3 x_3 - 24 = 0$	**Normalengleichung** $\left[\vec{x} - \begin{pmatrix} p_1 \\ p_2 \\ p_3 \end{pmatrix}\right] \cdot \begin{pmatrix} n_1 \\ n_2 \\ n_3 \end{pmatrix} = 0$ $\left[\vec{x} - \begin{pmatrix} -3 \\ 3 \\ 4 \end{pmatrix}\right] \cdot \begin{pmatrix} 2 \\ 6 \\ 3 \end{pmatrix} = 0$
Vektorgleichung	Es gibt unendlich viele verschiedene Stütz- und Richtungsvektoren zur Darstellung derselben Ebene. Eine Umstellung ist unüblich und für kein Problem notwendig (aber leicht möglich): $\vec{x} = \begin{pmatrix} 0 \\ 5 \\ -6 \end{pmatrix} + t \begin{pmatrix} -3 \\ -2 \\ 10 \end{pmatrix} + s \begin{pmatrix} 21 \\ -1 \\ -4 \end{pmatrix}$ $\vec{x} = \begin{pmatrix} -3 \\ 3 \\ 4 \end{pmatrix} + r \begin{pmatrix} 6 \\ -1 \\ 2 \end{pmatrix} + s \begin{pmatrix} 9 \\ 1 \\ -8 \end{pmatrix}$ Beide Gleichungen beschreiben dieselbe Ebene E.	Drei Punkte $X (x_1 \mid x_2 \mid x_3)$ beliebig (aber sinnvoll) wählen, die die Koordinatengleichung erfüllen. Vorsicht: Die Punkte dürfen nicht auf einer Geraden liegen! Ortsvektor eines Punktes als Stützvektor und die Vektoren zwischen zwei Punkten als Richtungsvektoren ergeben die Vektordarstellung.	Aus der Normalenform drei Punkte bestimmen, die nicht auf einer Geraden liegen dürfen (kollinear sind). Gibt allerdings oft Probleme, sodass ich dazu rate, zunächst durch Ausmultiplizieren die Koordinatenform und erst damit die Vektorgleichung herzustellen.
Koordinatengleichung	Aus den drei linearen Gleichungen mit den beiden Parametern werden beide Parameter eliminiert. Es bleibt eine lineare Gleichung mit den Variablen x_i, die gesuchte Koordinatengleichung. $x_1 = -3 + 6r + 9s$ $x_2 = 3 - r + s$ $x_3 = 4 + 2r - 8s$ $\Rightarrow\ -x_1 - 6x_2 = -15 - 15s$ $2x_2 + x_3 = 10 - 10s$ $\Rightarrow\ 2x_1 + 18x_2 + 3x_3 = 60$	Multipliziert man die Koordinatengleichung mit einer reellen Zahl $\neq 0$, so ändern sich die Koeffizienten vor den Variablen x_i, aber nicht die Ebene. Sinnvoll, um Bruchzahlen zu vermeiden. Notwendig, wenn man eine Hesse-Normalenform braucht:	Das Skalarprodukt ausmultiplizieren. Dann ordnen und zusammenfassen zur Koordinatenform: $\left[\begin{pmatrix} x_1 \\ x_2 \\ x_3 \end{pmatrix} - \begin{pmatrix} -3 \\ 3 \\ 4 \end{pmatrix}\right] \cdot \begin{pmatrix} 2 \\ 6 \\ 3 \end{pmatrix} =$ $= (x_1 + 3) \cdot 2 + (x_2 - 3) \cdot 6 + (x_3 - 4) \cdot 3 = 0$ $\Rightarrow\ 2x_1 + 6x_2 + 3x_3 - 24 = 0.$
Normalengleichung	Der Normalenvektor der Ebene muss zu beiden Richtungsvektoren senkrecht stehen. Man erhält zwei Skalarprodukte, die null werden müssen, und damit zwei Gleichungen für drei Variablen. Eine Variable (beliebig) wählen, die restlichen beiden Variablen dann berechnen. Mit diesem Normalenvektor und einem bekannten Punkt folgt die Normalendarstellung.	Die Koeffizienten a, b, c vor den Variablen x_i in der Koordinatengleichung bilden einen Normalenvektor! Mit einem gegebenen Punkt gilt: Normalenvektor: $\begin{pmatrix} 2 \\ 6 \\ 3 \end{pmatrix}$ Punkt: $(0 \mid 0 \mid 8)$ $\Rightarrow \left[\vec{x} - \begin{pmatrix} 0 \\ 0 \\ 8 \end{pmatrix}\right] \cdot \begin{pmatrix} 2 \\ 6 \\ 3 \end{pmatrix} = 0$	Nur sinnvoll, wenn man eine Hesse-Form benötigt. Dann den Normalenvektor normieren (auf die Länge eins bringen: durch seine eigene Länge dividieren): $\frac{1}{7}\left[\vec{x} - \begin{pmatrix} -3 \\ 3 \\ 4 \end{pmatrix}\right] \cdot \begin{pmatrix} 2 \\ 6 \\ 3 \end{pmatrix} = 0$

8

8.5.3 Spezialfälle (Gerade, Ebene, Kugel)

Spezialfälle sind erfahrungsgemäß für die allermeisten Schüler wesentlich schwerer zu behandeln als die „Normalfälle". Bei den Textaufgaben kommen diese Spezialfälle geballt vor. Ein Würfel wird nun mal so in das Koordinatensystem gelegt, dass seine Seitenebenen parallel zu den Koordinatenebenen liegen und damit liegen oft auch die Eckpunkte und die Kanten in den Koordinatenebenen.
Bitte sehen Sie sich diese Spezialfälle genau und sorgfältig an und arbeiten Sie auch mit ihnen (z. B. Schnittprobleme, Abstand, ...)

Spezielle Geradengleichungen

Achsen:

Ursprungsgerade: $\vec{x} = t\begin{pmatrix} r_1 \\ r_2 \\ r_3 \end{pmatrix}$

x_1-Achse: $\vec{x} = t\begin{pmatrix} 1 \\ 0 \\ 0 \end{pmatrix}$

x_2-Achse: $\vec{x} = t\begin{pmatrix} 0 \\ 1 \\ 0 \end{pmatrix}$

x_3-Achse: $\vec{x} = t\begin{pmatrix} 0 \\ 0 \\ 1 \end{pmatrix}$

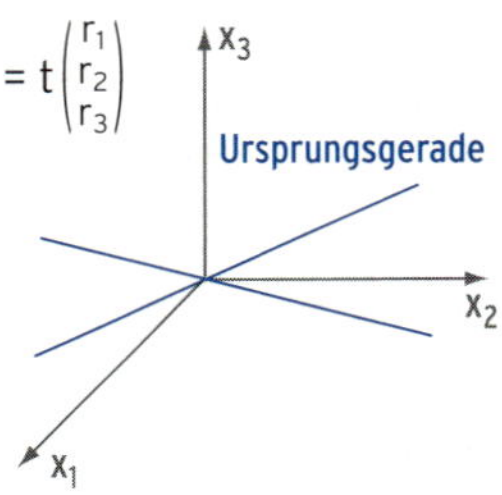

Geraden parallel zu den Achsen durch den Punkt $P(p_1|p_2|p_3)$:

parallel zur x_1-Achse: $\vec{x} = \begin{pmatrix} p_1 \\ p_2 \\ p_3 \end{pmatrix} + t\begin{pmatrix} 1 \\ 0 \\ 0 \end{pmatrix}$

parallel zur x_2-Achse: $\vec{x} = \begin{pmatrix} p_1 \\ p_2 \\ p_3 \end{pmatrix} + t\begin{pmatrix} 0 \\ 1 \\ 0 \end{pmatrix}$

parallel zur x_3-Achse: $\vec{x} = \begin{pmatrix} p_1 \\ p_2 \\ p_3 \end{pmatrix} + t\begin{pmatrix} 0 \\ 0 \\ 1 \end{pmatrix}$

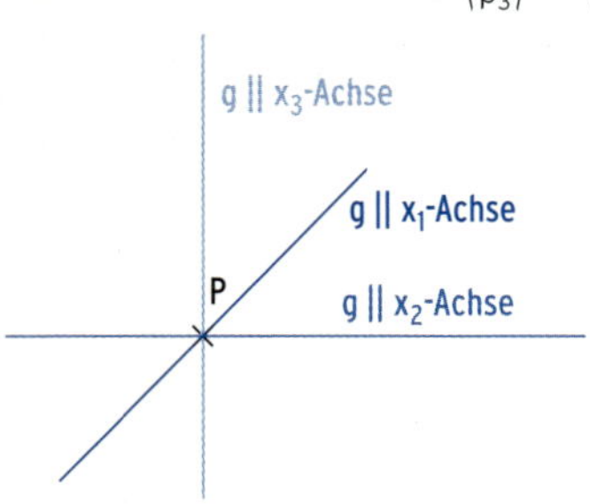

Spezielle Ebenengleichungen

Koordinatenebene:

x_1-x_2-Ebene: $\vec{x} = t\begin{pmatrix} 1 \\ 0 \\ 0 \end{pmatrix} + s\begin{pmatrix} 0 \\ 1 \\ 0 \end{pmatrix}$, $x_3 = 0$

x_1-x_3-Ebene: $\vec{x} = t\begin{pmatrix} 1 \\ 0 \\ 0 \end{pmatrix} + s\begin{pmatrix} 0 \\ 0 \\ 1 \end{pmatrix}$, $x_2 = 0$

x_2-x_3-Ebene: $\vec{x} = t\begin{pmatrix} 0 \\ 1 \\ 0 \end{pmatrix} + s\begin{pmatrix} 0 \\ 0 \\ 1 \end{pmatrix}$, $x_1 = 0$

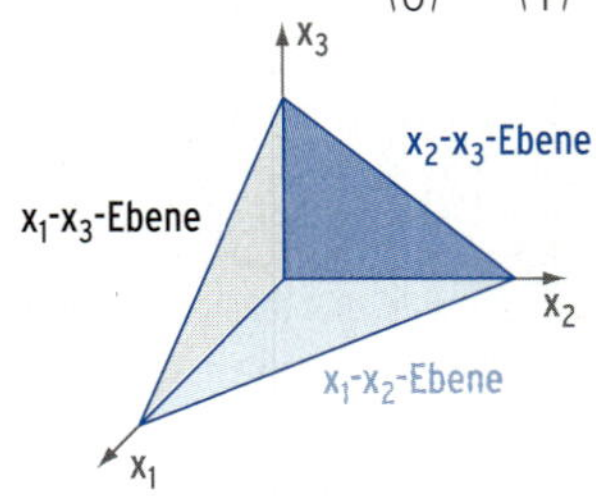

Ebenen parallel zu den Koordinatenebenen durch den Punkt $P(p_1|p_2|p_3)$:

x_1-x_2-Ebene: $\vec{x} = \begin{pmatrix} p_1 \\ p_2 \\ p_3 \end{pmatrix} + t\begin{pmatrix} 1 \\ 0 \\ 0 \end{pmatrix} + s\begin{pmatrix} 0 \\ 1 \\ 0 \end{pmatrix}$
$x_3 = p_3$

x_1-x_3-Ebene: $\vec{x} = \begin{pmatrix} p_1 \\ p_2 \\ p_3 \end{pmatrix} + t\begin{pmatrix} 1 \\ 0 \\ 0 \end{pmatrix} + s\begin{pmatrix} 0 \\ 0 \\ 1 \end{pmatrix}$
$x_2 = p_2$

x_2-x_3-Ebene: $\vec{x} = \begin{pmatrix} p_1 \\ p_2 \\ p_3 \end{pmatrix} + t\begin{pmatrix} 0 \\ 1 \\ 0 \end{pmatrix} + s\begin{pmatrix} 0 \\ 0 \\ 1 \end{pmatrix}$
$x_1 = p_1$

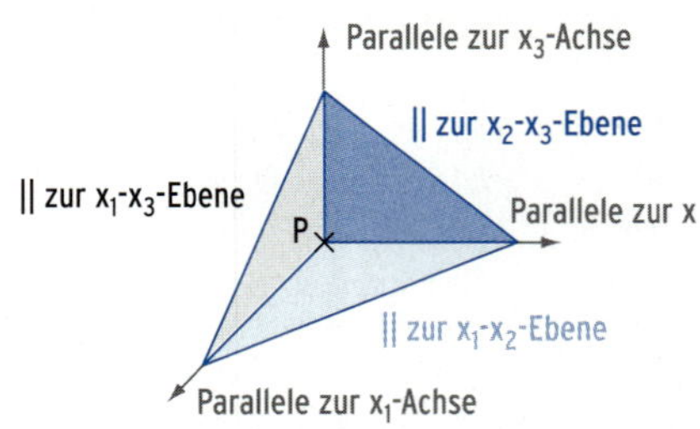

Kugelgleichungen mit speziellem Mittelpunkt M

(Kenntnisse zu Kugel nicht immer verlangt!)

$M(0|0|0)$: $x_1^2 + x_2^2 + x_3^2 = r^2$
$(\vec{x})^2 = r^2$

M auf x_1-Achse:
$(x_1 - m_1)^2 + x_2^2 + x_3^2 = r^2$
$\left[\vec{x} - \begin{pmatrix} m_1 \\ 0 \\ 0 \end{pmatrix}\right]^2 = r^2$

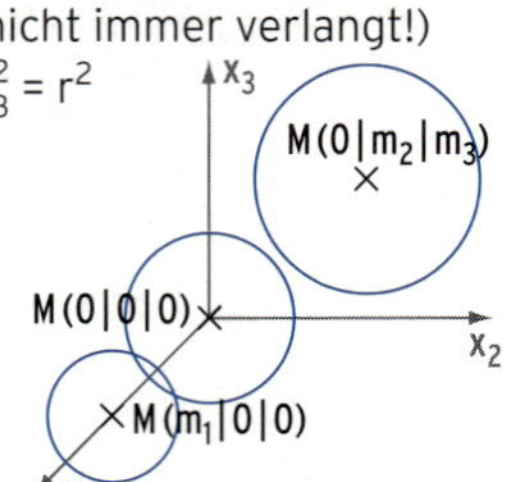

M in x_2-x_3-Ebene:
$x_1^2 + (x_2 - m_2)^2 + (x_3 - m_3)^2 = r^2$
$\left[\vec{x} - \begin{pmatrix} 0 \\ m_2 \\ m_3 \end{pmatrix}\right]^2 = r^2$

8.6 Grundfragen der Geometrie

Die Durchschnittspunktezahlen in den Klausuren und beim Abitur zeigen, dass den allermeisten Schülern die Geometrie leichter fällt als die Analysis. Dies steht im krassen Gegensatz zur Mittelstufe, in der die Geometrie oft schwer fällt, da eigene Gedanken (z. B. beim Dreieckskonstruieren) benötigt werden. Dies ist aber leicht zu erklären:
Während die Algebra der Mittelstufe in der Oberstufenanalysis komplett benötigt wird, fängt die Geometrie mit den Mittelstufenfiguren an denselben Problemen nochmals ganz neu an.

Der geometrische Teil der Oberstufenmathematik führt uns zurück in die Geometrie der Mittelstufe. Alle von dort schon bekannten Figuren und Körper kommen wieder vor:
Gerade und Strecke, Ebene und Teile von Ebenen (Dreieck, Viereck, Raute, Kreis ...) und nicht zuletzt Körper (Kugel, Prisma, Zylinder ...).

Was in der Mittelstufe im mathematischen Teilgebiet der Geometrie zeichnerisch bewältigt wurde (konstruktiv mit Lineal, Zirkel und Bleistift), wird nun algebraisch in Gleichungen umgesetzt und rechnerisch behandelt.

Die Theorie steht ab jetzt über der Praxis und der Taschenrechner wird wichtiger als Lineal und Zirkel.

Dass Zeichnungen und Skizzen immer noch zur Geometrie gehören, ist klar. Aber sie dominieren nicht mehr. Sie dienen als Planfigur, als Hilfsmittel und zur Vervollständigung oder zur Veranschaulichung eines Problems.

Die Geometrie wird zum Anwendungsgebiet der Algebra. Das heißt aber noch lange nicht, dass der Stoff an sich auch schwieriger wird. Nein, das Problem wird nur von einer anderen Seite angegangen. Dem einen mag dies schwerer, dem anderen aber leichter erscheinen.

Beruhigend am ganzen „Oberstufen-Geometriestoff" ist der sehr kleine Umfang, die sehr einfache „Rechenarbeit" (es handelt sich nur um lineare oder quadratische Gleichungen) und die sehr stark eingeschränkte Anzahl der zu behandelnden Probleme.

Ganz grob vereinfacht geht es um genau vier Probleme: Inzidenz, Abstand, Lage und Schnitt.

Und dies mit den vier „Grundfiguren" und den entsprechenden Teilmengen davon. Die wichtigsten (das heißt, die am häufigsten bei Aufgaben vorkommenden) sind:

- Punkt;
- Gerade (Strecke);
- Ebene (Kreis, Dreieck, Viereck);
- Raum (Kugel, Pyramide, Prisma, Kegel).

Man sieht, dass in der Geometrie mit wenigen Grundelementen und extrem wenigen Rechenfertigkeiten ganz wenige Grundprobleme bearbeitet werden müssen.

Dies bedingt, dass der ganze Stoff in weit weniger Zeit als die Analysis wiederholt werden kann und damit in diesem Teilgebiet die Punkte für die meisten Schüler/innen leichter „erreichbar" sind als in der Analysis.

Um die angesprochenen drei Probleme (Abstand, Lage, Schnitt) bewältigen zu können, sind (außer der schon geübten Rechenfertigkeit „Lösen eines linearen Gleichungssystems") noch einige Rechentechniken notwendig. Die wichtigsten sind auf den folgenden Seite in einer Übersicht dargestellt.

Informieren Sie sich auch in Ihrer FS.

8.6.1 Enthaltensein (Inzidenz)

Das einfachste „Grundproblem" der Geometrieaufgaben ist das Enthaltensein.
Da wir alle Figuren als Punktmengen verstehen, genügt es, wenn man weiß, wann der Punkt A in oder auf der Figur B liegt. (Also: Wann liegt A auf der Geraden g, in der Ebene E, auf oder in der Kugel K, ...?)

Grundsätzlich gilt die sehr einleuchtende und damit auch einfache Regel:

WISSEN

Setzt man die Koordinaten des Punktes A (also a_1, a_2, und a_3) anstelle der Variablen x_i (also für x_1, x_2 und x_3) der Figur B ein und erhält man dann eine wahre Aussage, so liegt A in (oder auf) B. Erhält man dagegen eine falsche Aussage, so liegt A nicht in oder auf B.

Zur Erinnerung: im Folgenden beispielhaft einige (teis sehr „fehleranfällige") **Inzidenzprobleme** in einer nicht vollständigen Aufstellung.

>> BEISPIEL

Gerade g in Ebene E
Eine Gerade g liegt in der Ebene E, wenn zwei beliebige Punkte $A, B \in g$ in E liegen. Sie wählen auf der Geraden g zwei beliebige Punkte und setzen die Koordinaten in die Ebenengleichung ein.

>> BEISPIEL

Punkt A in oder auf Kugel K
Berechnen Sie den Abstand d des Punktes $A(a_1|a_2|a_3)$ vom Mittelpunkt M der Kugel. Vergleichen Sie d und r:
$d < r \Rightarrow$ A liegt innerhalb der Kugel.
$d = r \Rightarrow$ A liegt auf der Kugel.
$d > r \Rightarrow$ A liegt außerhalb der Kugel.
$A(1|-1|1)$ liegt innerhalb, $B(1|-2|0)$ auf und $C(1|-2|-3)$ außerhalb der Kugel mit $M(1|-2|3)$ und $r = 3$.

>> BEISPIEL

Punkt A liegt auf der Strecke $\overline{PQ}$
mit $P(p_1|p_2|p_3)$ und $Q(q_1|q_2|q_3)$ ist

$$\vec{x} = \begin{pmatrix} p_1 \\ p_2 \\ p_3 \end{pmatrix} + t\begin{pmatrix} q_1 - p_1 \\ q_2 - p_2 \\ q_3 - p_3 \end{pmatrix}$$

die Gerade (PQ). Die Punktmenge mit $0 \le t \le 1$ ist die Strecke $\overline{PQ}$.
Hat $\vec{a} = \vec{p} + t(\vec{q} - \vec{p})$,
(1) $a_1 = p_1 + t(q_1 - p_1)$
also (2) $a_2 = p_2 + t(q_2 - p_2)$
(3) $a_3 = p_3 + t(q_3 - p_3)$
eine Lösung, liegt A auf g. Ist bei der Lösung $t \in [0; 1]$ $(0 \le t \le 1)$, so liegt A auf der Strecke $\overline{PQ}$.
Sonderfälle: $t = 0 \Rightarrow A = P$; $t = 1 \Rightarrow A = Q$

>> BEISPIEL

A liegt in der Dreiecksfläche BCD

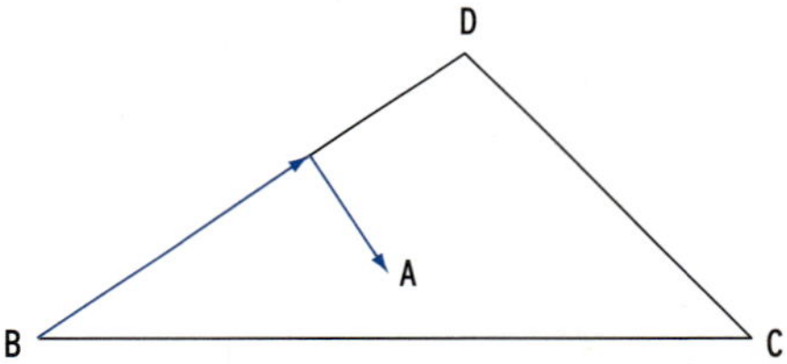

Wohl am elegantesten über eine Linearkombination (→ Skizze) zu lösen:
Hat die Vektorgleichung $\overrightarrow{BA} = t \cdot \overrightarrow{BD} + s \cdot \overrightarrow{DC}$ und damit das LGS
$a_1 - b_1 = t(d_1 - b_1) + s(c_1 - d_1)$
$a_2 - b_2 = t(d_2 - b_2) + s(c_2 - d_2)$
$a_3 - b_3 = t(d_3 - b_3) + s(c_3 - d_3)$
eine Lösung, liegt A in der Ebene BCD. Gilt dabei $0 \le t \le 1$ und $0 \le s \le t$, so liegt A im Dreieck.

>> BEISPIEL

Strecke $\overline{PQ}$ in Ebene E oder Kugel K
Eine Strecke liegt in der Ebene E beziehungsweise in der Kugel K, wenn der Anfangs- und der Endpunkt der Strecke in B liegen.

8.6.2 Lageprobleme

Im Gegensatz zur Ebene im Gebiet der Analysis, in der es eigentlich nur Schnittprobleme gibt, kommen in der Geometrie im Raum auch noch Lageprobleme dazu.
So können beispielsweise zwei Geraden gleich sein (was leider nicht immer sofort zu sehen ist), sich schneiden und keinen gemeinsamen Punkt haben. Ohne gemeinsamen Punkt müssen sie aber noch lange nicht parallel liegen, auch windschief ist möglich.

Eine Tabelle über die „Lagen" soll Ihnen als Übersicht dienen. Dabei habe ich die Kugel nicht mit aufgenommen, da sie in sehr vielen Ländern nicht auf dem Lehrplan steht. Bitte fragen Sie Ihren Fachlehrer und schauen Sie bei Bedarf in Kapitel 11 nach der Kugel.

g: $\vec{x} = \begin{pmatrix} a_1 \\ a_2 \\ a_3 \end{pmatrix} + t \begin{pmatrix} r_1 \\ r_2 \\ r_3 \end{pmatrix}$ $\vec{x} = \vec{a} + t \cdot \vec{r}$	**Gerade ↔ Gerade** $a_1 + t \cdot r_1 = b_1 + s \cdot v_1$ $a_2 + t \cdot r_2 = b_2 + s \cdot v_2$ $a_3 + t \cdot r_3 = b_1 + s \cdot v_3$		h: $\vec{x} = \begin{pmatrix} b_1 \\ b_2 \\ b_3 \end{pmatrix} + s \begin{pmatrix} v_1 \\ v_2 \\ v_3 \end{pmatrix}$ $\vec{x} = \vec{b} + s \cdot \vec{v}$
gleich	**parallel**	**gemeinsamer Schnitt**	**windschief**
Richtungsvektoren $\vec{r}$ und $\vec{v}$ linear abhängig, $\vec{r} = k \cdot \vec{v}$ gemeinsamer Punkt	Richtungsvektoren linear abhängig, $\vec{r} = k \cdot \vec{v}$ kein gemeinsamer Punkt	Richtungsvektoren linear unabhängig, $k \cdot \vec{v} + l \cdot \vec{r} = 0$ $\Rightarrow\ k = l = 0$ gemeinsamer Punkt	Richtungsvektoren linear unabhängig, $k \cdot \vec{v} + l \cdot \vec{r} = 0$ $\Rightarrow\ k = l = 0$ kein gemeinsamer Punkt
unendlich viele Lösungen des LGS	keine Lösung des LGS	genau eine Lösung des LGS	keine Lösung des LGS

g: $\vec{x} = \begin{pmatrix} a_1 \\ a_2 \\ a_3 \end{pmatrix} + t \begin{pmatrix} r_1 \\ r_2 \\ r_3 \end{pmatrix}$ $\vec{x} = \vec{a} + t \cdot \vec{r}$	**Gerade ↔ Ebene** **am schnellsten:** $n_1 (a_1 + t\, r_1) + n_2 (a_2 + t\, r_2) + n_3 (a_3 + t\, r_3) = d$	E: $\vec{x} = \begin{pmatrix} b_1 \\ b_2 \\ b_3 \end{pmatrix} + s \begin{pmatrix} v_1 \\ v_2 \\ v_3 \end{pmatrix} + l \begin{pmatrix} w_1 \\ w_2 \\ w_3 \end{pmatrix}$ $\vec{x} = \vec{b} + s \cdot \vec{v} + l \cdot \vec{w}$ $n_1 x_1 + n_2 x_2 + n_3 x_3 = d$
parallel	**enthalten**	**gemeinsamer Schnittpunkt**
Der Richtungsvektor der Geraden ist linear abhängig zu den beiden Richtungsvektoren der Ebene. $\vec{r} = m \cdot \vec{v} + q \cdot \vec{w}$ Oder der Richtungsvektor der Geraden steht senkrecht auf dem Normalenvektor der Ebene. $\vec{r} \cdot \vec{n} = 0$ kein gemeinsamer Punkt	Der Richtungsvektor der Geraden ist linear abhängig zu den beiden Richtungsvektoren der Ebene. $\vec{r} = m \cdot \vec{v} + q \cdot \vec{w}$ Oder der Richtungsvektor der Geraden steht senkrecht auf dem Normalenvektor der Ebene. $\vec{r} \cdot \vec{n} = 0$ gemeinsamer Punkt	Der Richtungsvektor der Geraden ist linear unabhängig zu den beiden Richtungsvektoren der Ebene. Oder der Richtungsvektor der Geraden steht nicht senkrecht auf dem Normalenvektor der Ebene. $\vec{r} \cdot \vec{n} \neq 0$ ein gemeinsamer Punkt
keine Lösung des LGS	unendlich viele Lösungen des LGS	genau eine Lösung des LGS

E: $\vec{x} = \vec{a} + t \cdot \vec{r} + s \cdot \vec{v}$ $n_1 x_1 + n_2 x_2 + n_3 x_3 = d$	**Ebene ↔ Ebene** **Gleichsetzen**	F: $\vec{x} = \vec{b} + l \cdot \vec{w} + k \cdot \vec{u}$ $m_1 x_1 + m_2 x_2 + m_3 x_3 = c$
parallel	**gleich**	**Schnittgerade**
Normalenvektoren linear abhängig $\vec{n} = p \cdot \vec{m}$ oder Richtungsvektoren linear abhängig, kein gemeinsamer Punkt	Normalenvektoren linear abhängig $\vec{n} = p \cdot \vec{m}$ oder Richtungsvektoren linear abhängig, gemeinsamer Punkt	Normalenvektoren linear unabhängig $p \cdot \vec{m} + q \cdot \vec{m} = \vec{0} \quad p = q = 0$ oder Richtungsvektoren linear unabhängig
keine Lösung des LGS	unendlich viele Lösungen des LGS	unendlich viele Lösungen des LGS

8.6.3 Schnittprobleme

Gerade ↔ Gerade

Gleichsetzen der beiden Geradengleichungen ergibt ein lineares Gleichungssystem mit drei Gleichungen und zwei Variablen.
Aus zwei Gleichungen die beiden Parameter bestimmen und in die 3. Gleichung einsetzen.

Gerade ↔ Ebene

- Bei unendlich vielen Lösungen $\Rightarrow$ $g \in E$.
- Bei keiner Lösung $\Rightarrow$ $g \parallel E$ mit $g \notin E$.
- Genau eine Lösung: Einsetzen ergibt den einzigen Schnittpunkt.

Am sichersten und einfachsten ist der Schnitt der Geraden mit der Koordinatenform der Ebene. Es lohnt sich, die Ebene in die Koordinatenform zu bringen, bevor geschnitten wird. Zur Übersicht die drei Arten:

Gerade ↔ Ebene in Vektorgleichung

Gleichsetzen ergibt drei Gleichungen mit drei Variablen. Lösen des linearen Gleichungssystems und Einsetzen der berechneten Parameter ergibt das Ergebnis.

Gerade ↔ Ebene in Koordinatenform

Einsetzen der x_i der Geradengleichung in die Ebenengleichung. Man erhält eine lineare Gleichung für den Parameter der Geraden. Berechnung des Parameters und Einsetzen in Geradengleichung ergibt das Ergebnis.

Gerade ↔ Ebene in Normalenform

Einsetzen der x_i der Geradengleichung in die Normalenform. Ausmultiplizieren des Skalarprodukts ergibt eine lineare Gleichung für den Parameter der Geraden. Berechnung des Parameters und Einsetzen in Geradengleichung ergibt das Ergebnis.

Ebene ↔ Ebene

Grundsätzlich kann wieder jede Ebenenform mit jeder Ebenenform geschnitten werden. Rechnerisch am einfachsten ist der Schnitt zweier Ebenen, wenn eine Ebene in Koordinatenform, die andere in Vektorform vorliegt.

Am schnellsten ist der Schnitt zweier Ebenen in der Koordinatengleichung zu berechnen.

Der Schnitt zweier Ebenen ist leer (kein gemeinsamer Punkt), wenn die Ebenen parallel sind.
Ist jeder Punkt der Ebene Lösung des Schnittes, so sind die Ebenen gleich.
Zwei nicht parallele und ungleiche Ebenen schneiden sich in einer Geraden der Schnittgeraden (also unendlich viele gemeinsame Punkte!).

Koordinatengleichung ↔ Koordinatengleichung

Es liegen zwei lineare Gleichungen mit jeweils drei Variablen (x_1, x_2, x_3) vor. Eine Variable eliminieren und aus der verbliebenen Gleichung eine der Variablen als Funktion der zweiten berechnen. Eliminierte Variable ebenfalls als Funktion der Variablen bestimmen. Die so erhaltene Punktmenge ist die Schnittgerade.

Koordinatengleichung ↔ Vektorgleichung

Die x_i der Koordinatengleichung durch die entsprechenden Terme der Vektorgleichung ersetzen. Ergibt eine lineare Gleichung mit zwei Variablen. Eine Variable als Funktion der anderen Variablen ausdrücken und in die Vektorgleichung einsetzen. Neu geordnet ergibt sich die Schnittgeradengleichung.

Koordinatengleichung ↔ Normalenform

Das Skalarprodukt der Normalenform ausmultiplizieren und zusammenfassen. Dann wie beim Schnitt zweier Koordinatengleichungen.

Vektorgleichung ↔ Vektorgleichung

Gleichsetzen ergibt drei Gleichungen mit vier Variablen. Zwei Variablen (aber beide derselben Ebene) eliminieren und von den restlichen beiden eine als Funktion der anderen berechnen und in Ebene einsetzen. Dann neu ordnen. Dieser Weg ist nicht zu empfehlen; viel zu fehleranfällig!

Vektorgleichung ↔ Normalenform

Die x_i der Vektorgleichung in die Normalenform einsetzen. Skalarprodukt ausmultiplizieren, dann weiter wie beim Schnitt Vektorgleichung ↔ Koordinatengleichung.

Normalenform ↔ Normalenform

Bei beiden Normalenformen die Skalarprodukte ausmultiplizieren und neu ordnen. Dann derselbe Weg wie bei Schnitt Koordinatengleichung ↔ Koordinatengleichung.

8.6.4 Abstandsprobleme

	Erklärung	Skizze	Beispiel
Punkt – Punkt	Der Abstand $d(A, B)$ der beiden Punkte $A(a_1 \mid a_2 \mid a_3)$ und $B(b_1 \mid b_2 \mid b_3)$ wird mit dem Satz des Pythagoras berechnet: $d(A, B) = \sqrt{(b_1 - a_1)^2 + (b_2 - a_2)^2 + (b_3 - a_3)^2} =$ $d(B, A) = \sqrt{(a_1 - b_1)^2 + (a_2 - b_2)^2 + (a_3 - b_3)^2}$ Die Reihenfolge von Anfangs- und Endpunkt ist unwichtig.	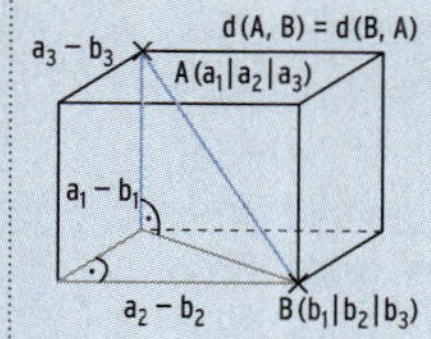	$A(-3 \mid 2 \mid 5)$, $B(1 \mid -2 \mid 7)$ $d(A, B) = \sqrt{(-3-1)^2 + (2-(-2))^2 + (5-7)^2}$ $= \sqrt{16+16+4} = \sqrt{36} = 6\,\text{LE}$
Punkt – Gerade	Zunächst wird eine Hilfsebene H bestimmt, in der der Punkt P liegt und die senkrecht zu der Geraden g liegt. Diese Hilfsebene H schneidet die Gerade g in S. Der Abstand der beiden Punkte S und P ist der Abstand des Punktes P zur Geraden g.	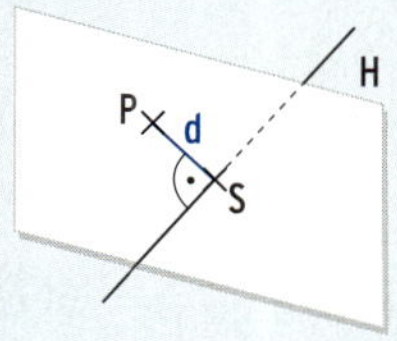	Gerade g: $\vec{x} = \begin{pmatrix}2\\-2\\1\end{pmatrix} + t\begin{pmatrix}1\\1\\-1\end{pmatrix}$, $P(1 \mid 2 \mid -2)$ $\Rightarrow$ H: $\left[\vec{x} - \begin{pmatrix}1\\2\\-2\end{pmatrix}\right] \cdot \begin{pmatrix}1\\1\\-1\end{pmatrix} = 0$ $\Rightarrow x_1 + x_2 - x_3 - 5 = 0$ $g \cap H$: $(2+t) + (-2+t) - (1-t) - 5 = 0$ $\Rightarrow t = 2 \Rightarrow S(4 \mid 0 \mid -1)$ $\Rightarrow d(P, S) = \sqrt{9+4+1} = \sqrt{14}\,\text{LE}$
Punkt – Ebene	Die Koordinaten des Punktes P in die Hesse-Form der Ebene einsetzen; das ergibt (bis auf das Vorzeichen) den Abstand des Punktes von der Ebene. Bei positivem Vorzeichen liegt der Punkt in Richtung des Normalenvektors, bei negativem Vorzeichen auf der anderen Seite der Ebene (entgegen der Normalenrichtung).	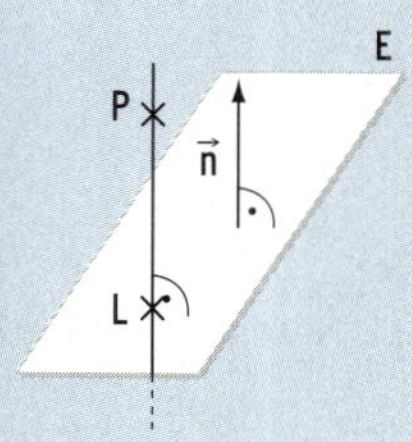	E: $2x_1 - 3x_2 - x_3 + 10 = 0$ $P(1 \mid 2 \mid -2)$ E in Hesse-Form: $\frac{2x_1 - 3x_2 - x_3 + 10}{\sqrt{14}} = 0$; P in E eingesetzt, gibt $d(P, E) = \left\lvert\frac{2 - 6 - (-2) + 10}{\sqrt{14}}\right\rvert \approx 2{,}14\,\text{LE}$
Gerade – Gerade	Am einfachsten, schnellsten und „fehlerunanfälligsten" über die Formel (in jeder FS enthalten): Mit g: $\vec{x} = \vec{p} + t\,\vec{u}$ und l: $\vec{x} = \vec{q} + s\,\vec{v}$ gilt: $d(g, l) = \lvert\vec{n_0}(\vec{q} - \vec{p})\rvert$ mit den Ortsvektoren $\vec{p}$ und $\vec{q}$ und dem normierten Vektor $\vec{n_0}$ mit $\vec{n_0} \perp \vec{u}$; $\vec{n_0} \perp \vec{v}$ und $\lvert\vec{n_0}\rvert = 1$.	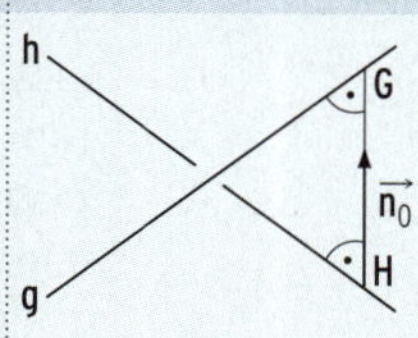	g: $\vec{x} = \begin{pmatrix}2\\-2\\1\end{pmatrix} + t\begin{pmatrix}1\\1\\-1\end{pmatrix}$ h: $\vec{x} = \begin{pmatrix}2\\-1\\3\end{pmatrix} + s\begin{pmatrix}2\\2\\1\end{pmatrix}$ $d(g, h) = \left\lvert \frac{1}{\sqrt{2}}\begin{pmatrix}1\\-1\\0\end{pmatrix} \cdot \begin{pmatrix}0\\1\\2\end{pmatrix} \right\rvert = \frac{1}{\sqrt{2}} \approx 0{,}7\,\text{LE}$
Gerade – Ebene	Zunächst werden Ebene und Gerade geschnitten. Ist ein Schnittpunkt vorhanden, so ist der Abstand natürlich null. Ohne gemeinsamen Punkt (g muss dann parallel zu E sein) nimmt man einen beliebigen Punkt der Geraden und berechnet mittels der Hesse-Form den Abstand, der auch der Abstand von g und E ist.	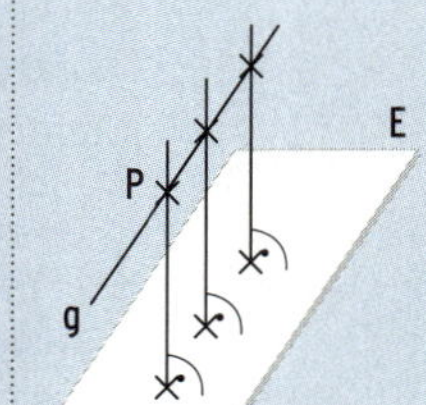	g: $\vec{x} = \begin{pmatrix}2\\-2\\1\end{pmatrix} + t\begin{pmatrix}1\\1\\-1\end{pmatrix}$, E: $2x_1 - 3x_2 - x_3 + 10 = 0$ Wegen $g \parallel E$ wird $P(2 \mid -2 \mid 1)$ in die Hesse-Form eingesetzt: $d = \left\lvert\frac{2 \cdot 2 - 3(-2) - 1 + 10}{\sqrt{14}}\right\rvert \approx 5{,}1\,\text{LE}$
Ebene – Ebene	Nur sinnvoll, wenn sich die Ebenen nicht schneiden, also parallel sind. Sonst ist infolge der gemeinsamen Punkte der Abstand null. Bei parallelen Ebenen sind alle Punkte einer Ebene gleich weit von der anderen Ebene entfernt. Abstand: beliebiger Punkt $\leftrightarrow$ Ebene.	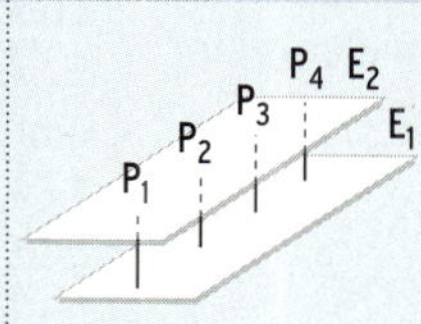	Einen beliebigen Punkt P einer Ebene in die Hesse-Form der anderen Ebene einsetzen ($E_1 \parallel E_2$). E_1: $2x_1 - 3x_2 - x_3 + 10 = 0$ E_2: $2x_1 - 3x_2 - x_3 + 3 = 0$ mit $P(0 \mid 0 \mid 3)$ $\Rightarrow d = \left\lvert\frac{0 + 0 - 3 + 10}{\sqrt{14}}\right\rvert \approx 1{,}87$

8

8.6.5 Lot, Lotgerade, Lotfußpunkt

WISSEN

Das Lot (oder die Lotgerade) vom Punkt A auf die Gerade g (bzw. die Ebene E) ist die Gerade durch A, welche die Gerade g (bzw. die Ebene E) senkrecht schneidet. Der Schnittpunkt mit der Geraden (bzw. der Ebene) heißt Lotfußpunkt.

Lot auf Gerade

Das Lot von $A(a_1|a_2|a_3)$ auf die Gerade

$g\colon \vec{x} = \begin{pmatrix} p_1 \\ p_2 \\ p_3 \end{pmatrix} + r\begin{pmatrix} u_1 \\ u_2 \\ u_3 \end{pmatrix}$

wird über eine Hilfsebene H mit $A \in H$ und $g \perp H$ (Richtungsvektor von g ist Normalenvektor von H) bestimmt. g schneidet H im Lotfußpunkt L. (AL) ist die Lotgerade.

>> BEISPIEL

Gegeben: Punkt $A(-1|2|-3)$ und Gerade

$g\colon \vec{x} = \begin{pmatrix} 2 \\ -1 \\ 1 \end{pmatrix} + t\begin{pmatrix} -1 \\ -2 \\ 1 \end{pmatrix}.$

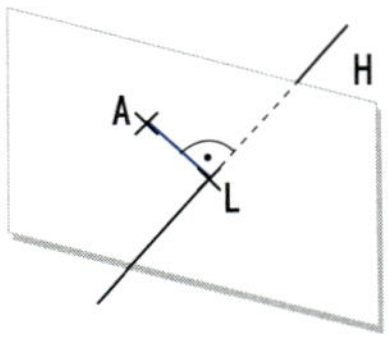

Gesucht: Lot von A auf g.

$H\colon \left[\begin{pmatrix} x_1 \\ x_2 \\ x_3 \end{pmatrix} - \begin{pmatrix} -1 \\ 2 \\ -3 \end{pmatrix}\right] \cdot \begin{pmatrix} -1 \\ -2 \\ 1 \end{pmatrix} = 0$

$\Rightarrow -x_1 - 2x_2 + x_3 + 6 = 0.$

$H \cap g\colon -(2 - t) - 2(-1 - 2t) + (1 + t) + 6 = 0$

$\Rightarrow t = -\frac{7}{6} \Rightarrow L\left(\frac{19}{6}\middle|\frac{8}{6}\middle|-\frac{1}{6}\right).$

$\text{Lot: } \vec{x} = \begin{pmatrix} -1 \\ 2 \\ -3 \end{pmatrix} + t\begin{pmatrix} 25 \\ -4 \\ 19 \end{pmatrix}$

(Richtungsvektor $\overrightarrow{AL}$ mit 6 multipliziert.)

Lot auf Ebene

Das Lot von $A(a_1|a_2|a_3)$ auf die Ebene $E\colon ax_1 + bx_2 + cx_3 + d = 0$ kann ohne Rechnung sofort angegeben werden, da der Richtungsvektor der Lotgeraden gleich dem Normalenvektor der Ebene ist.

$\ell\colon \vec{x} = \begin{pmatrix} a_1 \\ a_2 \\ a_3 \end{pmatrix} + t\begin{pmatrix} a \\ b \\ c \end{pmatrix}.$

Den Lotfußpunkt erhalten wir aus $\ell \cap E$.

8.6.6 Spiegelungen

Keine Angst vor Spiegelungen. Sie müssen lediglich einen Punkt spiegeln können, denn alle Spiegelprobleme lassen sich auf Spiegelungen von Punkten zurückführen.

am Punkt S

Stellen Sie die Gleichung der Geraden (AS) mit Sützvekotr $\overrightarrow{OA}$ und Richtungsvektor $\overrightarrow{AS}$ auf und setzen Sie $t = 2$ ein, so erhalten Sie den Orstvektor des Spiegelpunktes A'. Spiegeln Sie jeden Punkt für sich.

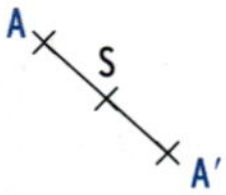

>> BEISPIEL

$A(2|-1|4)$ an $S(-2|3|2)$ gespiegelt:

$(AS)\colon \vec{x} = \begin{pmatrix} 2 \\ -1 \\ 4 \end{pmatrix} + t\begin{pmatrix} -4 \\ 4 \\ -2 \end{pmatrix}$

$t = 2 \Rightarrow$
(1) $x_1 = 2 + 2(-4) = -6$
(2) $x_2 = -1 + 2 \cdot 4 = 7$ $\Rightarrow A'(-6|7|0)$
(3) $x_3 = 4 + 2(-2) = 0$

an der Geraden g

Die Hilfsebene H mit $A \in H$ und $H \perp g$ schneidet g in S. A über S gespiegelt ergibt den Spiegelpunkt A'. Hilfsebene H über die Normalenform beschreiben, dann in die Koordinatengleichung umwandeln.

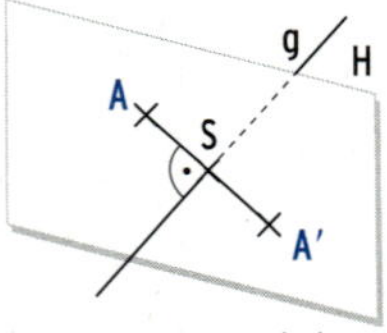

>> BEISPIEL

$A(2|-1|4),\ g\colon \vec{x} = \begin{pmatrix} 0 \\ 4 \\ 0 \end{pmatrix} + t\begin{pmatrix} 2 \\ 1 \\ -2 \end{pmatrix},$

$H\colon \left[\vec{x} - \begin{pmatrix} 2 \\ -1 \\ 4 \end{pmatrix}\right] \cdot \begin{pmatrix} 2 \\ 1 \\ -2 \end{pmatrix} = 0 \Rightarrow 2x_1 + x_2 - 2x_3 + 5 = 0$

$H \cap g\colon 2(0 + 2t) + (4 + t) - 2(0 - 2t) + 5 = 0$

$\Rightarrow t = -1 \Rightarrow S(-2|3|2) \Rightarrow$ A' wie bei Punkt S

an der Ebene E

Die Hilfsgerade h mit $A \in h$ und $h \perp E$ scheidet E in S. A über S spiegeln ergibt den Spiegelpunkt A'. Am besten: Gerade mit A und $\overrightarrow{AS}$, dann $t = 2$ (→ Spiegelung am Punkt).

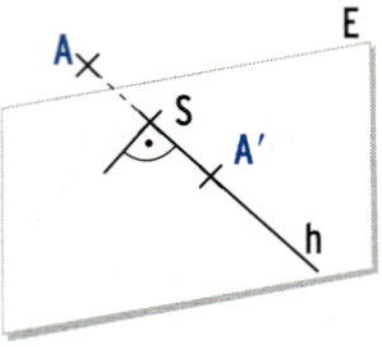

8.6.7 Strecken und Flächen

STRECKE

Nicht selten wird nur mit einem beidseitig begrenztem Teil einer Geraden gearbeitet, wir nennen dieses Stück dann **Strecke** mit dem Anfangspunkt $A(a_1|a_2|a_3)$ und dem Endpunkt $E(e_1|e_2|e_3)$.

Die Strecke beschreibt man am einfachsten durch:

$$\vec{x} = \begin{pmatrix} a_1 \\ a_2 \\ a_3 \end{pmatrix} + t\begin{pmatrix} e_1 - a_1 \\ e_2 - a_2 \\ e_3 - a_3 \end{pmatrix},\ 0 \le t \le 1$$

Man sieht dann sehr gut über t, ob ein Punkt auf der Strecke liegt und kann sogar sehr leicht die Lage des Punktes auf der Strecke abschätzen. Übrigens werden alle gradlinig begrenzten Ebenen Figuren wie Dreieck, Trapez, Rechteck, Parallelogramm, ... durch Strecken begrenzt.

>> BEISPIEL

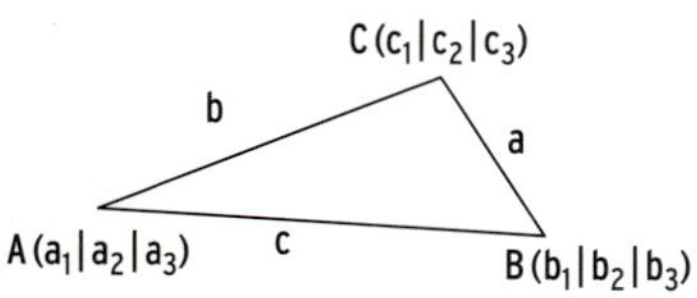

$$a:\ \vec{x} = \begin{pmatrix} b_1 \\ b_2 \\ b_3 \end{pmatrix} + t\begin{pmatrix} c_1 - b_1 \\ c_2 - b_2 \\ c_3 - b_3 \end{pmatrix},\ 0 \le t \le 1$$

$$b:\ \vec{x} = \begin{pmatrix} c_1 \\ c_2 \\ c_3 \end{pmatrix} + s\begin{pmatrix} a_1 - c_1 \\ a_2 - c_2 \\ a_3 - c_3 \end{pmatrix},\ 0 \le s \le 1$$

$$c:\ \vec{x} = \begin{pmatrix} a_1 \\ a_2 \\ a_3 \end{pmatrix} + l\begin{pmatrix} b_1 - a_1 \\ b_2 - a_2 \\ b_3 - a_3 \end{pmatrix},\ 0 \le l \le 1$$

>> BEISPIEL

$A(1|2|-1)$, $B(-1|2|1)$, $C(2|-1|2)$

$$a:\ \vec{x} = \begin{pmatrix} -1 \\ 2 \\ 1 \end{pmatrix} + t\begin{pmatrix} 3 \\ -3 \\ 1 \end{pmatrix},\ 0 \le t \le 1$$

$$b:\ \vec{x} = \begin{pmatrix} 2 \\ -1 \\ 2 \end{pmatrix} + s\begin{pmatrix} -1 \\ 3 \\ -3 \end{pmatrix},\ 0 \le s \le 1$$

$$c:\ \vec{x} = \begin{pmatrix} 1 \\ 2 \\ -1 \end{pmatrix} + l\begin{pmatrix} -2 \\ 0 \\ 2 \end{pmatrix},\ 0 \le l \le 1$$

$P(0{,}5|0{,}5|1{,}5)$ liegt auf der Strecke a (ist die Mitte zwischen C und B)

$Q(0|5|-4)$ liegt zwar auf der Geraden, die b enthält, aber nicht auf der Strecke b.

FLÄCHE

Eine nach allen Seiten begrenzte Ebene heißt **Fläche.** Viele Körper (Würfel, Prisma, Zylinder, Quader, ...) werden durch diese Flächen begrenzt und die Flächen stoßen in Strecken aufeinander.

Es gibt viele geradlinig begrenzte Flächen. Schön, dass man alle diese Flächen in Dreiecke zerlegen kann.
Oder mit anderen Worten: Wer das Dreieck im Griff hat, hat alle geradlinig begrenzte Flächen im Griff. Grund genug, die folgenden Zeilen aufmerksam zu lesen.
Klar, dass Sie bei allen Problemen zum Quadrat, zum Rechteck, zum Parallelogramm, ... meist elegantere und schnellere Lösungen als durch das Aufteilen in zwei Dreiecke finden, aber über die Dreiecke geht es zur Not eben immer!

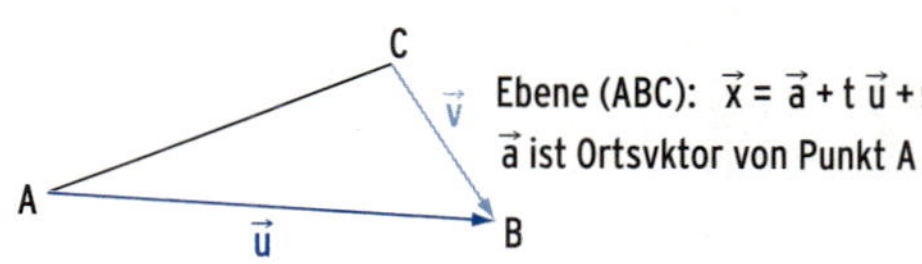

Zunächst sollten Sie entscheiden können, ob ein gegebener Punkt $P(p_1|p_2|p_3)$ innerhalb oder außerhalb (oder auf eine der Seiten) einer gegebenen Dreiecksfläche liegt. Dazu ein Lösungsvorschlag, der zwar arbeitsintensiv, aber eben immer möglich ist:
Ein Dreieck spannt immer ganz genau eine Ebene auf. Das Dreieck mit den Eckpunkten $A(a_1|a_2|a_3)$, $B(b_1|b_2|b_3)$ und $C(c_1|c_2|c_3)$ spannt die Ebene (ABC) auf:

$$\vec{x} = \begin{pmatrix} a_1 \\ a_2 \\ a_3 \end{pmatrix} + t\begin{pmatrix} b_1 - a_1 \\ b_2 - a_2 \\ b_3 - a_3 \end{pmatrix} + s\begin{pmatrix} c_1 - b_1 \\ c_2 - b_2 \\ c_3 - b_3 \end{pmatrix}$$

Untersuchen Sie zuallererst, ob der Punkt P überhaupt in der Ebene (ABC) liegt. Wenn nicht, kann er auch nicht in der Dreiecksfläche liegen.
Lösen des LGS:

$a_1 + t(b_1 - a_1) + s(c_1 - b_1) = p_1$
$a_2 + t(b_2 - a_2) + s(c_2 - b_2) = p_2$
$a_3 + t(b_3 - a_3) + s(c_3 - b_3) = p_3$

Gibt es eine Lösung für t und s, so liegt P in der Ebene (ABC)

Wenn P in der Ebene (ABC) liegt, stellen Sie den Ortsvektor p des Punktes durch die Vektoren

$\vec{u} = \overrightarrow{AB} = \begin{pmatrix} b_1 - a_1 \\ b_2 - a_2 \\ b_3 - a_3 \end{pmatrix}$ und $\vec{v} = \overrightarrow{BC} = \begin{pmatrix} c_1 - b_1 \\ c_2 - b_2 \\ c_3 - b_3 \end{pmatrix}$

dar: $\vec{p} = n \cdot \vec{u} + m \cdot \vec{v}$

Gilt $0 \leq n \leq 1$ und $m \leq n$ liegt der Punkt in der Dreiecksfläche, sonst nicht.

Zu beachten ist, dass ein Dreieck „schräg im Raum“ liegen kann und keineswegs parallel zu einer Koordinatenebene sein muss.

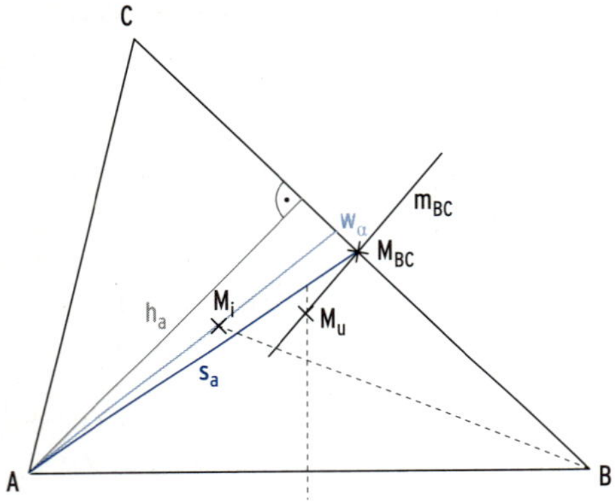

- **Flächeninhalt:** $F = 0{,}5 \cdot d(C, B) \cdot d(A, (BC))$ mit $d(A, (BC))$ = Abstand des Punktes A von der Geraden (BC).
- **Höhe:** $h_a = d(A, (B\ C))$ = Abstand des Punktes von A von der Geraden (BC).
- **Inkreis K_i:** Mittelpunkt ist Schnittpunkt M_i der drei Winkelhalbierenden, Radius r_i ist der Abstand von M_i zu einer der Geraden (AB), (AC) oder (BC). K_i liegt in der Ebene (ABC).
- **Schwerpunkt:** Schnitt der Schwerelinien = Seitenhalbierenden.
- **Seitenhalbierende:**

  $s_a = (A, M_{BC})$ mit $M_{BC}\left(\frac{b_1 + c_1}{2} \middle| \frac{b_2 + c_2}{2} \middle| \frac{b_3 + c_3}{2}\right)$

  Gerade durch A und Mitte M_{BC} der Strecke BC.
- **Umkreis K_u:** Mittelpunkt ist Schnittpunkt M_u der drei Mittelsenkrechten, Radius r_u ist der Abstand von M_u zu einem der Punkte A, B oder C. K_u liegt in der Ebene (ABC).
- **Winkelhalbierende:**
  $w_\alpha = (AW_\alpha)$ mit $\overrightarrow{AW_\alpha} = \frac{\overrightarrow{AC}}{|AC|} + \frac{\overrightarrow{AB}}{|AB|}$.

9_Leitidee Zufall, die Stochastik

Ist Ihnen schon aufgefallen, dass bei Wahlen sofort nach Schließung der Wahllokale die ersten Hochrechnungen veröffentlicht werden und diese schon sehr gut das Endergebnis vorwegnehmen? Wissen Sie, dass durch einen Blitzschlag zu sterben etwa sieben mal wahrscheinlicher ist als ein Sechser im Lotto? Und da die Zeit ein wichtiger Kalkulationsfaktor ist, wird die Qualitätsprüfung von Teilen großer Stückzahlen zuverlässig und mit starker Aussagekraft über Stichproben ermittelt. Dank dem Teilgebiet Stochastik sind wir in der Lage, viele „Ungewissheiten" zu berechnen und (was genauso wichtig ist) die Ergebnisse zu deuten.

Das Wort „Stochastik" kommt vom griechischen *stochasmos* und bedeutet eigentlich „Vermutung". Im Lexikon steht allerdings unter stochastisch „zufallsbedingt, zufällig". Im Prinzip sind beide Deutungen (so verschieden sie auch auf den ersten Blick klingen mögen) richtig.

Es ist wohl kein Zufall, dass die Wahrscheinlichkeitsrechnung mit der mathematischen Betrachtung eines Glücksspiels beginnt. Mitte des 17. Jahrhunderts wurde sie in Paris von Blaise Pascal begründet.

Obwohl die Statistik und die Wahrscheinlichkeitsrechnung in den EPA festgeschrieben sind, gehört die Stochastik nicht in allen Ländern zum Abiturprüfungsstoff. Auch die Intensität ist sehr verschieden. Bitte fragen Sie Ihren Fachlehrer, wie tief (wenn überhaupt) Sie in dieses Gebiet einsteigen müssen. Die notwendigen Rechenfertigkeiten sind absolut problemlos, die Hauptschwierigkeit liegt im Verstehen der Textaufgaben und in der Entscheidung, welcher Lösungsweg zu gehen ist.

Das Stoffgebiet Stochastik besteht in diesem Band aus fünf verschiedenen Blöcken, die ich Ihnen kurz aufliste.

Teilgebiet	Inhalt und Problematik	Beschreibung	Beispiel
beschreibende Statistik	Definitionen, Maßzahlen zur Beschreibung, grafische Darstellungsarten	Mit wenigen Zahlen soll eine Datenmenge aussagekräftig beschrieben werden.	Mit dem Durchschnitt und der Streuung die Ergebnisse einer Klassenarbeit beschreiben
Definitionen der Wahrscheinlichkeit	klassische, statistische und axiomatische Definition	Übersicht über die verschiedenen (historisch gewachsenen) Definitionen	Am Bahnsteig 1 halten Züge, die in Richtung A und in die Gegenrichtung B fahren. Carl steigt immer in den nächsten Zug ein. Wie groß ist die Wahrscheinlichkeit, dass ... Kann diese Aufgabe mittels der klassischen Definition berechnet werden?
Berechnung von Wahrscheinlichkeiten	Ereignisalgebra, Baumdiagramm, Additionssatz, Multiplikationssatz, bedingte Wahrscheinlichkeit, Satz von Bayes	Umsetzung des Textes in eine mathematische Gleichung, möglicherweise durch Zerlegen des Problems und Einsatz der gültigen Sätze mit anschließender Berechnung	Wie groß ist die Wahrscheinlichkeit beim Lotto mindestens 4 Richtige zu erhalten?
Wahrscheinlichkeitsverteilungen	Zufallsvariable, Maßzahlen, Binomialverteilung, Normalverteilung	etwas tieferer Einstieg in die Wahrscheinlichkeitstheorie, Vergleich der Theorie mit den empirischen Werten	Wie groß ist die Wahrscheinlichkeit, dass bei 20-maligem Würfeln mehr als 4-mal die 6 fällt?
beurteilende Statistik	Fehler 1. und 2. Art, Schätzfunktionen, Testen von Hypothesen, Signifikanztest, Simulationen	Anwendungen auf die Praxis mit Fehlerrechnungen und Entscheidungen, Test, um von einer Stichprobe auf die Gesamtheit zu schließen	Ein Hersteller verkauft Glühbirnen und behauptet, maximal 5 % davon seien defekt. Hat der Hersteller gelogen, wenn in einem Karton von 100 Stück 7 defekte sind?

9

9.1 Die beschreibende Statistik

In das Gebiet der beschreibenden Statistik gehören eigentlich die Planung, die Durchführung und das Aufbereiten der statistisch erhobenen Daten, um damit über die Wahrscheinlichkeitsrechnung von Stichproben auf Gesamtheiten zu schließen.

Da man in der Regel verschiedene Stichproben vergleichen will, sucht man geeignete Zahlen, die einen aussagekräftigen Vergleich ermöglichen. Der Mittelwert alleine genügt nicht, da man auch wissen will, wie groß die Streuung einer Stichprobe ist.

Die wichtigsten Begriffe der beschreibenden Statistik werden alphabetisch geordnet vorgestellt. Die Bezeichnungen und Symbole sind nicht normiert. Wenn Sie zum Beispiel die Varianz in Ihrem Kurs mit einem anderen Buchstaben kennzeichnen, so ändern Sie dies bitte auf diesem Blatt.

Alle folgenden Beispiele beziehen sich auf eine Urliste, die durch zwanzigmaliges Würfeln entstand. Die Stichprobe hat damit den Umfang 20 $x_1, x_2, \ldots, x_{20}$. Es fielen folgende Augenzahlen: 2, 6, 6, 1, 2, 5, 3, 4, 4, 1, 6, 5, 2, 3, 1, 1, 1, 2, 5, 6.

Name	Beschreibung	Erläuterung	Beispiel
Absolute Häufigkeit	Tritt beim n-maligen Durchführen eines Experiments die Ausprägung a_i n_i-mal auf, heißt n_i die absolute Häufigkeit von a_i.	Die absoluten Häufigkeiten werden meist mit n_i bezeichnet. Die Summe aller absoluten Häufigkeiten ist die Anzahl n der Stichproben.	Mit obiger Urliste (20 Stichproben) gilt: $n_1 = 5$; $n_2 = 4$; $n_3 = 2$; $n_4 = 2$; $n_5 = 3$; $n_6 = 4$. n_i bedeutet: Anzahl der Stichproben mit der Augenzahl i.
Ausprägung	Beim Beobachten eines Zufallsexperiments heißt jeder mögliche Ausgang eine Ausprägung des Experiments.	Angegeben in kleinen lateinischen Buchstaben mit Index $a_1, a_2, \ldots a_n$.	Zufallsexperiment ist das Würfeln. Das zu beobachtende Merkmal sei die Augenzahl. Dann gibt es 6 Ausprägungen: $a_1 = 1$; $a_2 = 2$; $a_3 = 3$; $a_4 = 4$; $a_5 = 5$; $a_6 = 6$.
Mittelwert (Durchschnitt)	Der Mittelwert ist das arithmetische Mittel: Summe aller Stichprobenwerte durch Anzahl der Stichproben.	$\overline{x} = \frac{1}{n}\sum_{i=1}^{n} x_i$ ausgeschrieben: $\overline{x} = \frac{1}{n}(x_1 + x_2 + \ldots + x_n)$	$\overline{x} = \frac{1}{20}(2 + 6 + 6 + \ldots + 6)$ $= \frac{1}{20} \cdot 66 = 3{,}3$
Relative Häufigkeit	Quotient der absoluten Häufigkeit durch die Anzahl der Stichproben (Summe aller n_i).	Relative Häufigkeiten werden meist mit h_i bezeichnet. Relative Häufigkeiten sind immer vergleichbar.	$h_1 = \frac{5}{20}$; $h_2 = \frac{4}{20}$; $h_3 = \frac{2}{20}$; $h_4 = \frac{2}{20}$; $h_5 = \frac{3}{20}$; $h_6 = \frac{4}{20}$
Standardabweichung	Quadratwurzel aus der Varianz (Wurzel aus der Summe der Quadrate der Differenzen zum Mittelwert).	Bezeichnung der Standardabweichung: $\overline{s}$ oder σ. $\overline{s} = \sqrt{\overline{s}^2} = \sqrt{\sum_{i=1}^{n}(x_i - \overline{x})^2}$	$\overline{s} = \sqrt{3{,}65} \approx 1{,}91$
Varianz/ Streuung	Maß für die Streuung („Entfernung vom Mittelwert"): Man addiert die Quadrate der Differenzen und teilt durch die Anzahl der Stichproben.	Bezeichnung der Varianz: meist V (x), $\overline{s}^2$ oder σ^2. $\overline{s}^2 = \frac{1}{n}\sum_{i=1}^{n}(x_i - \overline{x})^2$ $= \frac{1}{n}(x_1 - \overline{x})^2 + (x_2 - \overline{x})^2 + \ldots + (x_n - \overline{x})^2]$	$\overline{s}^2 = \frac{1}{20}[(2 - 43{,}3)^2 + \ldots (6 - 43{,}3)]\frac{72}{20}$ $= 3{,}61$
Zentralwert	Ordnet man die Stichproben, so ist der Zentralwert der Wert, der nicht mehr als die Hälfte vor und nicht mehr als die Hälfte hinter sich hat.	Der Zentralwert ist in der Regel vom Mittelwert verschieden. Nicht verwechseln!	Geordnete Stichprobenwerte: 1, 1, 1, 1, 1, 2, 2, 2, 2, 3, 3, 4, 4, 5, 5, 5, 6, 6, 6, 6 ↑ Zentralwert ist 3.

9

9.2 Grafische Darstellungen

Statistiken sollten auf einen Blick überschaubar sein. Mit Stichprobenlisten oder Tabellen ist dies nicht möglich. Gerne werden zum Überblick grafische Darstellungen verwendet, zumal man dann sofort die Gewichtung im Vergleich erkennt.

Grafische Darstellungen sind in der Regel nicht sehr genau (Ablesegenauigkeit!), aber dafür anschaulich.
Es gibt verschiedene Darstellungsmöglichkeiten. Welche Sie wählen, ist stark von den Daten, von der Aufgabenstellung und natürlich von Ihnen abhängig.

In sich geschlossene Darstellungen

Sie werden meist bei Vergleichen untereinander gewählt, wenn die einzelnen Blöcke nicht metrisch geordnet werden können (wie zum Beispiel Farben).

>> BEISPIEL

Von 100 Schülern der Schule A wählten 60 als 1. Fremdsprache Englisch, 20 Französisch, 10 Latein und 10 Russisch.
Kreisdiagramm

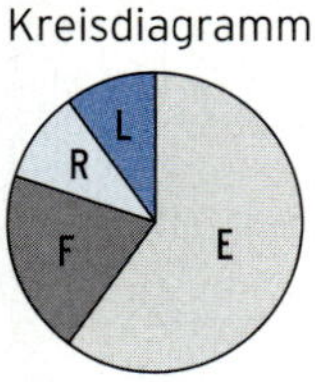

Säulendiagramm

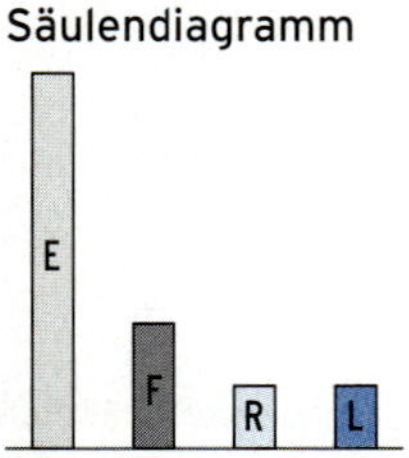

Piktogramm

Darstellungen im Koordinatensystem

Da die x-Achse eine Skala trägt, müssen die verschiedenen Blöcke metrisch zu ordnen sein.
Die dargestellten Merkmale müssen „kartional" oder „ordinal" messbar sein.

>> BEISPIEL

100 Schüler wurden nach ihrem Gewicht (auf volle kg gerundet) befragt. Es ergab sich folgende Verteilung:

Gewicht	38	39	40	41	42
Anzahl der Schüler	5	10	40	25	30

Punktuelle Eintragung in das Koordinatensystem

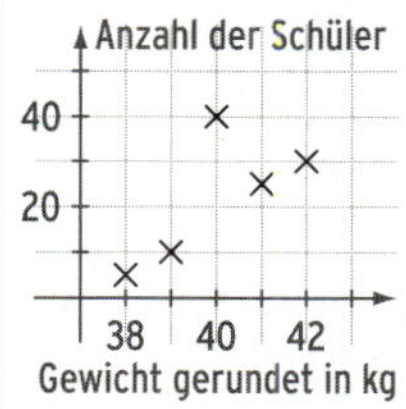

Schaubild mit Extrempunkten durch Verbindung der Punkte

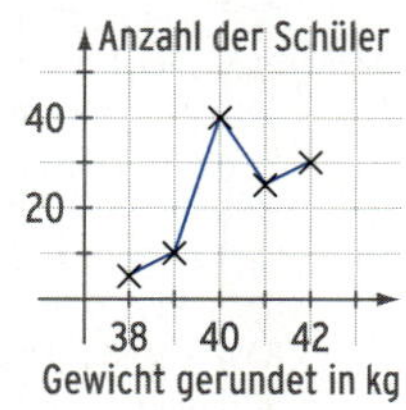

Mit der Breite 1 als Balken gezeichnet

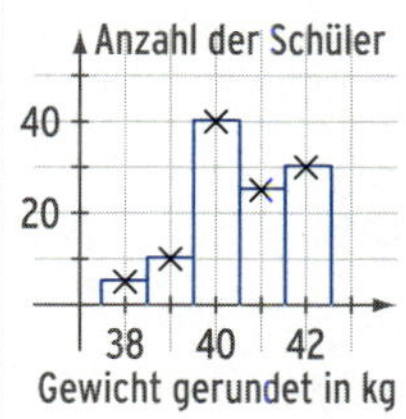

„Abgerundeter Graph", um Zwischenwerte anzudeuten

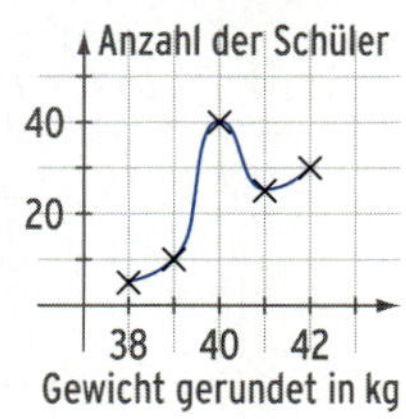

Dank neuerer Computerprogramme kann man natürlich auch dreidimensional arbeiten. Die Säulen beispielsweise werden dann zu Quadern. Da in der Schulmathematik in den Statistiken normalerweise keine Korrelationen betrachtet werden, bleibe ich im zweidimensionalen Raum.

9.3 Definition Wahrscheinlichkeit

Unter der mathematischen Wahrscheinlichkeit versteht man heute eine Abbildung, die bestimmte Bedingungen erfüllt. Dies war nicht immer so und in der Schulmathematik greift man bei ganz bestimmten Problemen noch auf die klassische Definition zurück.
Auch die statistische Definition sollte man kennen; die wohl schwierigsten Aufgaben des Teilgebietes treten in der beurteilenden Statistik auf. Deshalb werden im Folgenden drei grundverschiedene Definitionen des Begriffs „Wahrscheinlichkeit" erörtert.

	Klassische Definition	Statistische Definition	Axiomatische (heutige) Definition
Definition	$\frac{\text{Anzahl der günstigen Fälle}}{\text{Anzahl der möglichen Fälle}}$	Mit h(E) als relativer Häufigkeit gilt für die Wahrscheinlichkeit P: $P(E) = \lim\limits_{n \to \infty} h(E)$. Die Wahrscheinlichkeit wird zum Grenzwert der relativen Häufigkeit nach unendlich vielen Experimenten. Die relative Häufigkeit kann empirisch bestimmt werden.	Die Wahrscheinlichkeit ist eine Abbildung des Ereignisraumes eines Zufallsexperiments mit den Elementarereignissen e_i in die Menge der reellen Zahlen mit: 1 $P(e_i) \geq 0$ für alle i 2 $P(e_1) + P(e_2) + ... + P(e_n) = 1$ 3 $P(E) = P(e_k) + ... + P(e_l)$, wenn $E = \{e_k, ... e_l\}$ ist.
Grundgedanke	Man geht davon aus, dass jeder Ausgang gleich wahrscheinlich ist. Dann überlegt man, welche (besser wie viele) der Ausgänge in dem Ereignis enthalten sind, dessen Wahrscheinlichkeit berechnet werden soll, und dividiert diese Zahl durch die Anzahl aller überhaupt möglichen Ausgänge.	Die relativen Häufigkeiten sind recht leicht bestimmbar. Man kann „gemessene, beobachtete" Stichprobenwerte oder theoretisch erdachte verwenden. Der Zusammenhang zwischen der relativen Häufigkeit und der Wahrscheinlichkeit bietet sich für eine Definition praktisch an.	Diese Definition ist für alle Problembereiche gültig. Die Wahrscheinlichkeit kann für jedes Gebiet und für jede Verteilung und für jedes Problem entsprechend definiert werden. Es müssen lediglich die geforderten Eigenschaften erfüllt sein.
Historisches	Die Definition entstand beim Versuch, die Chancen bei Glücksspielen zu berechnen. Bei Glücksspielen waren die Ausgänge (mindestens in der Theorie) gleich wahrscheinlich, sodass die Wahrscheinlichkeit ein Problem der Abzählbarkeit, der Möglichkeiten, der Kombinatorik war. Begründer: Bernoulli (1654 – 1705); Laplace (1749 – 1827)	Um 1900 wurde der Versuch unternommen, die Wahrscheinlichkeit über den Bereich der Glücksspiele hinaus auf andere Gebiete anzuwenden. Es sollte mit den bekannten und gesicherten Erfahrungswerten (die dank der Forschungsarbeiten vieler Mathematiker vorhanden waren) gearbeitet werden. Begründer: Mises (1883 – 1953)	Bereits wenige Axiome reichen aus, um eine logische und in sich stabile Theorie aufzubauen. Diese Theorie kam erst nach den praktischen Versuchen in neuen Gebieten (die Wahrscheinlichkeit wurde dank der Ausbreitung von Rechnern fast überall eingesetzt) richtig auf. Begründer: Kolmogorov (1903 – 1987)
Einsatz	Bei praktisch allen Problemen, deren Ausgänge gleich wahrscheinlich sind oder in gleich wahrscheinliche Elementarereignisse zerlegt werden können. Insbesondere bei Würfel, Los, Glücksrad, Urne, Karten, Lotto, Toto, Glücksspielautomat, zufälliger Auswahl von Werkstücken, ...	Wird in der Schulmathematik so gut wie nicht eingesetzt. Dient nur dem Überblick und dem Grundverständnis, ist aber für Zusammenhänge und unter Umständen für die mündliche Prüfung wichtig.	In allen Teilen der Schulmathematik einsetzbar. Auch bei Gleichverteilung kann mit den logischen Folgerungen der axiomatisierten Definition gearbeitet werden.
Vorteile	Einfach durchschaubar, über die kombinatorischen Hilfsmittel leicht berechenbar, übersichtlich, mit einem Baumdiagramm skizzierbar.	Für die Schulmathematik keine, da auf diesem Gebiet kaum Grenzwertbetrachtungen gemacht werden.	Logisch, klar und widerspruchsfrei. Man verzichtet auf problemorientierte Definitionen und legt nur ganz bestimmte Eigenschaften fest, auf die sich aufbauen lässt.
Nachteile	Nur anwendbar bei Gleichverteilung aller Elementarereignisse. Schon bei einem nicht idealen Würfel versagt die Theorie. Bei Verzahnungen, Abhängigkeiten und bedingten Wahrscheinlichkeiten ist selbst die Kombinatorik nicht mehr ganz so einfach.	Wird im Unterricht nicht behandelt, da die logische Präzision fehlt. Somit für Schülerinnen und Schüler nicht anwendbar.	Für praktisch veranlagte Schülerinnen und Schüler sehr theoretisch. Die Definition ist für die Schulmathematik eigentlich viel zu weit gespannt und bringt deshalb Probleme beim Vorstellungsvermögen.

9.4 Berechnung der Wahrscheinlichkeiten

Klar, dass man vor den Aufgaben und deren Berechnung die dabei verwendeten Begriffe sauber definieren muss. Leider müssen wir einen kleinen Ausflug in die Mengenlehre machen. Hoffentlich bereitet Ihnen dies keinerlei Probleme.
Die folgende Seite listet alphabetisch die wirklich notwendigen Begriffe auf. Lesen Sie diese Seite aufmerksam durch und stopfen Sie mithilfe Ihrer Lehrkraft oder Ihrem Lehrbuch sofort auftretende Lücken. Sie müssen immer wissen, wovon man spricht.

Die übernächste Seite greift dann schon ein wenig voraus. Es werden die normal üblichen Sprachformulierungen gezeigt, die dazugehörige Mengenschreibweise und die Wahrscheinlichkeiten, obwohl ich weiß, dass die dazugehörigen Sätze erst auf den später folgenden Seiten behandelt werden. Notfalls lassen Sie Lücken, blättern vor und kommen wieder zurück.

Auch im Bereich der Stochastik haben sich die Fragen verändert. Es wird auch hier mehr Wert auf das Verständnis und weniger auf die sture Rechenarbeit gelegt. Lesen Sie die Seiten des Kapitels so konzentriert durch, dass Sie auf jeden Fall einen Überblick haben und wissen, was diese Art der Mathematik leisten kann und leisten will.

Einige Beispiele sollen Ihnen aufzeigen, was ich meine. Betrachten Sie in Ruhe die Fragen und lassen Sie die Lösungen weg. Bearbeiten Sie das Kapitel 9 und kommen Sie wieder zu diesem Blatt zurück. Wenn Sie konzentriert gearbeitet haben, müssten die Beispiele für Sie nun einfach erscheinen.

Aufgabe	Bemerkung	Lösungsvorschlag
Weshalb kann nicht jede Fragestellung mittels der klassischen Definition $P(A) = \frac{\text{günstige Fälle}}{\text{mögliche Fälle}}$ berechnet werden? Geben Sie ein Beispiel an, bei dem die klassische Definition nicht brauchbar ist und begründen Sie dieses. Können Sie ein Modell zu Ihrem Beispiel angeben?	Auch bei der Wahrscheinlichkeit gibt es die „neue Fragetechnik". Sie sollten insbesondere modellhafte Beispiele kennen, um das angesprochene Problem oder die entsprechende Wahrscheinlichkeitsverteilung auf ein möglichst einfaches Beispiel zurückzuführen. Das Urnenmodell ist für viele Probleme geeignet und mit der Anzahl der roten, der blauen, ... Kugeln kann praktisch jede Verteilung erreicht werden.	In D-dorf gibt es genau ein Bahngleis, auf dem gleich viele Züge nach A und in die Gegenrichtung nach B fahren. Nach A fährt ein Zug jeweils 5 Minuten nach der vollen Stunde (z. B. 5.05; 6.05; 7.05; ...), nach B jeweils 10 Minuten vor jeder vollen Stunde (z. B. 5.50, 6.50; 7.50; ...). Anton geht zufällig zum Bahnhof und steigt in den nächsten Zug ein. Wie groß ist die Wahrscheinlichkeit, dass er nach B fährt? Keine Gleichverteilung! Im Urnenmodell sind 15 blaue Kugeln (Minuten, in denen der nächste Zug nach A fährt) und 45 rote Kugel (Minuten bis Zug nach B fährt). Wahrscheinlichkeit $P(A) = 0{,}25$; $P(B) = 0{,}75$
Durch eine Befragung einzelner Personen soll auf das Verhalten der ganzen Bevölkerung geschlossen werden. Geben Sie drei Fehler beim Herstellen der Stichprobe an, die eine verlässliche Aussage zur Gesamtheit verhindern.	Auch die sogenannten „Verständnisfragen" sind wesentlich wichtiger geworden. Sie müssen die Gedankengänge der Wahrscheinlichkeitsrechnung verstehen und nicht nur Wahrscheinlichkeit berechnen können (zumal dies der GTR problemlos berechnet).	Fehler, die die Aussagekraft wesentlich schmälern oder sogar verfälschen: a) falsche Auswahl der Stichprobe (nicht alle Gruppen sind in gleicher Stärke vertreten) b) zu kleine Stichprobe c) Fragestellung nicht eindeutig d) Rahmenbedingungen sind falsch (z. B. Zusammenhang oder Ziel der Befragung nicht klar)

9.4.1 Notwendiges Grundwissen

Bitte überblättern Sie diese Aufzählung der unbedingt notwendigen Begriffe und Definitionen nicht, ohne sie zu lesen. Nicht alle Begriffe tauchen später nochmals auf.

Bernoulli-Experiment	Experiment, das genau zwei Ergebnisse e_1, e_2 hat. Häufige Bezeichnung für die Ereignisse: 0 und 1 oder Treffer und Niete.
Sätze von De Morgan	$\overline{(A \cup B)} = \overline{A} \cap \overline{B}$ und $\overline{(A \cap B)} = (\overline{A} \cup \overline{B})$. Die Sätze von De Morgan sind sehr wichtig. Es gibt Probleme, die nur über das Gegenereignis lösbar sind. Außerdem wechselt man mit den Sätzen von De Morgan vom Additionssatz der Wahrscheinlichkeitsrechnung zum Multiplikationssatz und umgekehrt!
Elementarereignis	Einelementige Teilmenge der Ausgangsmenge eines Zufallsexperiments
Ereignis	Jede Teilmenge der Ausgangsmenge (Menge aller möglichen Ausgänge) eines Zufallsexperiments heißt Ereignis.
Ereignisalgebra	Algebra mit Mengen und den (mengentheoretischen) Verknüpfungen. Mit ihr werden Ereignisse vor der Berechnung der entsprechenden Wahrscheinlichkeit verknüpft.
Gegenereignis	Ereignis $\overline{A}$, das eintritt, wenn A nicht eintritt. Es gilt insbesondere: $P(A \cup \overline{A}) = 1$ und $P(A \cap \overline{A}) = 0$.
Laplace-Experiment	Experiment, bei dem alle Elementarereignisse dieselbe Wahrscheinlichkeit haben (Gleichverteilung).
Sicheres Ereignis	Ereignis, das auf jeden Fall eintritt (z. B. beim Werfen eines Würfels eine Augenzahl < 10). Es gilt $P(E) = 1$.
Stichprobe	Unter einer Stichprobe vom Umfang n versteht man das n-malige Durchführen eines Zufallsexperiments. Dabei muss die Beobachtung nicht praktisch durchgeführt werden. Auch rein „theoretische Beobachtungen" sind möglich.
Unabhängigkeit	Zwei Ereignisse A und B heißen voneinander unabhängig, wenn $P_A(B) = P(B)$ und damit auch $P_B(A) = P(A)$ gilt. Mit anderen Worten: Ganz gleich, wie das Experiment mit B ausgeht, die Wahrscheinlichkeit für A bleibt gleich (wird nicht vom Ausgang von B beeinflusst).
Unmögliches Ereignis	Ereignis, das in keinem Fall eintritt ($P(E) = 0$), beispielsweise beim Werfen eines Würfels die Augenzahl null.
Unvereinbarkeit	Die Ereignisse A und B heißen unvereinbar, wenn der Schnitt leer ist. ($A \cap B = \emptyset$). Das heißt, dass es kein Elementarereignis gibt, das sowohl in A als auch in B ist.
Verneinung	Bei den Ereignissen ist „nicht A" das Gegenereignis zu A (Bezeichnung: $\overline{A}$). Nicht A heißt die Verneinung von A. Es gilt $\overline{\overline{A}} = A$.
Wahrscheinlichkeit	Eine Wahrscheinlichkeit P(E) ist eine reelle Zahl im Intervall $[0; 1]$, die dem Ereignis E durch $P(E) = P(E_1) + ... + P(E_k)$ zugeordnet ist, wenn $E = E_1 \cup ... \cup E_k$ gilt und P eine Wahrscheinlichkeitsverteilung ist.
Wahrscheinlichkeitsverteilung	Funktion, die jedem Ereignis E genau eine Zahl P(E) (die Wahrscheinlichkeit heißt) zuordnet, mit folgenden Eigenschaften: Für jedes Elementarereignis E_i gilt: $P(E_i) \geq 0$ und die Summe aller $P(E_i)$ ist eins.
Zufallsexperiment	Das Beobachten eines zufälligen Ereignisses („mit ungewissem Ausgang") heißt Durchführen eines Zufallsexperiments.
Zufallsgröße	Funktion, die jedem Ausgang a_i eines Zufallsexperiments eine reelle Zahl zuordnet. Im Gegensatz zur Wahrscheinlichkeit muss diese Zahl nicht zwischen 0 und 1 liegen.
Zufallsvariable	Anderes Wort für Zufallsgröße.

9.4.2 Die Ereignisalgebra

Auf den ersten Blick scheint die Ereignisalgebra unheimlich leicht zu sein. Es gibt ja nur drei Zuordnungen:

- **„und“** ist der Schnitt (∩), bedeutet „beides gleichzeitig“, entspricht dem Multiplikationssatz und die Wahrscheinlichkeiten werden multipliziert.
- **„oder“** ist die Vereinigung (∪), bedeutet mindestens eines der beiden, entspricht dem Additionssatz und die Wahrscheinlichkeiten werden addiert.
- **„nicht“** meint genau das Gegenteil und kann mit den Regeln von de Morgan umgeschrieben werden.

Die Erfahrung zeigt allerdings, das doch einige Übung notwendig ist, um im Sprachgewirr die Mathematik zu erkennen. Nehmen Sie die Beispiele dieser Seite als Herausforderung und versuchen Sie, ohne nachzuschauen auf eine Lösung zu kommen.

Jede Teilmenge der Ausgangsmenge eines Zufallsexperiments heißt Ereignis. Innerhalb der Aufgabenstellungen spielt die Ereignisalgebra (z. B. Gesetze von De Morgan) eine wesentliche Rolle. Das Allerwichtigste ist die Umsetzung des sprachlichen Textes in die Ereignisalgebra und daraus in die Wahrscheinlichkeitsrechnung. A, B, C, ... sind Ereignisse; P (A), P (B), P (C) sind die entsprechenden Wahrscheinlichkeiten. Die Zusammenhänge regeln der Additions- und der Multiplikationssatz.

Text	Text mit Ereignis	Ereignisse	Beschreibung	Wahrscheinlichkeit
entweder ... oder	entweder A oder B	$(A \cap \bar{B}) \cup (\bar{A} \cap B)$	Wenn A, dann B nicht; oder wenn B, dann A nicht. Keinesfalls beide oder keines.	$P(A \cap \bar{B}) + P(\bar{A} \cap B)$ $= P(A) \cdot P_A(\bar{B}) + P(\bar{A}) \cdot P_{\bar{A}}(B)$
genau eines	genau eines von A und B	$(A \cap \bar{B}) \cup (\bar{A} \cap B)$	Wenn A, dann B nicht; oder wenn B, dann A nicht. Keinesfalls beide oder keines.	$P(A \cap \bar{B}) + P(\bar{A} \cap B)$ $= P(A) \cdot P_A(\bar{B}) + P(\bar{A}) \cdot P_{\bar{A}}(B)$
höchstens eines	höchstens A oder B	$\overline{A \cap B} = \bar{A} \cup \bar{B}$	Keines der beiden oder A allein oder B allein.	$P(\bar{A}) + P(\bar{B}) - P(\bar{A} \cap \bar{B})$
keins	keins von A und B	$\bar{A} \cap \bar{B}$	Nicht A und gleichzeitig nicht B.	$P(\bar{A}) \cdot P_{\bar{A}}(\bar{B})$ oder $P(\bar{B}) \cdot P_{\bar{B}}(\bar{A})$
mehr als eines	mehr als A oder B	$A \cap B$	Also beide: A und B.	$P(A) \cdot P_A(B)$ oder $P(B) \cdot P_B(A)$
mindestens eines	mindestens A oder B	$A \cup B$	Entweder beide oder nur A oder nur B.	$P(A) + P(B) - P(A \cap B)$
nicht alle	nicht A und B	$\overline{A \cap B} = \bar{A} \cup \bar{B}$	Keines der beiden. Oder A allein oder B allein.	$P(\bar{A}) + P(\bar{B}) - P(\bar{A} \cap \bar{B})$
nur eines	nur eines von A und B	$(A \cap \bar{B}) \cup (\bar{A} \cap B)$	Dasselbe wie: genau eines.	$P(A \cap \bar{B}) + P(\bar{A} \cap B)$
oder	A oder B	$A \cup B$	A allein, B allein oder A und B.	$P(A) + P(B) + P(A \cap B)$
ohne	A ohne B	$A \cap \bar{B}$	A tritt ein und gleichzeitig B nicht.	$P(A) \cdot P_A(\bar{B})$
sowohl ... als auch	sowohl A als auch B	$A \cap B$	Beide: sowohl A als auch B.	$P(A) \cdot P_A(B)$ oder $P(B) \cdot P_B(A)$
und	A und B	$A \cap B$	Beide: also A und B.	$P(A) \cdot P_A(B)$ oder $P(B) \cdot P_B(A)$
weder ... noch	weder A noch B	$\bar{A} \cap \bar{B} = \overline{A \cup B}$	A nicht und gleichzeitig B nicht.	$P(\bar{A}) \cdot P_{\bar{A}}(\bar{B})$ oder $P(\bar{B}) \cdot P_{\bar{B}}(\bar{A})$
weniger als zwei	weniger als A und B	$(\overline{A \cap B}) = \bar{A} \cup \bar{B}$	Höchstens eines. Also entweder A oder B oder keines der beiden.	$P(\bar{A}) + P(\bar{B}) - P(\bar{A} \cap \bar{B})$

9

9.4.3 Baumdiagramm und Pfadregel

Bei den mehrstufigen Experimenten (Hintereinanderausführung von Einzelexperimenten) ist zur Übersicht und zur Berechnung eine Skizze hilfreich. Zeichnet man bei jedem Experiment die möglichen Ausgänge auf, ergeben sich Verzweigungspunkte.
Diese „Verästelungen" gaben der Skizze ihren Namen: **Baumdiagramm** oder Ereignisbaum. Oft genügt ein Teil der Skizze zur Problemlösung, sie muss gar nicht immer komplett gezeichnet werden.

Die Wahrscheinlichkeit eines Pfades ist gleich dem Produkt der einzelnen Wahrscheinlichkeiten auf den Teilstrecken des Pfades: **Pfadregel.** Damit kann man die Wahrscheinlichkeiten der einzelnen Experimente getrennt betrachten, was gedanklich ungleich einfacher ist.

>> BEISPIEL

Drei gleiche Urnen U_1, U_2, U_3, mit schwarzen (s) und roten (r) Kugeln in der Verteilung U_1: 2 s, 3 r; U_2: 3 s, 1 r; U_3: 2 s, 2 r stehen nebeneinander. Man greift zufällig in eine der Urnen und entnimmt zufällig genau eine Kugel.
Damit ist das Experiment beschrieben; ganz gleich, wonach gefragt wird (zum Beispiel nach der Wahrscheinlichkeit, dass es eine schwarze Kugel aus Urne 1 ist oder dass es eine rote Kugel ist oder ...).
Alle von einem Punkt ausgehenden Äste haben jeweils als Summe der Wahscheinlichkeiten 1.

1. Experiment (Wahl, Urne) **2. Experiment (Zug, Urne)** **Wahrscheinlichkeit**

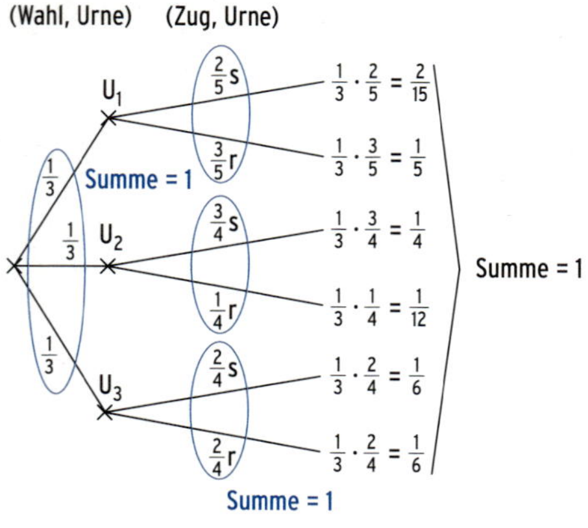

Die entsprechenden Wahrscheinlichkeiten können (als Multiplikation der einzelnen Wahrscheinlichkeiten), wie es die Pfadregel sagt, abgelesen werden. Auch Ereignisse wie „Kugel ist rot" können leicht bestimmt werden über den Additionssatz, zumal der Schnitt der einzelnen Äste leer ist, was ebenfalls aus dem Diagramm ablesbar ist.

Das Baumdiagramm (und damit auch die Berechnung über die Pfadregel) ist auch bei kombinatorischen Problemen anwendbar. Bei hoher Anzahl der Möglichkeiten genügt meist schon eine Teilskizze, die die Berechnung enorm erleichtert.

>> BEISPIEL

Vier verschiedene Bäume sollen vor das Rathaus gepflanzt werden: eine Eiche (e); eine Pappel (p); eine Kastanie (k) und eine Fichte (f). Wie viele verschiedene Möglichkeiten der Anordnung gibt es (Anzahl der letzten Äste des Baumdiagramms) oder mit welcher Wahrscheinlichkeit fängt der Gärtner mit der Pappel an, wenn er die Reihenfolge zufällig auswählt?

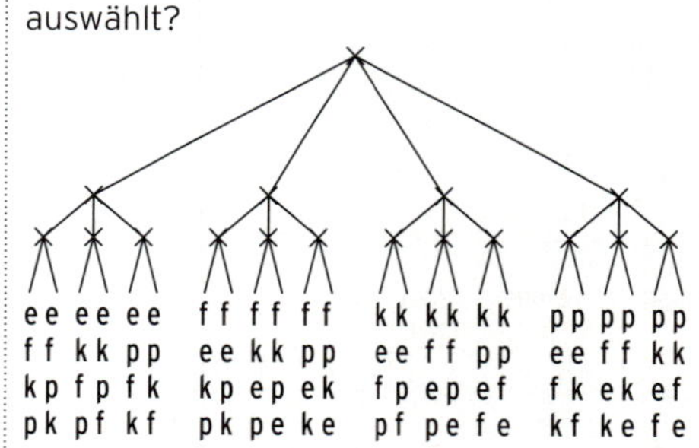

Infolge der Gleichverteilung hat jeder Ast dieselbe Wahrscheinlichkeit.

Mit Baumdiagramm und Pfadregel haben Sie ein wertvolles und brauchbares, vielseitig einsetzbares und schnell herstellbares Hilfsmittel zur Verfügung. Eignen Sie sich im Training unbedingt die Handhabung an.

9.4.4 Rechenwege

Bei Aufgaben der Wahrscheinlichkeitsrechnung ist in der Regel die Wahrscheinlichkeit für ein Ereignis A, das bei einer Durchführung eines Zufallsexperiments auftreten kann, gesucht.

Im Prinzip sind zwei ganz verschiedene Wege möglich. Es gibt Aufgaben, die nur über einen der Wege lösbar sind, und Aufgaben, die über beide Wege lösbar sind.
Leider gibt es kein „Kochrezept", nach dem man sich stur richten könnte. Die Wahl des Weges ist absolut vom Problem und der gestellten Frage abhängig, wobei man nicht von einem „besseren" oder „schnelleren" Weg reden kann.

Weg 1

Wenn man bei dem vorgegebenen Experiment die Ereignismenge so bestimmen kann, dass alle Elementarereignisse die gleiche Wahrscheinlichkeit besitzen, bestimmt man die Wahrscheinlichkeit nach der „klassischen" Definition:

$$P(A) = \frac{\text{Anzahl der günstigen Fälle}}{\text{Anzahl der möglichen Fälle}}$$

Die mathematischen Hilfsmittel muss man dann der Kombinatorik entnehmen. Sie sind in jeder FS enthalten, ungeübt aber sehr schlecht verwendbar.

Gehen Sie folgendermaßen vor:
Bestimmen Sie zunächst alle überhaupt möglichen Fälle. Diese Anzahl ist der Nenner des Bruches („Anzahl der möglichen Fälle"). Dann gehen Sie davon aus, dass das Ereignis A eingetreten ist, und bestimmen unter dieser Voraussetzung alle dafür möglichen Fälle. Diese Anzahl ist der Zähler des Bruches („Anzahl der günstigen Fälle").

Der Bruch selbst ist die Wahrscheinlichkeit für das Ereignis A. Trennen Sie vor der Bestimmung der Anzahlen die Mengen, die laut dem gesuchten Ereignis getrennt werden müssen!

>> **BEISPIEL**

Aus einer Klasse mit 20 Schülerinnen und Schülern werden durch Los drei Freiwillige für den Tafeldienst bestimmt. Wie groß ist die Wahrscheinlichkeit, dass Otto, Emil und Anne nicht dabei sind?
Es gibt bei dieser Aufgabe zwei verschiedene Mengen: Die Menge derer, die nicht dabei sein dürfen (Otto, Emil, Anne), und die Menge derer, aus der die Teilnehmer sein dürfen (der Rest der Schülerinnen und Schüler).
Trennen Sie die beiden Mengen! Aus der ersten Menge muss man kein, aus der zweiten Menge drei Elemente auswählen. Die Wahrscheinlichkeit ist:

$$\frac{\binom{3}{0}\cdot\binom{17}{3}}{\binom{20}{3}} = \frac{1\cdot 1680}{1140} = 0{,}597.$$

Weg 2

Ist die Wahrscheinlichkeit der Elemtarereignisse nicht gleich, so müssen Sie aus dem Text eine Verteilung herausfinden, die dem Problem entspricht.
Danach müssen Sie das Ereignis A mittels der Ereignisalgebra in einfache (leicht berechenbare) Ereignisse zerlegen. Am besten sind dabei natürlich die Elementarereignisse als Zerlegungen. Diese Zerlegungen werden in die Ereignisalgebra übertragen (Verknüpfungen: $\cap$ für „und" und $\cup$ für „oder").
Dann setzen Sie diesen mengentheoretischen Teil mittels des Additionssatzes und des Multiplikationssatzes um. Es entstehen Terme, die nur reelle Zahlen zwischen 0 und 1 und als Verknüpfungen „mal" und „plus" haben.

>> **BEISPIEL**

Anton trifft beim Freiwurf im Basketball mit der Wahrscheinlichkeit von 0,9 den Korb.
Mit welcher Wahrscheinlichkeit trifft er be 2 Würfen mindestens einmal?
A_i sei Treffer beim i-ten Wurf: $A = A_1 \cap A_2$

$$A_2 \Rightarrow P(A) = P(A_1) + P(A_2) - P(A_1)\cdot P(A_2)$$
$$= 0{,}9 + 0{,}9 - 0{,}9\cdot 0{,}9 = 0{,}99.$$

9.4.5 Additionssatz

Die Wahrscheinlichkeit eines Ereignisses A wird (laut Definition) als Addition der Wahrscheinlichkeiten der Elementarereignisse berechnet. Ganz klar, dass die Wahrscheinlichkeit des Ereignisses $C = (A \cup B)$ ebenfalls über die Elementarereignisse berechnet wird. Betrachtet man die Menge der Elementarereignisse und zeichnet ein Diagramm, so sieht man sofort, dass nicht immer $P(A \cup B) = P(A) + P(B)$ gelten kann.

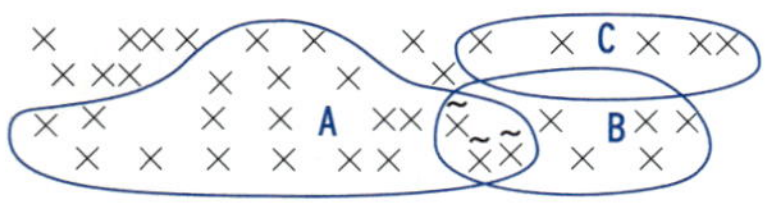

Bei dem obigen Diagramm ist $A \cap C = \{\}$, aber $A \cap B \neq \{\}$. (Die mit $\tilde{x}$ bezeichneten Elementarereignisse liegen in A und in B.)

Jedes x sei nun ein Elementarereignis und wegen $P(A) = P(E_i) + \ldots + P(E_j)$ und $P(B) = P(E_k) + \ldots + P(E_l)$ müssen die Wahrscheinlichkeiten der Elementarereignisse der Ereignisse A und B addiert werden. Dabei addiert man die mit $\tilde{x}$ bezeichneten Elementarereignisse zweimal. Einmal, weil sie in A, und einmal, weil sie in B liegen.

>> BEISPIEL

Wie groß ist die Wahrscheinlichkeit bei einem Würfel, dass die geworfende Zahl gerade oder eine Primzahl ist?

$P(g) = \frac{1}{2}$ (2, 4, 6 sind gerade)

$P(p) = \frac{1}{2}$ (2, 3, 5 sind Primzahlen)

$P(g \cap p) = \frac{1}{6}$ (2 ist gerade und eine Primzahl)

$P(g \cup p) \neq P(g) + P(p)$, sondern

$P(g \cup p) = P(g) + P(p) - P(g \cap p)$

$= \frac{1}{2} + \frac{1}{2} - \frac{1}{6} = \frac{5}{6}$

Die in beiden Ereignissen liegenden Elementarereignisse müssen damit einmal abgezogen werden, sodass auch sie nur einmal gezählt werden.

ALLGEMEINER ADDITIONSSATZ

Für 2 beliebige Ereignisse A und B aus einem Ereignisraum gilt:
$P(A \cup B) = P(A) + P(B) - P(A \cap B)$.
Für 3 Ereignisse gilt:
$P(A \cup B \cup C)$
$= P(A) + P(B) + P(C) - P(A \cap B) - P(A \cap C) - P(B \cap C) + P(A \cap B \cap C)$.

Für den Fall, dass der Schnitt der Ereignisse A und B leer ist, ergibt sich der spezielle Additionssatz (im Diagramm A und C):

SPEZIELLER ADDITIONSSATZ

Für 2 Ereignisse A und B mit $A \cap B = 0$ (damit liegt kein Elementarereignis in beiden Ereignissen) gilt: $P(A \cup B) = P(A) + P(B)$.

>> BEISPIEL

Eine Münze wird dreimal geworfen. Mit welcher Wahrscheinlichkeit fällt mindestens einmal Wappen? Es sei W_i im i-ten Wurf Wappen. Wegen der Gleichverteilung Wappen – Zahl gilt $P(W_i) = 0{,}5$.

Gesucht: $P(W_1 \cup W_2 \cup W_3)$

$P(W_1 \cup W_2 \cup W_3)$
$= P(W_1) + P(W_2) + P(W_3) - P(W_1 \cap W_2) - P(W_1 \cap W_3) - P(W_2 \cap W_3) + P(W_1 \cap W_2 \cap W_3)$
$= 0{,}5 + 0{,}5 + 0{,}5 - 0{,}5 \cdot 0{,}5 - 0{,}5 \cdot 0{,}5 - 0{,}5 \cdot 0{,}5 + 0{,}5 \cdot 0{,}5 \cdot 0{,}5 = 0{,}875$.

Tipp

Für n Ereignisse $P(A_1 \ldots A_n)$ gilt:
Vom bzw. zum Term $P(A_1) + \ldots + P(A_n)$ werden
- **alle möglichen Paare $P(A_i A_j)$ abgezogen,**
+ **alle möglichen Tripel $P(A_i A_j A_k)$ addiert,**
- **alle möglichen 4-tupel $P(A_i A_j A_k A_l)$ abgezogen,**
+ **alle möglichen 5-tupel $P(A_i A_j A_k A_l A_m)$ addiert.**

Die n-tupel mit geradem n werden abgezogen, die n-tupel mit ungeradem n werden addiert.

9.4.6 Bedingte Wahrscheinlichkeit

Kennt man von einem mehrstufigen Zufallsexperiment den Ausgang einer Stufe, so kann dies die Wahrscheinlichkeitsverteilung des gesuchten Gesamtereignisses ändern.

>> BEISPIEL

In einer Schulklasse sind 50 % der 14 Schüler und 25 % der 16 Schülerinnen im Orchester. Mit welcher Wahrscheinlichkeit ist ein zufällig ausgewähltes Klassenmitglied im Orchester? Kein Problem für die klassische Definition:

$P(O) = \frac{\text{Anzahl der günstigen Fälle}}{\text{Anzahl der möglichen Fälle}} = \frac{11}{30} = 0{,}37.$

Weiß man aber, dass die ausgewählte Person ein Junge war, so ändert dies die Wahrscheinlichkeit auf 0,5 (bei einem Mädchen auf 0,25), da ja 50 % der Schüler und 25 % der Schülerinnen für unseren Fall „günstig" sind.

Wenn A das Experiment „Junge – Mädchen" und B das Experiment „Orchester" ist, nennt man diese neue Wahrscheinlichkeit „die durch A bedingte Wahrscheinlichkeit von B".

A und B seien zwei beliebige Ereignisse ungleich null. Dann ist

$P_A(B) = \frac{P(A \cap B)}{P(A)}$

die von A bedingte Wahrscheinlichkeit von B.

$P_B(A) = \frac{P(A \cap B)}{P(B)}$

die von B bedingte Wahrscheinlichkeit von A.

Erfahrungsgemäß passieren bei den bedingten Wahrscheinlichkeiten sehr häufig Denkfehler.

Insbesondere fällt manchem die Unterscheidung der beiden Begriffe:
$P_A(B)$ und $P(A \cap B)$ schwer.

$P_A(B)$ ist die Wahrscheinlichkeit des Ereignisses B unter den Umständen, dass A bereits eingetreten ist.
Wenn A eingetreten ist, zählen natürlich nur noch die Elementarereignisse von A. (Für alle anderen ist die Wahrscheinlichkeit ja null.)

Die Elementarereignisse erhalten durch das Eintreten von A eine ganz andere Wahrscheinlichkeit. $P_A(B)$ ist die Summe der nun neuen Wahrscheinlichkeiten der Elementarereignisse von B.
$P(A \cap B)$ dagegen ist die Wahrscheinlichkeit, dass das Ereignis A eintritt und gleichzeitig das Ereignis B. Es ist die Summe der Wahrscheinlichkeiten derjenigen Elementarereignisse, die sowohl in A als auch in B enthalten sind.

Das folgende Beispiel dient nicht zur Berechnung der Wahrscheinlichkeit, sondern zur Illustration der oben beschriebenen Unterscheidung.

>> BEISPIEL

Das Experiment sei das Werfen mit einem Würfel. Die Elementarereignisse sind die Anzahl der Augen
(Gleichverteilung mit $P(E_i) = \frac{1}{6}$).
A sei das Ereignis: Augenzahl > 4
B sei das Ereignis: Primzahl.
Dann gilt:

$P(A \cap B) = \frac{1}{6}$: Es gibt nur eine Zahl (ein Elementarereignis), die sowohl Primzahl als auch > 4 ist: die Zahl 5.

$P_A(B) = \frac{1}{2}$: Man weiß, dass die Zahl > 4 ist. Damit werden die Wahrscheinlichkeiten der nun noch bleibenden Elementarereignisse zu $\frac{1}{2}$. Eines davon (die Zahl 5) ist Primzahl.

$P_B(A) = \frac{1}{3}$: Man weiß, es handelt sich um eine Primzahl. Die Wahrscheinlichkeiten der Elementarereignisse werden zu $\frac{1}{3}$. Eines davon (die Zahl 5) ist > 4.

Man sieht, dass die drei Wahrscheinlichkeiten $P(A \cap B)$; $P_A(B)$ und $P_B(A)$ verschieden sind. Bitte nicht vergessen!

9.4.7 Multiplikationssatz

ALLGEMEINER MULTIPLIKATIONSSATZ

Eine mathematische Umstellung der Definition der bedingten Wahrscheinlichkeit ergibt den allgemeinen Multiplikationssatz für zwei Ereignisse A und B:
$P(A \cap B) = P(A) \cdot P_A(B)$.

Ist die bedingte Wahrscheinlichkeit (meist ist sie theoretisch leicht herleitbar) bekannt, so kann damit die Wahrscheinlichkeit des Schnittes von A und B (in Worten: Ereignis A und Ereignis B) berechnet werden.

Das folgende Baumdiagramm zeigt alle Möglichkeiten bei einem zweistufigen Experiment auf.

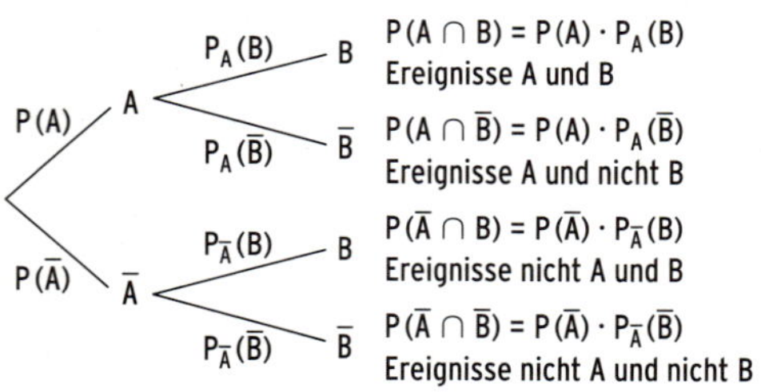

>> BEISPIEL

Eine Urne enthält 2 rote und 3 schwarze Kugeln. Man zieht ohne Zurücklegen zweimal. Wie groß ist die Wahrscheinlichkeit, dass man zwei schwarze Kugeln zieht?

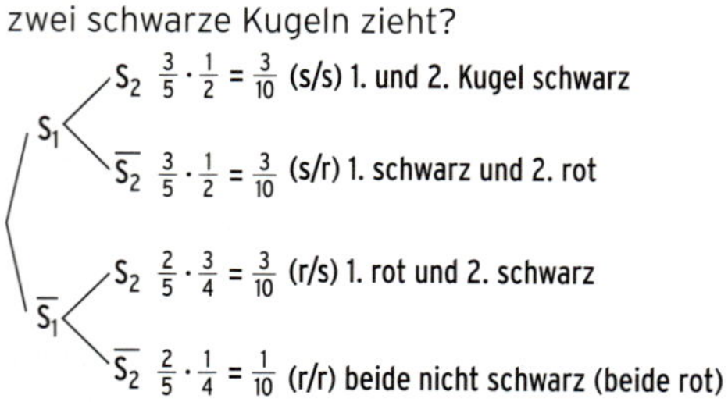

Multiplikationssatz mit mehr als zwei Ereignissen

Für drei Ereignisse A_1, A_2, A_3 gilt:
$P(A_1 \cap A_2 \cap A_3) = P(A_1) \cdot P_{A_1}(A_2) \cdot P_{A_1 \cap A_2}(A_3)$.

Für n Ereignisse $A_1, A_2, ..., A_n$ gilt:
$P(A_1 \cap A_2 \cap ... \cap A_n)$
$= P(A_1) \cdot P_{A_1}(A_2) \cdot P_{A_1 \cap A_2}(A_3) \cdot ... \cdot P_{A_1 \cap ... \cap A_{n-1}}$
$\cdot P(A_n)$.

Die Ereignisse A und B heißen voneinander unabhängig, wenn:
$P_A(B) = P(B)$ und damit auch
$P_B(A) = P(A)$ gilt.

n Ereignisse sind unabhängig voneinander, wenn sie paarweise unabhängig voneinander sind und jedes Ereignis zusätzlich von allen Schnitten, die gebildet werden können, unabhängig ist.

Ändert sich die Wahrscheinlichkeit für B nicht, ganz gleich wie das Experiment von A auch ausgeht, so sind die Ereignisse A und B unabhängig. Damit wird der Multiplikationssatz sehr einfach.

SPEZIELLER MULTIPLIKATIONSSATZ

Für zwei unabhängige Ereignisse gilt:
$P(A \cap B) = P(A) \cdot P(B)$.
Für n unabhängige Ereignisse gilt:
$P(A_1 \cap A_2 \cap ... \cap A_n) = P(A_1) \cdot P(A_2) \cdot ... \cdot P(A_n)$.

>> BEISPIEL

Eine Münze wird viermal hintereinander geworfen. Wie groß ist die Wahrscheinlichkeit, dass viermal Zahl fällt?
Das Werfen einer Münze ist unabhängig vom vorigen Wurf der Münze. Es gilt also der spezielle Multiplikationssatz:
A_i sei das Ereignis i-ter Wurf ist Zahl. Dann gilt:
$P(A) = P(A_1 \cap A_2 \cap A_3 \cap A_4)$
$= P(A_1) \cdot P(A_2) \cdot P(A_3) \cdot P(A_4)$
$= 0{,}5^4 = 0{,}0625$.

9.4.8 Totale Wahrscheinlichkeit

Will man die Wahrscheinlichkeit von B berechnen, wobei es gleichgültig ist, ob A eintritt oder nicht, so gilt: $P(B) = P(A) \cdot P_A(B) + P(\overline{A}) \cdot P_{\overline{A}}(B)$.

Man berechnet die Wahrscheinlichkeit von B, wenn A eingetreten ist, und addiert die Wahrscheinlichkeit von B, wenn A nicht eingetreten ist, hinzu. Der Schnitt von A und $\overline{A}$ ist leer, sodass der spezielle Additionssatz auf jeden Fall richtig ist. Führt man diesen Gedankengang mit einer vollständigen Zerlegung von S in n Ereignisse $A_1, \dots A_n$ durch $A_1 \cup A_2 \cup \dots \cup A_n = S$ und $A_1 \cap A_2 \dots \cap A_n = \emptyset$ durch, erhält man den Satz von der totalen Wahrscheinlichkeit:

TOTALE WAHRSCHNEINLICHKEIT

Gilt für die Ergebnismenge S:
$A_1 \cup A_2 \cup \dots \cup A_n = S$ und
$A_i \cap A_j = \emptyset$ (für alle $i \neq j$),
so gilt für jedes Ereignis B:
$P(B) = P(A_1) \cdot P_{A_1}(B) + \dots + P(A_n) \cdot P_{A_n}(B)$.

Diesen Satz benötigt man insbesondere, wenn sich innerhalb der Zerlegung $A_1, A_2, \dots A_n$ die Wahrscheinlichkeit von B ändert, oder wenn nur die bedingten Wahrscheinlichkeiten bekannt sind. Typische Beispiele sind verschiedene Urnen mit verschiedenen Belegungen, verschiedene Fabriken oder Maschinen mit verschiedenen Prozentzahlen für ordnungsgemäße Werkstücke.
A ist etwa eine Zerlegung der Bevölkerung (zum Beispiel männlich und weiblich) und B ist ein anderes Merkmal (zum Beispiel Bayern-Fan, RTL-Fan, ...).

>> BEISPIEL

Ein Werkstück wird im Werk A (30 % der Fertigung; Ausschuss im Werk A 10 %), im Werk B (50 % der Fertigung; Ausschuss im Werk B 20 %) und im Werk C (20 % der Fertigung; Ausschuss im Werk C 5 %) hergestellt.
Wie groß ist die Wahrscheinlichkeit, dass ein beliebiges Werkstück fehlerhaft (Ausschuss = S) ist?
$P(S) = P(A) \cdot P_A(S) + P(B) \cdot P_B(S) + P(C) \cdot P_C(S)$
$= 0{,}3 \cdot 0{,}1 + 0.5 \cdot 0{,}2 + 0{,}2 \cdot 0{,}05 = 0{,}14.$

9.4.9 Satz von Bayes

Üblicherweise nutzt man die Wahrscheinlichkeitsrechnung, um Aussagen über zukünftige Ereignisse zu machen. Mit dem Satz von Bayes kann für ein schon eingetretenes Ereignis berechnet werden, mit welcher Wahrscheinlichkeit die einzelnen Teilereignisse eines mehrstufigen Experiments eingetreten sind.

Tipp

Denken Sie gerade in diesem Bereich an die Möglichkeit, über eine Skizze (Baumdiagramm) das Problem „anschaulich" darzustellen.

Der Satz von Bayes wird auch als Satz über die Wahrscheinlichkeit von Ursachen bezeichnet.

Die Herleitung des Satzes von Bayes

Wenn $P(A \cap B) = P(B \cap A)$ und auf beiden Seiten der Gleichung der Multiplikationssatz angewendet wird, gilt auch:
$P(A) \cdot P_A(B) = P(B) \cdot P_B(A)$.
Eine leichte algebraische Umformung ergibt folgende Gleichung:
$P_B(A) = \frac{P(A)}{P(B)} \cdot P_A(B)$ oder, sofern P(B) mittels der totalen Wahrscheinlichkeit
$P(B) = P(A_1) \cdot P_{A_1}(B) + \dots + P(A_n) \cdot P_{A_n}(B)$ dargestellt wird:
$P_B(A) = \frac{P(A)}{P(A_1) \cdot P_{A_1}(B) + \dots + P(A_n) \cdot P_{A_n}(B)} \cdot P_A(B)$,
woraus der Satz von Bayes wird (natürlich auch in jeder FS enthalten):

SATZ VON BAYES

$$P_B(A_i) = \frac{P(A_i) \cdot P_{A_i}(B)}{P(A_1) \cdot P_{A_1}(B) + \dots + P(A_n) \cdot P_{A_n}(B)} \cdot P_A(B)$$

>> BEISPIEL

Eine Urne enthält zwei rote und drei schwarze, die zweite Urne fünf rote und eine schwarze Kugel. Es wird eine Kugel zufällig aus einer der Urnen gezogen. Die Kugel ist rot. Mit welcher Wahrscheinlichkeit stammt sie aus der ersten Urne?
Mit U_i = Urne i und r = rot gilt nach dem Satz von Bayes:
$$P_r(U_1) = \frac{P(U_1) \cdot P_{U_1}(r)}{P(U_1) \cdot P_{U_1}(r) + P(U_2) \cdot P_{U_2}(r)} = \frac{\frac{1}{2} \cdot \frac{2}{5}}{\frac{1}{2} \cdot \frac{2}{5} + \frac{1}{2} \cdot \frac{5}{6}} = \frac{\frac{1}{5}}{\frac{37}{60}}$$
$= 0{,}324.$

9

9.5 Wahrscheinlichkeitsverteilung

Eine Wahrscheinlichkeitsverteilung ist nichts anderes als eine Abbildung von den Werten einer Zufallsvariablen zu den dazugehörigen Wahrscheinlichkeiten. Sie müssen sich dies folgendermaßen vorstellen:
Die Zufallsvariable bildet die Ereignisse eines Experiments auf reelle Zahlen ab. Die Wahrscheinlichkeitsverteilung gibt für diese reellen Zahlen die entsprechenden Wahrscheinlichkeiten an.
Lesen Sie die Seite in Ruhe durch, so verwirrend ist der Sachverhalt nicht.

9.5.1 Zufallsvariable

ZUFALLSVARIABLE

Eine Abbildung X: S → ℝ, die jedem Ereignis eines Zufallsexperiments eine reelle Zahl zuordnet, heißt Zufallsvariable oder Zufallsgröße.

Es ist in der Mathematik ungewöhnlich, eine Abbildung Variable und Größe zu nennen und mit dem Großbuchstaben X zu bezeichnen. Das liegt daran, dass diese reellen Zahlen (die natürlich nicht zwischen 0 und 1 liegen müssen) einerseits die Bilder der Ereignisse, andererseits aber die Urbilder der Wahrscheinlichkeit sind.

>> BEISPIEL

Bei einem Würfelspiel gilt für die geworfene Augenzahl: Man erhält bei einer Primzahl drei Punkte und verliert bei einer geraden Zahl zwei Punkte.

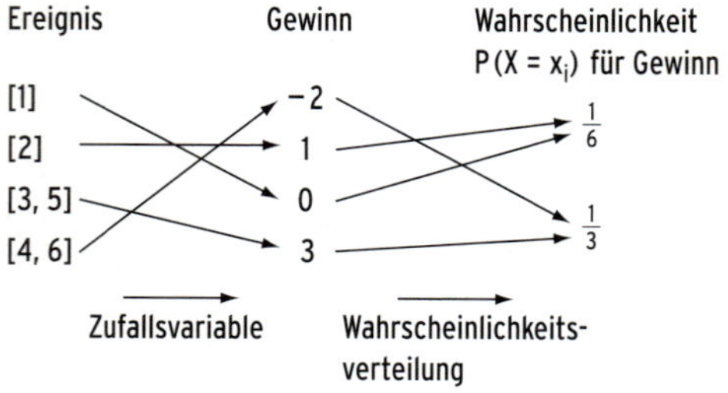

Unter der Zufallsvariablen versteht man die Abbildung der Ereignisse auf die Gewinne. Diese möglichen Gewinne bilden wieder eine Zerlegung des Experiments und werden dann ihrerseits mit Wahrscheinlichkeiten belegt.

WAHRSCHEINLICHKEITSVERTEILUNG

Über eine Ereignismenge S eines Zufallsexperiments sei eine Zufallsvariable X definiert mit den Werten x_1, x_2, ...
Die Funktion $x_i \rightarrow P(X = x_i)$ heißt Wahrscheinlichkeitsverteilung (oder Wahrscheinlichkeitsfunktion) der Zufallsvariablen X.

Praktische Erklärung des Würfelspiels

Den Spieler interessiert nicht die Augenzahl, sondern die Punktezahl, die er erhält. Ihm wird es gleichgültig sein, ob er wegen der „3" oder wegen der „5" drei Punkte erhält. Wichtig sind die drei Punkte; und wenn mathematisch untersucht werden soll, wie groß die Gewinnchancen sind, so benötigt man die Wahrscheinlichkeit für deren Gewinn, nicht die für eine bestimmte Augenzahl.

Das Würfelexperiment hat für dieses spezielle Problem die Ausgangsmenge [−2; 1; 0; 3], deren Wahrscheinlichkeiten interessieren:
$P(X = -2) = \frac{1}{3}$; $P(X = 1) = \frac{1}{6}$; $P(X = 0) = \frac{1}{6}$; $P(X = 3) = \frac{1}{3}$.

Vorschlag für schrittweises Vorgehen

1. Definition von X gemäß dem gestellten Problem,
2. Überlegung, welche Werte x_1, x_2, ... (lauter reelle Zahlen!) X annehmen kann,
3. Berechnung der Wahrscheinlichkeiten für $X = x_i$ mittels der Kombinatorik oder mit den Sätzen (Additions- beziehungsweise Multiplikationssatz).

9.5.2 Maßzahlen, Kenngrößen

Für Kennzahlen, die zur Beschreibung von Wahrscheinlichkeitsverteilungen verwendet werden, gibt es viele Namen: Maßzahlen, Kenngrößen, Parameter, Lagemaße, Wahrscheinlichkeitsbeschreibungen, ...
Der Grund für die Einführung charakteristischer Zahlen, sowohl bei statistischen Erhebungen oder Beschreibungen als auch bei theoretisch bestimmten Wahrscheinlichkeiten, liegt auf der Hand: Man versucht mit möglichst wenigen reellen Zahlen die umfangreichen (Erhebungs-)Daten möglichst eindeutig und genau zu beschreiben.
Ganz gleich, welche Wahrscheinlichkeitsverteilung vorliegt: Wenn man sie mit möglichst wenigen Zahlen beschreiben will (oder muss), kommt man nicht an den Maßzahlen vorbei.

Im Folgenden kommen auch solche Verteilungen vor, die erst in den nächsten Kapiteln beschrieben werden. Stören Sie sich nicht daran; Sie können jederzeit diese Seite überblättern und, wann immer Sie mögen, auf sie zurückgreifen.

	Erwartungswert	Varianz (empirische Varianz)	Standardabweichung
Beschreibung	Entspricht dem arithmetischen Mittel mit den x_i-Werten der Zufallsvariablen und den zugehörigen Wahrscheinlichkeiten: Wert, der laut Wahrscheinlichkeitsverteilung im Mittel erwartet wird.	Ersetzt man die Stichprobenwerte durch die Elemente der Zufallsvariablen und die relativen Häufigkeiten durch die Wahrscheinlichkeiten, so erhält man als Streuungsmaß die Varianz als „mittlere quadratische Abweichung".	Wie bei der Statistik die Quadratwurzel aus der Varianz.
Zufallsvariable X mit $x_1, x_2, \dots x_n$	Der Erwartungswert wird mit E (X) oder μ bezeichnet. Laut Definition gilt: $E(X) = x_1 \cdot P(X = x_1) + \dots + x_n \cdot P(X = x_n)$. E (X) muss kein Wert x_k der Variablen sein.	Die Varianz wird mit V (X) oder σ^2 bezeichnet. Laut Definition gilt: $V(X) = (x_1 - \mu)^2 \cdot P(X = x_1) + \dots + (x_n - \mu)^2 \cdot P(X = x_n)$	Die Standardabweichung wird mit σ bezeichnet. Laut Definition ist $\sigma = \sqrt{V(X)}$.
Binomialverteilung	Bei einem n-stufigen Experiment mit der Trefferwahrscheinlichkeit p gilt für den Erwartungswert: $E(X) = m = n \cdot p$.	Bei einem n-stufigen Experiment mit der Trefferwahrscheinlichkeit p gilt für die Varianz: $V(X) = \sigma^2 = n \cdot p \cdot (1 - p)$.	Für die Standardabweichung gilt: $\sigma = \sqrt{n\,p\,(1 - p)}$.
Verknüpfungen	Die Erwartungswerte von verknüpften Zufallsvariablen lassen sich leicht berechnen. Es gilt: $E(aX + b) = a \cdot E(X) + b$. $E(X + Y) = E(X) + E(Y)$. Sind X und Y unabhängig, dann gilt: $E(X \cdot Y) = E(X) \cdot E(Y)$.	Die Varianz verknüpfter Zufallsvariablen ist nur dann einfach bestimmbar, wenn die Variablen unabhängig sind: $V(aX + b) = a^2 \cdot V(X)$, $V(X + Y) = V(X) + V(Y)$ für X, Y unabhängig.	Die Standardabweichung wird über die Varianz berechnet.

9.5.3 Bernoulli-Experimente

BERNOULLI-EXPERIMENT

Ein Zufallsexperiment mit genau zwei möglichen Ausgängen heißt Bernoulli-Experiment.

Die beiden möglichen Ausgänge werden üblicherweise mit 0 und 1 oder Niete (0) und Treffer (1) oder Misserfolg (0) und Erfolg (1) oder nein (0) und ja (1) bezeichnet. Denken Sie daran, dass die Bezeichnung (zum Beispiel Treffer und Niete) nichts mit einer Wertigkeit zu tun hat.
Diese Zweiwertigkeit ist nicht nur mathematisch sehr einfach zu behandeln (immerhin kennt man alle Werte der Wahrscheinlichkeitsverteilung, wenn man einen Wert kennt), sondern sie ist auch sehr gut geeignet, um maschinell (Rechner!) damit zu arbeiten (Strom – kein Strom oder Magnetfeld – kein Magnetfeld oder Spannung – keine Spannung). Beispiele für Bernoulli-Experimente sind das Werfen einer Münze, das Ziehen eines Loses, der Zustand einer Lampe, ...; Gegenbeispiele wären das Werfen eines Würfels, das Ziehen einer Skatkarte, ...
Ändert sich die Wahrscheinlichkeit für einen Treffer bei der Wiederholung eines Bernoulli-Experimentes nicht und wiederholt man das Experiment n-mal, so heißt diese Wiederholung eine n-stufige Bernoulli-Kette und kann wie ein einziges Experiment betrachtet werden.

Das n-malige Ziehen einer Kugel aus einer Urne mit zwei verschiedenen Kugelfarben wäre mit Zurücklegen eine Bernoulli-Kette (die Wahrscheinlichkeiten ändern sich nicht), ohne Zurücklegen jedoch keine, da sich die Wahrscheinlichkeiten ändern würden.

9.5.4 Binomialverteilung

Bei einer n-stufigen Bernoulli-Kette (ein Bernoulli-Experiment wird n-mal durchgeführt) taucht sofort die Frage auf, wie groß wohl die Wahrscheinlichkeit für k Treffer ist oder welche Trefferzahl am wahrscheinlichsten ist oder mit welcher Trefferzahl zu rechnen ist.
Bei der Anzahl der Treffer können nur natürliche Zahlen r mit $0 \leq r \leq n$ vorkommen.

Bei einer n-stufigen Bernoulli-Kette sei die Wahrscheinlichkeit für einen Treffer p, für eine Niete $q = 1 - p$. Fragt man, mit welcher Wahrscheinlichkeit genau k Treffer zu erwarten sind $(0 < k < n)$, so gilt:
Dass die ersten k Ausführungen zu Treffern führen und der Rest zu Nieten, trifft mit der Wahrscheinlichkeit (Multiplikationssatz) $p^k \cdot q^{n-k}$ zu.
Es müssen aber laut Aufgabenstellung nicht die ersten k Durchführungen sein, die zu Treffern führen. Die k Treffer können beliebig verteilt sein, ein kombinatorisches Problem. Da es $\binom{n}{k}$ Möglichkeiten gibt, k Treffer auf n Experimente zu verteilen, ist die Wahrscheinlichkeit für k Treffer bei einer n-stufigen Bernoulli-Kette mit Wahrscheinlichkeit p: $\binom{n}{k} \cdot p^k \cdot q^{n-k}$.

BINOMIALVERTEILUNG

Ist bei einer n-stufigen Bernoulli-Kette die Trefferwahrscheinlichkeit p, so heißt die Wahrscheinlichkeitsverteilung $P(X = k) = \binom{n}{k} \cdot p^k (1 - p)^{n-k}$ für alle k mit $0 \leq k \leq n$ Binomialverteilung.

Die Schreibweisen sind vielfältig: $B(n, p, k)$ oder $B(k; n; p)$ oder $B_{k; n; p}$ oder $B_{n; p}(k)$. Bitte verwenden Sie die bei Ihnen (in Ihrer FS) übliche Schreibweise.

Da sehr viele Probleme binomialverteilt sind (oder so zerlegt werden können, dass eine Binomialverteilung entsteht), sind für diese Verteilung Tabellen vorhanden, die in den meisten Schulen verwendet werden. Damit entfällt eine oft mühsame Berechnung. Andererseits ist eine Fertigkeit gefordert, die Sie üben müssen: das Aufschlagen von Tabellenwerten.
Der GTR allerdings berechnet die Binomialverteilungen auch. Sogar die Summen, was bei vielen Problemen (insbesondere bei der beurteilenden Statistik) herrlich und sehr bequem ist.
Die Binomialverteilung ist das Herzstück der schulischen Wahrscheinlichkeitsrechnung schlechthin. Bemühen Sie sich, sie zu verstehen. Insbesondere müssen Sie entscheiden können, ob ein Problem binomialverteilt ist oder nicht.

9.5.5 Gesetz der großen Zahlen

Dass die Wahrscheinlichkeit für eine bestimmte Zahl beim idealen Würfel (zum Beispiel für die Zahl 3) bei ein Sechstel liegt, ist klar.
Und genauso klar ist, dass bei sechs Würfen nicht genau einmal, bei 60 Würfen nicht genau zehnmal, bei 600 Würfen nicht genau hundertmal die Zahl „3" auftritt.
Aber (und auch diese Tatsache ist unumstritten): Je öfter man würfelt, je häufiger man das Experiment ausführt, umso genauer wird der gemessene Wert (hier: die Anzahl der „Dreien") mit dem theoretischen Wert (hier: ein Sechstel der Gesamtwürfe) übereinstimmen.
Oder: Die durch Experimente bestimmten relativen Häufigkeiten nähern sich bei immer größer werdenen Anzahlen der Ausführungen des Experimentes immer mehr den theoretisch (über die Wahrscheinlichkeitsverteilung) berechenbaren Werten.

Gesetz der großen Zahlen nach Tschebyschew

Es sei e eine vorgegebene positive Zahl, h_i die relative Häufigkeit des Ereignisses A_i, $P(A_i)$ die Wahrscheinlichkeit des Ereignisses A und n die Zahl der Durchführungen des Experimentes.
Dann gilt: $\lim\limits_{n \to \infty} (h_i - P(A_i)) = 0$.

WISSEN

Wiederholt man ein Experiment genügend oft, so ist die gemessene relative Häufigkeit gleich der theoretischen Wahrscheinlichkeit.

Mittels dieses Satzes werden die näherungsweisen Bestimmungen der Wahrscheinlichkeiten durch die empirisch bestimmten Messwerte gerechtfertigt. Und der Satz sagt zudem, dass die Anzahl der Durchführungen des Experiments (entsprechend: die Anzahl der Stichproben bei der Statistik) möglichst groß sein soll; dann (und nur dann) stimmt die Praxis mit der Theorie überein.
Dass in den Aufgaben der Schulmathematik aus sehr wenigen Durchführungen eines Experiments gefolgert und geschlossen, ja sogar weitergerechnet und beurteilt wird, ist eine reine Konzession an die Überschaubarkeit und an die Rechenarbeit (kleine, einfache Zahlen).

9.5.6 Gauß'sche Glockenkurve

Betrachtet man Binomialverteilungen für große Werte von n (sehr häufige Wiederholungen), so ist die Wahrscheinlichkeit für die Trefferzahl k am größten, wenn k gleich dem Erwartungswert ist ($k = E(X)$). Vor dem Erwartungswert ($k < E(X)$) und nach dem Erwartungswert ($k > E(X)$) sind die Wahrscheinlichkeiten kleiner und werden mit größerem Abstand zu $E(X)$ immer kleiner.
Es entsteht ein zur Geraden beim Erwartungswert symmetrischer Graph, der bei geeigneter Wahl der beiden Maßstäbe (in die Koordinatenrichtungen) die Form einer Glocke hat.
Verbindet man die oberen Stabenden der Wahrscheinlichkeiten, so nähert sich der dadurch gewonnene Graph bei $n \to \infty$ einer Grenzkurve, die algebraisch mittels einer e-Funktion beschrieben werden kann.

Diese Grenzkurve heißt **Gauß'sche Glockenkurve** oder kurz **Gauß-Kurve**.

WISSEN

Gauß'sche Glockenfunktion oder kurz Gauß-Funktion:
$\varphi\colon x \to \frac{1}{\sqrt{2\pi}} \cdot e^{-\frac{1}{2}x^2}$

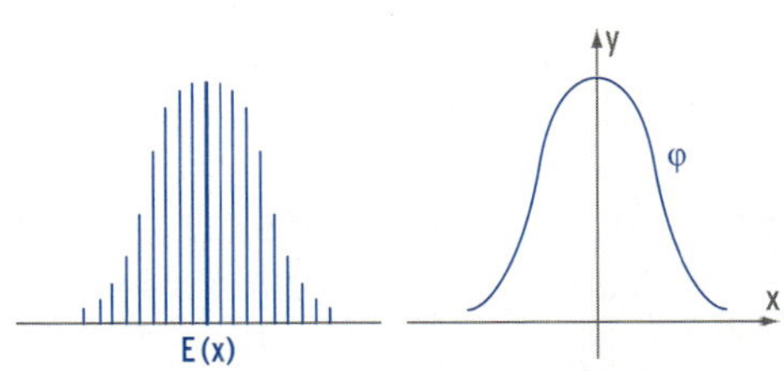

$B_{n,p}$-Verteilung   Gauß'sche Glockenkurve

Gauß'sche Summenfunktion: $\Phi\colon x \mapsto \int_{-\infty}^{x} \varphi(t)\,dt$

$\Phi(x)$ ist damit der links von x liegende Flächeninhalt unter der Gauß'schen Glockenkurve. Der Flächeninhalt zwischen k_1 und k_2 ist

$\frac{1}{\sqrt{2\pi}} \int_{k_1}^{k_2} e^{-x^2}\,dx = \Phi(k_2) - \Phi(k_1)$.

Grob gesagt ist dieser Flächeninhalt die Wahrscheinlichkeit von k_1 bis k_2 einer Verteilung mit sehr großem n.
Die Stammfunktion von φ ist elementar nicht berechenbar, aber numerisch über den GTR.

9.5.7 Zentraler Grenzwertsatz

Eigentlich müsste man bei der Vielseitigkeit der mathematischen Definition der Wahrscheinlichkeit mit einer unübersehbaren Vielfalt verschiedener Wahrscheinlichkeitsverteilungen rechnen. Aber die Praxis zeigt, dass sich sehr viele, ja die meisten empirisch gefundenen Wahrscheinlichkeitsverteilungen unter bestimmten Voraussetzungen annähernd gleich verhalten.

Die Tatsache, dass sich bei häufiger Durchführung eines Experiments die Verteilung meist der Glockenform nähert, wird mathematisch natürlich voll ausgenutzt. Die Theorie dazu liefert der sogenannte **zentrale Grenzwertsatz**.

Bei einem Würfel sind die Wahrscheinlichkeiten für die verschiedenen „Augensummen" noch gleich, bei der Summe von 2 Würfeln sieht man schon leicht die Glockenkurve, bei der Summe von 3 Würfeln ist die Glockenkurve wesentlich deutlicher. Dass mit der Anzahl der Würfel die Amplitude abnimmt, die Kurve breiter wird und der Extrempunkt sich vom Nullpunkt entfernt, ist nur eine Frage des Maßstabs.

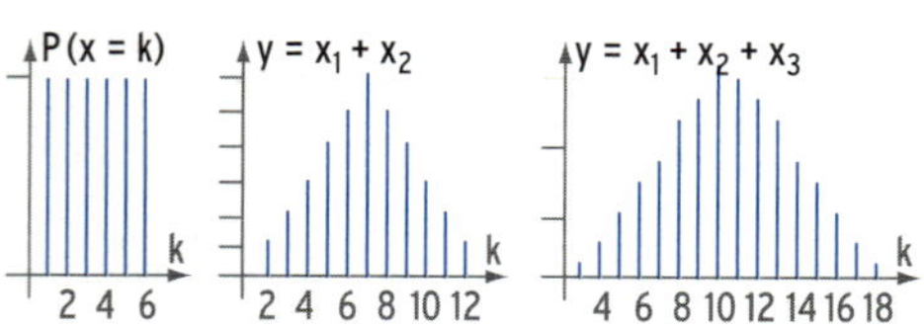

ZENTRALER GRENZWERTSATZ

Ist eine Zufallsvariable X als Summe von n voneinander unabhängigen und identisch verteilten Zufallsvariablen X_1, X_2, ... X_n aufzufassen, so gilt bei hinreichend großem n (für Sie: $n > 10$) mit dem Erwartungswert E(X) und der Varianz $V(X) = \sigma^2$:

$$P(X \leq x) \approx \Phi\left(\frac{x - E(x)}{\sqrt{V(x)}}\right) = \Phi\left(\frac{x - E(x)}{\sigma}\right)$$

Dabei ist Φ die Gauß'sche Summenfunktion (→ vorige Seite), deren Werte bisher der Tabelle entnommen werden mussten, mit dem GTR aber jetzt numerisch bestimmbar geworden sind.

9.5.8 Tschebyschew-Ungleichung

Da sich die Wahrscheinlichkeiten bei fast allen größeren „Durchführungszahlen" einer ganz bestimmten Verteilung annähern (der Gauß'schen Glockenkurve), stellt sich natürlich die Frage, in welchem Intervall bestimmte Prozentzahlen liegen.
Oder: Ab welcher Abweichung wird die Wahrscheinlichkeit so klein, dass sie nicht mehr berücksichtigt werden muss?

TSCHEBYSCHEW-UNGLEICHUNG

$$P(|X - E(X)| \geq c) \leq \frac{V(x)}{c^2}.$$

Die Wahrscheinlichkeit, dass X einen Wert x_i annimmt, der um mindestens den Wert c vom Erwartungswert E(X) abweicht, ist höchstens so groß wie der Wert, den man erhält, wenn man die Varianz V(X) durch c^2 dividiert.

Nicht ganz so allgemein, aber wesentlich besser verständlich wird der Satz, wenn die Abweichung als Vielfaches der Standardabweichung (der Quadratwurzel aus der Varianz) angegeben wird: $P\left(|X - E(X)| \geq k \cdot \sqrt{V(x)}\right) \leq \frac{1}{k^2}$.

Die Wahrscheinlichkeit, dass X einen Wert x_i annimmt, der um das k-fache der Standardabweichung vom Erwartungswert abweicht, ist höchstens $1 : k^2$.

k = 2: Die Wahrscheinlichkeit für Werte, die außerhalb des Intervalls $[E(X) - 2 \cdot \sqrt{V(x)}; E(X) + 2 \cdot \sqrt{V(x)}]$ liegen, ist kleiner als 0,25. Oder: Mindestens 75 % der Werte liegen im Intervall.

k = 3: Die Wahrscheinlichkeit für Werte, die außerhalb des Intervalls $[E(X) - 3 \cdot \sqrt{V(x)}; E(X) + 3 \cdot \sqrt{V(x)}]$ liegen, ist kleiner als 0,11. Oder: Mindestens 89 % der Werte liegen im Intervall.

k = 4: Die Wahrscheinlichkeit für Werte, die außerhalb des Intervalls $[E(X) - 4 \cdot \sqrt{V(x)}; E(X) + 4 \cdot \sqrt{V(x)}]$ liegen, ist kleiner als 0,06. Oder: Mindestens 94 % der Werte liegen im Intervall.

9.5.9 Näherungen

Führt man ein Experiment mit Binomialverteilung durch, so interessiert in der Regel nicht, mit welcher Wahrscheinlichkeit k Treffer eintreten, sondern welche Trefferzahl in einem Intervall $[k_1; k_2]$ liegt.

Bei einem idealen Würfel ist die Wahrscheinlichkeit für die Augenzahl „6" ein Sechstel: Dass aber bei 600 Würfen die Zahl „6" genau 100-mal auftritt, ist nicht wahrscheinlich.

Zu untersuchen ist die Frage, ob die Anzahl der Sechsen eines idealen Würfels in einem bestimmten Intervall liegen muss, etwa im Interval [80; 120]. Diese Bestimmung erfordert einen erheblichen Rechenaufwand (41-mal die Berechnung eines Ausdrucks $\binom{n}{k} \cdot p^k \cdot (1 - p^{n-k})$, sodass man nach leichter bestimmbaren Näherungen suchte.

Wenigstens Namen und Formeln sollten Sie schon einmal gesehen haben. Üben Sie die Berechnung mit der Näherung, mit der Sie arbeiten (müssen).

Es sind nur maximal drei Schritte zur Berechnung notwendig: Einsetzen von Zahlen in eine vorgegebene Formel; Berechnen eines Terms mit dem TR; Aufschlagen einer Zahl in einer Tabelle.

Die in der Schule gängigen Näherungen sind fast alle Anwendungen der Gauß'schen Glockenfunktion:

- Lokale Betrachtungen (einzelne Werte) mittels der Funktion $\varphi(x) \frac{1}{\sqrt{2\pi}} \cdot e^{\frac{1}{2}x^2}$, die in den GTR eingegeben werden kann und somit auch die globalen Berechnungen von $\Phi(x)$ numerisch berechenbar macht.
- Globale Betrachtungen (Wahrscheinlichkeiten in einem Intervall) über die Aufsummierung, also das Integral der Glockenfunktion: $\Phi(x) = \int_{-\infty}^{x} \varphi(t)\, dt.$

Die Abkürzung $B_{n;p}(k)$ bedeutet die Wahrscheinlichkeit, dass k Treffer bei n Durchführungen der Binomialverteilung mit der Wahrscheinlichkeit p auftreten.

	Poisson-Verteilung	De Moivre-Laplace	Summe mit De Moivre-Laplace	Normalverteilung
Formel → FS	$B_{n;p}(k) = \frac{E(X)^k}{k!} \cdot e^{-E(X)}$ mit $E(X) = np$.	$B_{n;p}(k) = \frac{1}{\sqrt{V(x)}} \cdot \Phi\left(\frac{k - E(x)}{\sqrt{V(x)}}\right)$ mit $E(X) = np$ und $V(x) = np(1-p)$	$\sum_{k=k_1}^{k_2} B_{njr}(k) \approx \int_{x_1}^{x_2} \varphi(t)\, dt$ $x_1 = \frac{k_1 - 0{,}5 - np}{\sqrt{np(1-p)}}$; $x_2 = \frac{k_1 + 0{,}5 - np}{\sqrt{np(1-p)}}$	$P(X \leq x) = \Phi\left(\frac{x - E(x)}{\sqrt{V(x)}}\right)$
Anwendungen	Bei sehr selten eintretenden Ereignissen (ca. $p \leq 0{,}05$).	Bei großem n über die Gauß'sche Glockenfunktion. Es handelt sich um die lokale Näherung (Berechnung einzelner Werte).	Bei Summen über den Flächeninhalt der Gauß'schen Glockenfunktion. Globale Näherung bei der Berechnung in Intervallen.	Über die Gauß'sche Summenfunktion definiert, es wird angegeben, wenn Sie sie verwenden sollen.
Brauchbare Werte	Für $p < 0{,}05$ und $E(X) = np \leq 5$. Die Werte sind in der Regel aus einer Tabelle zu entnehmen.	Für $n > \frac{9}{p(1-p)}$ Die Werte werden der Tabelle entnommen. φ könnte aber leicht berechnet werden.	Für $p < 0{,}05$ und $E(X) = np \leq 5$ (wie bei der lokalen Näherung). Nur Tabellenwerte, die Funktion ist für Sie nicht integrierbar.	Die Funktion beschreibt ein Verteilungsgesetz, das für sehr viele Zufallsvariablen gilt. Werte über Tabelle oder GTR.
Lagemaße	Erwartungswert $E(X) = np$; Varianz $V(X) = np$	Erwartungswert $E(X) = np$; Varianz $V(X) = np(1-p)$	Erwartungswert $E(X) = np$; Varianz $V(X) = np(1-p)$	Erwartungswert $E(X) = np$; Varianz $V(X) = np(1-p)$

9

9.6 Beurteilende Statistik

In Wirtschaft, Technik, Medizin, Politik und Handel käme man ohne die Prognosen der beurteilenden Statistik, ohne die Auswertung von Stichprobendaten und ohne die mathematischen Tests zur Überprüfung von statistischem Material überhaupt nicht mehr aus.

>> BEISPIEL

Schluss von der Gesamtheit auf die Stichprobe: Sie kennen die Verteilung der Gesamtheit und wollen auf die Verteilung eines Teiles schließen.
Sie wissen, wie viele Lose bei einer Tombola gewinnen, und wollen nun berechnen, mit welcher Wahrscheinlichkeit Sie bei 10 Losen einen Gewinn erhalten oder wie viele Lose Sie ziehen müssen, um mit einer Sicherheit von mindestens 90 % mindestens einen Gewinn zu erzielen.

>> BEISPIEL

Schluss von der Stichprobe auf die Gesamtheit: Sie kennen einige Stichprobenwerte und wollen auf die Gesamtheit schließen.
Dies sieht einfacher aus, als es in Wirklichkeit ist, da eine proportionale Zunahme (bei 6 Würfeln 2 „Sechsen", also bei 60 000 Würfen 20 000 „Sechsen") nicht zwingend ist.
Eine automatische Drehbank dreht Bolzen der Länge 4,5 mm. Man überprüft 20 Bolzen und stellt fest, dass drei nicht die erforderliche Länge haben. Muss deshalb die Maschine neu eingestellt werden?

>> BEISPIEL

Testen von Hypothesen und Berechnung von Fehlern: Sie haben eine Hypothese und wollen prüfen, ob sie stimmt.
Bei einem idealen Würfel kommt jede Zahl mit derselben Wahrscheinlichkeit vor. Sie werfen den Würfel 60-mal und notieren die Augenzahlen. Bei welcher Verteilung glauben Sie, dass es sich um einen idealen Würfel handelt, und mit welcher Wahrscheinlichkeit irren Sie dabei? Wann werfen Sie den Würfel weg und mit welcher Wahrscheinlichkeit ist dies falsch?

9.6.1 Fehler erster und zweiter Art

Wirft man mit einem Würfel zehnmal und erhält zehnmal die Augenzahl „6", so ist dies von der Wahrscheinlichkeitstheorie her auch bei einem idealen Würfel nicht völlig ausgeschlossen.
Aber diese zufällige Verteilung ist so „unwahrscheinlich" (Wahrscheinlichkeit ≈ 0,000 000 017), dass man eher geneigt ist zu sagen, der Würfel ist nicht ideal, als zu glauben, dass zufälligerweise eben dieser Umstand eintrat.
Andererseits kann ein Versuch mit einem nicht idealen Würfel (die verschiedenen Augenzahlen kommen nicht mit derselben Wahrscheinlichkeit vor) zufällig eine „ideale" Verteilung (jede Zahl kommt gleich oft vor) aufweisen. Man würde dann diesen Würfel fälschlicherweise zu den idealen zählen.
In beiden Fällen macht man einen Fehler. Allerdings sind die Fehler von der Theorie her völlig anders zu bewerten. Wir müssen die beiden Fehlerarten grundsätzlich unterscheiden. Die folgende Tabelle soll das verdeutlichen. Bitte machen Sie sich diese Konstellation absolut klar.

	Annahme wird angenommen	Annahme wird abgelehnt
Annahme stimmt	Richtige Entscheidung	Fehler erster Art
Annahme ist falsch	Fehler zweiter Art	Richtige Entscheidung

>> BEISPIEL

Ein Medikament wird auf seine Nebenwirkungen hin untersucht. Wir gehen von der Hypothese aus, dass keine Nebenwirkungen vorhanden sind.
Ein Fehler erster Art ist, wenn das Medikament tatsächlich keine Nebenwirkungen hat, wir aber aufgrund der ermittelten Stichproben glauben, dass Nebenwirkungen vorhanden sind. Ein Fehler, der sich nicht schwerwiegend auswirken würde.
Ein Fehler zweiter Art würde vorliegen, wenn das Medikament tatsächlich Nebenwirkungen zeigen würde, wir aber aufgrund der ermittelten Stichproben feststellen würden, dass keine Nebenwirkungen vorhanden sind. Dieser Fehler würde sich in der Praxis wesentlich negativer auswirken als der Fehler erster Art.

9.6.2 Schluss von der Gesamtheit auf Stichproben

Es gibt Zufallsexperimente, deren Wahrscheinlichkeitsverteilung wir kennen. Ganz gleich, ob aus der Theorie (Glücksspiele wie Roulette, Lotto, Würfelspiele, Lotterie und vieles mehr) oder aus der Erfahrung, der Beobachtung, den statistischen Daten (Wettervorhersage, Lebenserwartung ...).
Entnimmt man der Gesamtheit eine Stichprobe vom Umfang n, so interessiert, wie hier die Werte verteilt sind. Der Mittelwert dieser Stichprobenwerte wird in der Regel vom theoretischen Wert, dem Erwartungswert $E(X)$, abweichen. Auch bei den einzelnen Stichprobenwerten wird es zwischen den praktischen und den theoretischen Werten Abweichungen geben.

Diese Abweichungen gilt es zu beurteilen: Sind sie zufällig oder signifikant (durch veränderte Bedingungen erklärbar)?

Wenn die Verteilung nicht angegeben ist, dann verwenden Sie

- die Binomialverteilung, wenn Sie die Wahrscheinlichkeit für ein einzelnes Experiment kennen und sich die Wahrscheinlichkeit bei der Wiederholung nicht ändert oder wenn die Anzahl der Stichprobenwerte klein ist $V(X) = n \cdot p \cdot (1 - p) \leq 9$;
- die Normalverteilung, wenn der Erwartungswert und die Standardabweichung angegeben sind oder wenn die Anzahl der Stichprobenwerte groß ist $V(X) = n \cdot p \cdot (1 - p) > 9$.

>> BEISPIEL

Bei einer Tombola werden Lose verkauft. Man weiß, dass jedes 10. Los ein Gewinn ist, der Rest sind Nieten. Wir gehen näherungsweise von einer Binomialverteilung aus.

a) A nimmt 5 Lose. Ist die Wahrscheinlichkeit, dass er mindestens einen Gewinn hat, größer als 50 %?
b) Wie viele Lose müsste er mindestens nehmen, damit er mit einer Wahrscheinlichkeit von mindestens 50 % mindestens einen Gewinn zieht?

Streng genommen liegt hier keine Binomialverteilung vor, da sich nach jeder Entnahme eines Loses ja die Wahrscheinlichkeit für einen Gewinn ändert. Bei großen Anzahlen der Gesamtheit (wie im Beispiel) wird immer näherungsweise jedem Los dieselbe Wahrscheinlichkeit für Gewinn und Niete zugeordnet. Aufgabe a wäre auch über die Normalverteilung lösbar, wenn die Anzahl der Lose, die A nimmt, größer wäre. Bei $n = 5$ ist $V(X) = 0{,}45$ und damit für einen vernünftigen Einsatz der Normalverteilung zu klein.

Bei der Binomialverteilung ist $p = 0{,}1$.
Der Erwartungswert wird wegen $E(X) = n \cdot p$ für $n = 5$ und $p = 0{,}1$ zu 0,5 und die Varianz $V(X) = np(1 - p)$ zu 0,45. Mittels der Tabelle erhält man bei $n = 5$ und $k = 0$ (also kein Gewinn bei 5 Losen) die Wahrscheinlichkeit 0,5905. Damit ist die Wahrscheinlichkeit für mindestens einen Gewinn nur 0,4095 und liegt wesentlich unter 50 %.

Es wird deshalb das Gegenereignis „kein Gewinn" berechnet, da sonst die Wahrscheinlichkeiten für genau einen Gewinn, zwei Gewinne, ..., bis fünf Gewinne berechnet und addiert werden müssten.

Auch bei Aufgabe b) verwendet man das Ereignis „kein Gewinn", dessen Wahrscheinlichkeit kleiner als 0,5 sein muss. In der Tabelle ist für $n = 6$ und $k = 0$ der Wert noch 0,5314, bei $n = 7$ und $k = 0{,}04783$. Damit muss A mindestens 7 Lose kaufen.

Würde A 200 Lose kaufen, könnten wir problemlos mit der Normalverteilung arbeiten. Infolge des Erwartungswertes $E(X) = n \cdot p$ rechnet A mit 20 Gewinnen und will nun berechnen, mit welcher Wahrscheinlichkeit er höchstens 10 Gewinne erzielt. Laut FS gilt dann:

$$P(X \leq 10) = \Phi\left(\frac{x - E(x)}{\sqrt{V(x)}}\right) = \Phi\left(\frac{10 - 200 \cdot 0{,}1}{\sqrt{200 \cdot 0{,}1 \cdot 0{,}9}}\right) = \Phi(-2{,}3570).$$

Der Wert $\Phi(-0{,}56) = 0{,}287$ entstammt der Tabelle. Die Berechnungen sind mit dem GTR möglich.

9.6.3 Schluss von der Stichprobe auf die Gesamtheit

Kaum fünf Minuten nach Schließung der Wahllokale kommen über Funk und Fernsehen bereits die ersten Hochrechnungen. Diese ersten „Trendmeldungen" sind erstaunlich genau.

Ganz klar ist, dass man nicht von einem beliebigen Wahllokal auf das Endergebnis schließen kann. Aber wie muss man auswählen? Und ist der Fehler, der gemacht wird, berechenbar?

Mathematisch gesehen geht es bei diesem Problem um einen Schluss von einer Stichprobe auf die Gesamtheit. Da man nicht immer die Gesamtheit untersuchen kann (Kosten, Zeit, technische Probleme, ...), schließt man von den Untersuchungsergebnissen einer Teilmenge auf die gesamte Menge. Inwieweit Fehler gemacht werden und inwieweit diese Fehler berechenbar sind, ist mathematisch zu untersuchen.

Die Normalverteilung (die für sehr viele Probleme anwendbar ist) zeigt, dass mit den zwei Maßzahlen $E(X)$ (Erwartungswert) und $\sigma = \sqrt{V(X)}$ (Standardabweichung) Wahrscheinlichkeiten bestimmt werden können. Es gilt nun, diese beiden Maßzahlen für die Gesamtheit über eine geeignete Stichprobe zu bestimmen.

9.6.4 Schätzfunktionen

Sind die Maßzahlen (Erwartungswert $E(X)$; Varianz $V(X)$ und Standardabweichung $s = \sqrt{V(X)}$) nicht bekannt, so müssen sie mittels der Stichprobenwerte bestimmt werden, um überhaupt Aussagen zu ermöglichen.
Je weniger Stichprobenwerte zur Verfügung stehen, desto stärker können sich die Maßzahlen der Grundgesamtheit von den Maßzahlen der Stichprobe unterscheiden.

Die von der Stichprobe übernommenen Maßzahlen heißen nicht Näherungswerte, sondern Schätzwerte der Maßzahlen der Grundgesamtheit. Damit wird klar, dass diese Werte stark von der zufälligen Entnahme der Stichprobenwerte und der Größe der Stichprobe abhängen.

Schätzen heißt in der Mathematik ja nicht, dass wir einfach beliebige Zahlen annehmen. Es geht vielmehr darum, mit den zur Verfügung stehenden Angaben möglichst genau zu den fehlenden Zahlen zu kommen.

Man geht bei allen Aufgaben davon aus, dass der Stichprobenumfang groß genug ist, damit das Stichprobenmaterial normal verteilt ist. Bei genügend großem n gilt diese Normalverteilung dann für jede beliebige Verteilung der Grundgesamtheit.

Schätzwert für den Mittelwert einer Grundgesamtheit

Die Stichprobenwerte haben denselben Mittelwert wie die Grundgesamtheit. Deshalb kann der Mittelwert $E(X_S)$ der Stichprobenwerte als Schätzwert für den Mittelwert $E(X)$ der Grundgesamtheit verwendet werden.

Schätzwert für die Varianz einer Grundgesamtheit

Angenommen die Grundgesamtheit hätte die Varianz $V(X)$. Dann hat das zum Stichprobenumfang n gehörige Stichprobenmittel $E(X_S)$ die Varianz $V(X_S) = \frac{1}{n} V(X)$. Damit gilt für die Standardabweichung der Grundgesamtheit σ und der Stichprobe σ_S: $\sigma_S = \frac{\sigma}{\sqrt{n}} \Leftrightarrow \sigma_S \cdot \sqrt{n} = \sigma$.
Das Stichprobenmittel streut weniger als die Grundgesamtheit.
Genau genommen gilt: σ_S: $\sigma_S = \frac{\sigma}{n-1}$, bei sehr großen n kann die oben angegebene Vereinfachung (n anstelle von n − 1) angewandt werden.

9.6.5 Testen von Hypothesen

WISSEN

Eine Hypothese (griech. „Unterstellung") ist eine Annahme, die im Bereich der beurteilenden Statistik aufgrund bestimmter Informationen oder Vermutungen aufgestellt wird und mittels der in der Stochastik üblichen Rechenmethoden bestätigt oder widerlegt wird.

Beim Testen von Hypothesen wird durch eine Stichprobe festgestellt, ob eine angenommene Wahrscheinlichkeit (zunächst nur eine Vermutung) zutrifft oder nicht.

Dass bei der Stichprobe nicht genau der über die Hypothese berechnete Wert erscheint, ist klar. Abweichungen wird es immer geben. Die Frage ist nur, ob diese Abweichungen zufällig, „nicht signifikant", sind (die Stichprobe wird ja nicht gezielt entnommen), oder ob sie daher rühren, dass die Hypothese nicht stimmt – was auch immer schuld daran sein mag, vom Denkfehler über den falschen Ansatz bis zur technischen Panne. In diesem Fall nennen wir die Abweichung „signifikant" (lat. „deutlich, erkennbar, charakteristisch") und meinen damit, dass es eben nicht zufällig zu diesen Werten kommt.

Zum Grundgedanken eines Tests

Man will eine Annahme (die **Nullhypothese** genannt wird) auf ihre Richtigkeit hin überprüfen. Von dieser Annahme ist laut Aufgabenstellung die Wahrscheinlichkeitsverteilung bekannt, sodass man die zwei Maßzahlen E(X) (Erwartungswert) und V(X) (Varianz) berechnen kann. Abweichende Annahmen heißen **Gegenhypothese**.

Ob die Hypothese angenommen wird, hängt sehr wesentlich vom sogenannten **Annahmebereich** der Hypothese ab.
Unter dem Annahmebereich versteht man das Intervall, von dem man annimmt, dass im Normalfall darin die Werte einer Stichprobe liegen müssten.

Die Abweichung vom Erwartungswert E(X) ist nur sinnvoll einzuschätzen, wenn man sie in Beziehung zur Varianz V(X) oder noch besser zur Standardabweichung $\sigma = \sqrt{V(X)}$ setzt.

Die **Vertrauensintervalle** liegen symmetrisch zum Erwartungswert und haben Breiten, die in Vielfachen von σ angegeben werden.

Wichtiges in Kürze

Kennt man den Erwartungswert und die Standardabweichung, kann man bei jeder Verteilung (auch bei der Normalverteilung, die immer für große n gilt) berechnen, wie groß die Wahrscheinlichkeit ist, dass bei einer Stichprobe die Werte in den oben beschriebenen Intervallen (den sogenannten Vertrauensintervallen) liegen. Liegen die Werte darin, gehen wir davon aus, dass unsere Annahme richtig war. Liegen die Werte außerhalb, gehen wir von einer falschen Annahme aus. Dabei wissen wir genau, dass Fehler erster und zweiter Art möglich sind, die wir berechnen können.

Bezeichnung	Gebräuchliche Intervalle			Parallele Bezeichnungen
Intervallbreite	2σ	4σ	6σ	
Vertrauensintervall (Annahmebereich)	$[E(x) - \sigma;\ E(x) + \sigma]$	$[E(x) - 2\sigma;\ E(x) + 2\sigma]$	$[E(x) - 3\sigma;\ E(x) + 3\sigma]$	Konfidenzintervall, Mutungsintervall
Ablehnungsbereich	$X < E(x) - \sigma$ $X > E(x) + \sigma$	$X < E(x) - 2\sigma$ $X > E(x) + 2\sigma$	$X < E(x) - 3\sigma$ $X > E(x) + 3\sigma$	
Signifikanzgrenzen	$E(x) - \sigma$ $E(x) + \sigma$	$E(x) - 2\sigma$ $E(x) + 2\sigma$	$E(x) - 3\sigma$ $E(x) + 3\sigma$	
Vertrauenszahl Normalverteilung	0,683	0,954	0,997	statistische Sicherheit

9.6.6 Signifikanztest

Signifikanztests werden anhand einer Stichprobe vorgenommen. Da man aus der Theorie weiß, dass (sofern die Nullhypothese stimmt) große Abweichungen von der Nullhypothese nur mit kleinen Wahrscheinlichkeiten vorkommen und da man von der Nullhypothese genau berechnen kann, mit welcher Sicherheit sie in welchem Intervall liegen müsste, legt man ein Intervall fest, in dem man die Nullhypothese anerkennt.

Begriffe	Nullhypothese H_0 Gegenhypothese (Alternativhypothese) H_1 Annahmebereich A
Entscheidung	Liegt der über die Stichprobe ermittelte Wert in A, wird H_0 angenommen, andernfalls abgelehnt.
Fehler 1. Art	H_0 wird abgelehnt, obwohl H_0 wahr ist. Die Wahrscheinlichkeit für diesen Fehler heißt **Irrtumswahrscheinlichkeit** α.
Fehler 2. Art	H_0 wird angenommen, obwohl H_0 falsch ist. Die Wahrscheinlichkeit für diesen Fehler wird mit β bezeichnet.
Statistische Sicherheit des Tests	$1-\alpha$
Trennschärfe des Tests	$1-\beta$

In der Schulmathematik unterscheidet man zwei verschiedene Testarten:

Einseitiger Test

Beim einseitigen Test (rechts- oder linksseitig) besteht zwischen dem Annahmebereich und dem Ablehnungsbereich nur eine Grenze. Die Nullhypothese besteht aus einer Ungleichung.

Zweiseitiger Test

Beim zweiseitigen Test ist der Annahmebereich ein Intervall. Es existieren sowohl vor als auch nach dem Intervall Werte, die in den Ablehnungsbereich fallen.

>> BEISPIEL

- Nullhypothese bei einem linksseitigen Test:
  Mindestens 90 % der Schüler tragen eine Brille.
- Nullhypothese bei einem rechtsseitigen Test:
  Höchstens 5 % der Schüler tragen eine Brille.
- Nullhypothese bei einem zweiseitigen Test:
  Die Hälfte aller Schüler tragen eine Brille.

Signifikanztests werden für unbekannte Wahrscheinlichkeitsverteilungen und für unbekannte Erwartungswerte durchgeführt.
Bei unbekannter Wahrscheinlichkeitsverteilung wird das Experiment n-mal durchgeführt und die Trefferzahl notiert.
Bei unbekanntem Erwartungswert geht man immer von einer normalverteilten Stichprobe aus. Der Mittelwert der Stichprobe ist immer der Schätzwert, sodass auch die Nullhypothese festliegt. Ist die Standardabweichung bekannt, wird sie natürlich für den Test verwendet. Ist die Standardabweichung nicht bekannt, muss sie durch den Schätzwert ersetzt werden.

>> BEISPIEL

Es soll überprüft werden, ob ein Würfel so präpariert wurde, dass bei jedem zweiten Wurf die Augenzahl 6 auftritt. Dazu wurde der Würfel 20-mal geworfen, 7-mal fiel die Augenzahl 6.
Kann man mit einer Sicherheit von 90 % annehmen, dass der Würfel entsprechend der Vermutung präpariert wurde?
Nullhypothese: $p(x) = 0{,}5 \Rightarrow E(x) = 20 \cdot 0{,}5 = 10$
Die Verteilung sieht folgendermaßen aus (auf 2 Dezimalen gerundet):

0	1	2	3	4	5	6	7	8	9	10	11	12	13	14	15	16	17	18	19	20
0,0	0,0	0,0	0,0	0,01	0,01	0,04	0,07	0,12	0,16	0,18	0,16	0,12	0,07	0,04	0,01	0,01	0,0	0,0	0,0	0,0

50 % (9 bis 11)
74 % (8 bis 12)
88 % (7 bis 13)

7 liegt im „90 %"-Intervall und deshalb kann man annehmen, das der Würfel präpariert wurde.

9.6.7 Schema des Signifikanztests

	Beschreibung	Test für eine unbekannte Wahrscheinlichkeit p	Test für einen unbekannten Erwartungswert E (X)
Bezeichnungen	H_0: Nullhypothese H_1: Gegenhypothese p_0: Wahrscheinlichkeit von H_0 (p_1 von H_1) n: Anzahl der Stichprobenwerte α: Irrtumswahrscheinlichkeit β: Wahrscheinlichkeit für Fehler der 2. Art K: Ablehnungsbereich	$f_B(k, n, p)$ ist die Wahrscheinlichkeit, bei Binomialverteilung bei n Durchführungen mit der Wahrscheinlichkeit p k Treffer zu erzielen. $F_B(k, n, p)$ ist die Summe von $f_B(i, n, p)$ von $i = 0$ bis $i = k$. Werte für f_B und F_B werden der Tabelle entnommen oder durch den GTR berechnet.	$E(X_0)$: Erwartungswert der Nullhypothese $E(X_S)$: Mittelwert der Stichprobe s: Standardabweichung der Gesamtheit σ: Standardabweichung der Stichprobe Φ: Gauß'sche Summenfunktion, deren Werte immer der Tabelle entnommen werden
Idee	Es soll von einer Stichprobe auf eine Gesamtheit geschlossen werden. Insbesondere soll untersucht werden, ob eine Vermutung (H_0) stimmt oder nicht.	Das Experiment, bei dem das Ereignis A mit der unbekannten Wahrscheinlichkeit p eintritt, wird n-mal durchgeführt. Je nach Trefferzahl dieser n Durchführungen entscheidet man, ob H_0 angenommen oder abgelehnt wird.	Man geht davon aus, dass bei genügend großem n die Stichprobenwerte normalverteilt sind. Ist die Standardabweichung bekannt, wird sie verwendet, andernfalls arbeitet man näherungsweise mit s (statt σ).
Beispiel	In der Schulmathematik kommen in der Regel nur die beiden beschriebenen Verfahren vor. Verwechslungen sind in der Praxis nicht möglich; wenn mit beiden Verfahren gearbeitet werden kann, ist angegeben, welches verlangt ist.	Ein Hersteller behauptet, dass höchstens 5 % seiner Waren die angegebene Qualität nicht erfüllen. Bei einer Sendung von 50 000 Stück soll diese Angabe mittels Stichproben überprüft werden.	Eine automatische Drehbank dreht Bolzen mit der Länge 22,5 mm. Maschinenbedingt kennt man $\sigma = 0{,}9$. Mittels Nachmessen von 100 Bolzen soll überprüft werden, ob die Maschine noch richtig eingestellt ist.
Linksseitiger Test	Es wird getestet, ob eine Wahrscheinlichkeit oder ein Erwartungswert nicht kleiner als ein fester Wert ist (also $\geq$ ...).	H_0: $p \geq p_0$; H_1: $p < p_0$; $K = \{0, 1 ..., g\}$ Mit g ist die größte Zahl für die $P(X \leq g) = F_B(g, n, p_0) \leq \alpha$. Ist $p = p_1 \Rightarrow \beta = 1 - F_B(g, n, p_1)$.	H_0: $E(X_S) \geq E(X_0)$; H_1: $E(X_S) < E(X_0)$ $K = \{E(X_S) \mid E(X_S) < g\}$ mit $g = E(X_S) - (c \cdot \sigma) : \sqrt{n}$ mit $c = 1 - \alpha$ c erhält man aus der Tabelle.
Rechtsseitiger Test	Es wird getestet, ob eine Wahrscheinlichkeit oder ein Erwartungswert nicht größer als ein fester Wert ist (also $\leq$ ...).	H_0: $p \leq p_0$; H_1: $p > p_0$; $K = \{g, g + 1, ..., n\}$ Mit g ist die kleinste Zahl für die $P(X \geq g) = 1 - F_B(g - 1, n, p_0) \leq \alpha$. Ist $p = p_1 \Rightarrow \beta = F_B(g - 1, n, p_1)$.	H_0: $E(X_S) \leq E(X_0)$; H_1: $E(X_S) > E(X_0)$; $K = \{E(X_S) \mid E(X_S) > g\}$ mit $g = E(X_S) + (c \cdot \sigma) : \sqrt{n}$ mit $c = 1 - \alpha$ c erhält man aus der Tabelle.
Zweiseitiger Test	Man testet, ob der Wert innerhalb eines Intervalls liegt, dessen Breite von a abhängt.	H_0: $p = p_0$; H_1: $p \neq p_0$; $K = \{0, ..., g_l\} \{g_r, ..., n\}$ Mit g_l größte Zahl, mit $P(X \leq g_l) = F_B(g_l, n, p_0) \leq 0{,}5\,\alpha$ g_r kleinste Zahl, mit $P(X \geq g_r) = 1 - F_B(g_r - 1, n, p_0) \leq 0{,}5\,\alpha$. Ist $p = p_1$ $\Rightarrow \beta = F_B(g_r - 1, n, p_1) - F_B(g_l, n, p_1)$.	H_0: $E(X_S) = E(X_0)$; H_1: $E(X_S) \neq E(X_0)$ $K = \{E(X_S) \mid E(X_S) < g_l$ oder $E(X_S) > g_r\}$ mit $g_l = E(X_S) - (c \cdot s) : \sqrt{n}$ und $g_r = E(X_S) + (c \cdot s) : \sqrt{n}$ $c = 1 - 0{,}5\,\alpha$ c erhält man aus der Tabelle.

9.6.8 Simulation von Zufallsvariablen

DEFINITION

Unter Simulieren versteht man das Nachvollziehen eines Zufallsversuches an einem Modell.

Es gibt Zufallsversuche, die sinnvollerweise nicht durchgeführt werden können oder sehr große Kosten verursachen. Darunter fallen viele Versuche im medizinischen Bereich oder Crash-Tests und vieles mehr.

Da man dennoch mathematische Ergebnisse will, Aussagen über Wahrscheinlichkeiten braucht, reagieren sollte und Vorhersagen benötigt, müssen diese Versuche simuliert werden. Zudem wird simuliert, wenn man dadurch bei gleichen zu erwartenden Ergebnissen einfachere Verhältnisse schafft oder einfach Zeit und Geld, Aufwand und Ärger spart.

Der Taschenrechner, der grafikfähige Taschenrechner und insbesondere der PC, der mit immer größerer Speichermöglichkeit immer schneller arbeitet, hat den Simulationen mehr Gewicht gegeben, das täglich stärker zu werden scheint. Deswegen werden wahrscheinlich die Simulationen in der Schulmathematik jährlich einen immer stärker werdenden Einfluss gewinnen und Sie werden sich auch mit diesem Thema beschäftigen müssen.
Sofern die Wahrscheinlichkeiten bekannt sind („in 7 von 10 Fällen hilft das Medikament ohne Nebenwirkungen, in 2 Fällen treten Kopfschmerzen auf, die restlichen Patienten ...") können Sie problemlos ein Urnenmodell als Simulation wählen mit 7 roten, 2 blauen und einer schwarzen Kugel.

Wenn Sie aus dem Text die Verteilung erfahren und dann aber ein Simulationsmodell finden müssen, wird es manchmal ein klein wenig komplizierter. Aber so richtig schwer wird es eigentlich nie. Bei ein- und zweistufigen Zufallsexperimenten bekommen Sie mit dem Urnenmodell mit absoluter Sicherheit eine Lösung. Die erste Stufe ist die Anzahl der Urnen, die zweite Stufe die Belegung der Urnen ... mit einiger Übung sind diese Aufgaben eigentlich Punktelieferanten.

>> BEISPIEL

Die Hälfte der Bevölkerung ist zu dick. Von den Normalgewichtigen haben nur 10 % Diabetes, von den Übergewichtigen aber 30 %. Man könnte jetzt z. B. fragen, wie groß die Wahrscheinlichkeit bei einem Normalgewichtigen ist, Diabetes zu haben oder wie viele von 100 zufällig ausgewählten Personen Diabetes haben; oder wenn jemand Diabetes hat, wie groß die Wahrscheinlichkeit ist, dass er zu dick ist oder ...
Hier wäre eine Simulation mit zwei Urnen denkbar – jeweils mit 10 Kugeln (U_1 mit 9 roten und 1 blauen; U_2 mit 7 roten und 3 blauen) und hätte damit eine Simulation.

Rechnerprogramme machen es heute möglich, dass eigentlich jedes Problem simuliert und sehr schnell und genau dem Problem entsprechend bearbeitet werden kann. Man ist so gut wie nie auf echte Experimente oder auf Messungen angewiesen. Die Theorie hat die Praxis längst überholt. Der Rechner regelt alles!

Ein Zufallsgenerator im Rechner erlaubt es, auch Vorgänge zu simulieren, deren Ausgänge absolut zufällig sind und wirklich nicht voraussehbar zu sein scheinen.

Die Simulation eines Experimentes mithilfe von Zufallszahlen (sind im GTR abrufbar) nennt man „Monte-Carlo-Methode".
Aufgaben zu den Simulationen finden Sie in jedem Lehrbuch und in den auf dem Markt erhältlichen Aufgabenbänden.

10_Leitidee Modellieren

Unter dem Begriff „Mathematisches Modellieren“ versteht man die Anwendung von mathematischen Überlegungen bei Fragen, Problemen, Beziehungen, Verzahnungen und Aufgaben, die zunächst nicht oder nur randwertig mit der Mathematik zu tun haben.
Dabei wird versucht, das vorhandene Problem so zu vereinfachen und zu idealisieren, dass es mathematisch erfassbar wird und ein dem Problem entsprechendes Modell aufgestellt werden kann. Ein abstraktes Denkmodell, das natürlich auch idealisiert.

Wichtig ist, dass man genau weiß, welchen Zweck das Modell haben soll bzw. welcher Teil des Problems geklärt werden muss. In der Regel können nur wenige der Parameter, die mit dem Problem verzahnt sind, berücksichtigt werden. Entsprechend den Berechnungen aus der Physik, bei denen ja ebenfalls idealisiert wird (gesamte Masse in einem Punkt, Luftreibung wird vernachlässigt, ...), soll hier nur ein Modell beschrieben werden, das natürlich niemals der vollen Wirklichkeit entspricht.

Vorsicht, es handelt sich um „K.o.-Aufgaben“! Entweder man überblickt die Situation, dann ist die Lösung einfach, rechnerisch wenig anspruchsvoll und schnell zu erledigen. Oder man versteht die Aufgabe ganz und gar nicht, dann bekommt man aber auch keinen einzigen Punkt.

10.1 Richtlinien

Was können Sie im Notfall tun?

- Überlegen Sie zunächst, was der Aufgabensteller als Ergebnis erwartet. (Welche Teilbereiche der meist komplexen Sachverhalte sind zu bearbeiten, welche Probleme sind zu lösen?)
- Beschreiben Sie, wie Sie die Aufgabe auffassen (ganz wichtig: diese Aufgaben kann man oftmals verschieden auslegen).
- Zeichnen Sie ein „Wirkungsdiagramm“. Dieses Diagramm muss die zu betrachtenden Größen und Wirkungspfeile, die die gegenseitige Beeinflussung der Größen zeigen, enthalten.
- Bezeichnen Sie die Größen mit Variablen und stellen Sie entsprechend des Wirkungsdiagramms ein lineares Gleichungssystem auf.
- Lösen Sie das Gleichungssystem mit Ihrem Rechner (Hinweis: Verwenden Sie die Matrizenschreibweise).
- Formulieren Sie das Ergebnis.
- Geben Sie an, was Sie nicht berücksichtigt haben, was vereinfacht wurde und schätzen Sie grob ab, was für Fehler dadurch entstanden sind.

10.1.1 Geometrischer Ort

Nehmen wir an, jedes Schaubild einer Funktionenschar $f_t(x)$ hat einen Wendepunkt, dessen Lage von t abhängt.

Man kann nun überlegen, auf welcher „Linie“ oder auf welcher Kurve alle diese Wendepunkte der einzelnen Funktionen der Schar liegen.

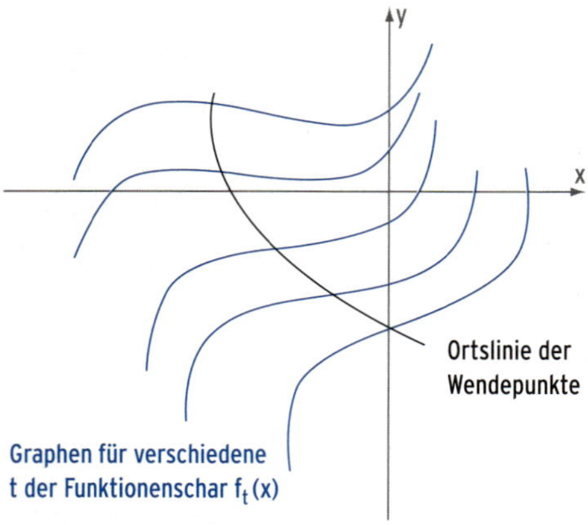

Diese „Linie“ heißt dann Ortslinie oder Ortskurve oder geometrischer Ort der Wendepunkte der Funktionenschar $f_t(x)$. Natürlich kann man anstatt der Wendepunkte von jeder anderen gegebenen Punktmenge deren Ortslinie suchen.

WISSEN

Die Kurve, auf der alle Punkte einer Punktmenge P_t liegen, heißt Ortskurve, Ortslinie oder geometrischer Ort der Punktmenge P_t.

Ist $y = g(x)$ die Ortslinie der Punktmenge P_t, so liegt jeder Punkt der Menge P_t auf dem Graphen der Funktion $y = g(x)$, aber umgekehrt muss natürlich nicht jeder Punkt des Graphen von $g(x)$ auch ein Punkt der Punktmenge P_t sein. Es ist möglich, dass es Punkte auf dem Graph von $g(x)$ gibt, die nicht zu P_t gehören, und dass Sie diese Punkte bestimmen müssen.

Schauen Sie dann einfach, ob der Parameter t eingeschränkt ist und ob bei $P_t(x_t | y_t)$ für gewisse t nicht erlaubte mathematische Terme auszuschließen sind (Division durch 0; negative Zahlen unter der Wurzel oder im Argument des ln; 0 im Argument des ln).

>> BEISPIEL

Ermitteln Sie die Gleichung C der Kurve, auf der alle Tiefpunkte aller Graphen der Funktionenschar $f_t(x) = \frac{1}{4}x^4 - t^2x^2,\ t \in \mathbb{R}^{\neq 0}$ liegen.

Beschreibung der Schritte	Berechnung am Beispiel
Berechnung der Abszisse (x-Wert): Die Abszisse der gesuchten Punkte in Abhängigkeit des Parameters t ergibt die Gleichung 1: **G 1: x = g (t).**	$f_t'(x) = x^3 - 2t^2x$ $f_t'(x) = 0 \Rightarrow x_1 = 0,\ x_{2,3} = \pm t\sqrt{2}$ $f_t''(x) = 3x^2 - 2t^2 \Rightarrow f_t''(0) < 0$ Es liegt ein Hochpunkt vor. $f_t''(\pm t\sqrt{2}) = 6t^2 - 2t^2 = 4t^2 > 0$ Es liegen 2 Tiefpunkte vor. **G 1: $x_{2,3} = \pm t\sqrt{2}$**
Berechnung der Ordinate (y-Wert): Die Ordinate der gesuchten Punkte erhält man durch Einsetzen der Abszisse in die gegebene Funktionsgleichung. Dies ergibt die Gleichung 2 (wieder als Funktion von t): **G 2: y = h (t).**	$f_t(\pm t\sqrt{2}) = 0{,}25 \cdot (\pm t\sqrt{2})^4 - t^2 \cdot (\pm t\sqrt{2})^2 = t^4 - 2t^4 = -t^4$ **G 2: $y = -t^4$**
Berechnung des Parameters t aus G 1: Ergibt den Parameter t als Funktion der Abszisse x.	aus $x = \pm t\sqrt{2}$ $t_1 = \frac{x}{\sqrt{2}}$ und $t_2 = -\frac{x}{\sqrt{2}}$
Einsetzen des für t berechneten Terms in G 2: Man erhält y als Funktion der Variablen x, die gesuchte Ortskurve.	$y = -\left(\pm\frac{x}{\sqrt{2}}\right)^4 = -\frac{x^4}{4}$ Ergebnis: $y = -\frac{x^4}{4}$ ist die Ortskurve.

10.1.2 Extremwertaufgaben

Soll von einer bestimmten Größe, die gewissen Bedingungen unterliegt, berechnet werden, wann sie den größten oder kleinsten Wert annimmt, so spricht man von einer Extremwertaufgabe.
Folgender Gedankengang liegt dem Lösungsverfahren zugrunde: Würde man die Größe in Abhängigkeit der Variablen v als Schaubild grafisch darstellen, so könnte man den kleinsten bzw. größten Wert leicht am Schaubild sehen.
Es müsste entweder ein Extrempunkt des Schaubilds sein oder ein Randwert des Definitionsbereichs (sofern der Definitionsbereich eingeschränkt ist) bzw. der Grenzwert für $v \to \pm\infty$ (bei nicht eingeschränktem Definitionsbereich), oder aber ein Grenzwert gegen eine Definitionslücke.

Der Lösungsweg ist vom Ablauf her immer gleich:
Die extremal (also möglichst groß oder möglichst klein) zu machende Größe wird als Funktion einer Variablen v als Gleichung beschrieben (Zielfunktion).
Über die Ableitungen ($v' = 0$ und $v'' \neq 0$) berechnet man dann die relativen Extremwerte dieser Zielfunktion. Zusätzlich berechnet man die Randwerte bei eingeschränktem Definitionsbereich bzw. die Grenzwerte $v \to \pm\infty$ bei nicht eingeschränktem Definitionsbereich und die Grenzwerte gegen alle Definitionslücken.

WISSEN

Der größte bzw. der kleinste aller dieser berechneten Werte ist der absolut größte bzw. kleinste mögliche Wert und somit der gesuchte Wert.

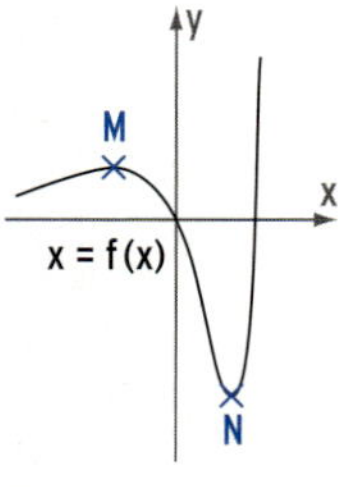

Bei M ist nur ein relatives Maximum. Es ist nicht der größte Funktionswert des Schaubildes.
Bei N ist ein absolutes Minimum. Es handelt sich um den kleinsten Funktionswert des Schaubildes.

Tipp

Suchen Sie bei diesen Aufgaben keine Probleme, wo keine Probleme sind. Das einzige auftauchende Problem dieses Aufgabentyps ist weder das Aufstellen der Zielfunktion noch die Berechnung der oben beschriebenen Werte oder gar der anschließende Vergleich, sondern die Tatsache, dass die Zielfunktion nur von einer einzigen Variablen v (nach der dann abgeleitet wird) abhängen darf. Hängt die Funktion von mehreren Variablen ab, sind mittels der „Neben- oder Randbedingungen" (das sind die im Text angegebenen Vorgaben für die gesuchte Größe) alle weiteren Variablen durch einen zu berechnenden Term mit v zu ersetzen.

Keine Angst, die Beschreibung sieht schlimmer aus, als sie ist.

Gemeint ist Folgendes:
Liegt ein Punkt P auf dem Graphen einer Funktion f, so wählt man nicht $P(u|v)$ (zwei Variablen!), sondern ersetzt die Variable v durch $f(u)$ und hat damit eine Variable durch die Nebenbedingung „P liegt auf f" und durch einen Term mit u ersetzt.
Oder: Liegt ein Punkt P auf der 1. Winkelhalbierenden, so heißt er anstatt $P(u|v)$ wegen der „Nebenbedingung 1. Winkelhalbierende" $P(u|u)$, da ja $u = v$ gilt.

Entsprechend sind alle angegebenen Bedingungen auszunutzen, was auf den ersten Blick recht kompliziert aussieht. Aber Sie haben ja den Vorteil, dass Sie wissen, was eingesetzt werden muss.

Nicht nur der Weg (Ersetzen der Variablen) liegt fest, sondern auch, durch was ersetzt werden soll.

Ganz problemlos ist der Aufgabentyp nie. Aber wenn Sie die Anfangsscheu ablegen, konzentriert Ihr ganzes Wissen verwenden und ruhig bleiben, klappt es mit Sicherheit.

Nach den Punkten 1 bis 8 wir eine Aufgabe exemplarisch durchgeführt.

1. **Die extrem zu machende Größe wird als Funktion dargestellt:** Zeichnen Sie die Größe in das Schaubild der Kurvendiskussion ein. Setzen Sie für die zur Berechnung notwendigen „Teile" Platzhalter (Variablen) ein.
2. **Einsetzen der Nebenbedingungen:** Sie müssen die Eigenarten der Aufgabe (z. B. P liegt auf f (x), Gerade durch Hoch- und Tiefpunkt, ...) so in den Funktionsansatz einsetzen, dass die extremal zu machende Größe nur noch von einer Variablen abhängt.
3. **Ableiten:** Nun wird die Funktionsgleichung mit der extremal zu machenden Größe nach der einzig verbleibenden Variablen abgeleitet.
4. **Nullstellen der 1. Ableitung:** Wie bei jeder Kurvenuntersuchung sind die Stellen für die möglichen Extremwerte der gesuchten Größe die Nullstellen der 1. Ableitung.
5. **Einsetzen in die 2. Ableitung:** Setzen Sie die Nullstellen der 1. Ableitung in die 2. Ableitung ein. Sie sehen dann, ob und was für ein Extrempunkt vorliegt.
6. **Berechnung der Funktionswerte:** Durch Einsetzen der in 4 gefundenen und in 5 bestätigten x-Werte in die Funktionsgleichung der gesuchten Größe erhalten Sie die Funktionswerte.
7. **Funktionswerte der Randwerte:** Ist der Definitionsbereich eingeschränkt, berechnen Sie die Funktionswerte der Randwerte. Sonst berechnen Sie die Grenzwerte für $v \to \pm\infty$, wenn v die Variable der Funktionsgleichung ist.
8. **Vergleich der Ordinaten:** Die unter 6 und 7 berechneten Funktionswerte werden verglichen und ergeben die Lösung (größter und kleinster Wert).

>> BEISPIEL

Q_t sei beliebiger Punkt der Funktion $f_t(x) = t - te^{-x}$ mit $t > 0$ im 1. Feld. Die Parallelen zu den Koordinatenachsen durch Q_t begrenzen mit der y-Achse und der Asymptote des Graphen von $f_t(x)$ ein Rechteck. Bestimmen Sie Q_t so, dass der Rechtecksinhalt maximal wird (→ Skizze).

Wählt man als neue Variablen für Q_t die Werte v und u, so erhält man für den Flächeninhalt („Länge mal Breite") die Funktion der gesuchten Größe (mit $Q_t(v|u)$):
$A = v\,(t - u)$.

Die Nebenbedingung „Q_t liegt auf der Funktion $f_t(x)$" wird nun benutzt. Da u der Funktionswert an der Stelle v ist, gilt: $u = f_t(v)$.

Mit $f_t(v) = t - te^{-v}$ wird:
$A = v\,[t - (t - te^{-v})] = vte^{-v}$
$\Rightarrow$ A hängt nur noch von der Variablen v ab.
$A' = 1 \cdot te^{-v} + vte^{-v}(-1) = te^{-v}(1 - v)$ (Produkt- und Kettenregel → FS).

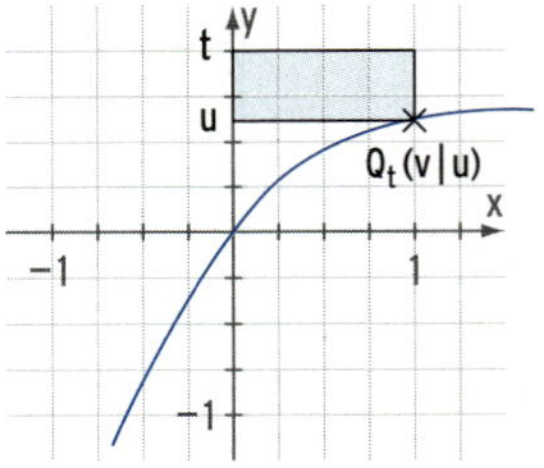

$A' = 0 \Rightarrow v = 1$ (da $te^{-v} \neq 0$)
In diesem Beispiel existiert nur eine Lösung.

$A'' = te^{-v} \cdot (-1) + te^{-v} \cdot (-1) \cdot (1 - v) = te^{-v}(v - 2)$
$\Rightarrow A''(1) = -te^{-1} < 0 \Rightarrow$ Hochpunkt.

$A(1) = te^{-1}$
$A(0) = 0$; $\lim\limits_{v \to \infty} A = 0$
Der Definitionsbereich ist links eingeschränkt, rechts nicht.

Der Rechtecksinhalt nimmt für $v = 1$ den größten Wert an:
$A(0) = 0$, $\lim\limits_{v \to \infty} A = 0$; aber $A(1) = \frac{t}{e}$.

Bei $v = 1$ entsteht das Rechteck mit dem größten Flächeninhalt.

10.1.3 Differenzialgleichungen

WISSEN

Steht in einer Gleichung mit der Funktion f auch eine ihrer Ableitungen (f′, f″, f‴, ...), so heißt diese Gleichung Differenzialgleichung.

In der Schulmathematik treten nur gewöhnliche Differenzialgleichungen auf. Das sind (im Gegensatz zu den partiellen) Differenzialgleichungen mit Funktionen mit nur einer Variablen.

Die Ordnung einer Differenzialgleichung ist der Grad der höchsten auftretenden Ableitung.

Die Lösung einer Differenzialgleichung ist die Menge aller Funktionen, die mit ihren Ableitungen die Differenzialgleichung erfüllen. Die Lösung einer Differenzialgleichung n-ter Ordnung ist eine Funktions-Menge mit $n+1$ frei wählbaren Parametern.

Diese Parameter werden mittels der in der Aufgabe gegebenen Angaben (Nebenbedingungen) berechnet.

In der Regel setzen Sie in den allgemeinen Ansatz (in die allgemeine Lösung) die durch den Text bekannten x- und die dazugehörigen y-Werte ein und berechnen über ein Gleichungssystem (Vorsicht, ist nicht immer linear) die Koeffizienten.

In der Praxis müssen Sie sich die Lösungen einiger weniger Differenzialgleichungen merken, sofern diese nicht in Ihrer FS stehen sollten, was bei einigen leider der Fall ist. Bitte schlagen Sie sofort nach, was Ihre FS in diesem Bereich bietet.

Die für die Schulmathematik wichtigsten Differenzialgleichungen

zu lösendes Problem	Differenzialgleichung	allgemeine Lösung	Bemerkungen (a, b konstant!)
konstante Steigung	$y' = a$	$y = a x + b$	wird meist nicht den Differenzialgleichungen zugeordnet
lineare Steigung	$y'' = a$	$y = \frac{1}{2} a x^2 + b x + c$	Parabeln 2. Ordnung mit Scheitel $S\left(-\frac{b}{a} \middle| c - \frac{b^2}{2a}\right)$
exponentielles Wachstum exponentieller Zerfall	$y' = a y$ $y' = -a y$	$y = b e^{ax}$ $y = b e^{-ax}$	Exponentielle Wachstumsprozesse (Waldbestände, Bakterien, ...); insbesondere der radioaktive Zerfall
harmonische Schwingung	$y'' + a^2 y = 0$	$y = b \sin(a x + c)$ $y = c_1 \sin(a x) + c_2 \cos(a x)$	Vorsicht: periodisch!
gedämpfte harmonische Schwingung	$y'' + 2 a y' + b^2 y = 0$	$y = c e^{-ax} \sin(k x + d)$	$c, d \in \mathbb{R}$ $k = \pm\sqrt{b^2 - a^2}$ mit $a^2 < b^2$

10

10.2 Wachstumsprozesse

Alles ist im wahrsten Sinne des Wortes in Bewegung. Und bei allem, was sich bewegt, verändert sich etwas. Schön, dass mittels der Mathematik solche Veränderungen beschrieben und berechnet werden können. Dabei ist uns klar, dass wir mit der Schulmathematik nur wenig (und dann gewaltig vereinfacht oder idealisiert) erreichen.

Aber das mathematische Feld bezüglich der Wachstumsprobleme (Abnahme ist für uns eben negatives Wachstum) ist in letzter Zeit größer geworden und die Anzahl der Textaufgaben wächst gewaltig.

Sehen Sie sich in Ruhe die Übersicht an, fragen Sie Ihre/n Fachlehrer/in, was für Sie wichtig ist und lesen Sie danach die entsprechenden Seiten durch, die auch den speziellen Wachstumsvorgang näher beschreiben und Beispiele enthalten.

	linear	exponentiell	beschränkt	logistisch
Änderung pro Zeiteinheit Bestand: B Zeit: t Prop-Faktor: k Sättigung: S	ist konstant	proportional zum augenblicklichen Bestand $\sim B(t)$	proportional zur Differenz vom Bestand zur Sättigung $\sim [S - B(t)]$	proportional zum Produkt aus Bestand und Differenz vom Bestand zur Sättigung $\sim [S - B(t)] \cdot B(t)$
Rekursionsgleichung	$B(t+1) = B(t) + k$	$B(t+1) = B(t) + k \cdot B(t)$	$B(t+1) = B(t) + k \cdot [S - B(t)]$	$B(t+1) = B(t) + k \cdot [S - B(t)] \cdot B(t)$
Differentialgleichung $B'(t) = \ldots$	$B'(t) = k$	$B'(t) = k \cdot B(t)$	$B'(t) = k[S - B(t)]$	$B'(t) = k \cdot B(t) \cdot [S - B(t)]$
Funktionsterm $B(t) = \ldots$	$B(t) = k \cdot t$	$B(t) = B(0) \cdot e^{kt}$	$B(t) = S \pm [B(0) - S] \cdot e^{-kt}$	$B(t) = \frac{B(0) \cdot S}{B(0) + [S - B(0)] \cdot e^{-Skt}}$
Bemerkung	geometrisch eine Gerade, 2 Punkte genügen zum Aufstellen der Gleichung	2 Punkte genügen zum Aufstellen der Gleichung.	S ist der Grenzwert.	die der Erfahrung am nächsten kommende Wachstumsfunktion für natürliches Wachstum

10.2.1 Lineares Wachstum

Allgemein sprechen wir bei Veränderungen eines Bestandes von Wachstum. Wird der Bestand kleiner, ist das Wachstum eben negativ.
Die Änderung des Bestandes pro Zeiteinheit heißt **Änderungsrate** und gibt uns an, wie schnell sich der Bestand ändert.
Das wohl einfachste Wachstum ist das lineare Wachstum.
Linear, weil in der Funktionsgleichung die Variable nur in der ersten Potenz vorkommt, was in der Geometrie bedeutet, dass der zur Funktion gehörige Graph eine Gerade ist.

DEFINITION

Ein Wachstum heißt lineares Wachstum, wenn die Änderungsrate konstant ist.
Bei linearem Wachstum gilt für den Bestand B(t) nach t Zeiteinheiten und der Änderungsrate k und dem Anfangsbestand B(0) (Bestand zum Zeitpunkt t = 0):
$\mathbf{B(t) = k \cdot t + B(0)}$

Kennt man zwei Werte dieser Wachstumsfunktion, so kann man alle anderen Werte berechnen. (Zwei Punkte genügen, um die Gerade zu zeichnen.)
Mathematisch ist das lineare Wachstum absolut unproblematisch. Eigentlich geht es nur darum, dass Sie dem Text entnehmen, dass es sich auch um lineares Wachstum handelt. Achten Sie in den folgendenen Beispielen darauf:

>> BEISPIEL

Ungefähr $1{,}6 \cdot 10^{10}$ Nervenzellen sind im Gehirn eines 30-jährigen Menschen. Aufgrund des normalen Alterungsprozesses sterben jährlich etwa 120 000 Zellen ab. In welchem Alter hat der Mensch nur noch die Hälfte seiner Gehirnzellen und wieviel Prozent seiner Zellen hat er noch im Alter von 40 Jahren bzw. nach weiteren 40 Jahren? Wie groß ist die Halbwertszeit?
Zunächst muss man erkennen, dass es sich um ein lineares Wachstum handelt. Wählt man den Bestand des 30-jährigen als Anfangswert $1{,}6 \cdot 10^{10}$, ergibt sich die oben rechts gezeichnete Gerade.

$B(t) = -120\,000 \cdot t + 1{,}6 \cdot 10^{10}$
$0{,}8 \cdot 10^{10} = -120\,000 \cdot t + 1{,}6 \cdot 10^{10}$
$\Rightarrow t = 6{,}67 \cdot 10^4 \approx 667\,000$ Jahre (eine utopische Zahl)
40 Jahre: $B(10) = 1{,}59988 \cdot 10^{10}$
80 Jahre: $B(50) = 1{,}59964 \cdot 10^{10} \Rightarrow 99{,}78\,\%$
(über $1{,}59988 \cdot 10^{10} : 100 = 1{,}59964 \cdot 10^{10} : x$
$\Rightarrow x = 99{,}78248...$)

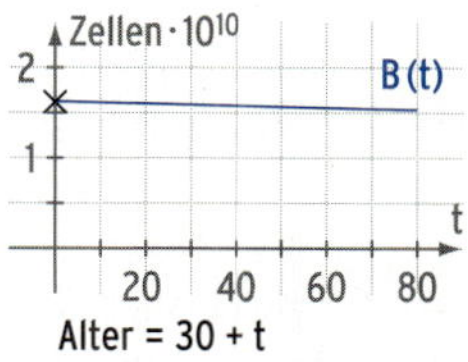

Die Halbwertszeit ist ein Begriff beim exponentiellen Wachstum und kann nicht auf das lineare Wachstum angewendet werden. Beim linearen Wachstum ist zu jedem Wert die „Halbwertszeit" verschieden (eben die Hälfte der Zeit bis zu Null beim negativen Wachstum).

>> BEISPIEL

Ein Schiff hat bei windstiller See eine konstante Geschwindigkeit von 7 Knoten und benötigt damit von der Insel A zur Insel B genau 6 Stunden Fahrt.
(1 Knoten ist eine $\frac{\text{Seemeile}}{\text{Stunde}} = 1{,}852\,\frac{\text{km}}{\text{h}}$)

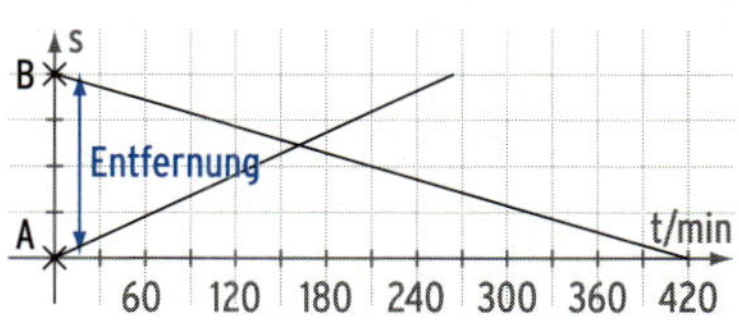

Bei Gegenwind verringert sich die Geschwindigkeit des Schiffes um 10 %, bei Rückenwind wird das Schiff 15 % schneller.
Zwei gleichschnell fahrende Schiffe starten bei windigem Wetter gleichzeitig. Eines von A nach B, das andere von B nach A.
Nach welcher Zeit begegnen sie sich auf See?
Wieder ein lineares Problem, geometrisch der Schnitt zweier Geraden. Geometrisch und algebraisch leicht zu lösen:
7 Knoten $\Rightarrow 12{,}964\,\frac{\text{km}}{\text{h}}$
$\Rightarrow$ Entfernung 77,784 km
$s = v \cdot t + s_0$ mit $v_0 = 12{,}964\,\frac{\text{km}}{\text{h}}$
$v_1 = 11{,}6676\,\frac{\text{km}}{\text{h}}$, $v_2 = 14{,}9086\,\frac{\text{km}}{\text{h}}$
g_1: $s = 11{,}6676 \cdot t + 0$
g_2: $s = -14{,}9086\,t + 77{,}784$
$g_1 \cap g_2 \Rightarrow 26{,}5762\,t = 77{,}784$
$\Rightarrow t = 2{,}9268\,\text{h} = 2\,\text{h}$ und $55{,}61\,\text{min}$

10.2.2 Exponentielles Wachstum

Betrachtet man die Wachstumsprozesse in der Natur, merkt man sofort, dass die Zunahme auf jeden Fall vom vorhandenen Bestand abhängt. Wir kennen diese Abhängigkeit spätestens seit Tschernobyl auch vom radioaktiven Zerfall, dem negativem Wachstum.

DEFINITION

Ein Wachstum heißt exponentielles Wachstum, wenn die Änderungsrate proportional zum Bestand ist.
Oder: Die Änderungsrate ist stets derselbe Bruchteil des vorhandenen Bestandes. Ist a der Bruchteil, so gilt: $B(t) = B(0) \cdot a^t$.
Dabei ist B (0) der Bestand zur Zeit 0.

Beim exponentiellen Wachstum ändert sich der Bestand in gleichen Zeitintervallen immer um denselben Faktor oder um denselben Prozentsatz. Dieser Proportionalitätsfaktor heißt Wachstumskonstante oder (bei negativem Wachstum) Zerfallskonstante.

Wichtig: In der Schulmathematik wird nicht mit jeder Grundzahl a gearbeitet. Wenn die Variable x in der Hochzahl steht, verwendet man als Grundzahl immer die Eulersche Zahl e.
Gilt $y = a^x \Rightarrow \ln y = x \cdot \ln a \Rightarrow y = e^{x \ln a}$ und damit $a^x = e^{kx}$ mit $k = \ln a$. Ein Umschreiben der Basis ist somit überhaupt kein Problem. Sie beginnen die Aufgaben natürlich schon mit dem Ansatz $B(t) = B(0) \cdot e^{kt}$

>> BEISPIEL

Der Luftdruck nimmt pro 1000 m um 12 % ab. Zurzeit ist der Druck auf Meereshöhe 1013 mbar. Welcher Druck herrscht in 6000 m Höhe? Eigentlich müsste man folgende Gleichung aufstellen:

$B(6) = B(0) \cdot 0{,}88^6 = 1013 \cdot 0{,}88^6$
$= 470{,}441$ mbar

Aber man berechnet:

$B(6) = B(0) \cdot e^{6 \ln 0{,}88} = 1023 \cdot 0{,}4644$
$= 470{,}441$ natürlich dasselbe Ergebnis!

Hinweis: Arbeiten Sie immer mit der Grundzahl e. Im Grunde sind die Aufgaben so gedacht.

>> BEISPIEL

Der Bestand von Bakterien erhöht sich täglich um 10 %.
Normalerweise würde man folgendermaßen argumentieren:
Sei B (0) der Anfangsbestand, dann wären es nach dem ersten Tag $B(1) = B(0) \cdot 1{,}1$; nach dem zweiten Tag $B(2) = B(0) \cdot 1{,}1^2$; nach dem t-ten Tag $B(t) = B(0) \cdot 1{,}1^t$ die Gleichung heißt also $B(t) = B(0) \cdot 1{,}1^t$.
Sie starten mit dem Ansatz $B(t) = B(0) \cdot e^{kt}$ und wegen $B(1) = 1{,}1 \cdot B(0) = B(0) \cdot e^{k \cdot 1}$ gilt $k = \ln 1{,}1$. Damit ist Ihre Gleichung:
$B(t) = B(0) \cdot e^{\ln 1{,}1 \cdot t}$.
Für das exponentielle Wachstum mit der Änderungsrate a gilt: $\mathbf{B(t) = B(0) \cdot e^{kt}}$, wobei $k = \ln a$ gilt, also die Konstante k der ln des Bruchteiles der Änderungsrate ist.
Klingt schwer, ist es aber nicht:
Angenommen, der Bestand fällt um 23 % pro Zeiteinheit. (Wenn Sie bei Wachstumsaufgaben Prozentzahlen finden, handelt es sich so gut wie immer um reines exponentielles Wachstum, dann wäre $a = 0{,}77$ (77 %, da der Bestand von 100 % ja um 23 % fällt) und damit wird $k = \ln 0{,}77 \approx -0{,}26$ (natürlich eine negative Zahl, da 0,77 ja kleiner eins ist).

Die Halbwertszeit

Beim exponentiellen Wachstum ist der Begriff der Halbwertszeit sehr, sehr wichtig:
Bei einem negativen exponentiellen Wachstum (einem Zerfall) heißt die Zeitdauer in der sich der Bestand halbiert Halbwertszeit:
Da $B(t) = 0{,}5 \cdot B(0) = B(0) \cdot e^{k T_h}$ sein muss, gilt Halbwertszeit (bei $k < 0$): $T_h = \left|\frac{\ln 2}{k}\right|$
Entsprechendes gilt bei $k > 0$ für die Verdoppelungszeit: $T_d = \frac{\ln 2}{k}$

>> BEISPIEL

Man geht einmal grob davon aus, dass ein Auto pro Jahr 20 % seines Wertes verliert. Wie groß ist dann die Halbwertszeit?
$\frac{K(0)}{2} = K(0) \cdot e^{\ln 0{,}8 \cdot t} \Rightarrow t = \frac{\ln \frac{1}{2}}{\ln 0{,}8} = \left|\frac{\ln 2}{\ln 0{,}8}\right| = 3{,}106$

Wann ist der Porsche mit dem Neuwert von 100 000 € nur noch 20 00 € Wert?
$20\,000 = 100\,000 \cdot e^{\ln 0{,}8 \cdot T_h} \Rightarrow T_h = \frac{\ln \frac{1}{5}}{\ln 0{,}8} = 7{,}213$

10.2.3 Beschränktes Wachstum

„Die Bäume wachsen nicht in den Himmel" ist ein Sprichwort, das aus dem Alltag entnommen wurde. Würde das Wachstum in der Natur ganz dem exponentiellen Wachstum entsprechen (das bei zunehmendem Bestand auch zunehmend schneller wächst und – ich verweise auf die Analysis! – schneller als jede Potenzfunktion gegen unendlich läuft), wären die Bäume wirklich schon lange im Himmel.

Für das praktische (nicht für das theoretische) Wachstum wird es immer Grenzen geben, die wir Schranke oder Sättigungsgrenze oder Kapazität nennen und ab sofort mit S abkürzen.

DEFINITION

Ein Wachstum heißt beschränktes Wachstum, wenn die Änderungsrate proportional zur Differenz von der Sättigungsgrenze S und dem augenblicklichen Bestand B(t) ist. Oder: Die Änderungsrate ist stets derselbe Bruchteil von der Differenz [(S − B(t)], die wir Sättigungsmanko nennen.
Es gilt somit: die momentane Änderungsrate ist $B'(t) = k \cdot [S - B(t)]$.
Die Wachstumsgleichung heißt:
$B(t) = S \pm [B(0) - S] \cdot e^{-kt}$.
Da B(0) immer kleiner als S ist, ist [B(0) − S] stets negativ und damit wird B(t) ebenfalls immer kleiner als S. Und je größer t wird, desto kleiner wird e^{-kt}, sodass B(t) sich mit größer werdendem t an S annähert.

Schauen Sie sich einmal die Definition, einen Graphen oder die Gleichung eines Wachstums mit Sättigung an.

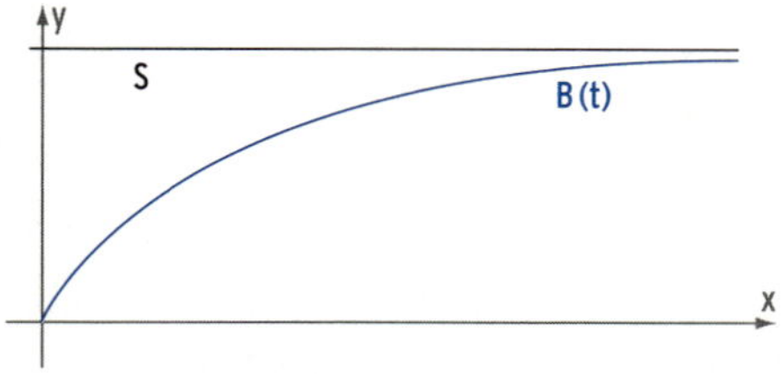

Proportional zur Differenz von S und B(t) heißt nichts anderes, als dass das Wachstum kleiner wird, wenn die Differenz kleiner wird – wenn wir uns also der Sättigung nähern.
Das Wachstum ist zu Beginn am größten und wird immer kleiner werden, gegen Schluss geht die Kurve asymptotisch gegen den Sättigungswert.

Sofern Sie während der ganzen Prüfung eine FS benützen dürfen, müssen Sie nur wissen, auf welcher Seite Sie die Wachstumsgleichungen finden.
Müssen Sie teilweise ohne FS auskommen, rate ich Ihnen, die Wachstumsgleichungen und die dazugehörigen Änderungsraten auswendig zu lernen.

Ganz typische „Wachstumsaufgaben" mit Sättigungsgrenze sind die „Temperaturaufgaben", in denen sich ein Stoff der Umgebungstemperatur (eben der Sättigungsgrenze) annähert.

>> BEISPIEL

Der Kaffee läuft im 20 °C warmen Zimmer mit einer Temperatur von 90 °C aus der Kaffeemaschine. Messungen haben gezeigt, dass er sich in einer Minute um 20 % der Differenz zur Raumtemperatur abkühlt.
Nach welcher Zeit hat der Kaffee 50 °C, wie lange dauert es, bis der Kaffee von 45 °C auf 35 °C abgekühlt ist, zu welcher Zeit ist der Kaffee gerade auf die Hälfte abgekühlt und wann ist er nur noch 1 °C wärmer als die Umgebung?
Gegeben: S = 20 °C,
Änderungsrate („Abkühlgeschwindigkeit")
$T'(t) = 0{,}223\,[20 - T(t)]$
$\Rightarrow T(t) = S + [T(0) - S]\,e^{-kt}$
also bei der Aufgabe
$T(t) = 20 + (90 - 20)\,e^{-0{,}223t} = 20 + 70\,e^{-0{,}223t}$
Mit $50 = 20 + 70\,e^{-0{,}223t} \Rightarrow -0{,}223t = \ln\frac{3}{7}$
$\Rightarrow t = 3{,}8$.
Ergebnis: nach etwa 3,8 min hat der Kaffee 50 °C.
$T(35) - T(45) = 6{,}91 - 4{,}62 = 2{,}29$.
Ergebnis: ca. 2,3 Minuten.
T(55) = 3,1 min (Vorsicht, beim Wachstum mit Sättigung gibt es keine Halbwertszeit!)
T(21) = 19,1 min (eine lange Zeit, da die Änderungsgeschwindigkeit immer kleiner wird)

10

10.2.4 Logistisches Wachstum

Beobachtet man das Wachsen in der Natur, dann fällt auf, dass das Wachstum anfänglich exponentiell ansteigt, sich bald verlangsamt und dann immer kleiner wird, um gegen einen Grenzwert zu laufen.

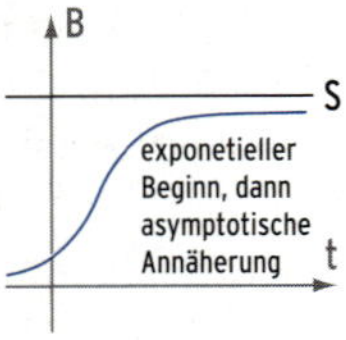

Der typische Verlauf solcher Kurven ist links dargestellt Ein Wachstum dieser Art heißt logistisches Wachstum. Die Änderungsrate ist vom augenblicklichen Bestand und vom Sättigungsmanko (also der Differenz von Bestand bis zur Sättigung) abhängig.

Beim natürlichen Wachstum wird es immer Grenzen geben, sodass die momentane Änderungsrate proportional zum Sättigungsmanko ist. Andererseits wird die Änderungsrate natürlich auch proportional zum augenblicklichen Bestand sein.

DEFINITION

Ein Wachstum heißt logistisches Wachstum, wenn die Änderungsrate proportional zum Produkt vom augenblicklichen Bestand und zur Differenz von der Sättigungsgrenze S und dem augenblicklichen Bestand B(t) ist. Oder: Die Änderungsrate ist stets derselbe Bruchteil von dem Produkt aus B(t) und der Differenz [(S − B(t)]. Ist k der Bruchteil, so gilt: $B'(t) = k \cdot B(t) \cdot [(S - B(t)]$
(B(0) ist der Bestand zur Zeit 0.)
Mit der Funktionsgleichung
$$B(t) = \frac{B(0) \cdot S}{B(0) + [S - B(0)] \cdot e^{-S \cdot k \cdot t}}$$

>> BEISPIEL

Eine Firma hat 2000 Mitarbeiter, von denen 50 Geschäftsautos fahren. Es ist daran gedacht, möglichst allen Mitarbeitern einen Geschäftswagen zu stellen. Wir nehmen an, dass diese Zuteilung annähernd nach dem logistischen Wachstum geschieht.
Nach einem Jahr fahren schon 100 Geschäftsautos. Stellen Sie die Gleichung auf.

$$100 = \frac{50 \cdot 20000}{50 + (20000 - 50) \cdot e^{-20000 \cdot k \cdot 1}}$$

$$k = 3{,}48 \cdot 10^{-5} \Rightarrow B(t) = \frac{1000000}{50 + 19950 \cdot e^{-0{,}68t}}$$

>> BEISPIEL

Ein Apfelbaum der Sorte Bauernlust bringt bis zu maximal 120 kg Mostobst. Nach dem Pflanzen des jungen Baumes beträgt der Ertrag 10 kg, nach dem ersten Jahr bereits 30 kg. Wir gehen davon aus, dass annähernd logistisches Wachstum vorliegt.

a) Geben Sie die Gleichung der Wachstumskurve an.
b) Zeichnen Sie den Graphen der Funktion.
c) In welchem Jahr übersteigt der Ertrag zum ersten Mal 100 kg?
d) Wie hoch ist der Ertrag im 2. Jahr?
e) Geht man theoretisch davon aus, dass das Wachstum linear ist – wie lautet dann die Wachstumsgleichung und zu welchem Zeitpunkt ist der Ertrag gleich dem logistischen Wachstum? Bei welchem Wachstum ist ab dieser Gleichheit der Ertrag größer?

Mit $B(0) = 10;\ B(1) = 30;\ S = 120$

$$\Rightarrow B(1) = 30 = \frac{10 \cdot 120}{10 + (120 - 10) \cdot e^{-120 \cdot k \cdot 1}}$$

$$\Rightarrow 30 = \frac{1200}{10 + 110 \cdot e^{-120k}}$$

$$\Rightarrow 110 \cdot e^{-120k} = 40 - 10 = 30$$

$$\Rightarrow e^{-120k} = \frac{3}{11} \Rightarrow k \approx 0{,}011$$

a) $B(t) = \frac{1200}{10 + 110 \cdot e^{-1{,}32t}}$

b)

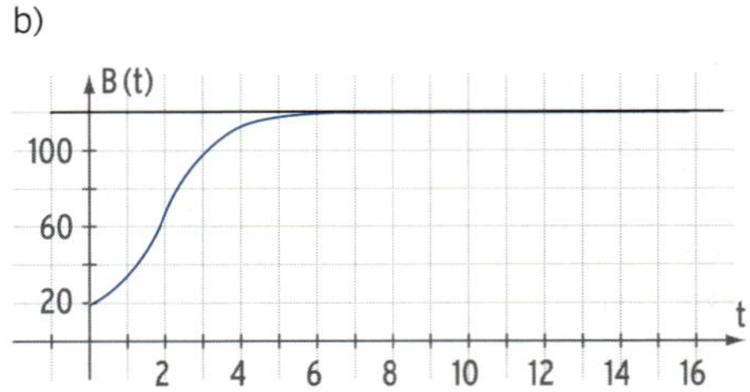

c) $100 = \frac{1200}{10 + 110 \cdot e^{-1{,}32t}}$

$$\Rightarrow e^{-1{,}32t} = \frac{2}{110} \Rightarrow t = \frac{\ln\frac{2}{110}}{-1{,}32} \approx 3{,}04$$

Ergebnis: Im 3. Jahr gibt es noch nicht ganz 100 kg, also erst ab dem 4. Jahr.

d) $B(2) = \frac{1200}{10 + 110 \cdot e^{-2{,}64}} \approx 67{,}2\text{ kg}$

e) Mit $P(0|10)$ und $Q(1|30)$
$\Rightarrow y = 20t + 10$
Gleichsetzen ergibt: $20t + 10 = \frac{1200}{10 + 110 \cdot e^{-1{,}32t}}$
Lösung mit GTR $t \approx 0{,}95$ bei 29 kg, ab dieser Gleichheit ist der Ertrag bei linearem Wachstum kleiner.
2. Gleichheit bei 5,45 und 119 kg, dann wird der Betrag beim linearen Wachstum größer.

10.2.5 Mischungen

Leider genügt es nicht immer, die reinen Wachstumsprozesse zu kennen, berechnen zu können und gedanklich zu beherrschen. Immer häufiger werden in den Aufgaben Mischungen präsentiert, die natürlich aus zwei eigentlich einfachen Problemen ein einziges großes Problem bilden.

Tipp

Sie müssen lernen, aus dem angesprochenen Problem wieder zwei kleine Probleme zu machen. (Versuchen Sie es, lohnen wird es sich immer.) Nicht nur bei den Wachstumsproblemen ist derjenige im Vorteil, der in der Lage ist, ein Problem in sogenannte Grundprobleme aufzusplitten.

In der Regel sind die Mischungen so zu behandeln wie die Ordinatenaddition. Zu jedem Zeitpunkt ist der Bestand eben die Summe der Einzelbestände und die momentane Änderungsrate die Summe der einzelnen Änderungsraten.

>> **BEISPIEL**

Um ein Wasserbecken zu leeren benützt man eine Pumpe, die 10 000 Liter in der Minute abpumpt.
Um das Becken zu füllen kann man zwei Schläuche benutzen. Mit dem ersten Schlauch ist das 1800 m^3 Becken in 5 Stunden, mit dem zweiten Schlauch in 6 Stunden voll.
a) In welcher Zeit wird das Becken gefüllt, wenn man beide Zulaufschläuche einsetzt?
b) Was passiert, wenn versehentlich gleichzeitig die Ablaufpumpe läuft?
Wie groß ist dann die momentane Zulauf- bzw. Ablaufrate?
Berechnen Sie die Änderungen in der Zeiteinheit $\frac{\ell}{min}$:

[1] $-: -10\,000 \frac{\ell}{min}$

[2] $t_1: \frac{1\,800\,000\,\ell}{5 \cdot 60\,min} = +6000 \frac{\ell}{min}$

[3] $t_2: \frac{1\,800\,000\,\ell}{6 \cdot 60\,min} = +5000 \frac{\ell}{min}$

a) $\frac{11\,000\,\ell}{min} \Rightarrow \frac{1\,800\,000\,\ell}{11\,000 \frac{\ell}{min}} = 163{,}64\,min$

$\Rightarrow$ 2 Stunden 44 Minuten

b) Das Becken füllt sich, da pro Zeiteinheit 1000 ℓ pro Minute zufließen.

Denkbar sind natürlich auch Überlagerungen von linearen und exponentiellen und begrenzten Wachstumsfunktionen. Berechnen Sie jeweils die Änderung pro Zeiteinheit.

10.3 Modellieren

Modelle kommen im Alltag sehr häufig vor. Schlagen Sie in einem Lexikon nach und Sie finden mit Sicherheit mehrere Bedeutungen des Wortes „Modell". So stellen z. B. Architekten für einen Wettbewerb Modelle her, es gibt Modelleisenbahnen und im pädagogischen Bereich wöchentlich neue Modellversuche.

Was erwartet man vom Schüler beim Modellieren?

- Er soll in diesem Teilgebiet insbesondere „Verständnis anstatt Gleichungslösen"; „Übersicht anstatt Beherrschen von Rechenfertigkeiten" und „eigene Gedanken anstatt Nachvollziehen" erbringen.
- Er soll ein verbal gestelltes Problem (meist dem Alltag entnommen) zunächst einmal verstehen und die darin enthaltene Problematik erkennen – und das ist nicht immer einfach.
- Er muss dieses Problem vereinfachen können. Dies bedeutet nichts anderes, als dass er das Wesentliche sehen muss und das Unwesentliche vernachlässigen sollte. Aber was ist dem Aufgabensteller das Wesentliche? Und was kann man weglassen?
- Er soll inner- und außermathematische Sachverhalte mithilfe von Tabellen, Termen oder Graphen beschreiben können.
- Er soll Terme, Tabellen, Graphen interpretieren und beurteilen können.
- Er soll das Modell beurteilen können, insbesondere die Fehlerquellen entdecken und beurteilen.
- Er soll eine geeignete Wahl der mathematischen Hilfsmittel treffen. Zum Beispiel: vernünftiges Koordinatensystem, geeignete Funktion zur Beschreibung.

Wie sind die Aufgaben aufgebaut?

Am häufigsten wird im Bereich der Stochastik modelliert.

- Wer kennt nicht das Urnenmodell, in das bei oftmals mehreren Urnen farbige Kugeln gelegt werden. Natürlich kann durch die Zahl der Kugeln jede beliebige Wahrscheinlichkeitsverteilung hergestellt werden.
- Die Aufgaben, in denen man Näherungsweise eine Binomialverteilung annimmt (z. B. beim Losverkauf, bei dem sich genau genommen die Wahrscheinlichkeit eines Gewinnes bei jedem verkauften Los ändert) gehören zu diesen „Modellaufgaben".

In der Analysis finden sich

- Wachstumsaufgaben, die häufig idealisiert werden (z. B. Ausbreitung der Algen), sodass mit wenigen Messdaten Kurven bestimmt werden können.
- Zuordnungsaufgaben, bei denen Änderungen betrachtet werden (Kaufverhalten beim Kauf von Fahrzeugen)
- alle der „Wirklichkeit" entnommenen Textaufgaben wie die altbekannten Räuber-Beute-Modelle

In der Geometrie modelliert man meist unbewusst bei den Körpern (ein Baumstamm ist meist ein Zylinder), ansonsten arbeiten wir oftmals mit vereinfachten Modellen von Häusern, Türmen, ... Im Bereich der Geometrie scheinen die Aufgaben am einfachsten zu sein, da selten eigene Gedanken und wenig Umsetzung verlangt werden.

10.3.1 Mehrstufige Prozesse

Es handelt sich bei „Alltagsproblemen" leider selten um nur einen einzigen Vorgang.
So wie bei der Herstellung einer Maschine meist zunächst Einzelteile hergestellt werden, die dann gemeinsam erst das Endprodukt ergeben. Finden mehrere Prozesse hintereinander statt, so ist dies mathematisch gesehen ein „mehrstufiger Prozess".
Gut ist, dass man sich bisher an Aufgeben hält, die maximal zweistufig sind, obwohl in der Praxis weit mehr Stufen üblich sind.

Beschreibt man die Prozesse mittels Matrizen, ist der mehrstufige Prozess stets eine Multiplikation der entsprechenden Matrizen. Bei den Funktionen handelt es sich um eine Hintereinanderausführung also $f(g(x))$ mit der äußeren Funktion $f(x)$ und der inneren Funktion $g(x)$.

Führen Sie diese mehrstufigen Prozesse stets Zug um Zug durch. Immer nacheinander, dann übersehen Sie das Problem und entzerren die Schwierigkeiten. Hilfreich ist auf jeden Fall ein Wirkungsdiagramm, eine Skizze, aus der der Ablauf zu sehen ist.

Modell eines mehrstufigen Prozesses:

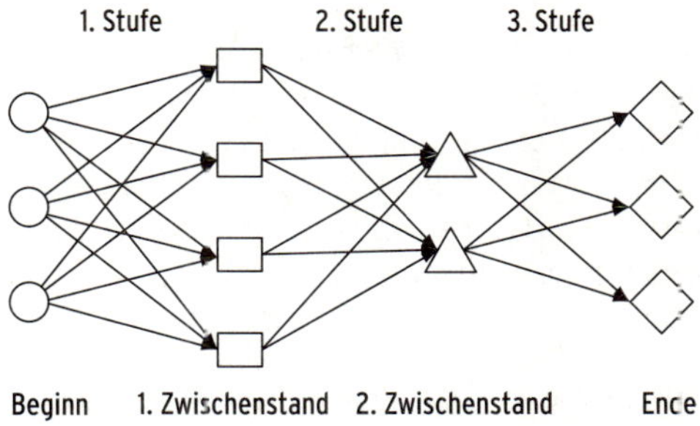

>> **BEISPIEL**

10 % der mit öffentlichen Verkehrsmitteln ankommenden Kunden kaufen im Kaufhaus K_1; 40 % in K_2, der Rest in K_3. Von den Personen, die mit eigenem PKW anreisen ist die Verteilung 50 %, nach W_1 (bessere Parkplätze), 30 % nach W_2 und der Rest nach W_3.
Von der Weststadt fahren 30 %, vom Rest der Stadt 50 % mit den öffentlichen Verkehrsmitteln zu den Kaufhäusern.

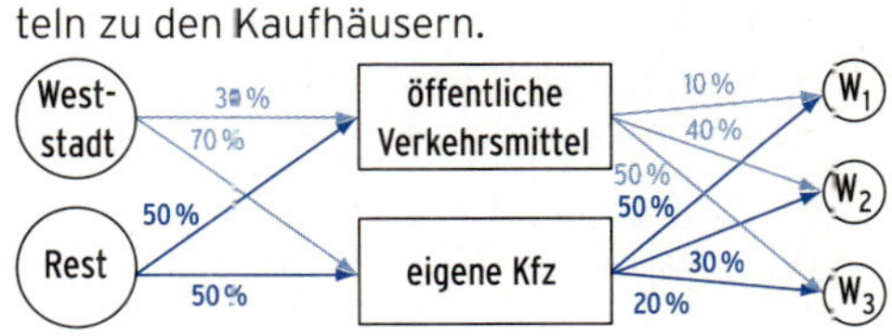

10.3.2 Vernetzte Systeme

Betrachtet man in einem System mehrere Größen, die sich gegenseitig beeinflussen, so heißt dieses System „vernetztes System".
In der Regel werden uns Alltagsprobleme, die wir mathematisch untersuchen sollen, auf vernetzte Systeme führen.
Das Räuber-Beute-Modell ist ein alter Klassiker, an dem im Folgenden die Problematik verdeutlicht wird. An diesem Modell werden auch sofort die Grenzen der „Mathematisierung" aufgezeigt. Sicher ist es in Wirklichkeit nicht so einfach und eindeutig wie im folgenden Diagramm. Die Verzahnungen hängen von sehr vielen Parametern ab und Modelle können (und sollen) nur kleine Denkmodelle darstellen, an denen man sieht, dass zur Beschreibung unter anderem auch die Mathematik herangezogen werden kann.

Nehmen wir einfach als Jäger die Löwen, als Beute die Gazellen in freier Wildbahn.

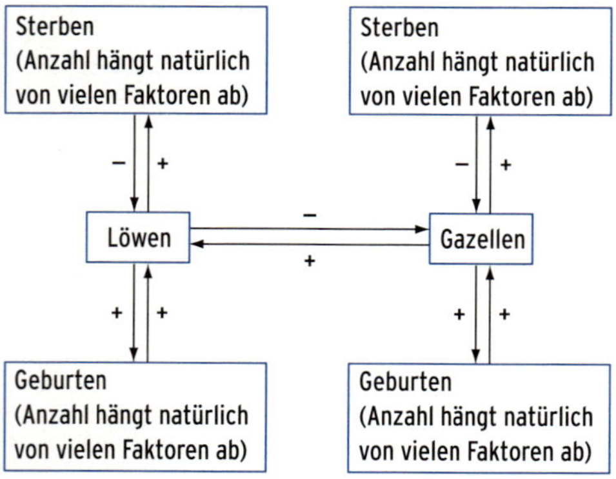

Die vernetzten Systeme können auf verschiedene Arten dargestellt werden. Ich rate Ihnen auf jeden Fall zu einer vernünftigen Skizze (Wirkungsdiagramm), obwohl eine Gleichung oder eine Tabelle oder eine Matrix denselben Effekt bringen wird.

Als Beispiel ein vernetztes System mit drei Größen:

>> BEISPIEL

Diagramm

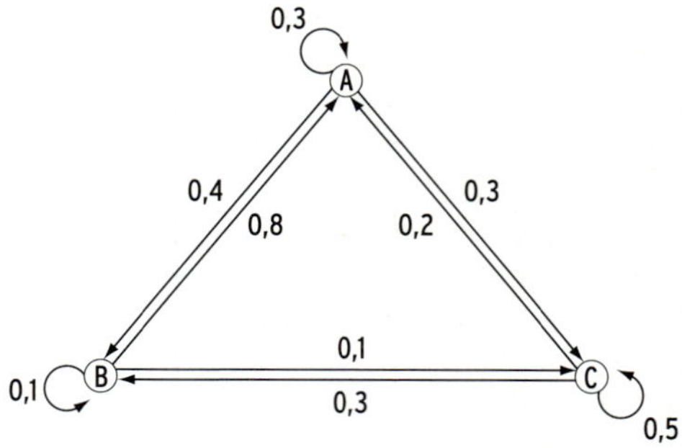

Die Summe der „ausgehenden" Zahlen muss 1 sein.

Tabelle

nach \ von	A	B	C
A	0,3	0,8	0,2
B	0,4	0,1	0,3
C	0,3	0,1	0,5

Die Summe einer Spalte muss 1 ergeben.

Matrix

$$\begin{pmatrix} 0{,}3 & 0{,}4 & 0{,}3 \\ 0{,}8 & 0{,}1 & 0{,}1 \\ 0{,}2 & 0{,}3 & 0{,}5 \end{pmatrix}$$

Die Summe jeder Zeile zusammen muss 1 ergeben.

10.3.3 Dynamische Prozesse

Will man ein vernetztes System von Größen und Daten mathematisch beschreiben, so spricht man von einem dynamischen Prozess. Das Wort „dynamisch“ weist auf die vorkommenden Veränderungen hin, die oftmals zeitabhängig sind und leider nicht immer leicht in mathematische Gleichungen einzusetzen sind.

Lösen Sie Aufgaben nach folgendem Plan:

- Erstellen Sie eine Skizze, ein Wirkungsdiagramm mit Wirkungspfeilen.
- Bestimmen Sie (aus dem Aufgabentext) die Anfangswerte.
- Bestimmen Sie (aus dem Aufgabentext) die Änderungsraten.
- Bestimmen Sie (aus dem Aufgabentext) die Konstanten.
- Stellen Sie die Zustandsgleichungen auf.
- Berechnen Sie mittels der Zustandsgleichungen die gesuchten Größen.
- Geben Sie die Schwachstellen und die Fehler der Berechnungen an (was wurde nicht berücksichtigt, was wurde „idealisiert“, was wurde nur grob angenommen, ...)

Die Zustandsgleichungen beschreiben in der Regel den Zustand zur Zeit $t + \Delta t$ vom Zustand zur Zeit t ausgehend, wobei das Δt die Schrittweite darstellt.
Ist diese Schrittweite sehr klein oder gar stetig kontinuierlich, so wird aus der Zustandsgleichung eine Differenzialgleichung und Sie befinden sich im mathematischen Bereich der Wachstumsprognosen.

Lassen Sie sich nicht durch diese neue Aufgabenart verunsichern. Meist sind die Aufgaben relativ einfach und mathematisch leicht zu bewältigen. Allerdings sollten Sie ein wenig Übung in diesem doch für viele ungewohnten Bereich haben. Fragen Sie Ihren Fachlehrer und verwenden Sie die auf dem Markt erhältlichen Aufgabensammlungen. Lesen Sie notfalls das Kapitel 10 nochmals durch oder lassen Sie sich die Problematik von einem Klassenkameraden (noch besser natürlich vom Fachlehrer) erklären.

>> BEISPIEL

Anton fährt täglich auf einer leeren (!) Autobahn von seinem Wohnort 75 km zu seinem Arbeitsplatz. Wenn er mit einer Durchschnittsgeschwindigkeit von $90\,\frac{km}{h}$ fährt, verbraucht das Fahrzeug 8 ℓ Benzin pro 100 km. Fährt er im Durchschnitt $5\,\frac{km}{h}$ schneller, erhöht sich der Benzinverbrauch um 5 %. Zurzeit kostet der Liter Super 1,35 €.

a) Wie hoch sind die Benzinkosten, wenn Anton einen Schnitt von $150\,\frac{km}{h}$ fährt?

b) Wie schnell darf er höchstens fahren, damit seine Benzinkosten unter 10 € liegen?

c) Wenn Anton ab dem 20. Kilometer pro km 0,15 € von der Steuer absetzen kann und er dies von seinen Benzinkosten abzieht, was kostet ihn dann die Hin- und Rückfahrt an einem einzigen Tag, wenn er im Schnitt $130\,\frac{km}{h}$ fährt?

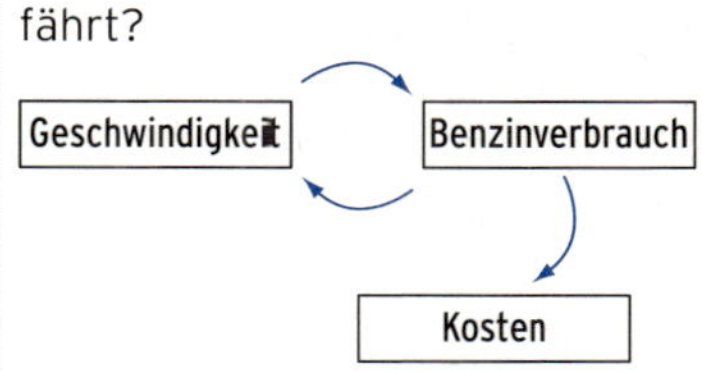

Konstante Strecke: $s = 75\,km$

Anfangsbedingungen: $90\,\frac{km}{h} \Rightarrow 8\,\ell$

Kosten: $1\,\ell \mathrel{\hat{=}} 1{,}35\,€$

Änderungsraten: $\Delta t = 5\,\frac{km}{h}$

$90 + x \cdot \Delta t = 8 \cdot 1{,}05^x$

a) $150 = 90 + 12 \cdot 5 \Rightarrow 8 \cdot 1{,}05^{12} = 10{,}21$

Verbrauch: $\frac{10{,}21}{100} \cdot 75$

Kosten: $\frac{10{,}21}{100} \cdot 75 \cdot 1{,}35 = 10{,}34\,€$

b) $10\,€$ Kosten $\Rightarrow 7{,}41\,\ell$ auf 75 km

$\Rightarrow 9{,}88\,\ell$ pro 100 km

$8 \cdot 1{,}05^x = 9{,}88 \Rightarrow x = \frac{\ln\frac{9{,}88}{8}}{\ln 1{,}05} = 4{,}33$

$\Rightarrow 90 + 4{,}33 \cdot 5 = 111{,}7\,\frac{km}{h}$

c) $130\,\frac{km}{h} \Rightarrow$ Verbrauch $8 \cdot 1{,}05^8 = 11{,}82\,\ell$

bei 150 km $\Rightarrow \frac{11{,}82}{100} \cdot 150 \cdot 1{,}35 = 23{,}94\,€$

Abschreibung: $110 \cdot 0{,}15\,€ = 16{,}5\,€$

$\Rightarrow$ Kosten: 7,44 €

10

10.3.4 Matrixschreibweise

Beim Modellieren sollte man sich auf einige wenige Fakten beschränken. Da die Matrixschreibweise alles Unwichtige weglässt, ist sie zur Beschreibung der Modelle oftmals optimal geeignet.

Aber Vorsicht, das Rechnen mit Matrizen ist nicht einfach und muss im Unterricht geübt werden, da es an Anschauungsmaterial fehlt. Eine Matrizenmultiplikation sehe ich als schwieriger an als eine Verkettung von Funktionen.

Überlegen Sie sich auf jeden Fall, ob Sie ausgerechnet bei diesen „Textaufgaben" zu dieser Schreibweise greifen.

Überlegen Sie sich auch, ob Sie bei diesem Aufgabentyp ohne Skizze und ohne Wirkungsdiagramm auskommen wollen oder auskommen können.

Wenn Sie allerdings einen GTR zur Verfügung haben, ist die Matrixschreibweise natürlich ideal. Sie erhalten sofort ohne Arbeit die Ergebnisse und sehen gleich die Lösungsmannigfaltigkeit.

>> BEISPIEL

Über lange Jahre wurde eine Statistik über das Kaufverhalten von Fahrzeugen der Marke OK geführt. Es wurden nur die Kunden berücksichtigt, die die Automarke nicht wechseln. Das Fahrzeug wird in den Farben rot, schwarz und weiß angeboten.
In diesem Jahr wurden 40 000 rote, 60 000 schwarze und 80 000 weiße Fahrzeuge verkauft. Jeder Fahrzeugbesitzer kauft jährlich ein neues Fahrzeug.

- Die Besitzer der weißen Fahrzeuge bleiben zu 50 % bei ihrer Farbe, wechseln zu 10 % zu schwarz.
- Die Besitzer der schwarzen Fahrzeuge bleiben nur zu 20 % bei ihrer Farbe und wechseln zu 50 % zu weiß.
- Die Besitzer der roten Fahrzeuge bleiben zu 40 % bei rot und wechseln zu 40% zu schwarz.

a) Wie viele rote, schwarze und weiße Fahrzeuge werden im nächsten Jahr von diesen Besitzern gekauft?
b) Wie sieht das Kaufverhalten in zwei Jahren aus?

a) Matrix des Wechsels mit weiß, rot, schwarz:

$$M = \begin{pmatrix} 0{,}5 & 0{,}2 & 0{,}5 \\ 0{,}4 & 0{,}4 & 0{,}3 \\ 0{,}1 & 0{,}4 & 0{,}2 \end{pmatrix}$$

a) $$\begin{pmatrix} 0{,}5 & 0{,}2 & 0{,}5 \\ 0{,}4 & 0{,}4 & 0{,}3 \\ 0{,}1 & 0{,}4 & 0{,}2 \end{pmatrix} \begin{pmatrix} 40 \\ 60 \\ 80 \end{pmatrix} = \begin{pmatrix} 72 \\ 64 \\ 44 \end{pmatrix}$$

b) $$M \cdot \begin{pmatrix} 72 \\ 64 \\ 44 \end{pmatrix} = \begin{pmatrix} 70{,}8 \\ 67{,}6 \\ 41{,}6 \end{pmatrix}$$

Mit Wirkungsdiagramm und LGS würde die Lösung folgendermaßen aussehen:

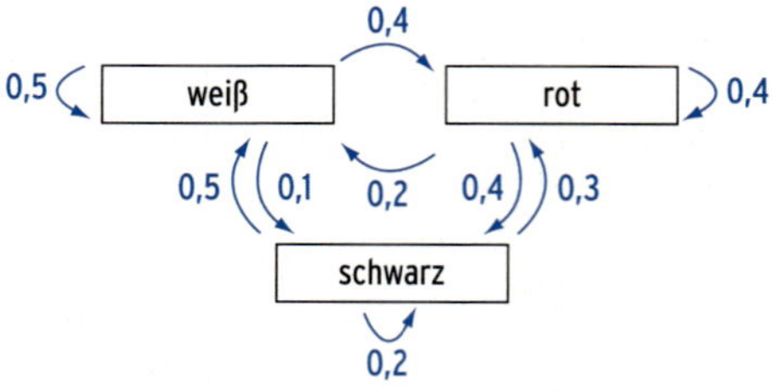

$w_{neu} = 0{,}5\,w + 0{,}2\,r + 0{,}5\,s$
$r_{neu} = 0{,}4\,w + 0{,}4\,r + 0{,}3\,s$
$s_{neu} = 0{,}1\,w + 0{,}4\,r + 0{,}2\,s$

10.3.5 Beispiele zum Modellieren

Die Aufgabe: Der Eintrittspreis im Freibad von Astadt soll neu festgelegt werden. An Umbauten und andere Investitionen ist aber nicht gedacht. Im letzten Jahr betrug der Eintrittspreis 5 €, 10 000 Eintrittskarten wurden verkauft. Die besucherbedingten Ausgaben betrugen 20 000 €.

Festlegen der verwendeten Größen und der notwendigen Zusammenhänge. Man muss stark vereinfachen und definieren: ▪ Zahl der Besucher in Tausend: z ▪ Einnahmen: e in 1000 € ▪ Ausgaben: a in 1000 €	Der Stadtkämmerer wird die Einnahmen des Freibades mit den Ausgaben vergleichen und will Gewinn, wenigstens aber möglichst wenig Verlust. Die Höhe des Eintrittspreises wird die Zahl der Besucher und damit die Höhe der Einnahmen bestimmen. Auch die Ausgaben werden besucherabhängig sein (Personal, Reinigung, ...).
Wirkungsdiagramm als Skizze und zur Übersicht (Alle anderen Faktoren, die die Ein- und Ausgaben mitbestimmen werden vernachlässigt.)	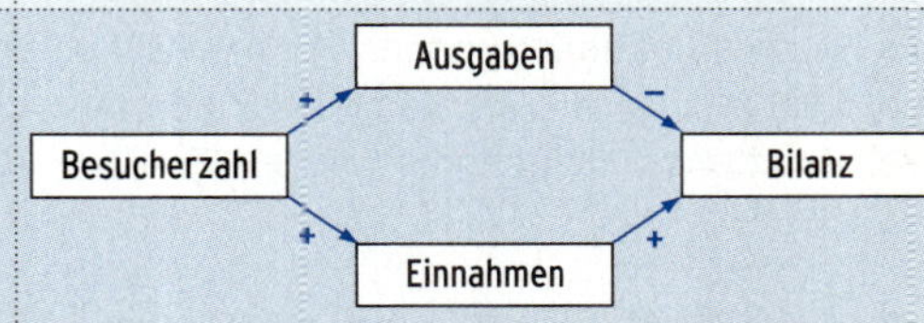
Übersetzen des Diagramms in die Mathematik (reine Annahmen, zumal der Schüler keine Ahnung von den Betriebskosten hat.) Aber wenn Sie Annahmen bestimmen müssen, dann tun Sie dies auch.	Liegen Angaben vor, verwenden Sie diese. Wenn keine vorliegen, müssen Sie Annahmen festlegen (zum Beispiel): a) Der Eintrittspreis ist proportional zur Besucherzahl. b) Pro 1000 Besucher mehr erhöhen sich die Ausgaben um jeweils 10 %. c) Die fixen Ausgaben (auch ohne Besucher) betragen 300 000 €.
Bestimmung der mathematischen Terme	a) $e = k \cdot z$ mit $k = 5$ $(e = 50,\ z = 10)$ b) $a_{10+z} = 20 \cdot 1{,}1^z$ c) $a_0 = 300\,000$; $a_g = 300\,000 + 20 \cdot 1{,}1^z$
Aufstellen der Gleichung (oder der Gleichungen)	Bilanz: $f(z) = e - a$
Berechnung mittels der gefundenen Gleichungen	$f(z) = k \cdot z - (a_0 + 20 \cdot 1{,}1^z)$
Deuten der berechneten Ergebnisse (z. B. Fehlerquellen)	Annahmen sind für eine Bilanz zu grob

BEISPIEL

Anton nimmt in einer Thermoskanne Kaffee mit, der lange Zeit die Temperatur von 90 °C hält. Er gießt in seine Tasse 200 ml des Kaffees ein und mischt 50 ml Milch mit einer Temperatur von 18 °C in den Kaffee.

a) Wie hoch ist die Temperatur der Mischung?

b) Wann hat die Mischung eine Temperatur von 50 °C, wenn man davon ausgeht, dass pro Minute die Abkühlung 20 % der Differenz zur Zimmertemperatur von 18 °C beträgt?

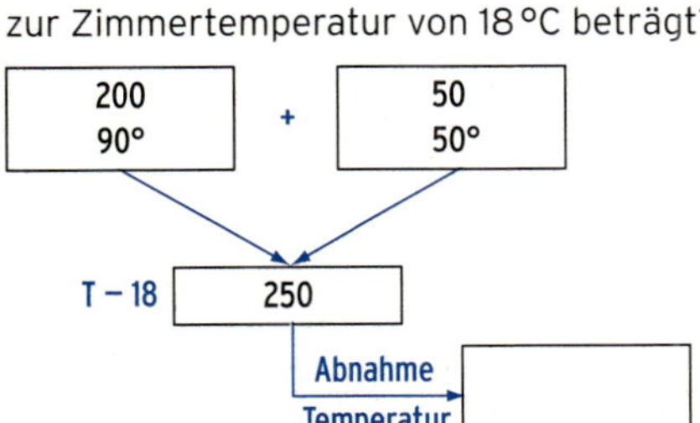

a) T sei Mischtemperatur

$\Rightarrow m_1(T - T_1) = m_2(T_2 - T)$

$50 \cdot (T - 18) = 200\,(90 - T) \Rightarrow T = 75{,}6\,°C$

b) Die Temperatur ist von $(T - 18)$ abhängig. Für die momentane Änderung gilt:

$(T - 18)' = -0{,}223 \cdot (T - 18)$ oder

$B' = -0{,}223 \cdot B$, was auf die Gleichung

$B = B(0) \cdot e^{-0{,}223t}$ führt, also

$T(t) = 18 + [T(0) - 18] \cdot e^{-0{,}223t}$

$\Rightarrow 50 = 18 + (75{,}6 - 18) \cdot e^{-0{,}223t}$

$32 = 57{,}6 \cdot e^{-0{,}223t}$

$\Rightarrow e^{-0{,}223t} = 0{,}5\overline{5}$

$-0{,}223t = \ln(0{,}5\overline{5}) = -0{,}588 \Rightarrow t = 2{,}6\,\text{min}$

11_Zusätze

Arbeiten Sie in diesem Kapitel bitte nicht Seite für Seite durch (zumal die Begriffe unabhängig voneinander punktuell aufgelistet wurden), sondern suchen Sie sich die Begriffe heraus, die Sie benötigen und bei denen Sie noch unsicher sind.

11.1 Arkusfunktionen

„arcus" ist ein lateinisches Wort und bedeutet auf deutsch „Bogen". Die Arkusfunktionen (auch Arcusfunktionen) oder zyklometrischen Funktionen sind die Umkehrfunktionen der Kreisfunktionen (trigonometrischen Funktionen).

Folgende Abkürzungen sind üblich:

- arcsin = Arcussinus (Umkehrfunktion der sinus-Funktion)
- arccos = Arcuscosinus (Umkehrfunktion der cos-Funktion)
- arctan = Arcustangens (Umkehrfunktion der tan-Funktion)
- arccot = Arcuscotangens (Umkehrfunktion der cot-Funktion)

Die Ableitungen und Stammfunktionen der Arkusfunktion finden Sie in der FS.
Da die Funktionen sehr selten sind, lohnt sich Auswendiglernen und tieferes Einsteigen nur dann, wenn Ihr Fachlehrer darauf besteht.

>> BEISPIEL

Bestimmen Sie eine Lösung folgender Gleichungen:
$\sin x = 0{,}1$;
(über [INV] [SIN] oder [SHIFT] [SIN]
$\Rightarrow x = 0{,}1$)
$\tan x = -0{,}3$;
(über [INV] [TAN] oder [SHIFT] [TAN]
$\Rightarrow x = -0{,}29$)

>> BEISPIEL

$f(x) = \arcsin x$. Bestimmen Sie $f(0{,}9)$ und $f'(0{,}9)$.
[0,9] [INV] [SIN] $\Rightarrow$ 1,12 und
$(1:\sqrt{1-0{,}9^2}) = 2{,}29$

Tipp

Sie haben bemerkt, dass alle Rechnungen im Bogenmaß durchgeführt werden: Rechner mit [MODE] oder [DRG] auf RAD umstellen!

Arcussinus Grafiken verändert

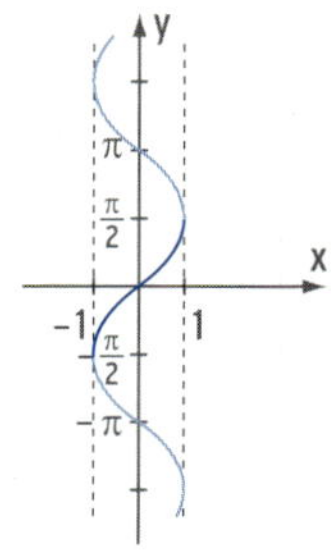

Abkürzung:
- arcsin
- $\sin^{-1}$

Beschreibung:
Umkehrfunktion der sin-Funktion
Definitionsmenge:
D = [−1; 1]

Arcuscosinus

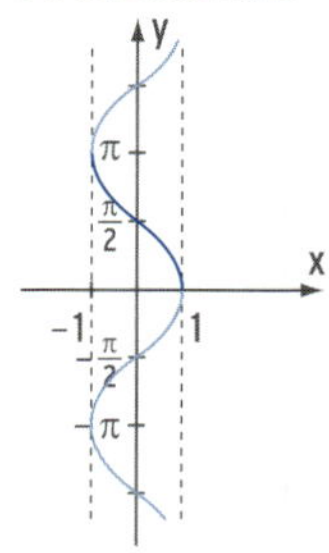

Abkürzung:
- arccos
- $\cos^{-1}$

Beschreibung:
Umkehrfunktion der cos-Funktion
Definitionsmenge:
D = [−1; 1]

Arcustangens

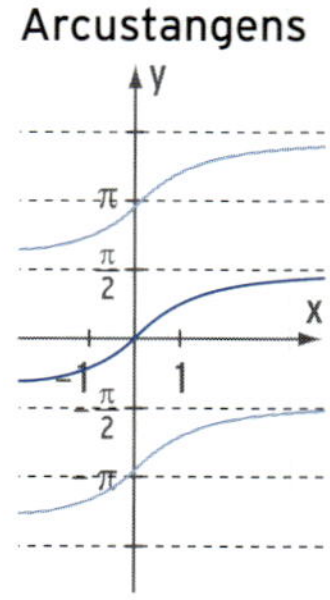

Abkürzung:
- arctan
- $\tan^{-1}$

Beschreibung:
Umkehrfunktion der tan-Funktion
Definitionsmenge:
D = $\mathbb{R}$

Arcuscotangens

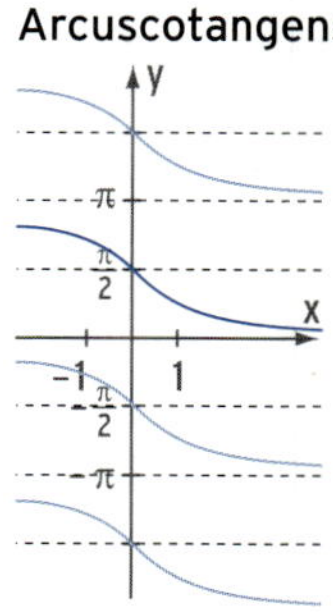

Abkürzung:
- arccot
- $\cot^{-1}$

Beschreibung:
Umkehrfunktion der cot-Funktion
Definitionsmenge:
D = $\mathbb{R}$

11.2 Basis und Basiswechsel

Ist $B = \{\overrightarrow{b_1}; \overrightarrow{b_2}; \overrightarrow{b_3}\}$ eine Basis des Vektorraums, so lässt sich jeder Vektor des Raumes als Linearkombination dieser drei Basisvektoren darstellen:
$\vec{x} = r_1\,\overrightarrow{b_1} + r_2\,\overrightarrow{b_2} + r_3\,\overrightarrow{b_3}$.

Die reellen Zahlen (Skalare) r_i heißen Koordinaten des Vektors $\vec{x}$ bezüglich der Basis B.

Aus Schreibgründen lässt man die Basisvektoren (die ja für jeden zu beschreibenden Vektor gleich sind) weg und betrachtet nur die (für jeden Vektor verschiedenen) Koordinaten bezüglich dieser festen Basis B.

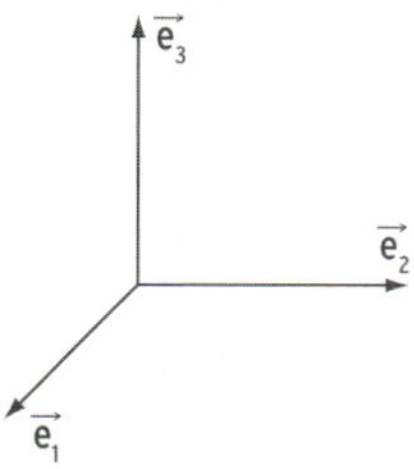

$$\overrightarrow{e_1} = \begin{pmatrix} 1 \\ 0 \\ 0 \end{pmatrix} \quad \overrightarrow{e_2} = \begin{pmatrix} 0 \\ 1 \\ 0 \end{pmatrix} \quad \overrightarrow{e_3} = \begin{pmatrix} 0 \\ 0 \\ 1 \end{pmatrix}$$

In der Regel (zumindest dann, wenn nicht ausdrücklich eine andere Basis gegeben ist) arbeitet man im dreidimensionalen Raum mit der Basis $\overrightarrow{e_1}$, $\overrightarrow{e_2}$ und $\overrightarrow{e_3}$, die links beschrieben ist.
Diese drei Richtungen sind auch die Achsenrichtungen im kartesischen Koordinatensystem, das ebenfalls kommentarlos automatisch benutzt wird.
Die drei Basisvektoren haben jeweils die Länge 1 und stehen paarweise senkrecht aufeinander.

Ansatz zur Berechnung neuer Koordinaten bei Basiswechsel: Die oben beschriebene Basis ist allerdings nicht zwingend. Der Aufgabensteller kann eine andere Basis vorgeben und mit ihr arbeiten lassen. Eine andere Basis hat zwangsweise für denselben zu beschreibenden Vektor andere Koeffizienten. Wie bei einer neuen Basis die neuen Koordinaten zu bestimmen sind, soll die folgende Übersicht zeigen:

Gegeben sind die Basen $B = \{\overrightarrow{b_1}; \overrightarrow{b_2}; \overrightarrow{b_3}\}$ und $C = \{\overrightarrow{c_1}; \overrightarrow{c_2}; \overrightarrow{c_3}\}$.

Dann gibt es für den Vektor $\vec{a}$ in jedem System eine eindeutige Darstellung:
$\vec{a} = r_1\,\overrightarrow{b_1} + r_2\,\overrightarrow{b_2} + r_3\,\overrightarrow{b_3}$ beziehungsweise
$\vec{a} = s_1\,\overrightarrow{c_1} + s_2\,\overrightarrow{c_2} + s_3\,\overrightarrow{c_3}$.

Der Vektor $\vec{a}$ bleibt aber gleich und es gilt die Gleichung:
$r_1\,\overrightarrow{b_1} + r_2\,\overrightarrow{b_2} + r_3\,\overrightarrow{b_3} = s_1\,\overrightarrow{c_1} + s_2\,\overrightarrow{c_2} + s_3\,\overrightarrow{c_3}$.

Kennt man die Koordinaten einer Seite, lassen sich (lineares Gleichungssystem mit drei Gleichungen und drei Variablen) die Koordinaten für die andere Basis berechnen.

>> BEISPIEL

$$B = \left\{\begin{pmatrix} 1 \\ 0 \\ 0 \end{pmatrix}, \begin{pmatrix} 0 \\ 1 \\ 0 \end{pmatrix}, \begin{pmatrix} 0 \\ 0 \\ 1 \end{pmatrix}\right\};\ C = \left\{\begin{pmatrix} 1 \\ 1 \\ 0 \end{pmatrix}, \begin{pmatrix} 2 \\ 1 \\ 1 \end{pmatrix}, \begin{pmatrix} 0 \\ 2 \\ 1 \end{pmatrix}\right\}$$

$$\vec{a} = \begin{pmatrix} 3 \\ 6 \\ 3 \end{pmatrix} = 3\begin{pmatrix} 1 \\ 0 \\ 0 \end{pmatrix} + 6\begin{pmatrix} 0 \\ 1 \\ 0 \end{pmatrix} + 3\begin{pmatrix} 0 \\ 0 \\ 1 \end{pmatrix}$$

$$= s_1\begin{pmatrix} 1 \\ 1 \\ 0 \end{pmatrix} + s_2\begin{pmatrix} 2 \\ 1 \\ 1 \end{pmatrix} + s_3\begin{pmatrix} 0 \\ 2 \\ 1 \end{pmatrix}$$

Alte Koordinaten (3|6|3); neue Koordinaten (bezüglich Basis C) (1|1|2).

Tipp

Bei geometrischen Problemen ist es oft besser, von den üblichen Basisvektoren wegzugehen und mit anderen zu arbeiten.

>> BEISPIEL

Es soll mit einem Dreieck gearbeitet werden (z.B. um zu zeigen, das sich die Seitenhalbierenden in einem Punkt schneiden).

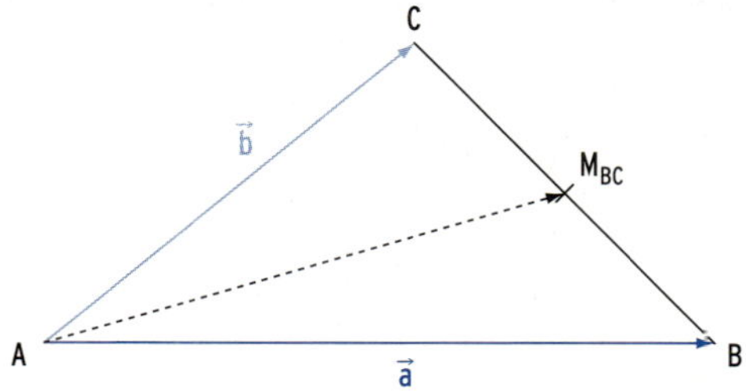

Dann ist es sinnvoll, als Basisvektoren
$\vec{a} = \overrightarrow{AB}$ und $\vec{b} = \overrightarrow{AC}$ zu wählen.
BC wäre dann über $\overrightarrow{BC} - \vec{b} + \vec{a} = \vec{0}$:
$\overrightarrow{BC} = \vec{b} - \vec{a}$ und $\overrightarrow{AM_{BC}} = \vec{a} + \frac{1}{2}(\vec{b} - \vec{a})$.

11.3 Definitionslücken

WISSEN

Hat eine Funktion Stellen, an denen sie nicht definiert ist, so heißen diese Stellen Definitionslücken.

Da in der Schulmathematik nur drei „Operationen" verboten sind, können nur drei verschiedene Arten von Definitionslücken entstehen:

1 Die Division durch null ist nicht definiert.

2 Die Quadratwurzel (4. Wurzel, 6.; 8.; ...) ist nur für nicht negative Terme definiert.

3 Der ln ist nur für positive Terme im Argument definiert.

Bei 2 und 3 entstehen in der Regel nicht definierte Intervalle, von denen wir nur die „Grenzstelle" zum definierten Intervall betrachten. Sehr einfach sieht dabei 2 aus, da der definierte Bereich geschlossen ist. Der definierte Bereich endet bei einer festen Zahl, deren Funktionswert berechnet werden kann.

>> BEISPIEL

$f(x) = \sqrt{x-3}$ ist für $x \geq 3$ definiert: $f(3) = 0$.

Bei 3 endet der definierte Bereich offen.

>> BEISPIEL

$f(x) = \ln(x-3)$ ist für $x > 3$ definiert, der Wert für 3 ist also nicht berechenbar (da nicht definiert). Lediglich der Grenzwert kann bestimmt werden, bzw. es kann festgestellt werden, ob ein Grenzwert überhaupt existiert:

$\lim\limits_{x \to 3} \ln(x) = -\infty$

$\Rightarrow$ Es existiert kein Grenzwert.

Beim Fall 1 sind nur einzelne Punkte nicht definiert und zwar genau die Stellen, an denen der Nenner null wird. Bildet man den Grenzwert gegen die Nennernullstelle x_0, so gibt es zwei Möglichkeiten:

- $\lim\limits_{x \to x_0} f(x)$ existiert nicht
  $\Rightarrow$ f(x) hat bei x_0 einen Pol.
- $\lim\limits_{x \to x_0} f(x) = g$
  $\Rightarrow$ f(x) hat bei x_0 eine stetig hebbare Definitionslücke.

Dabei wird definiert: $f(x_0) = \lim\limits_{x \to x_0} f(x)$.

Die Grenzwertbildung geht wohl am einfachsten und sichersten über die Regel von De L'Hospital, die Sie jeder FS entnehmen können.

Bei gebrochenrationalen Funktionen mit $f(x) = \frac{Z(x)}{N(x)}$ ist die Betrachtung noch um einiges einfacher: Sie können dabei ganz stur nach folgendem Schema vorgehen, bei dem $Z(x_0)$ den Wert des Zählers für x_0, $N(x_0)$ den Nennerwert für x_0 bedeutet:

$Z(x_0)$	$N(x_0)$	$f(x_0)$ (mit Bemerkungen)
$\neq 0$	$\neq 0$	$f(x_0) = \frac{Z(x_0)}{N(x_0)}$ normaler Punkt
$\neq 0$	$= 0$	Polstelle
$= 0$	$\neq 0$	Nullstelle
$= 0$	$= 0$	Z und N durch $(x - x_0)$ dividieren und mit der „gekürzten Funktion" Z(x) und N(x) neu bestimmen

>> BEISPIEL

Funktion	Definitionslücken	Bemerkungen
$f_t(x) = \frac{3-x^2+t}{2-tx}$	nicht definiert für $x = \frac{2}{t}$ $(t \neq 0)$ für $t = 0$ keine Definitionslücke	Die Lücke liegt für jede Funktion der Schar an einer anderen Stelle.
$f_t(x) = \sqrt{3t-4x}$	nicht definiert für $x > \frac{3}{4}t$	Vorsicht: t kann auch negativ sein.
$f_t(x) = \ln(x^2-3t)$	nicht definiert für $\lvert x\rvert \leq \sqrt{3t}$ für $t < 0$ keine Definitionslücke	Bitte beachten sie die notwendigen Fallunterscheidungen. $x^2 - 3t > 0$ führt auf $x^2 > 3t \Rightarrow x > \sqrt{3t}$ oder $x < -\sqrt{3t}$
$f(x) = \frac{\sqrt{x+3}}{2x-5}$	für $x < -3$ und für $x = \frac{5}{2}$ nicht definiert	Natürlich können von den 3 „verbotenen Stellen" auch mehrere vorkommen.

11.4 Gebietseinteilung

Beim Zeichnen des Graphen einer Funktion steht Ihnen die ganze Ebene (in der Praxis das ganze Zeichenblatt) zur Verfügung.

Diese Ebene wird durch die zwei Koordinatenachsen in vier Teile (die vier Quadranten) aufgeteilt. Durch Parallelen zu den Koordinatenachsen kann die Zeichenebene in senkrechte und waagerechte „Streifen" eingeteilt werden, die hier als „Gebiete" bezeichnet werden.
Man kann (mittels meist einfacher Überlegungen) solche Gebiete angeben, die keinen Punkt des Graphen enthalten können. Oder natürlich Gebiete, in denen der Graph „verlaufen" muss. Mit anderen Worten: Vor dem Zeichnen eines Graphen kann man sich überlegen, in welchen Gebieten der Graph verlaufen muss oder aber nicht verlaufen kann.

Diese Untersuchung ist zunächst sehr nützlich, um einen Überblick zu erhalten und später (nach dem Zeichnen des Graphen) bietet sie eine gute Überprüfung oder Probe. Obwohl der Aufwand in der Regel sehr klein ist (keine oder sehr geringe Rechenarbeit), ist die Denkarbeit im Allgemeinen für den Nutzen doch recht groß.

Ich schlage Ihnen vor, Gebietseinteilungen nur auf Verlangen zu erarbeiten. Berechnen Sie in dieser Zeit besser mit dem TR noch einige zusätzliche Punkte des Graphen, der dadurch nicht nur genauer, sondern auch „sicherer" wird.

Parallelen zur y-Achse (senkrechte Einteilung)

Bitte lassen Sie den Rest dieser Seite aus, wenn Sie sich in Zeitnot befinden.
Da der Wechsel über die x-Achse nur bei Nullstellen, Polstellen oder den Stellen, an denen sich eine zusammengesetzte Funktion ändert, vorkommen kann, werden nur an diesen Stellen Parallelen zur y-Achse gezogen. Sie erhalten dadurch senkrechte Streifen, die durch die x-Achse halbiert werden. In jedem dieser Streifen kann die Funktion entweder nur oberhalb oder nur unterhalb der x-Achse verlaufen.

Wenn Sie auch nur einen Funktionswert in einem der Streifen kennen (der TR hilft Ihnen bei der Berechnung!), wissen Sie sofort, ob der „Streifen" oberhalb oder unterhalb der x-Achse Punkte des Graphen beinhalten kann, und Sie können entsprechend schraffieren.

Parallelen zur x-Achse (waagerechte Einteilung)

Die Aufteilung der Streifen kann durch Parallelen zur x-Achse noch verfeinert werden.
Diese Parallelen müssen entweder waagerechte Asymptoten oder Parallelen zur x-Achse durch die Extrempunkte des Graphen der Funktion sein. Im Grunde liefert diese Einteilung sehr wenig „Verwertbares", und sollte deshalb nur „unter Zwang" betrachtet werden. Genau wie bei der anderen Gebietseinteilung sind über die Berechnung einzelner Funktionswerte „Gebietsaussagen" möglich.

>> BEISPIEL

$$f(x) = \begin{cases} -x^2 + 2x + 2 & \text{für } x \geq 0 \\ \frac{x+2}{x+1} & \text{für } x < 0 \end{cases}$$

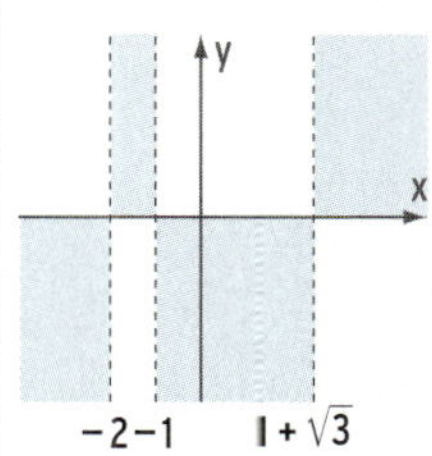

Senkrechte Trennungsstriche bei:
$x = -2$ (Nullstelle);
$x = -1$ (Pol);
$x = 0$ (Funktionsänderung) und $x = 1 + \sqrt{3}$ (Nullstelle).

Mit $f(-10) > 0$; $f(-1{,}5) < 0$; $f(-0{,}5) > 0$ (jeweils über die Vorzeichen des Nenners und des Zählers) und $f(1) > 0$; $f(10) < 0$ ergibt sich die erste Skizze.

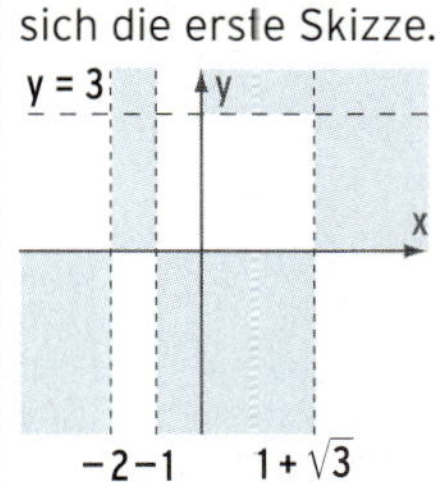

Der einzige Extremwert ist der Hochpunkt $P(1|3)$. Mit der Geraden $y = 3$ und den entsprechenden Schraffierungen erhält man dann die zweite Skizze.

Zugegeben, der Graph kann nun nicht mehr falsch (höchstens noch ungenau) eingezeichnet werden. Aber in der für die Skizzierung nötigen Zeit hätten Sie gut 15 Punkte mit dem TR bestimmt und damit den Graphen genauso sicher im Griff.

11.5 Integrationsmethoden

Nicht alle Funktionsgleichungen sind integrierbar, aber wenn von Ihnen eine Integration verlangt würde, ist dies mit den vorhandenen Mitteln (FS, GTR, gelehrte Verfahren) auch möglich.
Problematisch ist nur die Wahl der Methode, zumal meist nur ein Weg zur Lösung führt und dieser oft schlecht zu erkennen ist. Sofern Sie dürfen, setzen Sie auf jeden Fall den GTR ein!

Ansonsten achten Sie immer auf eine „vernünftige" Schreibweise:
Schreiben Sie bitte die Funktion als Summanden (notfalls ausmultiplizieren oder Polynomdivision) und trennen Sie die Koeffizienten von der Variablen. Schreiben Sie, wann immer es geht, die Variable mit einer rationalen Hochzahl in den Zähler.

>> BEISPIEL

$\sqrt{3x}$ wird zu $\sqrt{3}\cdot x^{0,5}$; $\frac{5}{2x}$ zu $\frac{5}{2}x^{-1}$;
$\frac{3x^2-4}{x+1}$ zu $3x-3-\frac{1}{(x+1)}$

Ist ein Integral nicht mit den „Grundregeln" lösbar, gehen Sie folgendermaßen vor (am besten in der angegebenen Reihenfolge):

- Lösen sie das Problem mit dem GTR.
- Schlagen Sie in der FS nach, ob Ihnen andere schon die Arbeit abgenommen haben.
- Wenn nicht, versuchen Sie eine algebraische Umformung. Achten Sie dabei aber darauf, dass Sie die Funktion nicht verändern!
- Als Nächstes klären Sie, ob eine Substitution (linear oder „normal") vorliegt.
- Erst jetzt versuchen Sie die Produktintegration. Bei schlechter Wahl tauschen Sie f' und g und beginnen nochmals.
- Wenn immer noch nichts „läuft", versuchen Sie nochmals algebraische Umformungen. (Es gibt eine Menge Möglichkeiten: Polynomdivision, Ausklammern, Ausmultiplizieren, binomische Formeln, Substitutionen aller Art, ...)

Beachten Sie dabei, dass bei Punktrechnungen die Faktoren nicht einzeln integriert werden können!

Niemals ~~$\int x\cdot e^x\,dx = \int x\,dx\cdot\int e^x\,dx$~~

Name und Beschreibung	Formel	Herleitung	häufiger auftretende Funktionen
GTR	[CALC] $\int f(x)\,dx$ Vorsicht: bei Flächeninhalten nicht über Nullstellen	immer wenn nach Flächeninhalten gefragt wird; wenn der GTR erlaubt ist, nur über GTR rechnen	Ganz gleich welche Funktion: ▪ Eingeben ▪ Graph ▪ $\int f(x)\,dx$
Formelsammlung Sie finden eine ganze Menge von Integralen in jeder Formelsammlung! Und viel häufiger als Sie denken kommen Integrale der FS in Aufgaben vor.	Die Formeln entnehmen Sie der FS. Wenn es notwendig sein sollte, stellen Sie die Formeln algebraisch um.	Bitte bleiben Sie flexibel und versuchen Sie auf einen in der FS angegebenen Term zu kommen. Zum Beispiel wird aus $\sqrt{2x^2-6}$ wegen $\sqrt{x^2-a^2}$ in der FS: $\sqrt{2}\cdot\sqrt{x^2-(\sqrt{3})^2}$	Typisch sind die Formen: $\frac{1}{x^2\pm a^2}$; $\frac{1}{\sqrt{ax}+b}$; $\frac{1}{(x-a)(x-b)}$; $\sqrt{ax+b}$; $\sqrt{x^2-a^2}$; arc ...
Umformungen Durch algebraisches Umformen wird oftmals aus einem zunächst unlösbar erscheinenden Problem eine einfache Aufgabe. Sehr häufig: Eine Polynomdivision führt zu einer linearen Substitution.	An Formeln benötigen Sie: ▪ Bruchrechnen (Hauptnenner) ▪ Binomische Formeln ▪ Logarithmus und Potenzgesetze ▪ Polynomdivision ▪ Additionstheoreme trigonometrischer Funktionen	Anders formuliert: Sie müssen mittels der Mittelstufenalgebra so weit umstellen, dass ein für Sie integrierbarer Term entsteht. Sie wissen ja, was Sie integrieren können.	Immer und auf jeden Fall: $\sqrt{ax}=\sqrt{a}\,x^{0,5}$; $\frac{1}{\sqrt{ax}}=\frac{1}{\sqrt{a}}x^{-0,5}$; $\frac{ax^n+bx+c}{dx^m}=\frac{a}{d}x^{n-m}+\frac{b}{d}x^{1-m}+\frac{c}{d}x^{-m}$; $\ln\left(\frac{ax^2}{b}\right)=\ln a+\ln x+\ln x-\ln b$

Name und Beschreibung	Formel	Herleitung	häufiger auftretende Funktionen
Lineare Substitution Vorsicht: Die innere Funktion muss linear sein, nur dann funktioniert der Ansatz.	$\int_a^b f(kx+1)\,dx = \left[\frac{1}{k}F(kx+1)\right]_a^b$ $= \frac{1}{k}F(kb+1) - \frac{1}{k}F(ka+1)$	Kommt von der Kettenregel: $f(kx+1)' = f'(kx+1)\cdot k$	$e^{kx+1} \Rightarrow \frac{e^{kx+1}}{k}$; $(kx+1)^r \Rightarrow \frac{(kx+1)^{r+1}}{[k\cdot(r+1)]}$; $\sin(kx+1) \Rightarrow \frac{-\cos(kx+1)}{k}$; $\ln(kx) \Rightarrow \frac{kx\cdot\ln(kx) - kx}{k}$
Substitution Wenn (bis auf einen konstanten Faktor) der Integrand ein Produkt einer verketteten Funktion und der Ableitung der inneren Funktion ist. Als Nebenrechnung: Die innere Funktion wird zu u, dx wird durch du : u′ ersetzt. Nach dem Kürzen muss eine nicht verkettete Funktion (die durch eines der Grundintegrale gelöst werden kann) in der Nebenrechnung stehen. Grundintegral berechnen, u wieder durch innere Funktion ersetzen und von der Nebenrechnung zur Rechnung zurück.	$\int_a^b f[g(x)]\cdot g'(x)\,dx = \int_{u(a)}^{u(b)} f(u)\,du$ mit $u = g(x)$. Es gilt: $u' = \frac{du}{dx} \Rightarrow dx = \frac{du}{u'}$ Sonderfall der Substitution: Die Funktion im Zähler ist die Ableitung der Funktion des Nenners. $\int_a^b \frac{v'(x)}{v(x)}\,dx = [\ln\lvert v(x)\rvert]_a^b$	Ganz grob eine Art Umkehrung der Kettenregel des Ableitens: $F'(u) = F'[g(x)]\cdot g'(x)$ $f(u) = f[g(x)]\cdot g'(x)$ $\Rightarrow f(u)\,du = f[g(x)]\cdot g'(x)\,dx$ Der Sonderfall folgt aus der Ableitung: $[\ln v(x)]' = \frac{1}{v(x)}\cdot v'(x)$ und ist gar nicht selten. Bitte gut einprägen: Aus dem ln wird durch Ableiten ein Quotient $\frac{v'(x)}{v(x)}$.	$\int 5x\cdot\sin(3x^2-7)\,dx$ $\left(u = 3x^2 - 7 \Rightarrow dx = \frac{du}{6x}\right)$ $\Rightarrow \frac{5}{6}\cdot\int \sin(u)\,du$ $\int 7x^2 e^{-tx^3}\,dx$ $\left(u = -tx^3 \Rightarrow dx = \frac{du}{-3tx^2}\right)$ $\Rightarrow \frac{7}{-3t}\cdot\int e^u\,du$ $\int \frac{\ln x}{x}\,dx \Rightarrow F(x) = \frac{1}{2}(\ln x)^2$ ($u = \ln x$ und $dx = x\,du$) $\int \frac{te^x}{4-e^x}\,dx$ $\Rightarrow F(x) = (-t)\ln\lvert 4-e^x\rvert$ mit $u = 4 - e^x$ und $dx = \frac{du}{-e^x}$
Produktintegration Bitte nur, wenn der Integrand ein Produkt zweier Funktionen ist und wenn keine Substitution möglich ist! Zunächst u′ und v wählen, sodass v beim Ableiten einfacher wird. u′ integrieren und v ableiten. Grenzen einsetzen.	$\int_a^b f'g\,dx = [f\cdot g]_a^b - \int_a^b fg'\,dx$ Wenn f g′ nicht einfacher zu integrieren ist als der gegebene Term f′g, sofort die Funktionen tauschen: mit f′ für g, g für f′ neu starten!	Kommt von der Produktregel der Ableitungen und scheint auf den ersten Blick gar keine Vereinfachung zu sein: $(fg)' = f'g + fg'$ $\Rightarrow f'g = fg - fg'$	$\int 2xe^{3x}\,dx$ wird mit $f' = e^{3x}$; $g = x$ zu $\frac{2}{3}xe^{3x} - \frac{1}{3}\int e^{3x}\,dx$ Bei der Funktion $f(x) = -tx^2\cdot\cos(\pi x)$ muss die Produktregel (auch partielle Integration genannt) zweimal angewandt werden!
„Normale" Substitution Sie können einen ganzen Summanden mit der Variablen substituieren, müssen aber dann alle Variablen entsprechend ändern, insbesondere auch dx. Nicht mit Substitution von oben verwechseln.	Ersetzt wird meist, um eine Strichrechnung im Nenner zu vermeiden! Mit $u = 3x - 5$ muss jedes x der Funktion durch $\frac{(u+5)}{3}$ ersetzt werden.	Der letzte Ausweg der Integralrechnung ist immer die (normale) Substitution – ganz gleich, in welchem Gebiet Sie auch immer arbeiten.	$\int \frac{4x}{x-t}\,dx$ gibt mit $u = x - t$ bzw. $x = u + t$ und $dx = du$: $\int \frac{4(u+t)}{u}\,du = 4\cdot\int \frac{1+t}{u}\,du$, eine leicht zu integrierende Funktion

Beispiele zu den Integrationsmethoden

Im Folgenden finden Sie Beispiele zu den angesprochenen Integrationsmethoden. Diese Beispiele können natürlich auch zum Training für Ableitungen verwendet werden.
Es genügt, wenn Sie eine Stammfunktion angeben.
Vorsicht, die Bemerkungen sind aus Platzgründen nicht mathematisch korrekt geschrieben, sollen Ihnen aber bei Problemen hilfreich sein.

f(x)	F(x)	Bemerkungen
$x\,e^x$	$x\,e^x - e^x$	Produktintegration (partielle Integration) mit $u = x$, $u' = 1$, $v' = e^x$, $v = e^x$ $\Rightarrow \int x\,e^x\,dx = x\,e^x - \int e^x\,dx$
$x\,e^{x^2}$	$\frac{1}{2}e^{x^2}$	Substitution $x^2 = u$ $\Rightarrow 2x = \frac{du}{dx} \Leftrightarrow dx = \frac{du}{2x}$ $\Rightarrow \int x\,e^{x^2}\,dx = \int \frac{x}{2x}e^u\,du$
$\frac{3x^2-4}{x-1}$	$\frac{3}{2}(x-1)^2 + 6(x-1) - \ln\lvert x-1\rvert =$ $\frac{3}{2}x^2 + 3x - \frac{9}{2} - \ln\lvert x-1\rvert$	„normale" Substitution $x - 1 = u$ und $dx = du$ $\Rightarrow x = u + 1$ $\Rightarrow \int \frac{3(u+1)^2-4}{u}\,du = \int\left(3u + 6 - \frac{1}{u}\right)du$
$\frac{2x+t}{3x^2} + \sqrt{3x}$	$\frac{2}{3}\ln\lvert x\rvert - \frac{t}{3}x^{-1} + \frac{2}{3}\sqrt{3}\cdot x^{\frac{2}{3}}$	algebraische Umstellung $\frac{2}{3}x^{-1} + \frac{t}{3}x^{-2} + \sqrt{3}\cdot x^{\frac{1}{2}}$
$\left(x^2 - \frac{2x}{t}\right)e^{tx}$	$e^{tx}\left(\frac{x^2}{t} - \frac{4x}{t^2} + \frac{4}{t^3}\right)$	2-fache Substitution 1. $u = x^2 - \frac{2x}{t}$ und $v' = e^{tx}$ 2. $u = x - \frac{1}{t}$ und $v' = e^{tx}$
$\frac{\sin\sqrt{x}}{\sqrt{x}}$	$-2\cos\sqrt{x}$	Substitution $u = \sqrt{x}$ $\frac{1}{2\sqrt{x}}\,dx = du$
$x\ln\frac{x^2}{a}$	$\frac{a}{2}\left(\frac{x^2}{a}\ln\frac{x^2}{a} - \frac{x^2}{a}\right) = \frac{x^2}{2}\cdot\ln\frac{x^2}{a} - \frac{x^2}{a}$	Substitution $u = \frac{x^2}{a}$ $\Rightarrow du = \frac{1}{a}2x\,dx$

11.6 Kegelschnitte

Wird ein senkrechter Kreiskegel von einer Ebene geschnitten, ergeben sich je nach Lage der Ebene zum Kegel typische Schnittfiguren.

Name	Lage Schnittebene	geometrischer Ort	Gleichung	senkrechter Kreiskegel
Ellipse 	weder senkrecht noch parallel zur Grundfläche und nicht parallel zur Mantellinie	alle Punkte der Ebene, für die die Summe der Abstände zu zwei festen Punkten der Ebene (Brennpunkten) konstant ist	$\frac{(x-x_0)^2}{a^2}+\frac{(y-y_0)^2}{b^2}=1$ mit dem Mittelpunkt $M(x_0 \mid y_0)$ und den Halbachsen a und b	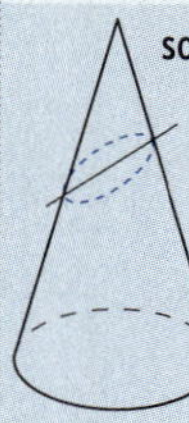 **schräger Schnitt**
Hyperbel 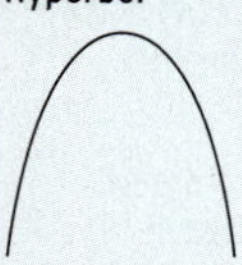	senkrecht zur Grundfläche	alle Punkte der Ebene, für die die Differenz der Abstände zu zwei festen Punkten der Ebene (Brennpunkten) konstant ist	$\frac{(x-x_0)^2}{a^2}-\frac{(y-y_0)^2}{b^2}=1$ mit dem Mittelpunkt $M(x_0 \mid y_0)$ und den Halbachsen a und b	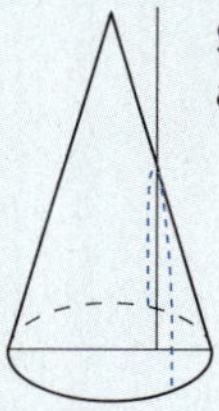 **Schnitt senkrecht auf Grundfläche**
Parabel 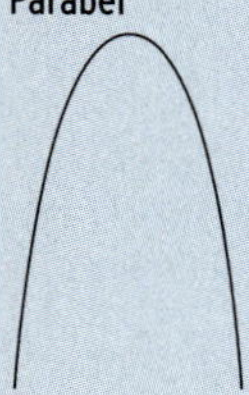	parallel zur Mantellinie	alle Punkte, deren Abstand zu einem Punkt (Brennpunkt) gleich dem Abstand zu einer Geraden (Leitgeraden) ist	$(y-y_0)^2=\pm 2p(x-x_0)$	 **Schnitt parallel zur Mantellinie**
Kreis 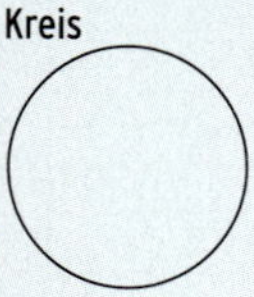	parallel zur Grundfläche	alle Punkte, die denselben Abstand zu einem festen Punkt (Mittelpunkt) haben	$(x-m_1)^2+(y-m_2)^2=r^2$ mit dem Mittelpunkt $M(m_1 \mid m_2)$	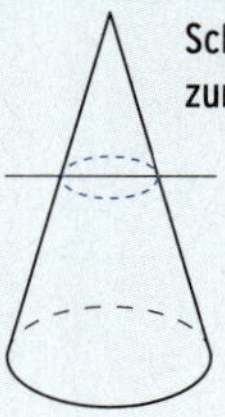 **Schnitt parallel zur Grundläche**

11.7 Kreis und Kugel

Kugel	Beschreibung	Kreis
Die Menge aller Punkte eines Raumes, die von einem festen Punkt M (Mittelpunkt) denselben Abstand r (Radius) haben, heißt Kugel. 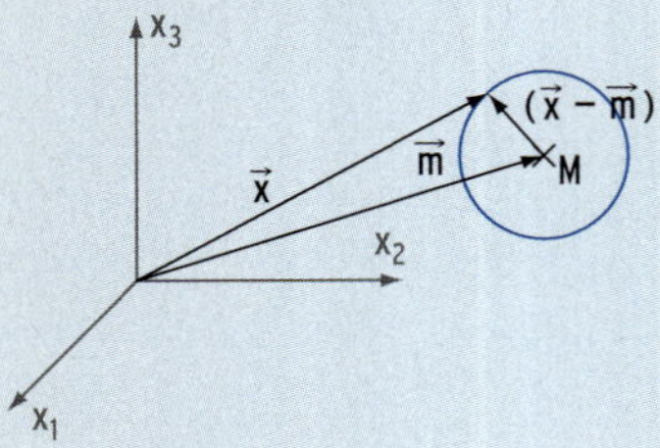 	Sowohl der Kreis als auch die Kugel werden über Punktmengen definiert. Unter einer Kugel versteht man keine „Vollkugel", wie etwa eine Billiardkugel, sondern nur die Hülle. Und unter einem Kreis keine Scheibe, sondern nur die Berandung.	Die Menge aller Punkte einer Ebene, die von einem festen Punkt M (Mittelpunkt) denselben Abstand r (Radius) haben, heißt Kreis. 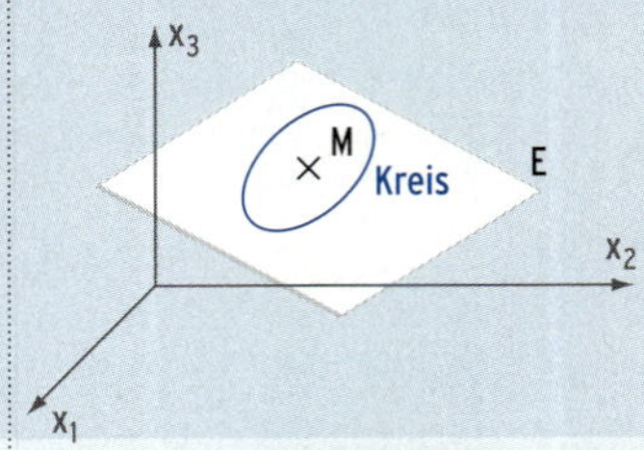
Kugel K; Radius r; $\overrightarrow{OM} = \vec{m}$ Mittelpunkt $M(m_1 \mid m_2 \mid m_3)$ Vektorgleichung: $(\vec{x} - \vec{m})^2 = r^2$ Allgemeine Form: $x_1^2 + x_2^2 + x_3^2 + a\,x_1 + b\,x_2 + c\,x_3 + d = 0$ Mittelpunktsform: $(x_1 - m_1)^2 + (x_2 - m_2)^2 + (x_3 - m_3)^2 = r^2$	Die Gleichungen der Kugel sind relativ einfach. Für Berechnungen und Betrachtungen benötigt man die Mittelpunktsform. Der Kreis ist die einzige Figur, die im Raum nicht mittels einer Gleichung beschrieben werden kann.	Prinzipiell ist eine einzige Gleichung im Raum nicht ausreichend, um einen Kreis zu beschreiben. Ein Kreis wird deshalb durch drei verschiedene Angaben beschrieben: ▪ Angabe des Mittelpunktes ▪ Angabe des Radius ▪ Angabe der Ebene, auf der der Kreis liegt
„Rollende Kugeln" (z. B. Kugel K rollt die Ebene E hinab, bis K Ebene F berührt) sind keine Bewegungsaufgaben! Es geht lediglich um verschiedene Lagen einer Kugel. Oder um mehrere Kugeln mit gleichem Radius. 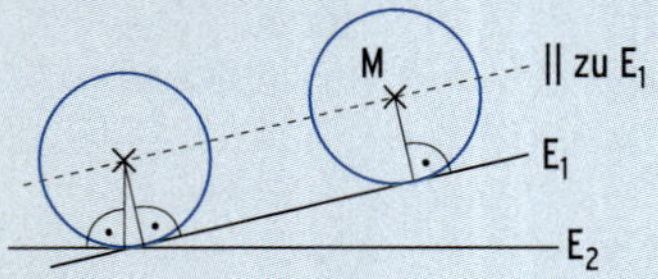 	Vier Punkte, die nicht auf einer Ebene liegen, (nicht komplanar sind) bestimmen eindeutig genau eine Kugel. Drei Punkte, die nicht auf einer Geraden liegen (nicht kollinear sind), bestimmen genau einen Kreis, der dann auf der von diesen drei Punkten aufgespannten Ebene liegt.	Kreise kommen bei den Aufgaben meist als Schnittkreise (Ergebnis vom Schnitt einer Kugel mit einer Ebene oder einer zweiten Kugel) vor. Zur Berechnung des Kreisradius wird in der Regel der Satz des Pythagoras benötigt. **räumliche Skizze** 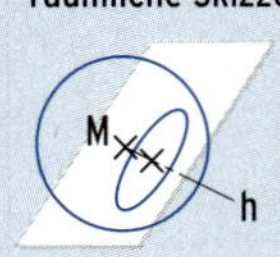 **ebene Skizze** 

11.8 Polynomdivision

WISSEN

Ein Term der Form
$a_n x^n + a_{n-1} x^{n-1} + \dots + a_2 x^2 + a_1 x + a_0$
heißt Polynom vom Grad n.
Der Grad des Polynoms gibt also die größte vorkommende Hochzahl der Variablen an.

Wird ein Polynom (hier kurz ZP für Zählerpolynom) durch ein anderes Polynom (hier kurz NP für Nennerpolynom) dividiert, so heißt diese Division Polynomdivision. Sinnvoll ist diese Division nur, wenn der Grad von ZP $\geq$ Grad von NP ist.

Anwendungsbeispiele

1. **Bestimmung der Nullstellen ganzrationaler Funktionen, deren Grad größer als zwei ist:** Wenn Sie eine Nullstelle x_0 der Funktion $f(x)$ kennen (ganz gleich woher), dividieren Sie $f(x)$ durch den Term $(x - x_0)$. Die Division „geht auf", es bleibt kein Rest. Mathematisch zerlegen Sie $f(x)$ in $f(x) = (x - x_0) \cdot g(x)$ und bestimmen dann die Nullstellen von $g(x)$, die natürlich auch Nullstellen von $f(x)$ sein müssen. Der Grad von $g(x)$ ist um 1 kleiner als der Grad von $f(x)$!
2. **Bestimmung einer schiefen Asymptote der gebrochenrationalen Funktionen:** Eine schiefe Asymptote existiert nur, wenn der Zählergrad um 1 höher als der Nennergrad ist. Zur Bestimmung der schiefen Asymptote sind zwei „Divisionsschritte" notwendig. Es bleibt in der Regel ein Rest.
3. **Vor der Bestimmung der Stammfunktion einiger gebrochenrationaler Funktionen:** Immer dann, wenn der Zählergrad größer oder gleich dem Nennnergrad ist und kein anderes Verfahren zur Stammfunktion führt, sollten Sie eine Polynomdivision versuchen (geht in der Regel nicht auf) und den entstehenden Term zu integrieren versuchen. Das praktische Verfahren (ein „Kochrezept", mit dem Sie fast ohne Denkarbeit ganz stur auf das Ergebnis der Division kommen) gilt natürlich für alle drei oben beschriebenen Fälle.
   In der rechten Spalte folgt den theoretischen Schritten jeweils das Rechenbeispiel für: $(3x^4 + 2x^3 - x^2 + 5) : (2x^2 - x + 1) = ?$

Der sture Weg

Der Koeffizient beim Ergebnis ist der 1. Koeffizient des zu teilenden Polynoms geteilt durch den 1. Koeffizienten des Polynoms durch das geteilt wird.
Die Hochzahl beim Ergebnis ist die Differenz aus den beiden höchsten Hochzahlen.

1. Betrachten Sie nur die Summanden des Zählerpolynoms und des Nennerpolynoms mit den jeweils höchsten Exponenten. Die Division dieser beiden Summanden ergibt dann den 1. Summanden des Ergebnisses. Nur $3x^4$ (vom Zählerpolynom) und $2x^2$ (vom Nennerpolynom) werden dividiert und Sie erhalten als 1. Summanden: $\frac{3x^4}{2x^2} = \frac{3}{2}x^{4-2} = \frac{3}{2}x^2$.
2. Das Nennerpolynom wird mit diesem berechneten Summanden multipliziert und unter das Zählerpolynom geschrieben. Summanden mit derselben Hochzahl bei der Variablen stehen immer untereinander!
   $(3x^4 + 2x^3 - x^2 + 5) : (2x^2 - x + 1) = \frac{3}{2}x^2 + \dots$
   $3x^4 - \frac{3}{2}x^3 + \frac{3}{2}x^2$
   $\left[\text{aus } \frac{3}{2}x^2 \cdot (2x^2 - x + 1)\right] \leftarrow$
3. Dieser berechnete Term wir vom Zählerpolynom abgezogen. Es entsteht das „neue" Zählerpolynom, das wir hier kurz NZP nennen.
   NPZ: $3x^4 - 3x^4 + 2x^3 - \left(-\frac{3}{2}x^3\right) - x^2 - \frac{3}{2}x^2 + 5$
   $= \frac{7}{2}x^3 - \frac{5}{2}x^2 + 5$
4. Mit NZP (anstatt dem alten Zählerpolynom) werden die Schritte 1 bis 3 wiederholt. So lange, bis der Grad des NZP kleiner als der Grad des Nennerpolynoms ist. Der Rest wird als Bruch zum Ergebnis addiert.

$(3x^4 + 2x^3 - x^2 + 5) : (2x^2 - x - 1)$
$3x^4 - \frac{3}{2}x^3 + \frac{3}{2}x^2$
$\frac{7}{2}x^3 - \frac{5}{2}x^2 + 5$
$\frac{7}{2}x^3 - \frac{7}{4}x^2 + \frac{7}{4}x$
$-\frac{3}{4}x^2 - \frac{7}{4}x + 5$
$-\frac{3}{4}x^2 + \frac{3}{8}x - \frac{3}{8}$
$-\frac{17}{8}x + \frac{43}{8}$

$\frac{\frac{7}{2}}{2}$ $\quad$ $\frac{-\frac{3}{4}}{2}$

Ergebnis: $\frac{3}{2}x^2 + \frac{7}{4}x - \frac{3}{8} + \frac{-\frac{17}{8}x + \frac{43}{8}}{2x^2 - x + 1}$ [Rest]

④ - ② ③ - ② ② - ②

Grad ist kleiner als der Nennergrad
$\Rightarrow$ Division wird beendet und Rest gebildet.

11.9 Sätze der Analysis

Soll im Bereich der Analysis nur untersucht werden, ob eine Lösung des Problems möglich ist, werden „nur" die **Existenzsätze** benötigt.

Ob dann die Lösung berechnet werden kann oder nicht, ist ein ganz anderes Problem und hat mit der ersten Frage nichts zu tun. Es ist ein großer Unterschied, ob der Schnittpunkt zweier Graphen f und g berechnet werden soll oder ob nur zu zeigen ist, dass sich die Graphen der Funktion f und g schneiden. Kurzum, die folgenden Sätze (+ **Hauptsatz der Integralrechnung**) sollten Sie schon einmal „gesehen" haben. Übrigens stehen sie in jeder FS.

Alle Sätze gelten nur in einem geschlossenen Intervall [a; b], in dem die Funktionen stetig sein müssen.

Nullstellensatz

Haben f(a) und f(b) verschiedene Vorzeichen, so existiert mindestens ein c mit $a < c < b$ mit $f(c) = 0$.

WISSEN

Kennt man einen positiven und einen negativen Funktionswert, so muss dazwischen der Graph die x-Achse schneiden.

Mittelwertsatz der Differenzialrechnung

Es existiert mindestens ein $c \in [a; b]$ mit $f'(c) = \frac{f(b) - f(a)}{b - a}$.

WISSEN

Mindestens eine Tangente an den Graphen im Intervall [a; b] ist parallel zu der Geraden durch A(a | f(a)) und B(b | f(b)).

Gilt als Sonderfall $f(a) = f(b)$, so existiert ein c mit $f'(c) = 0$. Dieser Sonderfall des Mittelwertsatzes heißt **Satz von Rolle**.

WISSEN

Zwischen zwei Punkten mit gleichem Funktionswert liegt ein Extrempunkt, sofern der Graph keine Gerade parallel zur x-Achse ist.

Mittelwertsatz der Integralrechnung

Es gibt mindestens ein $c \in [a; b]$ mit

$$\int_a^b f(x)\,dx = (b - a)\,f(c).$$

WISSEN

Es existiert ein c, sodass das Rechteck mit der Höhe f(c) und der Länge (b − a) denselben Flächeninhalt wie das krummlinige Trapez unter f von a nach b hat.

Zwischenwertsatz

f(x) nimmt jeden Wert zwischen f(a) und f(b) mindestens einmal an.

WISSEN

Jede reelle Zahl, die zwischen den Zahlen f(a) und f(b) liegt, muss als Bildwert für einen Urwert aus dem Intervall [a; b] mindestens einmal vorkommen.

Satz vom Maximum und Minimum

Es existiert ein $x_m \in [a; b]$ mit $f(x) \geq f(x_m)$ für alle $x \in [a; b]$.
Es existiert ein $x_M \in [a; b]$ mit $f(x) \leq f(x_M)$ für alle $x \in [a; b]$.

WISSEN

Es gibt in dem abgeschlossenen Intervall einen größten und einen kleinsten Bildwert.

Abschätzung

Gilt für alle $x \in [a; b]$: $f(x_m) \leq f(x) \leq f(x_M)$, so gilt:

$$f(x_m) \cdot (b - a) \leq \int_a^b f(x)\,dx \leq f(x_M) \cdot (b - a).$$

WISSEN

Das Rechteck mit der Breite (b − a) und der Höhe des kleinsten Bildwertes im Intervall ist kleiner oder gleich (≤) dem krummlinigen Trapez unter der Funktion über dem Intervall; das Rechteck mit der Höhe des größten Bildwertes ist größer oder gleich (≥) der Fläche des krummlinigen Trapezes.

Beispiele zu den Sätzen der Analysis

In letzter Zeit mehren sich die Aufgaben aus diesem Teilgebiet so stark, dass man selbst bei einem Minimalprogramm nicht auf Beispiele verzichten sollte.
Ich beginne mit einem sehr einfachen, aber wichtigen Beispiel:

>> BEISPIEL

Zeigen Sie, dass sich die Graphen der Funktionen $f(x)$ und $g(x)$ schneiden.

Schnittprobleme sind in der Analysis häufig und werden durch Gleichsetzen der Funktionsgleichungen mit daraus folgender Berechnung der Variablen gelöst.
Kein Problem, solange Sie in der Lage sind, mathematisch die durch die Gleichsetzung entstehende Gleichung zu lösen.

Bei den nächsten beiden (immer noch sehr einfachen Beispielen) müssen Sie zuallerst durchschauen, dass nicht nach dem Schnittpunkt, sondern nach der Existenz eines Schnittpunktes gefragt wurde. Sie müssen nicht „gleichsetzen", sondern den Nullstellensatz anwenden.

>> BEISPIEL

$f(x) = x^2$ und $g(x) = \cos x$?
Die stetige Hilfsfunktion $h(x) = x^2 - \cos x$ wird auf die Existenz einer Nullstelle untersucht.
Es genügt, wenn man zeigen kann, dass $h(x)$ einen negativen und einen positiven Wert in einem Intervall, in dem $h(x)$ stetig ist, annimmt. Kein Problem; mit geringer Denkarbeit findet man z. B.
$h(0{,}1) < 0$ und $h(100) > 0$.
Nach dem Nullstellensatz hat $h(x)$ im Intervall $[0{,}1; 100]$ eine Nullstelle und damit f und g eine Schnittstelle. Dass dies ein sehr großes Intervall ist (die Nullstelle somit nur sehr ungenau beschrieben wird), stört bei dieser Fragestellung nicht.

>> BEISPIEL

$f(x) = 3x$ und $g(x) = e^x$?
$h(x) = 3x - e^x$, Nullstelle im Intervall $[1; 2]$

>> BEISPIEL

$A(a\,|\,f(a))$ und $B(b\,|\,f(b))$ sind zwei Punkte auf dem Graphen der im Intervall $[a; b]$ stetigen Funktion $g = f(x)$ mit $f(a) = f(b)$. Der Punkt $C(c\,|\,f(x))$ liegt zwischen A und B auf dem Graphen von f und es gilt: $f(c) > f(a)$.

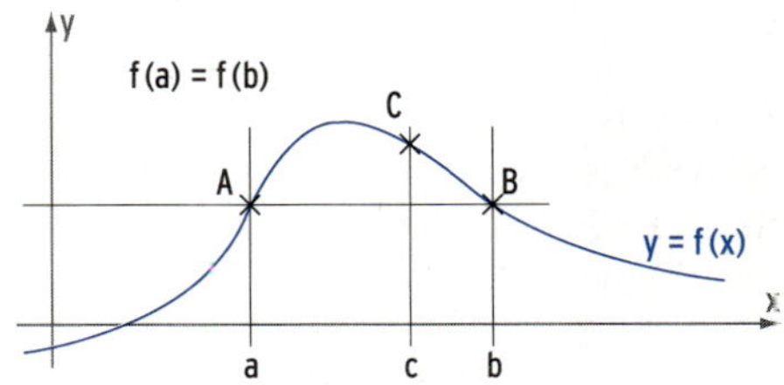

Begründen Sie folgende Aussagen:
a) Im Intervall $[a; b]$ hat die Funktion einen Hochpunkt.
b) Zu jeder Geraden g, deren Steigung kleiner als die Steigung der Geraden durch A und C ist, existiert eine Parallele, die Tangente an den Graphen von $y = f(x)$ im Intervall $[a; b]$ ist.
a) Wegen $f(a) = f(b)$ hat die Gerade durch A und B die Steigung null. Nach dem Mittelwertsatz gibt es deshalb im Intervall $[a; b]$ in einem Punkt E eine Tangente an den Graphen von f, die gleichfalls die Steigung null hat. Wegen $f(c) > f(a)$ ist E ein Hochpunkt.
b) Die Steigung der Geraden durch A und C sei m.
Nach dem Mittelwertsatz gibt es somit im Intervall $[a; b]$ eine Tangente an den Graphen von f mit der gleichen Steigung m. Außerdem gibt es im Intervall $[a; b]$ in E eine Tangente mit der Steigung null. Nach dem Zwischenwertsatz gibt es dann im Intervall $[a; b]$ auch zu jeder Steigung zwischen null und m eine Tangente an den Graphen von f.

11.10 Vektorraum

Bezeichnung/Beschreibung	allgemein	„Schulversion"
Eine Menge V heißt Vektorraum über dem Körper (S; +; ·), wenn für alle Elemente $\vec{a}, \vec{b} \in V$ und $r, s \in S$ zwei Verknüpfungen $\star$ und $\circ$ definiert sind mit folgenden Eigenschaften:	Theoretisch ist jeder beliebige Körper möglich. Als Vektoren ist jede abelsche Gruppe möglich.	Der Körper S ist immer der Körper der reellen Zahlen mit den bekannten Verknüpfungen + und ·. Die Vektoren sind die „Verschiebungspfeile" im Raum, mit folgenden Schreibweisen:
Vektoraddition ($V \times V \to V$) (Verknüpfung zweier Vektoren ergibt wieder einen Vektor)	$\vec{a} \star \vec{b} = \vec{b} \star \vec{a} = \vec{c}$	$\star$ wird zu + mit: $\vec{a} + \vec{b} = \vec{b} + \vec{a} = \vec{c}$
Skalarmultiplikation oder S-Multiplikation ($F \times V \to V$) (Skalar $\circ$ Vektor gibt Vektor) mit den Eigenschaften:		$\circ$ wird zu · mit $r\,\vec{a}$ anstatt $r \cdot \vec{a}$ (von $r \circ \vec{a}$)
Assoziativgesetz	$r \circ (s \circ \vec{a}) = (r \cdot s) \circ \vec{a}$	$r(s\,\vec{a}) = (r\,s)\,\vec{a}$
Distributivgesetz I	$(r + s) \circ \vec{a} = (r \circ \vec{a}) \star (s \circ \vec{a})$	$(r + s)\,\vec{a} = (r\,\vec{a}) + (s\,\vec{a})$
Distributivgesetz II	$r \circ (a \star b) = (r \circ \vec{a}) \star (r \circ \vec{b})$	$r(\vec{a} + \vec{b}) = (r\,\vec{a}) + (r\,\vec{b})$
Neutrales Element $1 \in S$	$1 \circ \vec{a} = \vec{a}$	$1 \cdot \vec{a} = \vec{a}$

Die übliche Definition des Vektorraums (z. B. in den FS) ist umfangreicher als es für die Schulmathematik unbedingt notwendig wäre. In der Schulmathematik käme man gut mit dem „reellen Vektorraum" aus, dessen Körper die reellen Zahlen sind. Auch die Vektorräume sind eingeschränkt. Die allgemeine Definition lässt Vektorräume praktisch jeder Dimension zu, für die Aufgaben der Schulmathematik genügen dreidimensionale Vektorräume.

Es gibt Aufgaben, bei denen gezeigt werden muss, ob bestimmte Mengen (oder Teilmengen) einen Vektorraum (oder Untervektorraum) bilden. Man muss dann die in der Definition auftretenden Gesetze nachweisen (zeigen, dass diese gelten). Setzen Sie in die allgemeine Definition, die Sie Ihrer Formelsammlung entnehmen, ein. Bei allen anderen Problemen genügt der schon erwähnte spezielle Vektorraum, mit den reellen Zahlen als Skalaren und mit den dreidimensionalen Vektoren. Dieser einfache Vektorraum wird im Folgenden „Schulversion" genannt.

Als Beispiel die „Schulversion" $\mathbb{R}^3$ (in Spaltenschreibweise geschrieben) mit den Skalaren R und den Vektoren aus $\mathbb{R}^3$.

	allgemein	Zahlenbeispiel
Vektoraddition	$\begin{pmatrix} x_1 \\ x_2 \\ x_3 \end{pmatrix} + \begin{pmatrix} y_1 \\ y_2 \\ y_3 \end{pmatrix} = \begin{pmatrix} x_1 + y_1 \\ x_2 + y_2 \\ x_3 + y_3 \end{pmatrix}$	$\begin{pmatrix} 3 \\ 1 \\ 2 \end{pmatrix} + \begin{pmatrix} -1 \\ 2 \\ -5 \end{pmatrix} = \begin{pmatrix} 2 \\ 3 \\ -3 \end{pmatrix}$
Assoziativgesetz	$r\left[s\begin{pmatrix} x_1 \\ x_2 \\ x_3 \end{pmatrix}\right] = (r\,s)\begin{pmatrix} x_1 \\ x_2 \\ x_3 \end{pmatrix} = \begin{pmatrix} r\,s\,x_1 \\ r\,s\,x_2 \\ r\,s\,x_3 \end{pmatrix}$	$2\left[(-3)\begin{pmatrix} 1 \\ -1 \\ 2 \end{pmatrix}\right] = \begin{pmatrix} -6 \\ 6 \\ -12 \end{pmatrix}$
Distributivgesetz I	$(r + s)\begin{pmatrix} x_1 \\ x_2 \\ x_3 \end{pmatrix} = r\begin{pmatrix} x_1 \\ x_2 \\ x_3 \end{pmatrix} + s\begin{pmatrix} x_1 \\ x_2 \\ x_3 \end{pmatrix}$	$(5 - 4)\begin{pmatrix} 1 \\ -1 \\ 2 \end{pmatrix} = \begin{pmatrix} 5 \\ -5 \\ 10 \end{pmatrix} + \begin{pmatrix} -4 \\ 4 \\ -8 \end{pmatrix} = \begin{pmatrix} 1 \\ -1 \\ 2 \end{pmatrix}$
Distributivgesetz II	$r\left[\begin{pmatrix} x_1 \\ x_2 \\ x_3 \end{pmatrix} + \begin{pmatrix} y_1 \\ y_2 \\ y_3 \end{pmatrix}\right] = \begin{pmatrix} r\,x_1 \\ r\,x_2 \\ r\,x_3 \end{pmatrix} + \begin{pmatrix} r\,y_1 \\ r\,y_2 \\ r\,y_3 \end{pmatrix}$	$3\left[\begin{pmatrix} 1 \\ -1 \\ 2 \end{pmatrix} + \begin{pmatrix} 2 \\ 1 \\ -3 \end{pmatrix}\right] = \begin{pmatrix} 3 \\ -3 \\ 6 \end{pmatrix} + \begin{pmatrix} 6 \\ 3 \\ -9 \end{pmatrix} = \begin{pmatrix} 9 \\ 0 \\ -3 \end{pmatrix}$
Neutrales Element $1 \in S$	$1 \cdot \begin{pmatrix} x_1 \\ x_2 \\ x_3 \end{pmatrix} = \begin{pmatrix} x_1 \\ x_2 \\ x_3 \end{pmatrix}$	$1 \cdot \begin{pmatrix} 2 \\ -2 \\ 1 \end{pmatrix} = \begin{pmatrix} 2 \\ -1 \\ 1 \end{pmatrix}$

Strukturelle Betrachtungen

Im Teilgebiet der linearen Algebra der Oberstufenmathematik (linear bedeutet mathematisch „vom ersten Grade“, in der Geometrie „geradlinig“) werden Strukturbetrachtungen durchgeführt. Die lineare Algebra ist begrenzt, überschaubar und (sofern man einmal den Überblick gewonnen hat) nicht allzu schwierig.

Es ist eher die ungewohnte Problematik (wann beschäftigt man sich in der Schule schon mit Strukturen und Lösungsräumen) und die ungewöhnliche Schreibweise (Matrizen!), die diesem Teilgebiet negativ anlasten. Länder-, ja sogar schulspezifisch wird ihm ein mehr oder weniger großer Raum zugebilligt.

Bitte erkundigen Sie sich, wie tief und an welchen Stellen Sie die lineare Algebra im Rahmen der Geometrie beherrschen müssen, da in keinem anderen Gebiet größere Streuungen zu finden sind als gerade in diesem.

Im Großen und Ganzen geht es um Lösungen (Lösungsmenge und Lösungsstruktur) der linearen Gleichungssysteme und der Matrizenrechnung, um Beschreibungen der linearen Abbildungen mittels Matrizen und um Eigenwertprobleme.

Diese Seite als Überblick ist ein Minimalprogramm. Dabei kommt es darauf an, dass Sie Zusammenhänge sehen und erkennen, um sich sehr viel unnötige Arbeit zu ersparen.

Problem	Lösungsvorschlag, Beschreibung	Bemerkungen	Beispiel
Überprüfen, ob eine gegebene Menge von Vektoren eine Basis bilden	Eine Menge B von Vektoren $\{\vec{b_1}, ..., \vec{b_n}\}$ heißt Basis, wenn ▪ jeder Vektor des Vektorraums als Linearkombination der Vektoren $\{\vec{b_1}, ..., \vec{b_n}\}$ darstellbar ist und ▪ die Vektoren $\{\vec{b_1}, ..., \vec{b_n}\}$ linear unabhängig sind. Man muss beide Kriterien überprüfen. Am besten mit der linearen Unabhängigkeit beginnen.	Alle Basen eines Vektorraums haben gleich viele Elemente. Die Anzahl der Elemente (Basisvektoren) heißt **Dimension** des Vektorraums. Übliche Basis im $\mathbb{R}^3$: $\begin{pmatrix}1\\0\\0\end{pmatrix}; \begin{pmatrix}0\\1\\0\end{pmatrix}; \begin{pmatrix}0\\0\\1\end{pmatrix}$	$\begin{pmatrix}3\\1\\1\end{pmatrix}; \begin{pmatrix}-1\\2\\1\end{pmatrix}$ und $\begin{pmatrix}1\\-1\\-1\end{pmatrix}$ $\begin{pmatrix}3\\1\\1\end{pmatrix} = r\begin{pmatrix}-1\\2\\1\end{pmatrix} + t\begin{pmatrix}1\\-1\\-1\end{pmatrix}$ hat keine Lösung $\Rightarrow$ lineare Unabhängigkeit $\begin{pmatrix}x_1\\x_2\\x_3\end{pmatrix} = s\begin{pmatrix}3\\1\\1\end{pmatrix} + r\begin{pmatrix}-1\\2\\1\end{pmatrix} + t\begin{pmatrix}1\\-1\\-1\end{pmatrix}$ ist immer darstellbar.
Festlegen der Dimension eines Vektorraums	In jedem Vektorraum gibt es unendlich viele verschiedene Basen, die aber alle dieselbe Anzahl Elemente haben. Die Anzahl der Elemente einer Basis heißt **Dimension**. Man muss die maximale Anzahl linearer unabhängiger Vektoren bestimmen. Vektoren wählen, die bis auf eine Komponente nur „Nullen“ haben: $\begin{pmatrix}1\\0\\\vdots\\0\end{pmatrix}\begin{pmatrix}0\\1\\\vdots\\0\end{pmatrix} \dots \begin{pmatrix}0\\0\\\vdots\\1\end{pmatrix}$	Im Raum $\mathbb{R}^3$ ist die Dimension drei. Es gibt also genau drei linear unabhängige Vektoren. Oder: Vier beliebige Vektoren des Raumes sind linear abhängig. In der Ebene ist die Dimension zwei. Es gibt also genau zwei unabhängige Vektoren.	Übliche Basis in $\mathbb{R}^3$: $\begin{pmatrix}1\\0\\0\end{pmatrix}; \begin{pmatrix}0\\1\\0\end{pmatrix}; \begin{pmatrix}0\\0\\1\end{pmatrix}$ Basis in der x_1-x_2-Ebene: $\begin{pmatrix}1\\0\\0\end{pmatrix}; \begin{pmatrix}0\\1\\0\end{pmatrix}$ (Die x_2-Ebene besteht aus den Vektoren $\begin{pmatrix}x_1\\x_2\\0\end{pmatrix}$.)
Untersuchen, ob eine gegebene Abbildung ein Skalarprodukt ist	Mathematisch ist das Skalarprodukt (nicht verwechseln mit der S-Multiplikation) eine positiv definite, symmetrische Bilinearform $V \times V \to \mathbb{R}$ mit folgenden Eigenschaften: ▪ $x\,y = y\,x$ (Symmetrie) ▪ $x\,(y + z) = x\,y + x\,z$ und $k\,(x\,y) = (k\,x)\,y = (k\,y)\,x$ (bilinear) ▪ $x\,x > 0$ und $x\,x = 0 \Rightarrow x = 0$ (positiv definit)	Das Skalarprodukt bildet zwei Vektoren auf eine reelle Zahl ab. (Die einzige Abbildung der Schulmathematik, die Elemente einer Menge nicht wieder in dieselbe Menge abbildet, deshalb Vorsicht!) Bei rechtwinkligen Koordinatenachsen gilt: $x\,y = \begin{pmatrix}x_1\\\vdots\\x_n\end{pmatrix}\begin{pmatrix}y_1\\\vdots\\y_n\end{pmatrix} = x_1 y_1 + x_2 y_2 + \dots + x_n y_n$	Abbildung: $x \circ \vec{y} = (x_1 + y_1) \cdot y_2$ ist kein Skalarprodukt, da nicht symmetrisch: $\begin{pmatrix}1\\2\\3\end{pmatrix} \cdot \begin{pmatrix}-2\\-1\\0\end{pmatrix} = 1; \begin{pmatrix}-2\\-1\\0\end{pmatrix} \cdot \begin{pmatrix}1\\2\\3\end{pmatrix} = -2$
Untersuchen, ob eine Teilmenge der Vektoren einen Unterraum bildet	Ein Unterraum ist eine Teilmenge des Vektorraums, die die Kriterien eines Vektorraums erfüllt und deshalb selbst ein Vektorraum ist. Ist für alle Vektoren $\vec{a}$, $\vec{b}$ auch $\vec{a} + r\,\vec{b}$ (mit $r \in \mathbb{R}$) in der Teilmenge, so ist die Teilmenge ein Untervektorraum.	Ein Unterraum des Raumes $\mathbb{R}^3$ mit der Dimension 2 (zwei Basisvektoren) ist eine Ebene. Ein Unterraum mit der Dimension 1 (einem Basisvektor) ist eine Gerade.	$\begin{pmatrix}x_1\\0\\x_3\end{pmatrix}$ ist Unterraum, da bei Addition die 0 bleibt und der Vektor wieder aus derselben Menge ist. $\begin{pmatrix}x_1\\1\\x_3\end{pmatrix}$ Ist kein Unterraum, da bei Addition aus der „1“ eine andere Zahl wird.

12

12_Die mündliche Prüfung

Ganz gleich, ob Sie Mathematik als viertes Prüfungsfach gewählt haben, ob Sie infolge zu guter oder zu schlechter Leistungen im schriftlichen Abitur oder aufgrund einer freiwilligen Meldung geprüft werden: Der Ablauf des mündlichen Abiturs ist immer gleich. Sie sehen sich allein der Prüfungskommission gegenüber. Dazu gehören: Prüfungsvorsitzende(r), Prüfer(in), evetnuell Beisitzer(in) und ein(e) Protokollant(in). Eventuelle weitere Anwesende haben keinen Einfluss auf die Prüfung und können ignoriert werden.
Die Prüfungskommission macht sich in relativ kurzer Zeit (in Baden-Württemberg z.B. zwanzig Minuten, in Nordrhein-Westfalen zwanzig bis dreißig Minuten) ein Bild von Ihren Fähigkeiten und beurteilt Sie.

Vorteilhaft für Sie ist, dass Sie die wichtigste Person in diesem Gremium, nämlich den Prüfer, ziemlich gut kennen: Das ist auf jeden Fall Ihr(e) Fachlehrer(in).
Sie müssen davon ausgehen, dass sich die mündliche Prüfung von den Anforderungen und vom Verlauf her erheblich von der schriftlichen Prüfung unterscheidet.

Es wird normalerweise ein Gespräch zwischen Ihnen und Ihrem Prüfer/Ihrer Prüferin geführt, das nicht auf eine einzelne Aufgabe Bezug nimmt. Hier sollen Sie insbesondere zeigen, dass Sie mathematische Zusammenhänge erkennen, einen Überblick über ein größeres Stoffgebiet haben und fachspezifische Denkweisen und Lösungsmethoden beherrschen. Lassen Sie sich nicht irritieren, wenn andere Mitglieder der Prüfungskommision ins Gespräch eingreifen.

Es kann nicht allgemein gesagt werden, ob die mündliche Prüfung leichter oder schwieriger ist als die schriftliche. Der entscheidende Unterschied (neben der Kürze der Zeit) besteht sicherlich darin, dass es sich um einen kommunikativen Vorgang mit Fragen, Antworten und Gegenfragen handelt, nicht um eine einsame gedankliche Anstrengung.

Der Prüfungsverlauf hängt von vielen Dingen, darunter auch einer Reihe von unvorhersehbaren, ab: gedankliche Flexibilität und Tagesform aller Beteiligten, Tageszeit, Gesprächsverlauf usw.
Es ist deshalb unbedingt sinnvoll, sich speziell auf diese besonderen Anforderungen gezielt vorzubereiten und geeignete Verhaltensweisen zu trainieren. Legen Sie rechtzeitig vor dem Abitur Wert darauf, dass im Unterricht Prüfungen simuliert werden, und beteiligen Sie sich aktiv daran.

Übrigens: Ob eine freiwillige Meldung zur mündlichen Prüfung angebracht ist, sollten Sie ganz nüchtern prüfen. Sinnvoll ist der zusätzliche Aufwand natürlich nur, wenn Sie bei positivem Verlauf Ihren Schnitt wirklich verbessern können und wenn die Gefahr gering ist, dass Sie sich unter unglücklichen Umständen womöglich sogar noch verschlechtern. Eine einfache Rechnung klärt die Frage sehr schnell.

Zur Vorbereitung

Lösen Sie keine Aufgaben, sondern versuchen Sie, Zusammenhänge zu erfassen und legen Sie sich Beispiele und Gegenbeispiele zurecht. (Wie hat die Ableitung mit der Integration zu tun, was ist Stetigkeit, wie hängen die Graphen von f(x) und f'(x) zusammen?)
Fragen Sie Ihre Fachlehrerkraft, welche Begriffe oder Aufgabenstellungen ihm/ihr besonders wichtig sind, und lernen Sie diese mit je einem exemplarischen Beispiel auswendig.
Also etwa:

- eine an der Stelle $x = 1$ nicht stetige Funktion: $y = \frac{1}{x-1}$
- eine Gleichverteilung der Wahrscheinlichkeit mit fünf Ausgängen: Glücksrad mit fünf gleichen Sektoren
- eine Tangentialebene an die Kugel mit Mittelpunkt $M(0|0|0)$ und $r = 4$: $x_3 - 4 = 0$
- eine uneigentliche Fläche mit endlichem Flächeninhalt: Fläche zwischen $x = 1$, $y = 0$ und $y = x^{-2}$

Machen Sie sich mit den Definitionen der Oberstufenmathematik vertraut. Insbesondere sollten Sie die folgenden Begriffe definieren und erklären können:

Asymptote, charakteristische Gleichung, Differenzierbarkeit, Fehler 1. und 2. Art, Gauß-Funktion, Gesetz der großen Zahlen, inhomogenes lineares Gleichungssystem, Kenngrößen der Wahrscheinlichkeit, kombinatorische Hilfen, Matrixdarstellungen, Monotonie, Orthogonalität, Sätze von De Morgan, Signifikanztests, Skalarprodukt, Stetigkeit, totale Wahrscheinlichkeit.

Ergänzen Sie diese alphabetische Liste in Absprache mit Ihrem Fachlehrer/Ihrer Fachlehrerin.

Schauen Sie sich (wenigstens im Überblick) die Sätze der Analysis an: Mittelwertsatz, Zwischenwertsatz, Nullstellensatz, Hauptsätze.

Vergewissern Sie sich, welche Funktionsarten Sie behandelt haben und welche Besonderheiten diese Funktionen haben.

Reden Sie mit Ihrem Fachlehrer/Ihrer Fachlehrerin über die bevorstehende Prüfung. Fragen Sie, was von Ihnen erwartet wird und wie Sie den Stoff eingrenzen können. Obwohl – wie gesagt – konkrete Absprachen verboten sind, können Sie so eine Menge in Erfahrung bringen.

Zur Aufgabenstellung

„Dabei sollen die Prüflinge zeigen, dass sie über mathematische Sachverhalte in freiem Vortrag berichten und im Gespräch zu mathematischen Fragen Stellung nehmen können. Sie sollen insbesondere nachweisen, in welchem Umfang sie

- einen Überblick über grundlegene Sätze, Begriffe und Verfahren der Mathematik besitzen,
- Verständnis für mathematische Denk- und Arbeitsweisen haben,
- Einblick in mathematische Problemstellungen und Ergebnisse gewonnen haben."

(Zitat aus den Einheitlichen Prüfungsanforderungen der Abiturprüfung)

Zur Prüfungssituation

Ob bewusst oder unbewusst, es ist unvermeidlich, dass die Art Ihres Auftretens und Verhaltens bei der Gesamtbeurteilung Ihrer Prüfungsleistung mit einfließt. Das bedeutet für Sie, dass Sie sich so geschickt wie möglich „verkaufen" müssen. Das fängt bei der Wahl Ihrer Kleidung an und geht bis zu einer korrekten Ausdrucksweise. Bleiben Sie höflich und freundlich und versuchen Sie Provokationen zu vermeiden!
Denken Sie daran, dass Sie Ihr Können zeigen müssen. Wenn Sie nichts sagen, erkennt niemand, was Sie wissen. Nur wenn Sie reden, haben Sie die Möglichkeit, auf den Verlauf der Prüfung Einfluss zu nehmen. Bleiben Sie deshalb möglichst am Ball. Aber natürlich nur, solange Sie noch etwas zum Thema Passendes beitragen können.

Erklären Sie immer, was Sie gerade tun und warum Sie es tun. Auch beim Skizzieren dürfen Sie nicht vergessen, dass es sich um eine mündliche Prüfung handelt (z. B. begleitende Kommentare abgeben). Fragen Sie deutlich und vor allen Dingen sofort nach, wenn Sie einen Begriff, eine Fragestellung, ... nicht verstehen. Das nimmt Ihnen niemand übel. Lassen Sie sich helfen und nehmen Sie dann das Gespräch wieder an sich.
Lassen Sie sich nicht verunsichern, wenn Sie unterbrochen und auf einen Fehler aufmerksam gemacht werden. Verschwenden Sie keine Zeit damit, sich über ihre Unwissenheit zu ärgern oder darüber nachzugrübeln, wie viele Punkte Sie das kosten wird. Einzelne Fehler verschieben die Note kaum.
Versuchen Sie nicht sich durchzumogeln, wenn Ihnen etwas absolut nicht einfällt. Sie verheddern sich mit hoher Wahrscheinlichkeit in immer abenteuerlicheren Konstruktionen und Ihre Gedächnisschwäche fällt um so mehr auf. Geben Sie stattdessen offen zu, dass Ihnen dies oder jenes im Augenblick nicht präsent ist. Fügen Sie nach Möglichkeit hinzu, wo Sie sich unter „normalen" Umständen in einem solchen Fall informieren würden.
Lassen Sie sich nicht irritieren, wenn Ihre Äußerungen mitgeschrieben werden. Ein Protokoll ist Vorschrift und hat nichts Negatives zu bedeuten.

Beispiele mündlicher Prüfungsaufgaben

Bei den mündlichen Prüfungsaufgaben sind nicht mehr die handwerklichen Rechenfertigkeiten der schriftlichen Prüfung gefordert. Sie sollen (und müssen) zeigen, dass Sie einen Überblick haben, mathematisch denken können und anhand einfacher Beispiele das angesprochene Problem oder Gebiet erklären und richtig einordnen können. Entsprechend müssen Sie eine Ihnen eventuell gewährte Vorbereitungszeit nutzen.

Benützen Sie auf jeden Fall die Ihnen zugestandenen Hilfsmittel (z.B. schauen Sie in der FS nach den Definitionen und nutzen Sie den TR (oder gar den GTR) voll aus.

Suchen Sie nicht nur nach Beispielen, sondern auch nach Gegenbeispielen!

Wählen Sie immer einfache, für Sie überschaubare Beispiele, denn der Prüfer greift vielleicht Ihr Beispiel auf.

die gestellte Aufgabe	der Vorschlag zur Bearbeitung
Drei Punkte seien die Eckpunkte eines Dreiecks. Was für Strecken am und im Dreieck kennen Sie und wie würden Sie diese Strecken berechnen?	Schlagen Sie zunächst die Formelsammlung auf und entnehmen Sie alle aufgeführten Strecken im Dreieck. 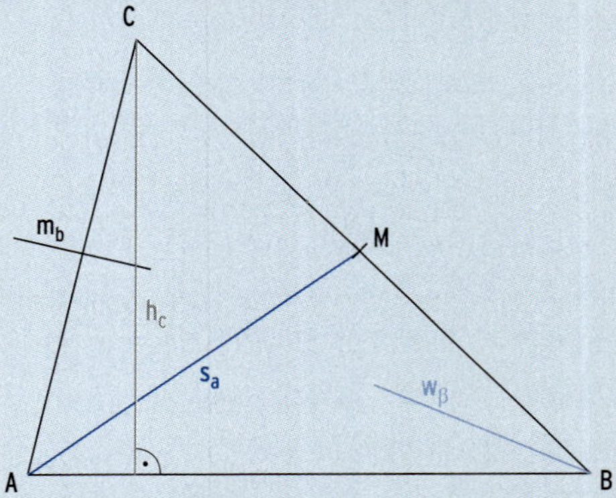 s_a: Seitenhalbierende h_c: Höhe m_b: Mittelsenkrechte w_β: Winkelhalbierende
Wie berechnen Sie den Flächeninhalt eines Dreiecks?	Länge der Grundseite über $\sqrt{(b_1 - a_1)^2 + (b_2 - a_2)^2 + (b_3 - a_3)^2}$ Lotfußpunkt über Hilfsebene E mit $C \in E$ und Normalenvektor ist $\overrightarrow{AC}$. $E \cap (AB) = L$; $d(C, L) = h$, dann $A = \frac{1}{2} \cdot h_c \cdot \lvert AB \rvert$
Wie zeigen Sie, dass ein Punkt innerhalb einer Dreiecksfläche liegt? Wählt man einen vierten Punkt entsteht bei geeigneter Wahl ein Viereck. Welche Bedingungen muss dieser 4. Punkt erfüllen? Was für Vierecke sind möglich?	Der Punkt muss auf der Ebene (ABC) liegen, aber nicht auf einer der 3 Dreiecksseiten. Alle Vierecke sind möglich. Beispiele überlegen!

Wie werden gemeinsame Punkte zweier Graphen berechnet?
Wie unterscheidet sich ein Berührpunkt von einem „echten" Schnittpunkt?

Gleichsetzen der Funktionsgleichungen
$f(x) = g(x) \Rightarrow h(x) = f(x) - g(x) = 0$
Am Berührpunkt ist die Steigung gleich.
$f'(x) = g'(x)$

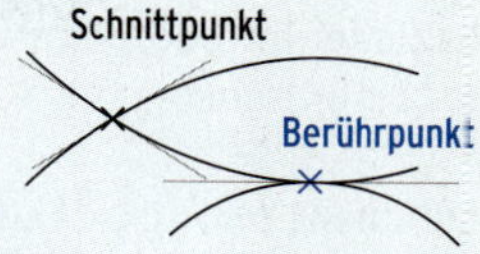

Kennen Sie Näherungsverfahren zur Bestimmung von Schnittpunkten?
Wie wird der Winkel berechnet, unter dem sich zwei Graphen schneiden?

Intervallhalbierungsverfahren
Newton
Sofort in der FS nachschlagen und notieren:
$\tan\varphi = \frac{m_2 - m_1}{1 + m_2 \cdot m_1}$ mit $m_1 \cdot m_2 = -1 \Leftrightarrow \varphi = 90°$

Vergleichen Sie die Berechnung eines Schnittwinkels zweier Geraden in der Analysis mit der in der Geometrie.
Könnte man die beiden Verfahren in beiden Gebieten anwenden?

Analysis über den Tangens, Geometrie über den Kosinus.
Kosinus geht in der Analysis (mit $x_3 = 0$ hat man die Zeichenebene).
Über den Tangens geht es nur mit Projektionen in der Geometrie, sehr sehr mühsam!
Beispiel überlegen!
Gerade durch A (1 | −2) und B (3 | 4) als Raumgerade geschrieben:
$g\colon \vec{x} = \begin{pmatrix} 1 \\ -2 \\ 0 \end{pmatrix} + t \begin{pmatrix} 3-1 \\ 4-(-2) \\ 0 \end{pmatrix}$,
dann kein Problem mehr mit dem Kosinus.

Wann sprechen wir in der Wahrscheinlichkeitsrechnung von einer Binomialverteilung? Geben Sie ein Experiment an, das binomialverteilt ist.
Geben Sie eine Zufallsvariable mit drei Ausgängen an, deren Warhscheinlichkeiten sich wie 2 : 3 : 4 verhalten.

Schlagen Sie in der FS nach der Definition nach und überlegen Sie sich ein Beispiel und ein Gegenbeispiel: Binomialverteilung
Beispiel: Ziehen von Kugeln aus der Urne mit Zurücklegen
Gegenbeispiel: Ziehen von Kugeln aus der Urne ohne Zurücklegen

Was versteht man unter dem Fehler erster und zweiter Art?
A, B und C werfen jeweils einmal mit einer Münze. Jeder Verlierer bezahlt pro Runde einen Einsatz von 8 €. Der ganze Einsatz wird nach jeder Runde ausbezahlt.
Die Gewinnerwartung von A ist −5 € und von B 1 €. Wie groß ist die Gewinnerwartung von C?

Beispiel:
Es wird nur die Anzahl der gefallenen „Wappen" gezählt. In der zweiten Zeile steht die Wahrscheinlichkeit für die „Wappenzahl". In den weiteren Zeilen sind die Gewinne eingetragen:

Wappen	0	1	2	3
Wahrscheinlichkeit	0,125	0,375	0,375	0,125
A	16	−8	−8	−8
B	−8	16	−8	−8
C	−8	−8	16	16

Die Gewinnerwartung von C ist 4 €. (Die Summe der Gewinnerwartungen muss 0 ergeben.)

Können Sie ein solches Würfelspiel definieren und kann es verschieden Würfelspiele mit gleichem Einsatz und gleicher Gewinnerwartung geben?

Glossar

Abszisse: Im Koordinatensystem heißt der x-Wert eines Punktes Abzisse des Punktes.

Äquivalent (⇔): Zwei Terme A und B sind äquivalent (A ⇔ B), wenn B aus A folgt (A ⇒ B) und A aus B folgt (B ⇒ A). Die beiden Terme sind dann mathematisch gleichwertig.

Betrag (||): Der Betrag |T| eines Terms ist die größere der beiden Zahlen T und −T oder null, wenn T = 0 gilt.

$$|T| = \begin{cases} T \text{ für } T > 0 \\ 0 \text{ für } T = 0 \\ T \text{ für } T < 0 \end{cases}$$

Biquadratische Gleichung: Eine Gleichung der Form $ax^4 + bx^2 + c = 0$ heißt biquadratische Gleichung. Die Variable hat nur die Hochzahlen 4, 2 und 0: Mit der Substitution $u = x^2$ erhält man die quadratische Gleichung $au^2 + bu + c = 0$, aus der die Lösung für u und daraus die Lösungen für x berechnet werden können.

Diskriminante: Bei der Lösungsformel $x_{1,2} = \frac{-b \pm \sqrt{b^2 - 4ac}}{2a}$, die zur Lösung der quadratischen Gleichung $y = ax^2 + bx + c$ verwendet wird, ist die Diskriminante der Term unter der Wurzel $(b^2 - 4ac)$. Das Vorzeichen der Diskriminante D bestimmt die Anzahl der Lösungen der quadratischen Gleichung. ($D > 0 \Rightarrow$ zwei, $D = 0 \Rightarrow$ eine, $D < 0 \Rightarrow$ keine Lösung).

Divergent: Eine Folge (bzw. eine Funktion) heißt divergent, wenn sie nicht konvergent ist, also keinen Grenzwert hat.

Durchstoßpunkt: Schneiden sich eine Gerade g und eine Ebene E in einem Punkt P ($g \cap E = P$), so heißt P Durchstoßpunkt der Geraden g durch die Ebene E.

Durchschnitt (auch nur Schnitt): Das ist eine Verknüpfung in der Mengenlehre. Im Zeichen: ∩. $A \cap B$ enthält alle Elemente, die sowohl in der Menge A als auch in der Menge B liegen. Durchschnitt wird auch im Sinne von „mittlerer Wert" verwendet, z. B. durchschnittliche Steigung ist mittlere Steigung.

Eliminieren:

- Wird aus einem Gleichungssystem mittels erlaubter Äquivalenzumformungen eine Unbekannte entfernt, so spricht man vom Eliminieren dieser Unbekannten.
- Unter dem Eliminieren einer Variablen aus einer Gleichung versteht man das Umstellen der Gleichung, sodass die Variable isoliert auf einer Seite der Gleichung steht.

Ellipse: Eine Ellipse ist der geometrische Ort aller Punkte einer Ebene, für die die Summe der Abstände zu zwei festen Punkten (Brennpunkten) konstant ist. Als Figur erhält man die Ellipse aus einem → Kegelschnitt.
In der modernen Geometrie wird die Ellipse als affines Bild eines Kreises definiert.

Error: Mit dem Wort „Error" meldet der Taschenrechner eine nicht erlaubte Operation. Der Rechner akzeptiert dann keine Angabe vom Tastenfeld mehr.
Sie müssen danach auf [on/c] drücken. Dabei gehen leider alle eingetippten Angaben bis auf den Speicherinhalt verloren. Also: Bei einer Fehlermeldung neu beginnen! Unter anderem erscheint sie bei folgenden Operationen:

- Bei zu großen oder zu kleinen Zahlen (z. B.: 2^{500}; -2^{500}),
- bei der Division durch Null (z. B.: [3] [:] [0]),
- bei zu vielen unvollständigen Operationen oder offenen Klammern (z. B.: [1] [+] [2] [x] [(] [+] [3] [x] [(] [+] ...),
- bei negativen Zahlen unter der Wurzel (z. B.: [2] [+/−] [$\sqrt{x}$]),
- bei falschen Argumenten in den Funktionen (z. B.: [5] [INV] [cos]).

Der GTR gibt in der Regel auf dem Display an, weshalb es kein Ergebnis gibt (z. B. ERR: DIV DURCH ∅).

Exponentialfunktion: Steht die Variable in der Hochzahl einer Funktionsgleichung, so heißt die Funktion Exponentialfunktion.
Üblicherweise ist die Grundzahl (Basis) dann die eulersche Zahl e. Sollte je eine andere Basis vorkommen, schreiben Sie die Funktion am besten um:
$y = k \cdot a x$ ist dasselbe wie $y = k \cdot e^{x \cdot \ln a}$, eine Funktion, die leicht abzuleiten und leicht zu integrieren ist.
Ableitung: $y' = k \cdot \ln a \cdot e^{x \cdot \ln a}$;
eine Stammfunktion ist $\frac{k \cdot e^{x \cdot \ln a}}{\ln a}$

Familie: Familie (oder Funktionsfamilie) ist ein anderer Name für Funktionenschar.

Fibonaccifolge: Dies ist die Folge mit $a_1 = 1$, $a_2 = 2$, $a_{n+2} = a_n + a_{n+1}$ (aber auch bei anderen Anfangswerten $a_{n+2} = a_n + a_{n+1}$ spricht man von einer Fibonaccifolge); nach Leonardo von Pisa, genannt Fibonacci.

Hierarchie: Betrachten Sie die Hierarchie des TR, also die Reihenfolge, in der der TR Rechnungen ausführt: in der Regel zuerst Funktionen, dann Potenz- vor Punkt- vor Strichrechnungen. Wollen Sie eine andere Reihenfolge, so müssen Sie Klammern setzen.

Höhere Ableitungen: Leitet man die Ableitungsfunktion $f'(x) = \ldots$ nochmals ab, erhält man die zweite Ableitung $f''(x) = \ldots$ Weiteres Ableiten führt auf die dritte, vierte, ... Ableitung. Ab der 2. Ableitung spricht man von höheren Ableitungen. $f^{(n)}$ ist die n-te Ableitung.

Hyperbel: Eine Hyperbel ist der geometrische Ort aller Punkte einer Ebene, für die die Differenz der Abstände zu zwei festen Punkten (Brennpunkten) konstant ist. Als Figur erhält man die Hyperbel aus einem → Kegelschnitt.

Intervall-Halbierungsverfahren: Das Intervall-Halbierungsverfahren, das mathematisch und rechentechnisch wohl das mit Abstand einfachste sein dürfte, hat allerdings den Nachteil, dass es sehr langsam ist. Das heißt, um eine ordentliche Genauigkeit zu erhalten, müssen relativ viele (allerdings immer gleiche) Schritte durchgeführt werden.

Ein Intervall ist eine Teilmenge der reellen Zahlen:

- $[a; b] = \{x \in \mathbb{R} \text{ mit } a \leq x \leq b\}$ heißt ein abgeschlossenes Intervall.
- $[a; b] = \{x \in \mathbb{R} \text{ mit } a < x < b\}$ heißt ein offenes Intervall.
- $[a; b] = \{x \in \mathbb{R} \text{ mit } a < x \leq b\}$ und $[a; b] = \{x \in \mathbb{R} \text{ mit } a \leq x < b\}$ sind halboffene Intervalle.

Intervallschachtelung: Eine Folge unendlich vieler Intervalle I_n mit $I_{n+1} < In$ heißt Intervallschachtelung. Sie bestimmt auf der Zahlengeraden genau einen Punkt.

Irrational: Jede reelle Zahl, die nicht als Bruchzahl und damit nicht als abbrechende oder periodische Dezimalzahl darstellbar ist, heißt irrationale Zahl: π, e, $\sqrt{2}$, ...

Kartesisches Koordinatensystem: Ist ein Koordinatensystem positiv orientiert (mathematisch positiver Umlaufsinn = entgegen dem Uhrzeigersinn), stehen die Koordinaten paarweise senkrecht aufeinander und haben die Koordinaten dieselben Einheitslängen, so spricht man von einem kartesischen Koordinatensystem. Andere Koordinatensysteme sind in der Schule unüblich.

Kollinearität: Punkte sind kollinear, wenn sie auf derselben Geraden liegen.

Komplanarität: Punkte sind komplanar, wenn sie in derselben Ebene liegen.

Komposition: Eine Verkettung von Funktionen nennt man auch Komposition.

Kompositionsregel: Die Kompositionsregel ist die Kettenregel der Differenzialrechnung.

Konfidenzintervall: Konfidenzintervall ist ein anderer Name für Vertrauensintervall.

Konkav: Gilt in einem Intervall $f'' < 0$, so ist das Schaubild linksdrehend und heißt konkav.

Konvergent: Eine Zahlenfolge (eine Funktion) heißt konvergent, wenn sie einen Grenzwert hat.

Konvex: Gilt in einem Interval $f'' > 0$, so ist das Schaubild rechtsdrehend und heißt konvex.

Krümmung: Eine Kurve heißt rechts gekrümmt (konvex), wenn die 2. Ableitung negativ ist; links gekrümmt (konkav) wenn die zweite Ableitung positiv ist.

Linearfaktoren: Hat eine ganzrationale Funktion $f(x) = a_n x^n + ... + a_1 x + a_0$ vom Grad n die Lösungen $x_1, x_2, ... x_r$ (r muss $\leq$ n sein!), so lässt sich f(x) darstellen durch
$f(x) = (x - x_1) \cdot (x + x_2) \cdot ... \cdot (x - x_r) \cdot g(x)$ mit der ganzrationalen Funktion g (x), die keine Nullstelle mehr hat und vom Grad $n - r$ ist.
Jedes $(x - x_i)$ heißt Linearfaktor von f(x). Ist $n = r$, sagt man, die Darstellung ist vollständig. g(x) ist dann eine konstante Zahl.

Logarithmus: Die Logarithmusfunktion
$x \to \log x$ $(a > 0)$ ist die Umkehrfunktion der Exponentialfunktion $x \to a^x$.
Es gilt: $b^x = c \Leftrightarrow x = \log_b c$.
Theoretisch ist jede positive Zahl als Basis der Logarithmusfunktion denkbar.
In der Praxis haben sich folgende Basen durchgesetzt:

- Natürlicher Logarithmus
  - Bezeichnung: $\ln = \log_e$
  - Basiszahl: $e \approx 2{,}718\,2818$
  - im TR: immer
  - Umrechnungen: $\log_b x = \log_b e \cdot \ln x$, $\ln x = \ln 10 \cdot \lg x$
- Binärer Logarithmus
  - Bezeichnung: $\text{lb} = \log_2$
  - Basiszahl: 2
  - im TR: selten
  - Umrechnungen: $\log_b x = \log_b 2 \cdot \text{lb}\, x$, $\text{lb}\, x = \text{lb}\, e \cdot \ln x$
- Dekadischer Logarithmus
  - Bezeichnung: $\lg = \log_{10}$
  - Basiszahl: 10
  - im TR: meist
  - Umrechnungen: $\log_b x = \log_b 10 \cdot \lg x$, $\lg x = \lg e \cdot \ln x$

Lücke: Enthält eine Funktionsgleichung einen Bruch, bei dem beim Einsetzen einer Zahl oder eines Terms Zähler und Nenner null werden, hat das Schaubild der Funktion an dieser Stelle eine Lücke.
Ist x_0 die Nullstelle, werden Zähler und Nenner durch $(x - x_0)$ so oft dividiert, bis Zähler oder Nenner keine Nullstelle mehr bei x_0 haben. Mit gekürzter Funktionsgleichung weiterdiskutieren. Lücke im Schaubild mit □ einzeichnen.

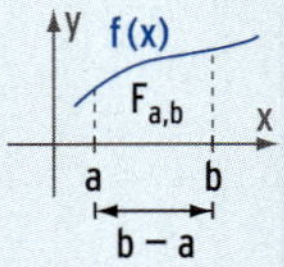

Ist f(x) eine auf [a, b] stetige Funktion, so heißt
$\overline{m} = \frac{1}{b-a}\int_a^b f(x)\,dx$ der Mittelwert der Funktionswerte von f auf [a, b].
(Man dividiert den Flächeninhalt durch die Länge der Fläche.)

Newton-Verfahren: Das Newton-Verfahren, das sehr schnell ist, finden Sie in jeder Formelsammlung. Spätestens nach 4 Schritten haben Sie eine ausreichende Genauigkeit. Der Nachteil: Bei einem ungeschickt gewählten Anfangswert muss man notfalls mit einem anderen Wert neu starten.

Normalparabel: Der Graph der Funktion $y = x^2$ heißt Normalparabel.

normiert: Zufallsvariable heißt normiert, wenn die Varianz 1 ist $(V(x) = 1)$.

Nullfolge: Eine Folge mit dem Grenzwert 0 für $n \to \infty$ heißt Nullfolge.

Ordinate: Ordinate heißt im Koordinatensystem der y-Wert eines Punktes.

Ordinatenaddition: Addiert man für jeden x-Wert die Funktionswerte f(x) und g(x) zu einem Wert h(x), so heißt diese Addition Ordinatenaddition. Man erhält die Werte des Graphen $h(x) = f(x) + g(x)$.

Orthonormalsystem: Ein Orthogonalsystem (Vektoren sind paarweise orthogonal), bei dem alle Vektoren die Länge eins haben, heißt Orthonormalsystem.

Parabel: Das Schaubild der ganzrationalen Funktion $f(x) = a_n x^n + ... + a_1 x + a_0$ heißt auch Parabel n-ten Grades.

Polynom: Ein Term $a_n x^n + ... + a_1 x + a_0$ heißt Polynom vom Grad n.

Relation: Eine Relation ist eine Teilmenge des kartesischen Produktes $\mathbb{R} \times \mathbb{R}$. Wichtige Relationszeichen sind: $>$; $\geq$; $<$; $\leq$.

Risiko: In der Stochastik werden die Fehler 1. und 2. Art auch als Risiko 1. und 2. Art bezeichnet.

Rotationskörper: Rotiert ein Flächenstück um eine Gerade (meist x- oder y-Achse), heißt der entstehende Körper Rotationskörper.

Rotationsvolumen: Der Rauminhalt eines Rotationskörpers heißt Rotationsvolumen.

Sattelpunkt: Ein Sattelpunkt ist ein Wendepunkt $W(x_W | y_W)$ mit einer waagerechten Steigung. Es gilt $f'(x_W) = 0$; $f''(x_W) = 0$; aber $f'''(x_W) \neq 0$!

Senkrechte Tangente: Eine Tangente parallel zur y-Achse heißt senkrechte Tangente. Da die Steigung unendlich groß ist, handelt es sich um einen echten Sonderfall. So ist die Tangentengleichung nicht wie sonst über die Punkt-Steigungsform bestimmbar.

Simpson'sche Regel: Das ist eine Verallgemeinerung der Kepler'schen Fassregel

$$\int_a^b f(x)\,dx \approx \frac{b-a}{3n}[(y_a + y_b) + 4(y_1 + y_3 + ... + y_{n-1}) + 2 \cdot (y_2 + y_4 + ... + y_{n-2})]$$

Singularität: Unter Singularität versteht man eine einzelne, durch Besonderheit ausgezeichnete Stelle.

Spannvektor: Spannvektor ist ein anderer Name für den Richtungsvektor der Ebene: Zwei linear unabhängige Vektoren „spannen" eine Ebene auf.

Standardisierte Zufallsvariable: Die Zufallsvariable ist zentriert $(E(Z) = 0)$ und normiert $(V(Z) = 1)$. Die zu X gehörenden standardisierte Zufallsvariable ist $Z = \frac{X - E(x)}{6}$.

Stetige Ergänzung: Wenn f(x) an der Stelle x_1 nicht definiert ist, der rechtsseitige und der linksseitige Grenzwert existieren und gleich groß sind, dann heißt $g(x) = f(x)$ für $x \neq x_1$ und $\lim f(x)$ für $x = x_1$ die bei x_1 stetig ergänzte Funktion von f(x).

Stetige Zufallsgröße im Intervall [a, b]: Das ist eine Zufallsgröße, die alle Werte in [a, b] annehmen kann. Die Dichtefunktion ist dann

$$P(a < X < b) = \int_a^b f(x)\,dx$$

Stückweise definierte Funktion: Eine zusammengesetzte Funktion ist stückweise („intervallweise") definiert.

Vereinigung: Verknüpfung aus der Mengenlehre. Im Zeichen: $\cup$. $A \cup B$ ist die Menge aller Elemente, die in der Menge A oder in der Menge B (und in A und B) sind.

Vertrauensintervall: Annahmebereich bei einem Test. Wenn ein Ereignis mit der Wahrscheinlichkeit p im Intervall $[E(x) - a;\ E(x) + a]$ liegt, ist $[E(x) - a;\ E(x) + a]$ das Vertrauensintervall zu a bezüglich p.

Zahlentripel: Ein Zahlentripel ist ein geordnetes System aus drei Zahlen. Im Rahmen der Schulmathematik versteht man unter einem Zahlentripel die Beschreibung eines Punktes im Raum durch die drei Koordinaten der Achsen.

Zentriert: Die Zufallsvariable heißt zentriert, wenn der Erwartungswrt 0 ist $(E(x) = 0)$.

Zerlegung in Linearfaktoren: Hat das Polynom n-ten Grades $a_n x^n + a_{n-1} x^{n-1} + ... + a_2 x^2 + a_1 x + a_0$ eine Nullstelle bei $x = x_i$, so lässt sich das Polynom ohne Rest durch den Term $(x - x_i)$ dividieren. $(x - x_i)$ heißt Linearfaktor des Polynoms. Hat das Polynom n Nullstellen, so kann man es vollständig in Linearfaktoren zerlegen.

Stichwortverzeichnis

A

Abbildungen ... 100
Abhängig ... 130
Abhängigkeit, lineare ... 13
Ablehnungsbereich ... 147
Ableitung ... 12, 35, 37, 38
Ableitungsfunktion ... 37
Abschätzbarkeit ... 61
Abschätzung ... 178
Absolute Häufigkeit ... 126
Abstandsprobleme ... 121
Abszisse ... 186
Achse ... 102
Additions- (oder Subtraktions-) verfahren ... 77
Additionssatz ... 134
Adjunkte ... 98
Affine Abbildung ... 101
Algorithmus ... 93
Allgemeiner Additionssatz ... 134
Allgemeiner Multiplikationssatz ... 136
Alternierende Folge ... 33
Änderungsrate ... 36, 157
Approximation ... 69, 73
Äquivalent ... 186
Äquivalenzumformung ... 78
Arithmetische Folge ... 33
Arkusfunktion ... 168
Assoziativgesetz ... 180
Asymptote ... 45
Ausprägung ... 126
Axiomatische (heutige) Definition ... 128

B

Basis ... 169, 181
Basisvektor ... 89, 169
Basiswechsel ... 169
Baumdiagramm ... 132
Bayes ... 137
Bedingte Wahrscheinlichkeit ... 135
Bernoulli-Experiment ... 130, 140
Berührpunkt ... 53
Beschränktes Wachstum ... 159
Beschränkte Folge ... 33
Beschreibende Statistik ... 126
Bestimmtes Integral ... 59
Betrag ... 186
Betragsfunktion ... 32, 48
Beurteilende Statistik ... 144
Binomialverteilung ... 140
Biquadratische Gleichung ... 186
Bogenmaß ... 55, 105

C

Charakteristische Gleichung ... 100

D

Darstellungen Statistik ... 127
Definitionsbereich ... 30, 40
Definitionslücken ... 170
Determinante ... 97, 98, 100
De Moivre-Laplace ... 143
De Morgan ... 130
Differenzenquotient ... 36
Differenzialgleichungen ... 155
Differenzierbarkeit ... 35
Diskriminante ... 186
Distributivgesetz ... 180
Divergent ... 186
Divergente Folge ... 33
Drehkörper ... 109
Drehung um die x-Achse ... 109
Drehung um die y-Achse ... 109
Dreieck ... 123
Dreiecksform ... 78
Durchschnitt ... 186
Durchstoßpunkt ... 186
Dynamische Prozesse ... 165

E

Eigenraum ... 100
Eigenvektor ... 100, 103
Eigenwert ... 100, 102
Einheitsvektor ... 89
Einsetzen ... 12
Einsetzverfahren ... 77
Elementarereignis ... 130
Eliminieren ... 186
Ellipse ... 102, 186
Enthaltensein ... 118
Ereignis ... 130
Ereignisalgebra ... 130, 131
Error ... 186
Erwartungswert ... 139, 149
Euklidischer Algorithmus ... 93
Explizit ... 33, 95
Exponentialfunktion ... 187
Exponentielles Wachstum ... 155, 158
Extrempunkte ... 43
Extremwertaufgaben ... 153

F

Fakultät ... 24
Familie ... 187
Fassregel ... 73
Fehler erster Art ... 144, 148
Fehler zweiter Art ... 144, 148
Fixgerade ... 103
Fixpunkt ... 100
Fixpunktgerade ... 100, 103
Fläche ... 123
Flächenberechnung ... 106
Folgen ... 33
Formelsammlung ... 19, 28
Funktion ... 30, 50, 52, 68
Funktionaler Zusammenhang ... 7
Funktionenschar ... 30, 63
Funktionsgleichung ... 64

G

Ganzrationale Funktion ... 32, 50
Gauß-Verfahren ... 78
Gauß'scher Algorithmus ... 93
Gauß'sche Glockenkurve ... 141
Gebietseinteilung ... 171
Gebrochenrationale Funktion ... 32, 50
Gegenereignis ... 130
Gegenvektor ... 89
Geometrischer Ort ... 152
Geometrische Folge ... 33
Gerade ... 90
Gesetz der großen Zahlen ... 141
Gleichsetzungsverfahren ... 77
Goldener Schnitt ... 92
Gradmaß ... 55
Graph ... 30, 47
Grafikfähiger Taschenrechner (GTR) ... 19, 23, 99
Grenze ... 59
Grenzprozesse ... 69
Grenzwert ... 69
Grenzwertbildung ... 12
Grenzwertsätze ... 70
GTR ... 19, 23, 99

H

Halbwertszeit ... 157
Häufigkeit ... 126
Hauptsatz der Differential- und Integralrechnung ... 59
Heron-Verfahren ... 93
Hesse-Form ... 113
Hierarchie ... 187
Hilfen ... 19
Hochpunkt ... 43
Höhere Ableitungen ... 38, 187
Horner-Schema ... 93
Hyperbel ... 187
Hypothese ... 147

I

Inkreis ... 124
Integral ... 59
Integralfunktion ... 106
Integrand ... 59
Integrationsmethoden ... 172
Integrationsregeln ... 61
Integrationsvariable ... 59
Intervallschachtelung ... 187
Invariantes Rechtwinkelpaar ... 100
Inverse Abbildung ... 101
Inverse Matrix ... 98
Inzidenz ... 118
Iteration ... 94

K

Kartesisches Koordinatensystem ... 187
Kegelschnitte ... 175
Kenngrößen ... 139
Kepler'sche Fassregel ... 69, 73, 75
Kettenregel ... 37
Klassische Definition ... 128
Kollinearität ... 187
Kombination ... 15
Kombinatorik ... 15
Komplanarität ... 187
Komposition ... 187
Kompositionsregel ... 187
Konfidenzintervall ... 187
Konkav ... 187
Konvergent ... 188
Konvergente Folge ... 33
Konvex ... 188
Koordinatendarstellung ... 113
Koordinatensystem ... 83
Koordinatisieren ... 76
Kreis ... 175
Krummliniges Trapez ... 106, 109
Krümmung ... 44
Kugel ... 116, 176
Kurvendiskussion ... 39, 52
Kurvenschar ... 63

L

Lageproblem ... 119
Laplace-Experiment ... 130
Leitideen ... 7
LGS ... 77
Linear ... 77
Lineares Gleichungssystem ... 13, 77
Lineares Wachstum ... 157
Lineare Abbildung ... 101
Lineare Abhängigkeit ... 13
Lineare Substitution ... 57, 58, 173
Linearfaktoren ... 188
Linearität ... 37
Linearkombinationen ... 13
Logarithmus ... 188
Logarithmus-Funktion ... 32
Logistisches Wachstum ... 160
Lösen von Aufgaben ... 16
Lösen von Gleichungen ... 12
Lösungsmenge ... 78
Lot ... 122
– Lotfußpunkt ... 122
– Lotgerade ... 122
Lücke ... 42, 188

M

Maßzahlen ... 139
Matrix ... 78, 96
Matrizenrechnung ... 97
Maximum und Minimum ... 178
Mehrstufige Prozesse ... 163
Messen ... 105
Mittelwert ... 126
Mittelwertsatz der Differenzialrechnung ... 178
Modellieren ... 151, 162
Monotonie ... 33, 34
Multiplikationssatz ... 136
Mündliche Prüfung ... 182

N

n! ... 15
n-tupel ... 15
Natürlicher Logarithmus ... 32
Neutrales Element ... 180
Nicht ... 131
Normale ... 54
Normalendarstellung ... 113
Normalensteigung ... 54
Normalenvektor ... 89
Normalform ... 100
Normalparabel ... 188
Normalverteilung ... 147
Normieren ... 14, 113, 138
Nothilfen ... 28
Nullfolge ... 33, 188
Nullstellen ... 42
Nullstellenbestimmung ... 74
Nullstellensatz ... 178
Nullvektor ... 90
n über k ... 15

O

Oder ... 131
Ordinate ... 152, 188
Ordinatenaddition ... 188
Orthogonal ... 14, 55, 105
Orthonormalsystem ... 188
Ortslinie ... 152
Ortsvektor ... 90

P

Parabel ... 189
Parameter ... 91
Permutation ... 15
Pfadregel ... 132
Poisson-Verteilung ... 143
Pol ... 42, 45
Polynom ... 189
Polynomdivision ... 177
Potenzfunktion ... 32, 50
Produktintegration ... 172
Produktregel ... 37
Produkt von Matrizen ... 98
Punkt ... 91
Punktrichtungsform ... 91
Pythagoras ... 13

Q

Quadrant ... 47
Quotientenregel ... 37

R

Randfunktion ... 106
Rang der Matrix ... 97
Rechtwinkelpaar ... 100
Reihe ... 33
Rekursiv ... 33, 95
Relation ... 189
Relative Häufigkeit ... 128
Richtungsvektor ... 90
Risiko ... 189
Riss ... 86
Rotationskörper ... 189

S

Sattelpunkt ... 189
Sättigung ... 159
Sättigungsgrenze ... 159
Satz vom Maximum und Minimum ... 178
Satz von Bayes ... 137
Schätzfunktion ... 146
Schätzwert ... 146
Schaubild ... 34, 47 62
Schiefe Asymptote ... 46
Schnittpunkt ... 53
Schnittwinkel ... 55, 105
Schnitt (als Skizze) ... 84
Schnitt (Durchschnitt) ... 136
Schrägbild ... 84
Schreibweisen Geometrie ... 97
Schwerpunkt ... 124
Schwingung ... 155

Seitenhalbierende 124
Selbsteinschätzung 9
Senkrecht 14
Senkrechte Asymptote 46
Senkrechte Tangente 189
Sicheres Ereignis 130
Signifikanzgrenze 147
Signifikanztest 148
Simpson'sche Regel 73, 189
Simulation von Zufallsvariablen ... 150
Singularität 189
Skalar 88
Skalarprodukt 14, 110, 181
Skizze 27, 84
Spannvektor 189
Spezieller Additionssatz 134
Spezieller Multiplikationssatz 136
Spezielle Ebenen 116
Spezielle Geraden 116
Spiegelung 122
Stammfunktion 12, 57
Standardabweichung 126, 139
Standardisierte Zufallsvariable 189
Statistik 126
– statistische Definition 128
– statistische Sicherheit 147
Steigung 55, 105
Stetige Ergänzung 189
Stetigkeit 34
Stichproben 130, 145, 146
Strecke 91, 123
Strenge Monotonie 34
Streuung 125
Strukturieren 76
Stufenform 78
Stützvektor 90
Substitution 173
Symmetrie 41

T

Tangente 54
Tangentensteigung 55
Taschenrechner 19, 22
Teilverhältnis 92
Test 9, 20, 29
Test für eine unbekannte
Wahrscheinlichkeit p 149
Textaufgaben 18
Tiefpunkt 43
Totale Wahrscheinlichkeit 137
Trennschärfe 148
Trigonometrische Funktion 32, 50
Tschebyschew-Ungleichung 142

U

Umkehrfunktion 56
Umkreis 124
Umwandlung von Ebenen 115
Unabhängig 130
Unbestimmtes Integral 59
Und 131
Uneigentliches Integral 59
Uneigentliche Fläche 107
Unvereinbar 130
Urliste 126
Ursprungsgerade 116

V

Varianz 126, 139
Variationen 15
Vektor 88
Vektordarstellung 113
Vektorgleichung 13, 97
Vektorrechnung 88
Vereinigung 131, 189
Verkettete Funktion 30
Verkettung 30
Verkettung Abbildungen 101
Verneinung 130
Vernetzte Systeme 164
Vertrauensintervall 147
Vollständige Induktion 104

W

Waagerechte Asymptote 46
Wachstum 155
Wahre Größe 85
Wahre Länge 85
Wahrscheinlichkeit 125
Wahrscheinlichkeitsverteilung 138
Wendepunkt 44
Wendestelle 44
Wendetangente 44
Wertebereich 40
Wertetabelle 47
Winkel 55, 105
Winkelhalbierende 111, 124
Winkelweite 14
Wirkungsdiagramm 163

Z

Zahlentripel 189
Zentraler Grenzwertsatz 142
Zentralwert 126
Zentriert 189
Zerfall 155
Zerlegung in Linearfaktoren 189
Zufall 125
Zufallsexperiment 130
Zufallsgröße 130
Zufallsvariable 130, 138
Zusammengesetzte Funktionen ... 30
Zwei-Punkte-Form 91
Zwischenwertsatz 178